Packt>

计|算|机|编|程|实|践|丛|书

Python 深度学习算法实战

Hands-On Deep Learning Algorithms with Python

[英] 苏达桑·拉维尚迪兰 著
Sudharsan Ravichandiran
何 明 译

· 北京 ·

内 容 提 要

深度学习是人工智能最热门的领域之一，《Python 深度学习算法实战》详细介绍了常用的深度学习算法、使用 TensorFlow 实现各种算法的方法，以及算法背后的数学原理。全书分 3 部分共 11 章，其中第 1 部分介绍深度学习入门的相关知识、如何构建自己的神经网络，以及 Python 机器学习和深度学习库 TensorFlow 的使用方法。第 2 部分介绍深度学习的基础算法，首先介绍了梯度下降法和它的变体，如 NAG、AMSGrad、Adadelta、Adam 和 Nadam；然后详细介绍了 RNN 和 LSTM 的知识，以及如何用 RNN 生成歌词；接着介绍了广泛应用于图像识别任务的卷积神经网络和胶囊网络；最后介绍了如何使用 CBOW、skip-gram 和 PV-DM 理解单词和文档的语义。第 3 部分介绍一些高级的深度学习算法，探索了各种 GAN，包括 InfoGAN 和 LSGAN，以及自动编码器，如 CAE、DAE 和 VAE。学完本书，读者将掌握实现深度学习所需要的技能。

《Python 深度学习算法实战》特别适合机器学习工程师、数据科学家、AI 开发人员等全面学习深度学习的算法知识，也适合有一定机器学习和 Python 编程经验，对神经网络和深度学习感兴趣的所有人员。

北京市版权局著作权合同登记号　图字：01-2020-0264

图书在版编目（CIP）数据

Python深度学习算法实战 / (英) 苏达桑·拉维尚迪兰著 ; 何明译. -- 北京 : 中国水利水电出版社, 2022.9

书名原文: Hands-On Deep Learning Algorithms with Python

ISBN 978-7-5226-0319-3

Ⅰ. ①P… Ⅱ. ①苏… ②何… Ⅲ. ①软件工具－程序设计②机器学习－算法 Ⅳ. ①TP311.561②TP181

中国版本图书馆 CIP 数据核字(2021)第 261285 号

书　　名	Python 深度学习算法实战 Python SHENDU XUEXI SUANFA SHIZHAN
作　　者	[英] 苏达桑·拉维尚迪兰　著
译　　者	何明　译
出版发行	中国水利水电出版社 （北京市海淀区玉渊潭南路 1 号 D 座　100038） 网址：www.waterpub.com.cn E-mail：zhiboshangshu@163.com 电话：（010）62572966-2205/2266/2201（营销中心）
经　　售	北京科水图书销售有限公司 电话：（010）68545874、63202643 全国各地新华书店和相关出版物销售网点
排　　版	北京智博尚书文化传媒有限公司
印　　刷	河北文福旺印刷有限公司
规　　格	190mm×235mm　16 开本　22 印张　575 千字
版　　次	2022 年 9 月第 1 版　2022 年 9 月第 1 次印刷
印　　数	0001—3000 册
定　　价	108.00元

前　言

谨以此书献给我可爱的妈妈 Kasthuri 和我亲爱的爸爸 Ravichandiran。

— 苏达桑·拉维尚迪兰

我要感谢我最出色的父母和我的兄弟 Karthikeyan，因为他们启发和激励了我。我永远感谢我的妹妹，是她一直支持着我。我对我的编辑 Unnati 和 Naveen 的辛勤工作和献身精神感激不尽。没有他们的支持，完成这本书是不可能的。

深度学习是人工智能（Artificial Intelligence，AI）最热门的领域之一，它允许我们开发具有不同复杂程度的多层模型。本书将介绍从基础到高级的一些流行的深度学习算法，并演示如何使用 TensorFlow 从头开始实现这些算法。通过对本书的学习，读者将深入了解每一种算法、算法背后的数学原理，以及如何以最好的方式实现它们。

本书首先解释了如何构建自己的神经网络，然后介绍 TensorFlow——一个强大的基于 Python 的机器学习和深度学习的程序库。接下来介绍了一些梯度下降算法及变体的最新进展，如 NAG、AMSGrad、Adadelta、Adam、Nadam 等。本书还将帮助读者理解有关循环神经网络（RNN，也称为递归神经网络）和长短期记忆网络（LSTM）的工作原理，以及如何用 RNN 生成歌词。随后，将深入介绍广泛应用于图像识别任务的卷积网络和胶囊网络的数学知识。在最后几章中，将介绍机器如何使用 CBOW、skip-gram 和 PV-DM 理解单词和文档的语义。然后将会研究各种 GAN，如 InfoGAN 和 LSGAN，以及自动编码器，如收缩自动编码器、VAE 等。

学完本书后，读者将具备在自己的项目中实现深度学习所需的技能。

读者对象

本书的读者对象可以是机器学习工程师、数据科学家、人工智能开发人员，以及想专注于学习神经网络和深度学习的任何人。那些对深度学习完全陌生，但在机器学习和 Python 编程方面有一些经验的人，也将会发现这本书很有帮助。

本书内容

第 1 章　深度学习简介，解释深度学习的基本原理，帮助读者理解什么是人工神经网络以及它们是如何学习的。本章还将学习从头开始构建自己的第一个人工神经网络。

第 2 章　了解 TensorFlow，可以帮助读者理解 TensorFlow 这个功能强大且流行的机器学习·深度学习程序库。读者将学习 TensorFlow 的几个重要功能，以及如何使用 TensorFlow 构建神经网络进行手写数字分类。

第 3 章　梯度下降和它的变体，提供对梯度下降算法的深入理解。本章将探索梯度下降算法的几种变体，如 SGD、AdaGrad、Adam、Adadelta、Nadam 等，并学习如何从头开始实现它们。

第 4 章　使用 RNN 生成歌词，描述如何使用 RNN 对顺序数据集进行建模，以及它如何记住之前的输入。本章从对 RNN 有一个基本的理解开始，然后深入研究它的数学原理，最后学习如何在 TensorFlow 中实现 RNN 以生成歌词。

第 5 章　RNN 的改进，首先探讨 LSTM 以及 LSTM 如何克服 RNN 的缺点。接着，将学习 GRU 以及双向 RNN 和深层 RNN 的工作原理。在本章的最后，将学习如何使用 seq2seq 模型进行语言翻译。

第 6 章　揭开卷积网络的神秘面纱，帮助读者掌握卷积神经网络的工作原理。探索 CNN 的前向传播和反向传播在数学上是如何工作的，还将学习卷积网络和胶囊网络的各种架构，并在 TensorFlow 中进行编程实现。

第 7 章　学习文本表示，介绍最新的文本表示学习算法 word2vec。首先探讨不同类型的 word2vec 模型，如 CBOW 和 skip-gram 在数学上是如何工作的；然后学习如何使用 TensorBoard 可视化单词嵌入；最后介绍用于学习句子表示的 doc2vec、skip-thoughts 和 quick-thoughts 模型。

第 8 章　使用 GAN 生成图像，帮助读者理解最流行的一种生成算法——GAN。学习如何在 TensorFlow 中实现 GAN 来生成图像。另外，还将探讨不同类型的 GAN，如 LSGAN 和 WGAN。

第 9 章　了解更多关于 GAN 的信息，揭示各种有趣的不同类型的 GAN。首先学习 CGAN——它会限制生成器和鉴别器；然后学习如何在 TensorFlow 中实现 InfoGAN；最后学习如何使用 CycleGAN 将照片转换为绘画，以及如何使用 StackGAN 将文字描述转换为照片。

第 10 章　使用自动编码器重构输入，描述自动编码器如何学习重构输入。本章将探索并学习在 TensorFlow 中实现不同类型的自动编码器，如卷积自动编码器、稀疏自动编码器、收缩自动编码器、变分自动编码器等。

第 11 章　探索少量样本学习算法，描述如何构建模型以从少数的几个数据点学习。本章还将介绍什么是少量样本学习，并探索流行的少量样本学习算法，如原型网络、关系网络和匹配网络等。

资源下载

本书的配套资源包括示例程序代码和本书中使用的屏幕截图/图表的彩色图像，可通过以下方式下载。

（1）扫描右侧的二维码，或在微信公众号中直接搜索“人人都是程序猿”，关注后输入 sf3193 并发送到公众号后台，即可获取资源下载链接。

（2）将链接复制到计算机浏览器的地址栏中，按 Enter 键即可下载资源。注意，在手机中不能下载，只能通过计算机的浏览器下载。

（3）扫描右侧的“读者交流圈”二维码，加入圈子也可获取本书资源的下载链接，本书的勘误也会及时发布在交流圈中。

本书约定

本书在编排时，一些特色文本遵循以下约定。

CodeInText（使用 `Courier New` 字体）：表示文本中的代码单词、数据库表名、文件夹名、文件名、文件扩展名、路径名、虚拟 URL 和用户输入，如：“计算 `J_plus` 和 `J_minus`”。

代码块设置如下：

```
J_plus = forward_prop(x, weights_plus)
J_minus = forward_prop(x, weights_minus)
```

任何命令行输入或输出的编写方式如下。

```
tensorboard --logdir=graphs --port=8000
```

Bold（粗体）：表示一个新术语、一个重要单词或在屏幕上看到的单词。例如，菜单或对话框中的单词会以粗体的形式出现在正文中，如：“输入层和输出层之间的任何层都称为**隐藏层（hidden layer）**”。

📖**注释**：警告或重要注释的说明会以这样的方式出现。

📢 **提示**：提示、窍门和技巧的说明会以这样的形式出现。

本书出版说明

本书原版书中的数学符号存在与我国使用的标准符号不一致的地方，为尊重原文内容和确保读者能更容易地理解本书内容，在确保表达含义一致的基础上，改为我国使用的标准规范数学符号。另外，关于图文字体不一致的问题，是不同字库所致，本书采取图片中的字体与正文中的字体各自统一的原则，内容上不影响理解。

保持联系

本书在出版时虽然已经采取了一切措施，以确保内容的准确性，但还是不敢保证没有任何失误之处。如果读者在学习过程中发现错误，或对本书有任何意见或建议，请直接将信息反馈到 zhiboshangshu@163.com 邮箱，我们将根据您的意见或建议及时做出调整。我们欢迎您跟我们联系。

最后祝您学习愉快！

本书（原版）审稿人简介

Sujit S Ahirrao，毕业于浦那大学电子和电信专业。计算机视觉和机器学习研究员、软件开发人员。他在图像处理和深度学习方面经验丰富，通过创业公司进入人工智能领域，并一直是某知名公司内部研发团队的一员。他希望以他不断增长的技能和经验为教育、医疗和科学研究社区做出贡献。

Bharath Kumar Varma，印度理工学院海德拉巴分校（IIT Hyderabad）数据科学专业、理工硕士。目前在一家名为 MTW Labs 的印度科技初创公司担任首席数据科学家，客户遍及印度和北美。他的主要兴趣领域是深度学习、自然语言处理和计算机视觉。他是一名经验丰富的架构师，专注于机器学习项目、视觉和文本分析解决方案，也是初创企业生态系统的活跃成员。除了工作之外，他还积极参与教学和指导数据科学爱好者，并通过与其他爱好者在小组中交流和工作，为社区做出贡献。

Doug Ortiz 是一位经验丰富的企业云、大数据、数据分析和解决方案架构师，曾构建、设计、开发、重新设计和集成企业解决方案。他的其他专业领域包括亚马逊网络服务、Azure、谷歌云、商业智能、Hadoop、Spark、NoSQL 数据库和 SharePoint。他也是 Illustris, LLC 的创始人。

目 录

第 1 部分 深度学习入门

第 2 部分　基本的深度学习算法

第 3 部分 高级深度学习算法

1

第 1 部分

深度学习入门

在这一部分中，我们将熟悉深度学习并理解深度学习的基本概念。我们还将学习称为 TensorFlow 的强大深度学习框架，并为未来的所有深度学习任务设置 TensorFlow。

这一部分包括以下两章。

第1章

深度学习简介

深度学习是机器学习的一个子集，其灵感来自人类大脑中的神经网络。它已经存在了大约10年，但它当下如此流行的原因是计算技术的进步和海量数据的获得。在海量数据的支持下，深度学习算法的表现超过了经典的机器学习算法。它已经得到改造并广泛应用于多个跨学科的科学领域，如计算机视觉、自然语言处理（NLP）、语音识别，以及许多其他领域等。

在本章中，我们将学习以下内容。

- 深度学习的基本概念
- 生物和人工神经元
- 人工神经网络及其他的层
- 激活函数
- 神经网络的前向和反向传播
- 梯度检测算法
- 从头开始构建一个人工神经网络

1.1 什么是深度学习

深度学习（Deep Learning，DL）只是多层人工神经网络的一个现代名称。那么，深度学习到底是什么呢？它基本上应归于人工神经网络（Artificial Neural Network，ANN）的结构。人工神经网络由用于执行任何计算的 n 个层组成。我们可以建立一个多层的神经网络，而每一层负责学习数据中一个复杂的模式。由于计算能力的进步，我们甚至可以构建一个具有 100 层或 1000 层深度的网络。由于 ANN 使用深层进行学习，所以我们称其为深度学习；而当 ANN 使用深层进行学习时，我们称其为深度网络。我们已经知道，深度学习是机器学习的一个子集。那么，深度学习和机器学习有什么不同呢？又是什么使深度学习变得如此特殊和流行呢？

机器学习的成功依赖于正确的特征集。特征工程在机器学习中扮演着一个至关重要的角色。如果我们手动构建一组正确的特征预测某一特定结果，那么机器学习算法可以表现得很好，但寻找和设计一组正确的特征并不是一件容易的事。

利用深度学习，我们不必手动构建这些特征。由于深度人工神经网络采用了多层结构，它可以自己学习数据复杂的内在特征和多层次的抽象表示。让我们通过一个类比进一步探讨这个问题。

假设我们想要执行一个图像分类任务。例如，我们正在学习识别一幅图像中是否包含一条狗。利用机器学习，我们需要手动构建一些特征帮助模型理解图像中是否包含一条狗。我们将这些手动构建的特征作为输入传给机器学习算法，然后学习特征和标签（dog）之间的映射关系。但从图像中提取特征是一项冗长而乏味的工作。利用深度学习，我们只需要把一系列图像输入深度神经网络，它就会通过学习正确的特征集自动充当一个特征提取器的角色。正如我们所了解的，人工神经网络使用了多层：在第一层中，它将学习狗的特征图像的基本特征，如狗的身体结构；在接下来的层中，它将学习那些复杂的特征。一旦它学会了正确的特征集，就会在图像中寻找这些特征。如果这些特征是存在的，那么它表示给定的图像包含一只狗。因此，与机器学习不同的是，使用深度学习，我们不需要手动设计特征，取而代之的是人工神经网络学习所需的正确特征集。

由于深度学习的这个有趣的特性，它大体上被用于难以提取特征的非结构化数据集，如语音识别、文本分类等。当我们有相当数量的海量数据集时，深度学习擅长提取特征并将提取的特征映射到它们的标签上。话虽如此，深度学习并不只是把一堆数据点扔到深度网络中然后得到结果。事情也没那么简单。我们将有许多超参数充当调优旋钮，以获得更好的结果，我们将在接下来的章节中进行探讨。

虽然深度学习比传统的机器学习模型表现得更好，但不建议在较小的数据集上使用它。当我们没有足够的数据点或数据很简单的时候，深度学习算法很容易对训练数据集进行过拟合，而不能很好地泛化到未知的数据集。因此，只有当我们拥有大量的数据点时，才应该应用深度学习。

深度学习的应用数不胜数，而且几乎无处不在。一些有趣的应用程序包括自动为图像生成字幕、为无声电影添加声音、将黑白图像转换为彩色图像、生成文本等。谷歌的语言翻译、亚马逊和 Spotify 的推荐引擎，以及自动驾驶汽车等都是由深度学习所驱动的应用。毫无疑问，深度学习是一种颠覆性的技术，并在过去的几年里取得了巨大的技术进步。

在本书中，我们将通过从头构建一些有趣的深度学习应用程序，从基本的深度学习算法中学习这些相关的算法，其中包括图像识别、生成歌词、预测比特币价格、生成逼真的人工图像、将照片转换为油画等。兴奋了吗？那就让我们开始吧！

1.2 生物和人工神经元

在继续学习之前，首先，我们将研究一下什么是神经元以及我们大脑中的神经元是如何工作的，然后我们将学习人工神经元。

神经元可以被定义为人脑的基本计算单位。神经元是人类大脑和神经系统的基本单位。我们的大脑包含大约 1000 亿个神经元。每个神经元都通过一种称为（神经元）**突触**（**Synapse**）的结构相互连接，突触负责接收来自外部环境的输入，负责向肌肉发送运动指令，以及执行其他活动。

一个神经元也可以通过一个被称为**树突**（**Dendrite**）的树枝状结构接收来自其他神经元的输入。这些输入被加强或被减弱；也就是说，这些神经元根据输入的重要性进行加权，然后它们在称为**体细胞**（**Soma**）的细胞体中被累加在一起。在体细胞中，这些累加的输入被处理，通过**轴突**（**Axons**）移动，并发送到其他的神经元。

基本的单个生物神经元如图 1-1 所示。

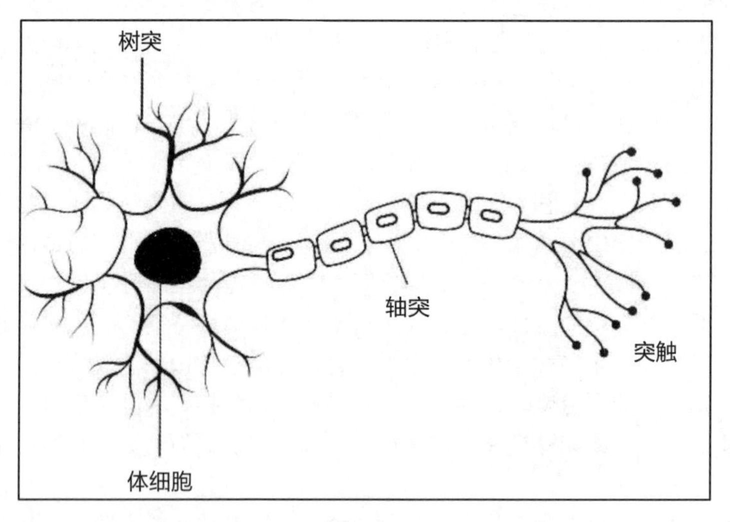

图 1-1

现在，让我们看看人工神经元是如何工作的。假设我们用 3 个输入 x_1、x_2 和 x_3 预测输出 y。这些输入要乘以权重 w_1、w_2 和 w_3 并将它们以如下方式累加在一起。

$$x_1 w_1 + x_2 w_2 + x_3 w_3$$

但是为什么我们要把这些输入乘以权重呢？因为在计算输出 y 时，所有的输入并不是同等重要的。假设在计算输出时 x_2 比其他两个输入更重要。然后，我们给 w_2 分配一个比其他两个权重更高的值。因此，将权重与输入相乘后，x_2 的值将高于其他两个输入值。简单地说，权重是用来增强输入的。将输入值与权重相乘后，我们将它们累加在一起，并加上一个称为偏差的值，即 b。

$$z = (x_1w_1 + x_2w_2 + x_3w_3) + b$$

如果仔细看看上面这个方程，它可能看起来很熟悉，是不是？z 看起来是不是像线性回归方程？这不是一条直线的方程吗？我们知道一条直线的方程为

$$z = mx + b$$

这里，m 是权重（系数），x 是输入，b 是偏差（截距）。

那么，神经元和线性回归之间的区别是什么？在神经元中，我们通过应用一个称为激活函数或传递函数的$f(z)$引入非线性结果 z。因此，输出变为

$$y = f(z)$$

单个人工神经元如图 1-2 所示。

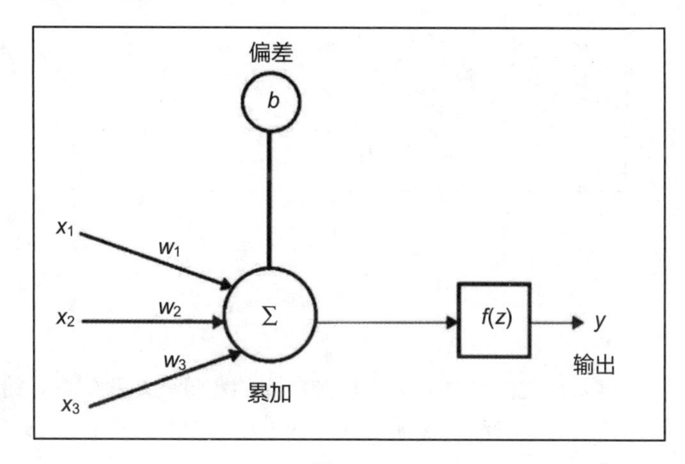

图 1-2

一个神经元取输入 x，乘以权重 w，并加上偏差 b，形成 z，然后我们把激活函数应用到 z 上得到输出 y。

1.3 人工神经网络和它的层

虽然神经元很酷，但我们不能只用一个神经元完成复杂的任务。这就是为什么我们的大脑有数十亿个神经元，层层堆叠，形成一个网络。与此相似，人工神经元也是分层排列的。每层都将以这样一种方式连接——即信息从一层传递到另一层。

一个典型的神经网络由以下几层组成。

- 输入层。
- 隐藏层。
- 输出层。

每层都有一组神经元，其中一层的神经元都与其他层的神经元相互作用。然而，同一层的神经元不会相互作用。这只是因为尽管相邻层的神经元之间有连接或边缘，同一层的神经元却没有任何

连接。我们用节点或单元表示人工神经网络中的神经元。

一个典型的人工神经网络如图 1-3 所示。

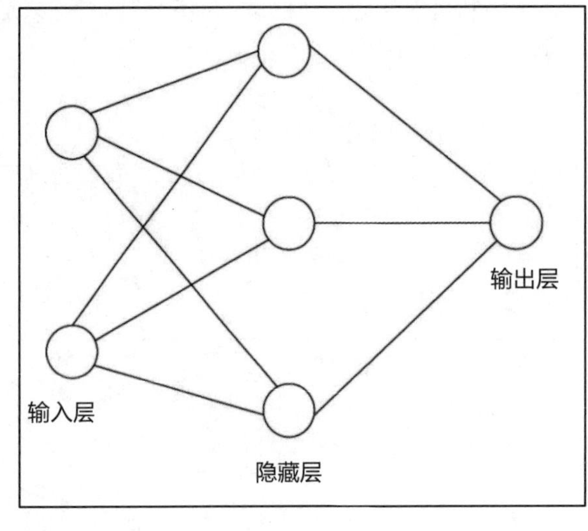

图 1-3

1.3.1 输入层

输入层是我们向网络输入信息的地方。输入层神经元的数量就是我们馈送给网络的输入数量。每个输入都会对预测输出产生一些影响。然而，在输入层中不执行计算；它只是用来将外界的信息传递进（人工神经元）网络中。

1.3.2 隐藏层

在输入层和输出层之间的任何层都被称为**隐藏层**，它用于处理从输入层接收到的输入。隐藏层负责推导输入和输出之间的一些复杂关系。也就是说，隐藏层识别数据集中的模式，它主要负责学习数据表示和提取特征。

可以有任意数量的隐藏层。然而，我们必须根据实际案例选择隐藏层的数量。对于一个非常简单的问题，我们可以只使用一个隐藏层，但在执行诸如图像识别等复杂任务时，我们要使用许多隐藏层，每层都负责提取一些重要的特征。当我们有许多隐藏层时，这个（人工神经元）网络就被称为深度神经网络。

1.3.3 输出层

在处理完输入后，隐藏层将其结果发送给输出层。顾名思义，输出层用于输出结果。输出层的神经元数量取决于我们想要（人工神经元）网络解决的问题的类型。

如果这是一种二元分类，那么输出层的神经元数量就将告诉我们输入属于哪个类别。如果它是一个多类分类，如有 5 个类，并且如果我们想要获得每个类的概率作为输出，那么输出层的神经元的个数就是 5 个，每个神经元输出它的概率。如果这是一个回归问题，那么我们在输出层只有一个神经元。

1.4 探讨激活函数

激活函数又称**传递函数**，在神经网络中起着至关重要的作用。它用于在神经网络中引入非线性结构。正如先前学过的，我们将激活函数应用于输入，而输入又乘以权重，再加上偏差，即 $f(z)$，其中 $z=$(输入×权重)+ 偏差，$f(z)$就是激活函数。如果我们不应用激活函数，那么神经元就简单地类似于线性回归。激活函数的作用是引入非线性结构转换学习数据中复杂的潜在模式。

现在就让我们看一些有趣的常用激活函数吧。

1.4.1 sigmoid 函数

sigmoid 函数是最常用的激活函数之一。它将值限制在 0～1。sigmoid 函数可定义如下。

$$f(x)=\frac{1}{1+\mathrm{e}^{-x}}$$

它是一个 S 形曲线，如图 1-4 所示。

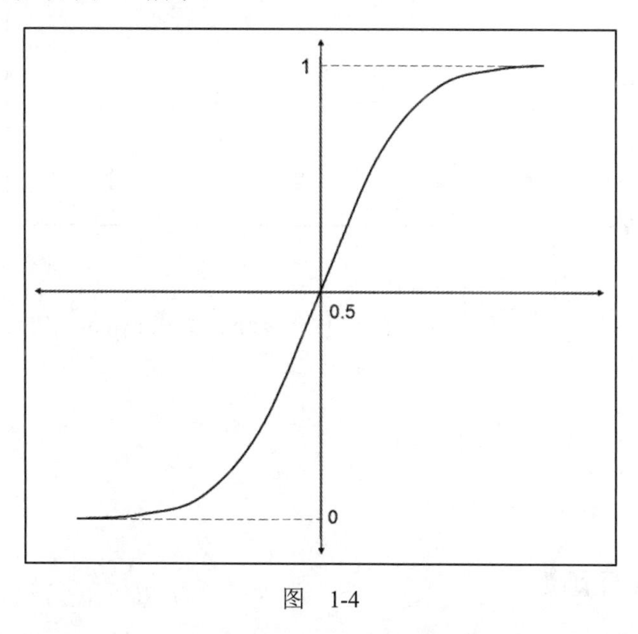

图 1-4

它是可微分的，这意味着我们可以在任意两点找到曲线的斜率；它是单调的，这意味着它要么是完全不增加，要么是完全不减少。sigmoid 函数也称为**逻辑**（logistic）函数。我们知道概率是在 0 和 1 之间，由于 sigmoid 函数将值压缩在 0～1 之间，所以它被用来预测输出的概率。

sigmoid 函数在 Python 中的实现方式如下。

```
def sigmoid(x):
    return 1/(1+np.exp(-x))
```

1.4.2 双曲正切函数

双曲正切（**tanh**）函数输出-1～1 的值，其表示如下。

$$f(x)=\frac{1-\mathrm{e}^{-2x}}{1+\mathrm{e}^{-2x}}$$

它也类似于 S 形曲线。与以 0.5 为中心的 sigmoid 函数不同，tanh 函数以 0 为中心，如图 1-5 所示。

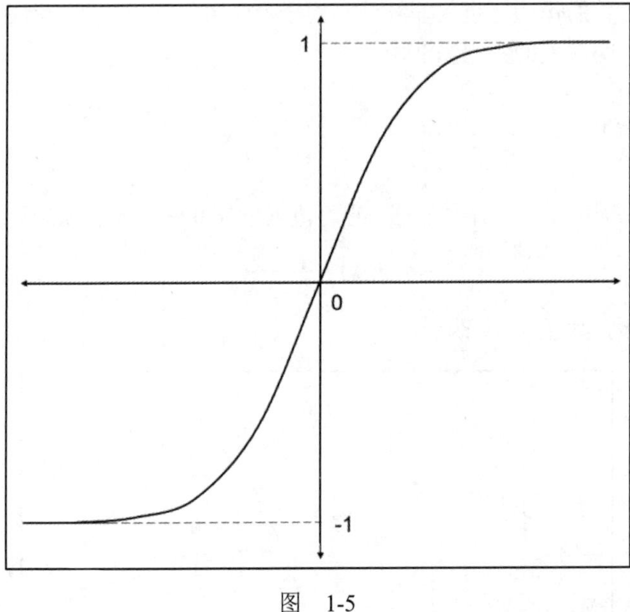

图 1-5

与 S 形函数相似，它也是一个可微分的单调函数。tanh 函数在 Python 中的实现方式如下。

```
def tanh(x):
    numerator = 1-np.exp(-2*x)
    denominator = 1+np.exp(-2*x)

    return numerator/denominator
```

1.4.3 修正线性单元函数

修正线性单元（**Rectified Linear Unit**，**ReLU**）函数是另一种最常用的激活函数。它输出一个 0～∞（无穷大）的值。它基本上是一个分段函数，并可以表示如下。

$$f(x)=\begin{cases}0, & x<0\\ x, & x\geqslant 0\end{cases}$$

也就是说，当 x 的值小于 0 时 $f(x)$ 返回 0，而当 x 的值大于或等于 0 时 $f(x)$ 返回 x。它也可以表示如下。

$$f(x)=\max(0,x)$$

ReLU 函数图像如图 1-6 所示。

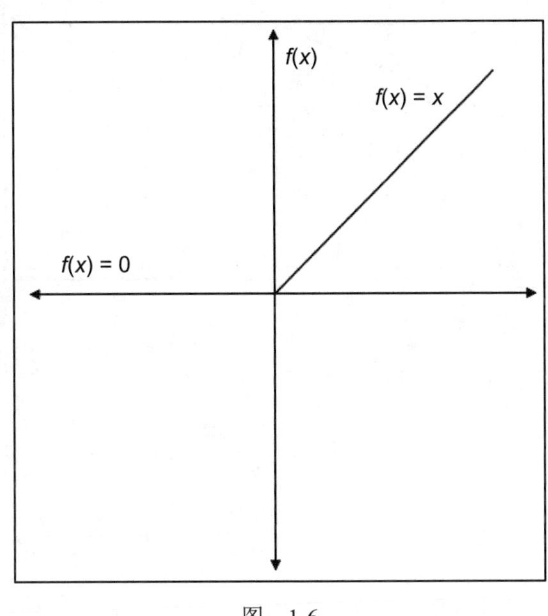

图 1-6

正如我们在图 1-6 中所看到的那样，当我们向 ReLU 函数做任何负输入时，它都会将其转换为零。所有负值为零的障碍是一个称为“濒死”的 ReLU 问题，如果一个神经元总是输出零，那么它就被认为死亡了。ReLU 函数在 Python 中的实现方式如下。

```
def ReLU(x):
    if x<0:
        return 0
    else:
        return x
```

1.4.4 渗漏修正线性单元函数

渗漏修正线性单元（Leaky ReLU）函数是 ReLU 函数的一个变种，它用于解决濒死的 ReLU 问题。它并不是将每个负输入都转换为零，而是为负值提供一个较小的斜率，如图 1-7 所示。

渗漏修正线性单元函数可以表示如下。

$$f(x)=\begin{cases}\alpha x, & x<0\\ x, & x\geqslant 0\end{cases}$$

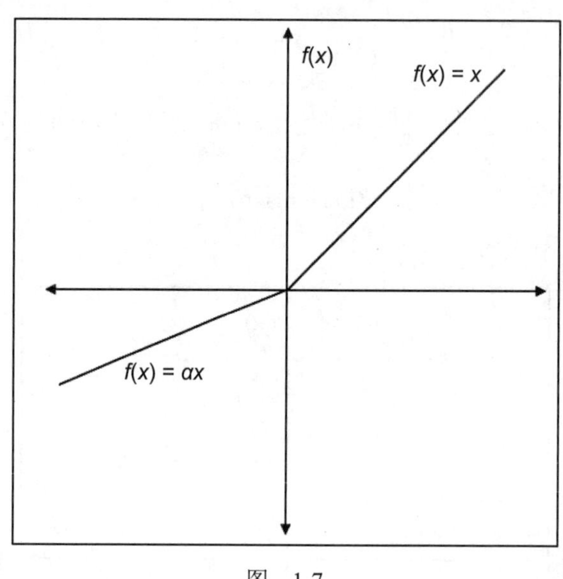

图 1-7

α 的值通常设置为 0.01。Leaky ReLU 函数在 Python 中的实现方式如下。

```
def leakyReLU(x,alpha=0.01):
    if x<0:
        return (alpha*x)
    else:
        return x
```

我们不需要给 α 设置某些默认值，而是将它们作为参数发送给一个神经网络，并让这个网络学习到 α 的最优值。这样的激活函数可以称为**参数 ReLU** 函数。我们也可以将 α 的值设为某个随机值，则它被称为**随机 ReLU** 函数。

1.4.5 指数线性单元函数

指数线性单元（Exponential Linear Unit，ELU）函数与 Leaky ReLU 函数一样，对于负值有一个较小的斜率。但它不是一条直线，而是一条对数曲线，如图 1-8 所示。

它可以表示如下。

$$f(x)=\begin{cases}\alpha(\mathrm{e}^x-1), & x<0\\ x, & x\geqslant 0\end{cases}$$

ELU 函数在 Python 中的实现方式如下。

```
def ELU(x,alpha=0.01):
    if x<0:
        return (alpha*(np.exp(x)-1))
    else:
        return x
```

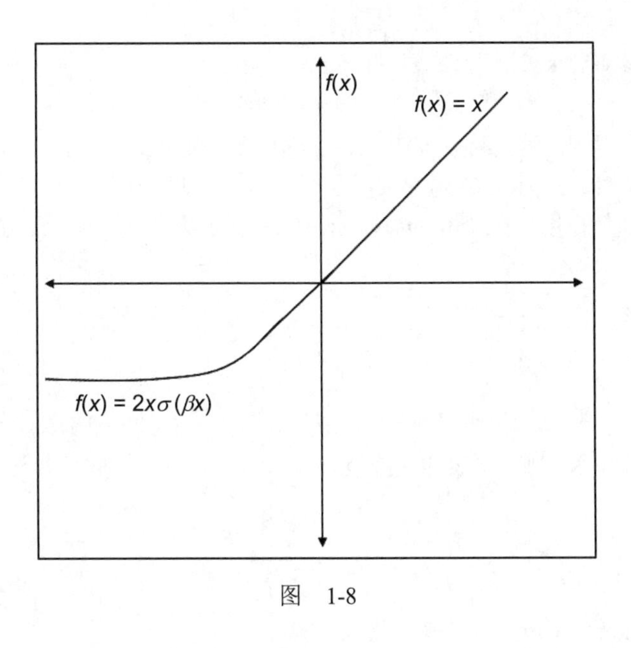

图 1-8

1.4.6 swish 函数

swish 函数是 Google 最近推出的一个激活函数。与其他单调的激活函数不同，swish 是一个非单调函数，这意味着它既不总是非递增的，也不总是非递减的，如图 1-9 所示。它提供了比 ReLU 函数更好的性能。该函数很简单，并且可以表示如下。

$$f(x) = x\sigma(x)$$

这里，$\sigma(x)$ 是 sigmoid 函数。

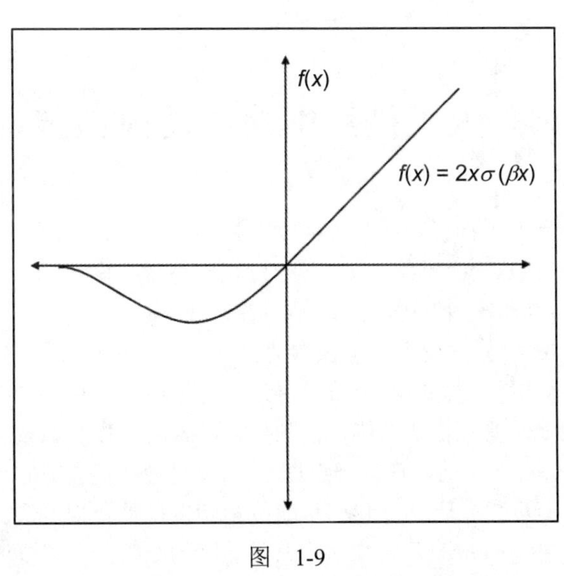

图 1-9

我们还可以重新参数化 swish 函数，并将其表示如下。

$$f(x)=2x\sigma(\beta x)$$

当 β 的值为 0 时，得到恒等式函数 $f(x)=x$，它变成一个线性函数。当 β 的值趋于无穷大时，$f(x)$ 变成 2max(0，x)，它基本上是 ReLU 函数乘以某个常数。因此，β 的值在线性函数和非线性函数之间起到了一种很好的插值作用。在 Python 中，swish 函数可以按如下所示的方式实现。

```
def swish(x,beta):
    return 2*x*sigmoid(beta*x)
```

1.4.7 softmax 函数

softmax 函数基本上是 sigmoid 函数的一般化。它通常应用于网络的最后一层，同时又执行多类分类任务。它给出了每个类所输出的概率，因此，softmax 值的总和将永远等于 1。

它可以表示如下。

$$f(x_i)=\frac{e^{x_i}}{\sum_j x_j}$$

如图 1-10 所示，softmax 函数将其输入转换为概率。

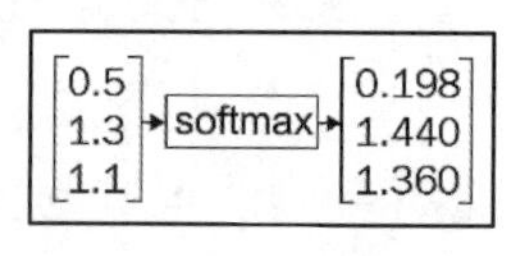

图 1-10

可以在 Python 中按如下方式实现 softmax 函数。

```
def softmax(x):
    return np.exp(x) / np.exp(x).sum(axis=0)
```

1.5 人工神经网络中的前向传播

在本节中，我们将看到人工神经网络是如何学习神经元在什么地方分层的。网络中的层数等于隐藏层数加上输出层数(在计算一个网络中的层数时，我们不考虑输入层)。考虑一个两层神经网络，一个输入层 x、一个隐藏层 h 和一个输出层 y，如图 1-11 所示。

假设有两个输入，即 x_1 和 x_2，我们必须预测输出 $\hat{y}$。因为有两个输入，所以输入层中的神经元数量将是两个。我们将隐藏层中的神经元个数设置为 4，将输出层中的神经元个数设置为 1。现在，输入将乘以权重，然后加上偏差并将结果值传播到将应用激活函数的隐藏层。

在此之前，我们需要初始化权重矩阵。在现实世界中，尽管我们会对它们进行加权并计算输出，但是我们不知道哪个输入更重要。因此，我们将随机初始化权重和偏差值。输入层和隐藏层之间的权重矩阵和偏差值分别用 $\boldsymbol{W}_{xh}$ 和 b_h 表示。那么，权重矩阵的维数又是多少呢？权重矩阵的维数必须是当前层的神经元的个数×下一层的神经元的个数。这又是为什么呢？

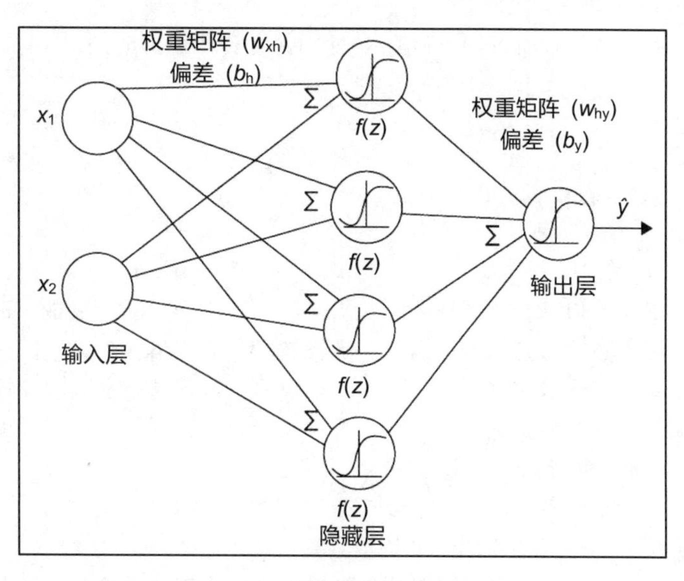

图 1-11

因为这是一个基本的矩阵乘法规则。要将任意两个矩阵 $\boldsymbol{A}$ 和 $\boldsymbol{B}$ 相乘，矩阵 $\boldsymbol{A}$ 中的列数必须等于矩阵 $\boldsymbol{B}$ 中的行数。所以，权重矩阵 $\boldsymbol{W}_{\mathrm{xh}}$ 的维数应该是输入层中的神经元个数乘以隐藏层中的神经元个数，即 2×4。

$$z_1 = X\boldsymbol{W}_{\mathrm{xh}} + b_{\mathrm{h}}$$

以上的等式表示为 z_1= 输入×权重+偏差值（z_1 = input × weights + bias）。现在，它被传递到隐藏层。在隐藏层中，我们对 z_1 应用一个激活函数。让我们使用 sigmoid σ 激活函数。于是，我们可以这样写：

$$\alpha_1 = \sigma(z_1)$$

在应用激活函数之后，我们再次将结果 a_1 乘以一个新的权重矩阵，并加上一个新的在隐藏层和输出层之间流动的偏差值。我们可以将这个权重矩阵和偏差分别表示为 $\boldsymbol{W}_{\mathrm{hy}}$ 和 b_{y}。权重矩阵 $\boldsymbol{W}_{\mathrm{hy}}$ 的维数将是隐藏层中的神经元的个数乘以输出层中的神经元的个数。因为隐藏层有 4 个神经元，而输出层有一个神经元，所以 $\boldsymbol{W}_{\mathrm{hy}}$ 的维数为 4×1。因此，我们将 a_1 乘以权重矩阵 $\boldsymbol{W}_{\mathrm{hy}}$，再加上偏差值 b_{y}，然后将结果 z_2 传递给下一层，即输出层：

$$z_2 = \alpha_1\boldsymbol{W}_{\mathrm{hy}} + b_{\mathrm{y}}$$

现在，我们在输出层对 z_2 应用一个 sigmoid 函数，它将产生一个输出值：

$$\hat{y} = \sigma(z_2)$$

这个从输入层到输出层的整个过程称为前向传播。因此，为了预测输出值，输入被从输入层传播到输出层。在这种传播过程中，它们被乘以每层上各自的权重，并在其上应用激活函数。其完整的前向传播步骤如下。

$$z_1 = X\boldsymbol{W}_{\mathrm{xh}} + b_{\mathrm{h}}$$
$$\alpha_1 = \sigma(z_1)$$
$$z_2 = \alpha_1\boldsymbol{W}_{\mathrm{hy}} + b_{\mathrm{y}}$$
$$\hat{y} = \sigma(z_2)$$

以上所介绍的前向传播步骤可以在 Python 中实现，其代码如下所示。

```
def forward_prop(X):
    z1 = np.dot(X,Wxh) + bh
    a1 = sigmoid(z1)
    z2 = np.dot(a1,Why) + by
    y_hat = sigmoid(z2)
    return y_hat
```

前向传播是不是很酷？但是我们怎样才能知道神经网络所产生的输出是否正确呢？我们定义了一个新的函数，称为**成本函数（J）**，也称为**损失函数（L）**，它告诉我们神经网络的性能如何。有许多不同的成本函数。我们将使用均方误差作为成本函数，可以将其定义为实际输出与预测输出之间的平方差的均值，即

$$J=\frac{1}{n}\sum_{i=1}^{n}(y_i-\hat{y}_i)^2$$

这里，n 是训练的样本数，y 是实际输出，$\hat{y}$ 是预测输出。

好的，我们知道了一个成本函数是用来评估神经网络的。也就是说，它告诉我们神经网络在预测输出方面的表现如何。但问题是，我们的神经网络究竟在哪里学习？在前向传播中，神经网络只是试图预测输出。但它是如何学会预测正确的输出的？在 1.6 节中，我们将对此进行研究。

1.6　人工神经网络是如何学习的

如果成本或损失非常高，则意味着我们的人工神经网络无法预测正确的输出。所以我们的目标是最小化成本函数，因为这样神经网络的预测结果才会更好。如何使成本函数最小化？或者说，如何使损失/成本最小化？我们了解到神经网络使用前向传播进行预测。因此，如果可以改变前向传播中的一些值，就可以预测正确的输出并将损失变得最小。但是，在前向传播中能改变什么值呢？显然，我们不能改变输入和输出。现在只剩下权重矩阵和偏差值了。请记住，我们只是随机初始化了权重矩阵。因为权重矩阵是随机的，所以它们并不是完美的。现在，我们将更新这些权重矩阵（$\boldsymbol{W}_{xh}$ 和 $\boldsymbol{W}_{hy}$），以便使神经网络给出正确的输出。那么，又该如何更新这些权重矩阵呢？这里有一种叫作**梯度下降（Gradient Descent）**的新技术。利用梯度下降，神经网络学习随机初始化权重矩阵的最优值。通过权重值的优化，我们的网络可以预测正确的输出，并使损失变得最小。

现在，我们将探讨如何使用梯度下降学习权重值的最佳值。梯度下降是最常用的优化算法之一。它用于最小化成本函数，这使我们能够最小化误差，并得到可能的最小误差值。但是梯度下降怎样才能找到最佳权重呢？让我们从一个类比开始吧。

设想一下，我们在一座山丘的顶上，如图 1-12 所示，我们想要到达山丘的最低点。可能有许多地区看起来像是山丘的最低点，但我们必须到达最低点——即实际上的最低点。

也就是说，当全局最低点存在时，我们不应该被困在一个自以为它是最低点的点上。

与此相似，我们可以用如下方式表示成本函数。以下是一张成本与权重的关系图。我们的目标是最小化成本函数。也就是说，我们必须达到成本最低的最低点。在图 1-13 中的实心黑点显示了随

机初始化的权重。如果我们向下移动这一点，那么我们可以到达成本最小的点。

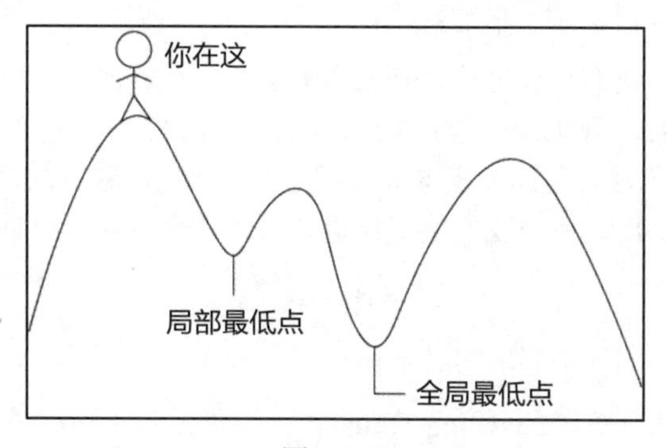

图 1-12

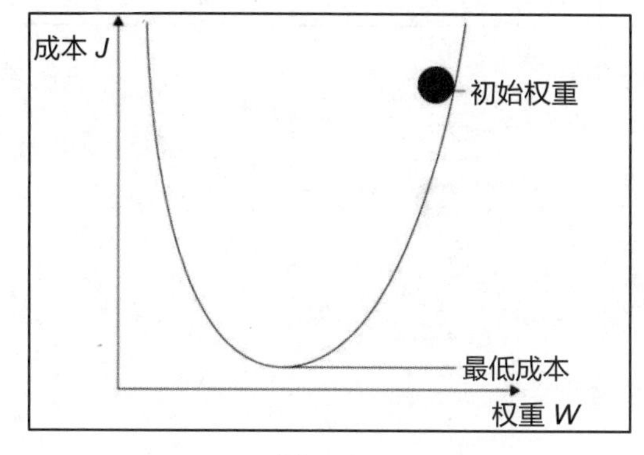

图 1-13

但是我们怎样才能把这个点（初始权重）向下移动呢？我们怎样才能下降到最低点？那就是使用梯度从一点移动到另一点。因此，我们可以通过计算成本函数相对于该点（初始权重）的梯度移动该点（初始权重），其梯度为 $\frac{\partial J}{\partial W}$。

梯度实际上是切线斜率的导数，如图 1-14 所示。

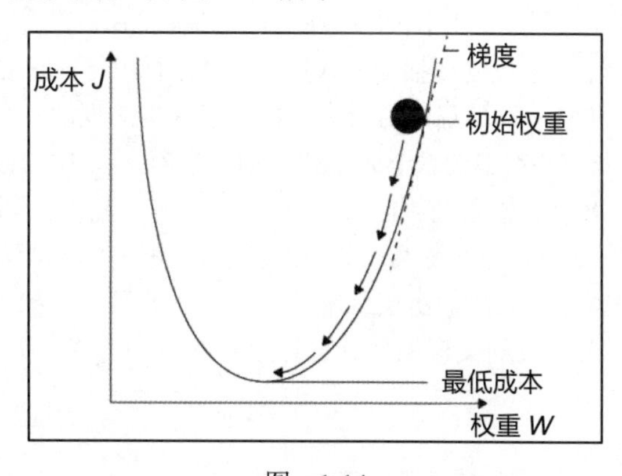

图 1-14

所以，通过计算梯度，下降（向下移动）并到达成本最小的最低点。梯度下降是一阶优化算法，这意味着我们在执行更新时只考虑一阶导数。

因此，通过梯度下降，我们将权重移动到成本最小的位置。但是，我们又该如何更新权重呢？

作为前向传播的结果，我们处于输出层。我们现在将人工神经网络从输出层**反向传播**（**Backpropagation**）到输入层，并计算成本函数相对于输出层和输入层之间的所有权重的梯度，以便使误差最小化。在计算梯度之后，我们使用权重更新规则来更新旧权重。

$$W = W - \alpha \frac{\partial J}{\partial W}$$

这意味着：权重 = 权重$-\alpha$×梯度。

什么是 α？它被称为**学习率**（**Learning Rate**）。正如图 1-15 所示，如果学习率很小，那么我们将向下走一小步，我们的梯度下降可能会很慢。

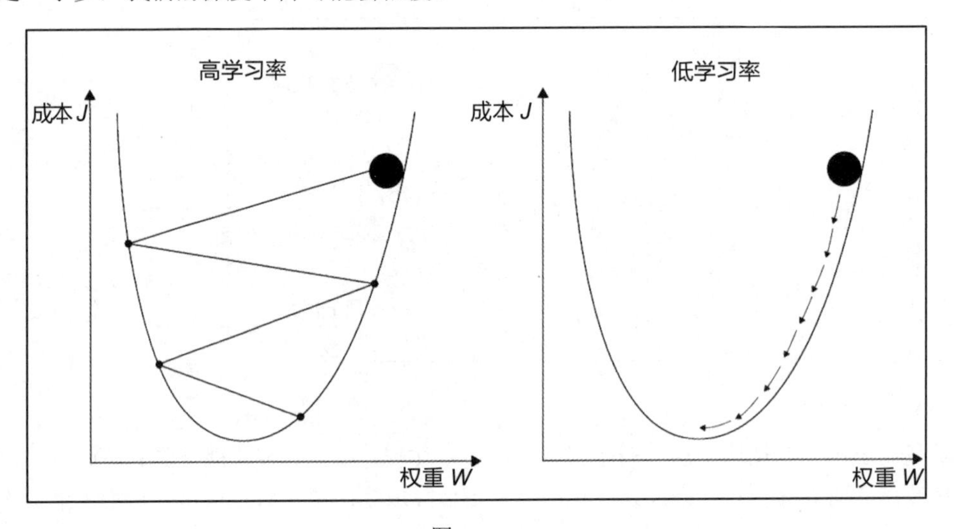

图 1-15

如果学习率大，那么我们会迈出一大步，我们的梯度下降会很快，但是我们可能无法达到全局最小值，而陷入局部最小值。因此，学习率的选择应该是最优的。

这种将人工神经网络从输出层反向传播到输入层，并利用梯度下降法更新网络权重值以使网络损失最小化的全过程称为反向传播。既然已经对反向传播有了基本的理解，我们将通过一步一步的详细学习来加强理解。我们会看到一些有趣的数学表达式，所以要重温你的微积分知识，并按照步骤来做。

我们有两个权重矩阵，$\boldsymbol{W}_{\text{xh}}$ 为输入层到隐藏层的权重矩阵，$\boldsymbol{W}_{\text{hy}}$ 为隐藏层到输出层的权重矩阵。我们需要找到这两个权重的最佳值，以使误差最小。所以，我们需要计算成本函数对这些权重的导数。因为是反向传播的，也就是说，从输出层到输入层，我们的第一个权重矩阵是 $\boldsymbol{W}_{\text{hy}}$。现在我们需要计算 J 对 $\boldsymbol{W}_{\text{hy}}$ 的导数。那么，我们又该如何计算这个导数呢？首先，回顾一下成本函数 J。

$$J = \frac{1}{n}\sum_{i=1}^{n}(y_i - \hat{y}_i)^2$$

我们无法直接从以上这个方程计算导数，因为没有 $\boldsymbol{W}_{\text{hy}}$ 项。所以，我们不是直接计算导数，取而代之的是计算偏导数。让我们回顾一下前向传播方程。

$$\hat{y} = \sigma(z_2)$$
$$z_2 = \alpha_1 \boldsymbol{W}_{\text{hy}} + b_{\text{y}}$$

首先，我们将计算相对于 $\hat{y}$ 的偏导数，然后从 $\hat{y}$ 计算关于 z_2 的偏导数，从 z_2 可以直接计算 $\boldsymbol{W}_{\text{hy}}$ 的导数。这就是链式法则。因此，J 对 $\boldsymbol{W}_{\text{hy}}$ 的导数如下。

$$\frac{\partial J}{\partial \boldsymbol{W}_{\text{hy}}} = \frac{\partial J}{\partial \hat{y}} \cdot \frac{\partial \hat{y}}{\partial z_2} \cdot \frac{\text{d}z_2}{\text{d}\boldsymbol{W}_{\text{hy}}} \tag{1-1}$$

现在，我们将计算上面等式中的每一项。

$$\frac{\partial J}{\partial \hat{y}} = (y - \hat{y})$$
$$\frac{\partial \hat{y}}{\partial z_2} = \sigma'(z_2)$$

在这里，σ' 是 sigmoid 激活函数的导数。我们知道 sigmoid 函数的形式是 $\sigma(z) = \dfrac{1}{1+\text{e}^{-z}}$，所以该 sigmoid 函数的导数是 $\sigma'(z) = \dfrac{\text{e}^{-z}}{(1+\text{e}^{-z})^2}$，代入上式可以得到

$$\frac{\text{d}z_2}{\text{d}\boldsymbol{W}_{\text{hy}}} = a_1$$

因此，将所有上述项代入式（1-1）中，可以得出

$$\frac{\partial J}{\partial \boldsymbol{W}_{\text{hy}}} = (y - \hat{y}) \cdot \sigma'(z_2) \cdot a_1 \tag{1-2}$$

现在我们需要计算 J 对下一个权重 $\boldsymbol{W}_{\text{xh}}$ 的导数。同样，我们无法直接从 J 计算 $\boldsymbol{W}_{\text{xh}}$ 的导数，因为 J 中没有 $\boldsymbol{W}_{\text{xh}}$ 项。所以，我们需要再次使用链式法则。让我们再次回顾前向传播的步骤。

$$\hat{y} = \sigma(z_2)$$
$$z_2 = \alpha_1 \boldsymbol{W}_{\text{hy}} + b_{\text{y}}$$
$$\alpha_1 = \sigma(z_1)$$
$$z_1 = X\boldsymbol{W}_{\text{xh}} + b$$

现在，根据链式法则，得出 J 对 $\boldsymbol{W}_{\text{xh}}$ 的导数。

$$\frac{\partial J}{\partial \boldsymbol{W}_{\text{xh}}} = \frac{\partial J}{\partial \hat{y}} \cdot \frac{\partial \hat{y}}{\partial z_2} \cdot \frac{\partial z_2}{\partial a_1} \cdot \frac{\partial a_1}{\partial z_1} \cdot \frac{\partial z_1}{\text{d}\boldsymbol{W}_{\text{xh}}} \tag{1-3}$$

我们已经了解了如何计算前面等式中的第一项；现在，我们将了解如何计算其余项。

$$\frac{\partial z_2}{\partial a_1} = \boldsymbol{W}_{\text{hy}}$$
$$\frac{\partial a_1}{\partial z_1} = \sigma'(z_1)$$
$$\frac{\text{d}z_1}{\text{d}\boldsymbol{W}_{\text{xh}}} = X$$

因此，将所有上述项代入式（1-3）中，我们可以得出

$$\frac{\partial J}{\partial \boldsymbol{W}_{\mathrm{xh}}}=(y-\hat{y})\cdot\sigma'(z_2)\cdot\boldsymbol{W}_{\mathrm{hy}}\cdot\sigma'(z_1)\cdot x \tag{1-4}$$

在我们计算了两个权重 $\boldsymbol{W}_{\mathrm{hy}}$ 和 $\boldsymbol{W}_{\mathrm{xh}}$ 的梯度之后，将根据权重更新规则更新初始权重。

$$\boldsymbol{W}_{\mathrm{hy}}=\boldsymbol{W}_{\mathrm{hy}}-\alpha\frac{\partial J}{\partial \boldsymbol{W}_{\mathrm{hy}}} \tag{1-5}$$

$$\boldsymbol{W}_{\mathrm{xh}}=\boldsymbol{W}_{\mathrm{xh}}-\alpha\frac{\partial J}{\partial \boldsymbol{W}_{\mathrm{xh}}} \tag{1-6}$$

就是这样！这就是我们应该如何更新网络的权重值和最小化损失（成本）的方法。如果你还没有理解梯度下降，请不用担心！在第 3 章我们将深入学习相关的基础知识，并更详细地学习梯度下降和梯度下降的几个变种。现在，让我们看看如何在 Python 中实现反向传播算法。

在式（1-2）和式（1-4）中，都有 $(y-\hat{y})\cdot\sigma'(z_2)$ 项，所以不需要反复计算它们，我们只称它们为 delta2。

```
delta2 = np.multiply(-(y-yHat),sigmoidPrime(z2))
```

现在，我们计算关于 $\boldsymbol{W}_{\mathrm{hy}}$ 的梯度，参考式（1-2）。

```
dJ_dWhy = np.dot(a1.T,delta2)
```

计算相对于 $\boldsymbol{W}_{\mathrm{xh}}$ 的梯度，参考式（1-4）。

```
delta1 = np.dot(delta2,Why.T)*sigmoidPrime(z1)
dJ_dWxh = np.dot(X.T,delta1)
```

将根据权重更新规则式（1-5）和式（1-6）更新权重。

```
Wxh = Wxh - alpha * dJ_dWhy
Why = Why - alpha * dJ_dWxh
```

反向传播的完整代码如下所示。

```
def backword_prop(y_hat, z1, a1, z2):
    delta2 = np.multiply(-(y-y_hat),sigmoid_derivative(z2))
    dJ_dWhy = np.dot(a1.T, delta2)

    delta1 = np.dot(delta2,Why.T)*sigmoid_derivative(z1)
    dJ_dWxh = np.dot(X.T, delta1)

    Wxh = Wxh - alpha * dJ_dWhy
    Why = Why - alpha * dJ_dWxh

    return Wxh,Why
```

在继续学习之前，让我们先熟悉一下在神经网络中常用的一些术语。

- **前向传递（Forward Pass）**：前向传递意味着从输入层到输出层的前向传播。
- **反向传递（Backward Pass）**：反向传递意味着从输出层到输入层的反向传播。
- **历元（Epoch）**：历元指定神经网络看到我们整个训练数据的次数。因此，我们可以说，对于所有训练样本，一个历元等于一个向前传递和一个向后传递。

- **批量大小（Batch Size）**：批量大小指定我们在一次前向传递和一次反向传递中使用的训练样本数。
- **迭代次数（Number of Iterations）**：迭代次数表示传递的次数，其中，一次传递 = 一次前向传递 + 一次反向传递的通过次数。

假设我们有 12000 个训练样本，而批量大小是 6000 个。我们需要两次迭代才能完成一个历元。也就是说，在第一次迭代中，我们传递前 6000 个样本并执行一次前向传递和一次反向传递；在第二次迭代中，我们传递接下来的 6000 个样本并执行一次前向传递和一次反向传递。经过两次迭代后，我们的神经网络将看到整个 12000 个训练样本，这便构成了一个历元。

1.7　利用梯度检测调试梯度下降

我们刚刚学习了梯度下降是如何工作的，以及如何为一个简单的两层网络从头开始编写梯度下降算法。但是，实现复杂神经网络的梯度下降并不是一项简单的任务。除了实现之外，调试复杂神经网络结构的梯度下降也是一项烦琐的任务。令人惊讶的是，即使从一些错误的梯度下降实现中，人工神经网络也会学到一些东西。不过显然，与梯度下降的无缺陷实现相比，其性能并不好。

如果模型没有给出任何错误，而梯度下降算法是有缺陷的实现，那么，我们又该如何评估和确保我们的实现是正确的？这就是我们要使用梯度检测算法的原因。它将有助于我们通过数值检查其导数验证梯度下降的实现。

梯度检测用于调试梯度下降算法和验证我们有一个正确的实现。

那么，梯度检查又是如何工作的呢？在梯度检测中，我们基本上比较了数值梯度和分析梯度。什么是数值梯度和分析梯度呢？

- **数值梯度（Numerical Gradients）**是梯度的一个数值近似值。
- **分析梯度（Analytical Gradients）**是通过反向传播计算的梯度。

我们通过一个例子探讨一下这个问题。假设有一个简单的平方函数：$f(x)=x^2$。

以上函数的分析梯度可以使用乘幂法则计算，如下所示。

$$f'(x)=2x \tag{1-7}$$

现在，让我们看看怎样得到该梯度的近似值。我们并不是使用乘幂法则来计算梯度，取而代之的是使用梯度的定义计算该梯度。我们知道基本上函数的梯度或斜率给出了函数的陡度。

因此，一个函数的梯度或斜率（Slope）定义如下。

$$\text{Slope}=\frac{y\text{ 的变化}}{x\text{ 的变化}}$$

一个函数的梯度可以表示为

$$f'(x)\approx\lim_{\varepsilon\to 0}\frac{f(x+\varepsilon)-f(x-\varepsilon)}{2\varepsilon} \tag{1-8}$$

我们使用前面的方程和近似的梯度数值。这意味着我们将手动计算这个函数的斜率，而不是使用乘幂法则，如图 1-16 所示。

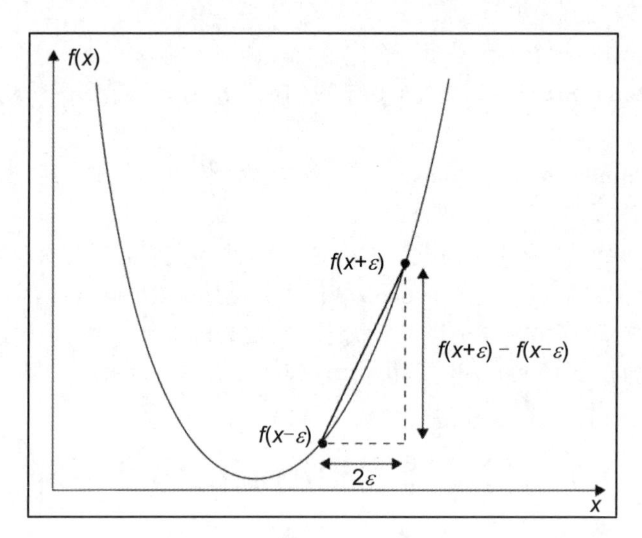

图 1-16

通过乘幂法则[式（1-7）]计算梯度和用数值取得近似梯度[式（1-8）]基本上得出了相同的值。让我们看看如何在 Python 中得出相同的值。

定义平方函数。

```
def f(x):
    return x**2
```

定义 epsilon(ε)和输入值。

```
epsilon = 1e-2
x=3
```

计算分析梯度。

```
analytical_gradient = 2*x
print analytical_gradient
6
```

计算数值（近似）梯度。

```
numerical_gradient = (f(x+epsilon) - f(x-epsilon)) / (2*epsilon)
print numerical_gradient
6.000000000012662
```

你可能已经注意到，计算平方函数的数值（近似）梯度和分析梯度基本上得出了相同的值，即当 x=3 时计算结果为 6。

在对网络进行反向传播时，我们计算分析梯度以实现最小化成本函数。现在，需要确保计算的分析梯度是正确的。所以，让我们来验证一下成本函数的数值近似梯度。

J 相对于 W 的梯度可以在数值上近似为

$$J'(W)=\lim_{\varepsilon\to 0}\frac{J(W+\varepsilon)-J(W-\varepsilon)}{2\varepsilon} \tag{1-9}$$

其表示如图 1-17 所示。

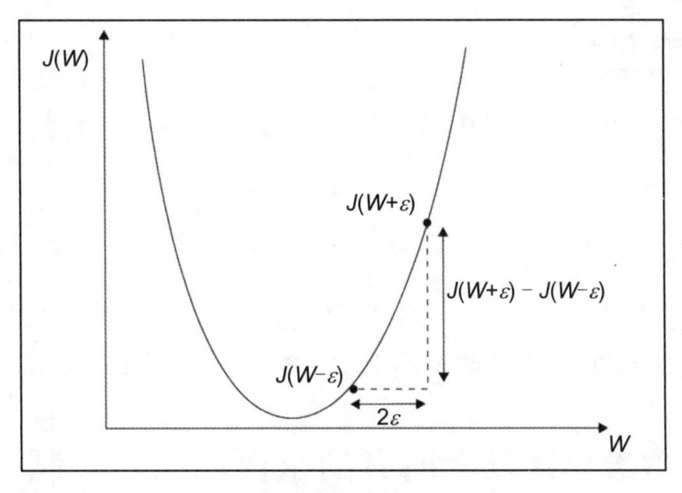

图 1-17

我们将检查分析梯度和数值（近似）梯度是否相同；如果不相同，则我们的分析梯度计算就存在错误。我们不想检查数值梯度和分析梯度是否完全相同；因为我们只需近似计算数值梯度，所以将分析梯度和数值梯度之间的差作为误差进行检查。

我们并不是直接计算数值梯度和分析梯度之间的差值，取而代之的是计算相对误差。它可以定义为差值与梯度绝对值之比。

$$\text{相对误差} = \frac{\|\text{分析梯度}-\text{数值梯度}\|_2}{\|\text{分析梯度}\|_2 + \|\text{数值梯度}\|_2} \tag{1-10}$$

当相对误差小于或等于一个很小的阈值，如 10^{-7} 时，我们的实现就可以认为是正确的。如果相对误差大于 10^{-7}，那么我们的实现就是错误的。

现在让我们看看如何在 Python 中一步一步地实现梯度检测算法。

首先，计算权重，参考式（1-9）。

```
weights_plus = weights + epsilon
weights_minus = weights - epsilon
```

计算 J_plus 和 J_minus，参考式（1-9）。

```
J_plus = forward_prop(x, weights_plus)
J_minus = forward_prop(x, weights_minus)
```

现在，可以计算式（1-9）中给出的数值梯度。

```
numerical_grad = (J_plus - J_minus) / (2 * epsilon)
```

分析梯度可通过反向传播获得。

```
analytical_grad = backword_prop(x, weights)
```

计算式（1-10）中给出的相对误差。

```
numerator = np.linalg.norm(analytical_grad - numerical_grad)
denominator = np.linalg.norm(analytical_grad) +
np.linalg.norm(numerical_grad)
relative_error = numerator / denominator
```

如果相对误差小于一个很小的阈值，如 10^{-7}，那么我们的梯度下降实现就是正确的；否则，它就是错误的。

```
if relative_error < 1e-7:
    print ("The gradient is correct!")
else:
    print ("The gradient is wrong!")
```

因此，借助于梯度检测，可以确保梯度下降算法是无缺陷的（Bug-Free）。

1.8　将以上所有的东西归纳在一起

现在将我们迄今所学的所有概念放在一起，将看到如何从头开始构建一个神经网络。我们将理解神经网络如何学习执行异或（XOR）门操作。当仅有一个输入为 1 时，异或门才返回 1；否则返回 0，如图 1-18 所示。

为了执行异或门操作，我们将从头开始构建一个简单的两层神经网络，如图 1-19 所示。正如你所看到的，其中有一个包含 2 个节点的输入层、一个包含 5 个节点的隐藏层和一个包含 1 个节点的输出层。

输入		输出
x_1	x_2	y
0	0	0
0	1	1
1	0	1
1	1	0

图　1-18

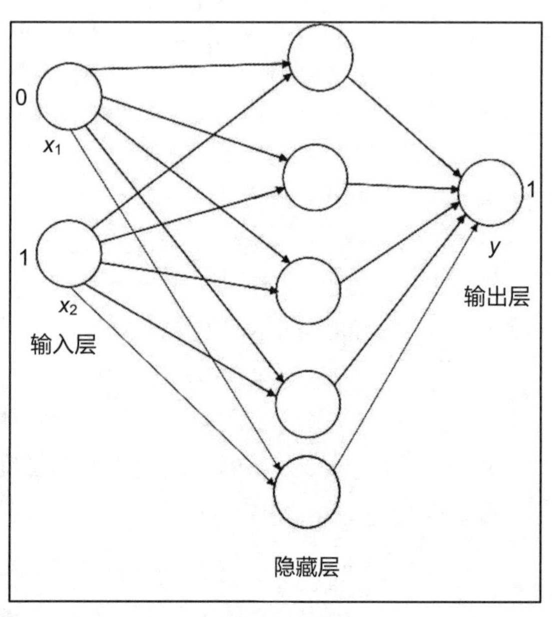

图　1-19

☞**译者的话：**

在接下来的代码中要使用到 Python 的 numpy 和 matplotlib 两个软件包。Python 在默认安装时并没有安装这两个软件包。你可以在命令行窗口中（在操作系统提示符下）输入命令 pip list，检查它们是否已经安装。

如果没有安装，使用命令 pip install numpy 安装 numpy 软件包；使用命令 pip install matplotlib 安装 matplotlib 软件包。安装之后最好再次使用 pip list 命令确认一下。

我们将一步一步地理解一个神经网络是如何学习异或逻辑的。

（1）首先，导入程序库。

```
import numpy as np
import matplotlib.pyplot as plt
%matplotlib inline
```

（2）按照前面的异或表准备数据。

```
X = np.array([[0, 1], [1, 0], [1, 1],[0, 0]])
y = p.array([[1], [1], [0], [0]])
```

（3）定义每层中的节点数。

```
num_input = 2
num_hidden = 5
num_output = 1
```

（4）随机初始化权重和偏差。先初始化隐藏层权重的输入。

```
Wxh = np.random.randn(num_input,num_hidden)
bh = np.zeros((1,num_hidden))
```

（5）现在，初始化隐藏层到输出层的权重。

```
Why = np.random.randn(num_hidden,num_output)
by = np.zeros((1,num_output))
```

（6）定义 sigmoid 激活函数。

```
def sigmoid(z):
return 1 / (1+np.exp(-z))
```

（7）定义 sigmoid 激活函数的导数。

```
def sigmoid_derivative(z):
    return np.exp(-z)/((1+np.exp(-z))**2)
```

（8）定义前向传播。

```
def forward_prop(X,Wxh,Why):
    z1 = np.dot(X,Wxh) + bh
    a1 = sigmoid(z1)
    z2 = np.dot(a1,Why) + by
```

```
    y_hat = sigmoid(z2)
    return z1,a1,z2,y_hat
```

（9）定义反向传播。

```
def backword_prop(y_hat, z1, a1, z2):
    delta2 = np.multiply(-(y-y_hat),sigmoid_derivative(z2))
    dJ_dWhy = np.dot(a1.T, delta2)
    delta1 = np.dot(delta2,Why.T)*sigmoid_derivative(z1)
    dJ_dWxh = np.dot(X.T, delta1)

    return dJ_dWxh, dJ_dWhy
```

（10）定义成本函数。

```
def cost_function(y, y_hat):
    J = 0.5*sum((y-y_hat)**2)
    return J
```

（11）设置学习速率和训练迭代次数。

```
alpha = 0.01
num_iterations = 5000
```

（12）现在，让我们用以下代码开始训练网络。

```
cost =[]

for i in range(num_iterations):
    z1,a1,z2,y_hat = forward_prop(X,Wxh,Why)
    dJ_dWxh, dJ_dWhy = backword_prop(y_hat, z1, a1, z2)

    #update weights
    Wxh = Wxh -alpha * dJ_dWxh
    Why = Why -alpha * dJ_dWhy

    #compute cost
    c = cost_function(y, y_hat)

    cost.append(c)
```

（13）绘制成本函数的图形。

```
plt.grid()
plt.plot(range(num_iteratins),cost)

plt.title('Cost Function')
plt.xlabel('Training Iterations')
plt.ylabel('Cost')
```

正如你可能在图 1-20 中所观察到的，损失随着训练迭代次数的增加而减少。

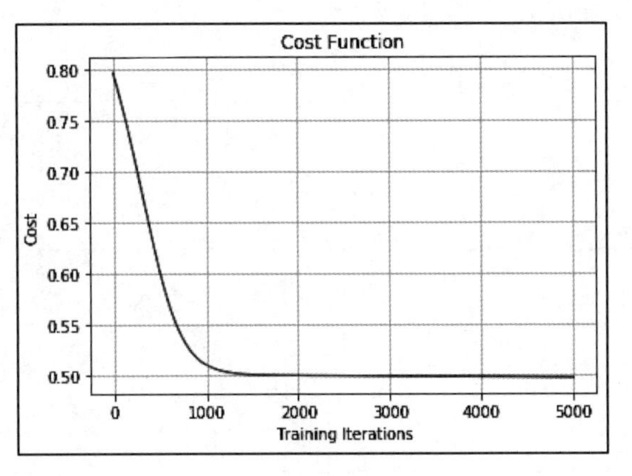

图 1-20

这样，我们就对人工神经网络以及它们是如何学习的有了一个总体的了解。

1.9 总　结

通过本章我们理解了什么是深度学习以及它与机器学习的区别。随后，我们学习了生物神经元和人工神经元的工作原理，并探讨了神经网络中的输入层、隐藏层和输出层，以及几种类型的激活函数。

接下来，我们学习了什么是前向传播，以及人工神经网络如何使用前向传播来预测输出。之后，我们学习了人工神经网络如何使用反向传播进行学习和优化。我们学习了一种叫作梯度下降的优化算法，它可以帮助神经网络最小化损失并作出正确的预测。我们还学习了梯度检测——一种用于评估梯度下降的技术。在本章的最后，我们从无到有地实现了一个神经元网络，用来执行异或门的操作。

在第 2 章中，我们将学习一个最强大和最流行的深度学习程序库 **TensorFlow**。

1.10 问　题

通过回答以下问题评估一下我们新获得的知识。

（1）深度学习与机器学习有何不同？

（2）在深度学习中，深度（Deep）是什么意思？

（3）为什么我们要使用激活函数？

（4）解释什么是濒死的 ReLU 问题。

（5）定义前向传播。

（6）什么是反向传播？

（7）解释梯度检测。

读书笔记

第 2 章

了解 TensorFlow

本章中，我们将学习 TensorFlow，它是时下最流行的深度学习程序库之一。在本书中，我们将使用 TensorFlow 从头开始构建深度学习模型。因此，在本章中，我们将介绍学习 TensorFlow 的窍门及其功能。我们还将学习 TensorBoard，它是 TensorFlow 所提供的用于构建可视化模型的可视化工具。接下来，我们将学习如何构建第一个神经网络，使用 TensorFlow 进行手写数字的分类。随后，我们将学习 TensorFlow 2.0，它是 TensorFlow 的最新版本。我们将了解 TensorFlow 2.0 与以前版本的区别，以及它如何使用 Keras 作为其高级 API。

在本章中，我们将学习以下内容。

- TensorFlow
- 计算图和会话
- 变量、常量和占位符
- TensorBoard
- 使用 TensorFlow 进行手写数字的分类
- TensorFlow 中的数学运算
- TensorFlow 2.0 与 Keras

2.1 什么是 TensorFlow

TensorFlow 是谷歌的一个开源软件库，它广泛地用于数值计算。它是构建深度学习模型最流行的程序库之一。它具有高度的可扩展性，可以在多种平台上运行，如 Windows、Linux、macOS 和 Android。它最初是由谷歌的 Brain 团队的研究人员和工程师开发的。

TensorFlow 可以运行在所有处理器上，包括 CPU、GPU（图形处理器）和 TPU（张量处理单元），以及移动和嵌入式平台。由于灵活的体系结构和易部署性，它已经成为许多研究人员和科学家们构建深度学习模型的热门选择。

在 TensorFlow 中，每个计算都由一个数据流图（也称为计算图）表示，其中一个节点表示运算，如加法或乘法，而边则表示**张量（Tensor）**。数据流图也可以在许多不同的平台上共享和执行。TensorFlow 提供了一个可视化工具，称为 TensorBoard，用于构建可视化数据流图。

一个张量只是一个多维数组。因此，当我们说 TensorFlow（张量流）时，它实际上是计算图中的多维数组（张量）流。

只需在终端中输入以下命令，就可以通过 pip 轻松地安装 TensorFlow。我们将安装 TensorFlow 1.13.1。

```
pip install tensorflow==1.13.1
```

☞**译者的话：**

实际上，对于大多数人，成功地安装 TensorFlow 并不是一件轻松的事。经过几次安装失败之后，读者可能变得非常沮丧。为了帮助初学者快速成功地安装 TensorFlow，本章的最后附上了两种安装的具体步骤。如果读者在安装时遇到困难，可以先阅读本章最后部分的指南。另外，本书中的几乎所有代码都是在 Python 中执行的。因此，你需要首先启动 Python 解释器。

我们可以通过运行以下简单的 Hello TensorFlow!程序检查 TensorFlow 是否安装成功。

```
import tensorflow as tf
hello = tf.constant("Hello TensorFlow!")
sess = tf.Session()
print(sess.run(hello))
```

上面的程序应该输出 Hello TensorFlow!。如果你得到了任何错误信息，那么可能就没有正确地安装 TensorFlow。

2.2 理解计算图

正如我们所知道的那样，TensorFlow 中的每个计算都是由一个计算图表示的。计算图在优化资源和提升分布式计算方面非常有效。

一个计算图是由几个 TensorFlow 操作所组成的，而这些操作排列在一个节点图中。

让我们考虑一个基本的加法（Add）运算（操作）。

```
import tensorflow as tf

x = 2
y = 3
z = tf.add(x, y, name='Add')
```

以上代码的计算图如图 2-1 所示。

当我们构建一个非常复杂的神经网络时，计算图有助于我们理解该神经网络的结构。例如，考虑一个简单的层，$h = \mathrm{ReLU}(WX + b)$。它的计算图应该如图 2-2 所示。

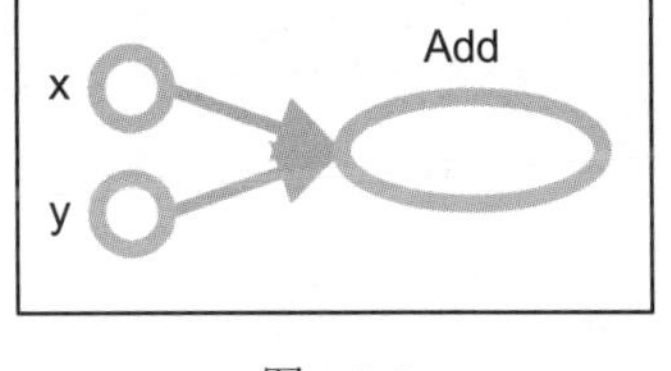

图　2-1

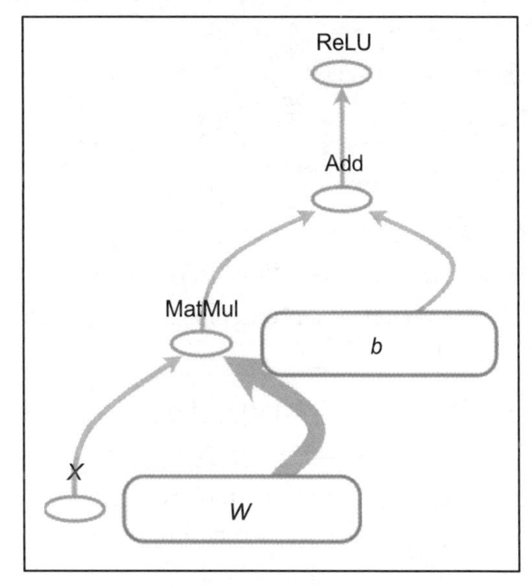

图　2-2

在以上这个计算图中存在着两种类型的依赖，分别称为直接依赖和间接依赖。假设我们有节点 b，它的输入依赖于节点 a 的输出，这种依赖就称为**直接依赖（Direct Dependency）**，如下面的代码所示。

```
a = tf.multiply(8,5)
b = tf.multiply(a,1)
```

当节点 b 的输入不依赖于节点 a 时，这种依赖就称为间接依赖，如下面的代码所示。

```
a = tf.multiply(8,5)
b = tf.multiply(4,3)
```

因此，如果我们能够理解这些依赖关系，就可以将独立的计算分配到可用的资源中，从而减少计算时间。每当我们导入 TensorFlow 时，就会自动创建一个默认图，并且我们创建的所有节点都与该默认图相关联。我们也可以创建自己的图，而不是使用默认图，这在构建每个文件彼此没有依赖关系的多个模型时非常有用。可以使用 tf.Graph()创建一个 TensorFlow 图，如下所示。

```
graph = tf.Graph()
with graph.as_default():
     z = tf.add(x, y, name='Add')
```

如果我们想清除默认图（或者说，如果我们想清除先前定义的变量和操作），那么我们可以使用 tf.reset_default_graph()。

2.3 理解会话

我们将创建一个在这个计算节点和边上的张量上进行操作的计算图，为了执行该图，我们使用了一个 TensorFlow 会话（Session）。

可以使用 tf.Session()创建一个 TensorFlow 会话，其代码如下所示，而且它将分配内存以存储变量的当前值。

```
sess = tf.Session()
```

☞**译者的话：**

如果你使用的是比较新的 TensorFlow 版本，那么以上这条命令可能会出错。在这种情况下，你可以使用命令 import tensorflow.compat.v1 as tf 导入一个早期版本的 TensorFlow，之后再执行上面的命令就可以了。

在创建会话之后，可以使用 sess.run()方法执行我们的计算图。

在 TensorFlow 中的每个计算都是由一个计算图来表示的，所以我们需要为每个计算运行一个计算图。也就是说，为了计算 TensorFlow 上的任何内容，我们都需要创建一个 TensorFlow 会话。

让我们执行以下代码将两个数字相乘。

```
a = tf.multiply(3,3)
print(a)
```

以上的代码并不输出 9，取而代之的是输出一个 TensorFlow 对象，即 Tensor("Mul:0", shape=(), dtype=int32)。

☞**译者的话：**

比较新的 TensorFlow 版本将输出 tf.Tensor(9, shape=(), dtype=int32)。其中，tf 是 TensorFlow 的别名。在比较新的 TensorFlow 版本中，你可以直接使用 tf.print(a)命令输出 a 的结果。

正如上面所讨论的那样，每当我们导入 TensorFlow 时，都会自动创建一个默认的计算图，并且所有节点都会连接到该图。所以，当我们输出 a 时，它只返回 TensorFlow 对象，因为 a 的值尚未计算，这是因为计算图尚未执行。

为了执行这个计算图，我们需要初始化并运行这个 TensorFlow 会话。

```
a = tf.multiply(3,3)
with tf.Session as sess:
```

```
print(sess.run(a))
```

上面的这段代码将输出 9。

2.4 变量、常量和占位符

变量、常量和占位符是 TensorFlow 的基本元素。然而，这三者之间总是容易让人混淆。接下来，让我们逐一检查每个元素，并了解它们之间的区别。

2.4.1 变量

变量是用来存储值的容器。变量被用作计算图中其他几个操作的输入。可以使用 tf.Variable()函数创建一个变量，代码如下。

```
x = tf.Variable(13)
```

让我们使用 tf.Variable()创建一个名为 W 的变量：

```
W = tf.Variable(tf.random_normal([500, 111], stddev=0.35), name="weights")
```

正如在上面的代码中看到的那样，我们通过从标准偏差为 0.35 的正态分布中随机抽取值创建一个变量 W。

在 tf.Variable()中 name 参数是什么？它用于设置计算图中变量的名称。因此，在前面的代码中，Python 将变量保存为 W，但在 TensorFlow 图中，它将保存为 weights。

我们还可以使用 initialized_value()利用另一个变量的值初始化一个新变量。例如，如果我们想使用先前定义的 weights 变量中的一个值创建一个名为 weights_2 的新变量，就可以使用如下代码。

```
W2 = tf.Variable(weights.initialized_value(), name="weights_2")
```

然而，在定义了一个变量之后，我们需要初始化计算图中的所有变量。可以使用 tf.global_variables_initializer()完成这项工作。

一旦我们创建了一个会话，首先，运行初始化操作，它将初始化所有定义的变量，只有这样，我们才能运行其他操作，如下所示。

```
x = tf.Variable(1212)
init = tf.global_variables_initializer()

with tf.Session() as sess:
    sess.run(init)
    print sess.run(x)
```

我们还可以使用 tf.get_variable()创建一个 TensorFlow 变量。它接收 3 个重要参数，分别是名称、形状和初始值设定项。

与 tf.Variable()不同，我们无法将值直接传递给 tf.get_variable()；取而代之的是，我们使用初始值设定项（initializer）。有若干个可用于初始化值的 initializer。例如，tf.constant_initializer(value)是用常量值初始化变量，而 tf.random_normal_initializer(mean, stddev)则是通过从具有指定平均值和标准偏差的随机正态分布中提取值来初始化变量。

使用 tf.Variable()创建的变量是无法共享的，每次我们调用 tf.Variable()，它都将创建一个新变量。但是，tf.get_variable()检查具有指定参数的现有变量的计算图。如果变量已经存在，则将重用它；否则，将创建一个新变量。

```
W3 = tf.get_variable(name = 'weights', shape = [500, 111], initializer =
random_normal_initializer())
```

因此，以上代码检查具有给定参数的任何变量是否已经存在。如果存在，那么它将重用这个变量；否则，它将创建一个新变量。

因为我们正在使用 tf.get_variable()，为了避免名称冲突，我们将使用 tf.variable_scope()，其代码如下所示。

```
with tf.variable_scope("scope"):
    a = tf.get_variable('x', [2])

with tf.variable_scope("scope", reuse = True):
    b = tf.get_variable('x', [2])
```

变量的作用域实际上是一种名称作用域机制，它只是在作用域内为变量添加一个前缀，以避免命名冲突。

如果输出 a.name 和 b.name，则返回相同的名称，即 scope/x:0。正如你所看到的那样，我们在名为 scope 的变量范围中指定了参数 reuse=True，这意味着变量可以共享。如果我们没有设置 reuse=True，那么它会给出一个错误，说明变量已经存在了。

提示：

建议使用 tf.get_variable()而不是 tf.Variable()，因为 tf.get_variable()允许共享变量，而这将使代码重构更容易。

2.4.2 常量

与变量不同，常量的值是不能更改的。也就是说，常量是不可变的。一旦给常量赋了值，它们就永远不能更改。我们可以使用 tf.constant()创建常量，代码如下。

```
x = tf.constant(13)
```

2.4.3 占位符

我们可以将占位符视为变量，而我们只定义了它们的类型和维度，并没有给它们赋值。占位符将在运行时赋值。我们使用占位符将数据提供给计算图。占位符定义为无值。

可以使用 tf.placeholder()定义一个占位符。它需要一个名为 shape 的可选参数，该参数表示数据的维度。如果将 shape 设置为 None，那么可以在运行时提供任何大小的数据。可以使用如下代码定义一个占位符。

```
x = tf.placeholder("float", shape=None)
```

注释：

简单地说，我们使用 tf.Variable()存储数据，而使用 tf.placeholder()输入外部数据。

让我们看一个简单的例子以便更好地理解占位符。

```
x = tf.placeholder("float", None)
y = x+3

with tf.Session() as sess:
    result = sess.run(y)
    print(result)
```

☞译者的话：

在比较新的 TensorFlow 版本中，系统将显示这样的错误信息：AttributeError: module 'tensorflow' has no attribute 'placeholder'。你可以使用谷歌的 Colab，在连接成功之后，在 Notebook 中执行!pip install tensorflow==1.13.1 命令安装与本书相同的版本。随后执行 import tensorflow as tf 命令。现在以上的代码就可以正常工作了。这里需要指出的是，每次连接 Colab 时都要重新安装这个早期的版本；否则 Colab 将使用默认的版本。有关 Google Colab 的使用，在本章的最后有较为详细的介绍。

如果我们运行上面的代码，那么它将返回一个错误，因为我们试图计算 y，其中 y = x+3，而 x 只是一个占位符，它并没有被赋值。正如我们所了解的那样，占位符的值将在运行时分配。我们使用 feed_dict 参数指定占位符的值。feed_dict 参数基本上是字典，其中键表示占位符的名称，值表示占位符的值。

正如你在下面的代码中看到的那样，我们设置 feed_dict = {x:5}，这意味着 x 占位符的值是 5。

```
with tf.Session() as sess:
    result = sess.run(y, feed_dict={x: 5})
    print(result)
```

以上这段代码返回 8.0。

如果想对 x 使用多个值，那又该如何处理呢？由于没有为占位符定义任何形状，所以它可采用任意数量的值，如下所示。

```
with tf.Session() as sess:
    result = sess.run(y, feed_dict={x: [3,6,9]})
    print(result)
```

它将返回如下结果。

```
[ 6. 9. 12.]
```

假设将 x 的形状定义为[None，2]，如下所示。

```
x = tf.placeholder("float", [None, 2])
```

这意味着 x 可以采用一个包含任意行但只有两列的矩阵，如下所示。

```
with tf.Session() as sess:
    x_val = [[1, 2,],
             [3,4],
             [5,6],
             [7,8],]
    result = sess.run(y, feed_dict={x: x_val})
    print(result)
```

上面这段代码将返回如下结果。

```
[[ 4.  5.]
 [ 6.  7.]
 [ 8.  9.]
 [10. 11.]]
```

2.5 TensorBoard 简介

TensorBoard 是 TensorFlow 的可视化工具，它可用于可视化计算图。它还可以用来绘制各种定量指标和若干中间计算的结果。当我们训练一个相当深的神经网络，必须调试这个网络时，该网络会变得难以理解。因此，如果我们能将计算图可视化到 TensorBoard 中，我们就可以很容易地理解、调试和优化这些复杂的模型。TensorBoard 还支持共享。

如图 2-3 所示，TensorBoard 面板由若干个选项卡组成——**标量（SCALARS）**、**图像（IMAGES）**、**音频（AUDIO）**、**图（GRAPHS）**、**分布（DISTRIBUTIONS）**、**直方图（HISTOGRAMS）**和**嵌入（EMBEDDINGS）**。

图 2-3

这些选项卡的含义是不言自明的。SCALARS 选项卡显示有关在程序中使用的标量变量的有用信息。例如，它显示了名为 loss 的标量变量的值在几次迭代中是如何变化的。GRAPHS 选项卡显示计算图。DISTRIBUTIONS 和 HISTOGRAMS 选项卡显示变量的分布。例如，模型的权重分布和直方图可以在这些选项卡下看到。EMBEDDINGS 选项卡用于可视化高维向量，如单词嵌入（在第 7 章学习文本表示时，我们将详细讨论这方面的内容）。

让我们构建一个基本的计算图，并在 TensorBoard 中将其可视化。假设有 4 个变量，如下所示。

```
x = tf.constant(1,name='x')
y = tf.constant(1,name='y')
a = tf.constant(3,name='a')
b = tf.constant(3,name='b')
```

将 x 和 y 以及 a 和 b 相乘，并将它们分别保存为 prod1 和 prod2，如下所示。

```
prod1 = tf.multiply(x,y,name='prod1')
prod2 = tf.multiply(a,b,name='prod2')
```

将 prod1 和 prod2 相加，并将它们的结果存储在 sum 中。

```
sum = tf.add(prod1,prod2,name='sum')
```

现在，我们可以在 TensorBoard 中看到所有这些操作。为了在 TensorBoard 中可视化，首先需要保存事件文件。可以使用 tf.summary.FileWriter()完成这项工作。它需要两个重要参数：logdir 和 graph。

顾名思义，logdir 指定要存储图形的目录，而 graph 指定要存储的图形。

```
with tf.Session() as sess:
    writer = tf.summary.FileWriter(logdir='./graphs',graph=sess.graph)
    print(sess.run(sum))
```

在上面的代码中，graphs 是存储事件文件的目录，并且 sess.graph 指定 TensorFlow 会话中的当前图。因此，上面的代码表示将当前图存储在 graphs 目录中的 TensorFlow 会话中。

要启动 TensorBoard，请转到你的终端，进入工作目录，然后输入如下命令。

```
tensorboard --logdir=graphs --port=8000
```

其中，logdir 参数表示存储事件文件的目录，port 是端口号。运行上述命令之后，打开浏览器并输入 http://localhost:8000/。

在 TensorBoard 面板的 GRAPHS 选项卡下就可以看到计算图了。

你可能已经注意到了，我们定义的所有操作都清楚地显示在图 2-4 中了。

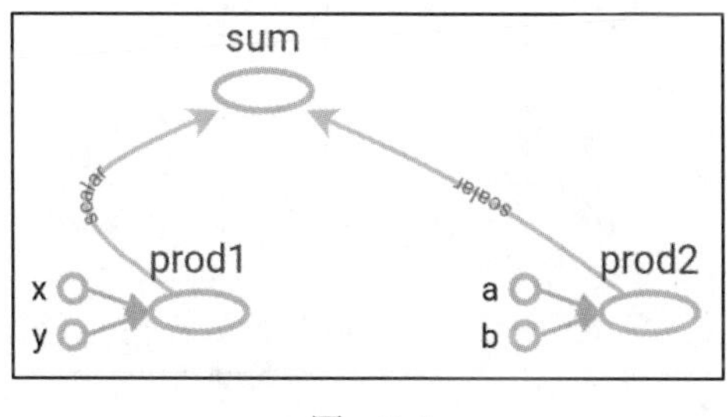

图 2-4

2.6 创建名称作用域

作用域用于降低复杂性，并通过将相关节点分组在一起帮助我们更好地理解一个模型。拥有一个名称作用域有助于我们在图中对类似的操作进行分组。当我们构建一个复杂的体系结构时，它用起来很顺手。可以使用 tf.name_scope()创建作用域（定义域）。在上一节的示例中，我们执行了两个操作：乘积和求和。我们可以简单地将它们分为两个不同的名称作用域，如 Product 和 sum。

在 2.5 节中，我们看到了 prod1 和 prod2 是如何执行乘法并计算结果的。我们将定义一个名为

Product 的名称作用域，并对 prod1 和 prod2 操作进行分组，如下所示。

```
with tf.name_scope("Product"):
    with tf.name_scope("prod1"):
        prod1 = tf.multiply(x,y,name='prod1')
    with tf.name_scope("prod2"):
        prod2 = tf.multiply(a,b,name='prod2')
```

现在，定义 sum 的名称作用域。

```
with tf.name_scope("sum"):
    sum = tf.add(prod1,prod2,name='sum')
```

将文件存储在 graphs 目录中。

```
with tf.Session() as sess:
    writer = tf.summary.FileWriter('./graphs', sess.graph)
    print(sess.run(sum))
```

在 TensorBoard 中可视化该图。

```
tensorboard --logdir=graphs --port=8000
```

正如你可能注意到的那样，现在我们只有两个节点，**sum** 和 **Product**，如图 2-5 所示。

一旦我们双击节点，就可以看到计算是如何进行的。如图 2-6 所示，prod1 和 prod2 节点被分组在 Product 作用域下，而它们的结果被发送至 sum 节点，并且在那里将它们相加在一起。你可以看到 prod1 和 prod2 节点如何计算它们的值。

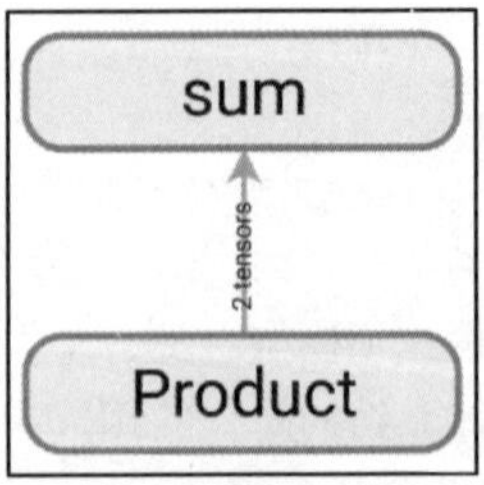

sum

2 tensors

Product

图 2-5

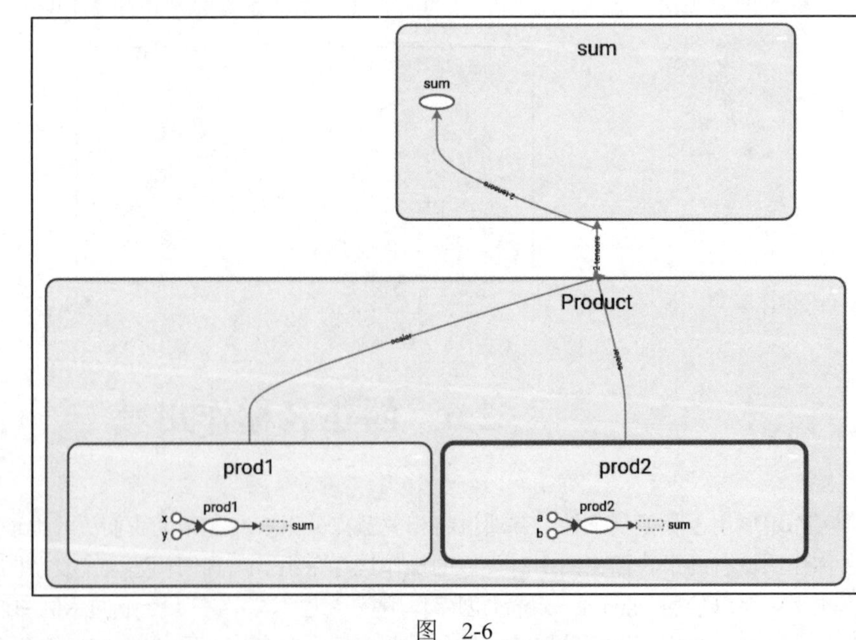

图 2-6

上面只是一个简单的例子。当我们在完成一个包含大量操作的复杂项目时，名称作用域帮助我们将类似的操作分组在一起，从而使我们能够更好地理解计算图。

2.7　使用 TensorFlow 对手写数字进行分类

把我们目前所学的所有概念放在一起，我们将看到如何使用 TensorFlow 构建一个识别手写数字的神经网络。如果你最近一直在钻研深度学习，那么你一定接触过 MNIST 数据集。这个数据集被称为深度学习的 hello world。它由 55000 个手写数字（0～9）的数据点组成。

在本节中，我们将介绍如何使用神经网络识别这些手写数字，并且我们将学到使用 TensorFlow 和 TensorBoard 的窍门。

2.7.1　导入所需的代码库

首先，让我们导入所有必需的代码库。

```
import warnings
warnings.filterwarnings('ignore')

import tensorflow as tf
from tensorflow.examples.tutorials.mnist import input_data
tf.logging.set_verbosity(tf.logging.ERROR)

import matplotlib.pyplot as plt
%matplotlib inline
```

2.7.2　加载数据集

使用以下代码加载数据集。

```
mnist = input_data.read_data_sets("data/mnist", one_hot=True)
```

在以上代码中，data/mnist 表示 MNIST 数据集的存储位置，one_hot=True 表示我们正在对标签（0～9）进行一位有效编码（One-Hot Encoding）。

通过执行以下代码即可看到数据集中的内容。

```
print("No of images in training set {}".format(mnist.train.images.shape))
print("No of labels in training set {}".format(mnist.train.labels.shape))

print("No of images in test set {}".format(mnist.test.images.shape))
print("No of labels in test set {}".format(mnist.test.labels.shape))

No of images in training set (55000, 784)
No of labels in training set (55000, 10)
No of images in test set (10000, 784)
```

```
No of labels in test set (10000, 10)
```

在训练集中有 55000 幅图像，每幅图像的大小是 784 个数据点，并且有 10 个标签（实际上就是 0～9）。同样，在测试集中有 10000 幅图像。

现在，将绘制一幅输入图像，看看这幅图像到底长什么样。

```
img1 = mnist.train.images[0].reshape(28,28)
plt.imshow(img1, cmap='Greys')
```

原来，我们的输入图像就“长成”了如图 2-7 所示的模样。

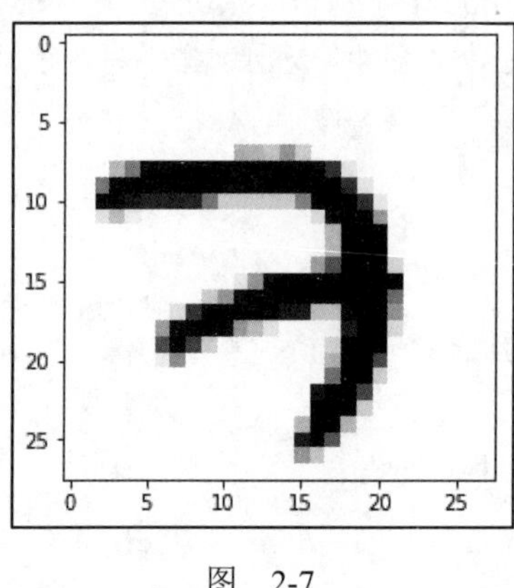

图 2-7

2.7.3 定义每层神经元的数量

我们将构建一个 4 层的神经网络，包括 3 个隐藏层和 1 个输出层。由于输入图像的大小是 784，我们将 num_input 设置为 784，并且由于我们有 10 个手写数字（0～9），所以我们在输出层设置了 10 个神经元。我们将每层中神经元的数量定义如下。

```
#number of neurons in input layer
num_input = 784

#num of neurons in hidden layer 1
num_hidden1 = 512

#num of neurons in hidden layer 2
num_hidden2 = 256

#num of neurons in hidden layer 3
num_hidden_3 = 128

#num of neurons in output layer
num_output = 10
```

2.7.4 定义占位符

正如我们所了解的那样，首先需要为输入和输出定义占位符。占位符的值将在运行时通过 feed_dict 输入。

```
with tf.name_scope('input'):
    X = tf.placeholder("float", [None, num_input])
with tf.name_scope('output'):
    Y = tf.placeholder("float", [None, num_output])
```

因为我们有一个 4 层网络，所以我们有 4 个权重值和 4 个偏差。通过从截断的正态分布（其标准偏差为 0.1）中提取值初始化权重。记住，权重矩阵的维数应该是前一层的神经元个数×当前层的神经元个数。例如，权重矩阵 w3 的维数应该是隐藏层 2 中的神经元个数×隐藏层 3 中的神经元个数。

通常在一个字典中定义所有权重，如下所示。

```
with tf.name_scope('weights'):
    weights = {
        'w1': tf.Variable(tf.truncated_normal([num_input, num_hidden1],
        stddev=0.1),name='weight_1'),
        'w2': tf.Variable(tf.truncated_normal([num_hidden1, num_hidden2],
        stddev=0.1),name='weight_2'),
        'w3': tf.Variable(tf.truncated_normal([num_hidden2, num_hidden_3],
        stddev=0.1),name='weight_3'),
        'out': tf.Variable(tf.truncated_normal([num_hidden_3, num_output],
        stddev=0.1),name='weight_4'),
    }
```

偏差的形状应该是当前层中神经元的个数。例如，偏差 b2 的维数是隐藏层 2 中神经元的个数。我们将偏差值设置为常量，在所有层中皆为 0.1。

```
with tf.name_scope('biases'):
    biases = {
        'b1': tf.Variable(tf.constant(0.1, shape=[num_hidden1]),name='bias_1'),
        'b2': tf.Variable(tf.constant(0.1, shape=[num_hidden2]),name='bias_2'),
        'b3': tf.Variable(tf.constant(0.1, shape=[num_hidden_3]),name='bias_3'),
        'out': tf.Variable(tf.constant(0.1, shape=[num_output]),name='bias_4')
    }
```

2.7.5 前向传播

现在将定义前向传播操作。我们将在所有层中使用 ReLU 激活函数。在最后一层中，将应用 sigmoid 激活函数，如下所示。

```
with tf.name_scope('Model'):
    with tf.name_scope('layer1'):
        layer_1 = tf.nn.relu(tf.add(tf.matmul(X, weights['w1']),
```

```
            biases['b1']) )
        with tf.name_scope('layer2'):
            layer_2 = tf.nn.relu(tf.add(tf.matmul(layer_1, weights['w2']),biases['b2']))
        with tf.name_scope('layer3'):
            layer_3 = tf.nn.relu(tf.add(tf.matmul(layer_2, weights['w3']),biases['b3']))
        with tf.name_scope('output_layer'):
            y_hat = tf.nn.sigmoid(tf.matmul(layer_3, weights['out']) + biases['out'])
```

2.7.6 计算损失和反向传播

接下来，将定义损失函数。我们将使用 softmax 交叉熵作为损失函数。TensorFlow 提供了 tf.nn.softmax_cross_entropy_with_logits()函数计算 softmax 交叉熵的损失。它接收两个参数作为输入，即 logits 和 labels。

- logits 参数指定我们的网络所预测的 logits，如 y_hat。
- labels 参数指定实际标签，如真正的标签（True Labels）、Y。

我们使用 tf.reduce_mean()求损失函数的平均值。

```
with tf.name_scope('Loss'):
    loss = tf.reduce_mean(tf.nn.softmax_cross_entropy_with_logits(logits=y_hat,
    labels=Y))
```

现在，需要使用反向传播最小化损失。别担心！不必手动计算所有权重的导数。取而代之的是使用 TensorFlow 的优化器。在本节中，我们将使用 Adam 优化器。它是我们在第 1 章中所学习的梯度下降优化技术的一种变体。在第 3 章中，我们将深入细节，看看 Adam 优化器和其他几个优化器到底是如何工作的。现在，假设我们使用 Adam 优化器作为反向传播算法。

```
learning_rate = 1e-4
optimizer = tf.train.AdamOptimizer(learning_rate).minimize(loss)
```

2.7.7 计算精度

所介绍模型的计算精度如下。

- y_hat 参数表示模型中每类的预测概率。因为有 10 个类，所以就有 10 个概率。如果在位置 7 的概率很高，那么就意味着我们的网络以高概率预测输入图像为数字 7。tf.argmax()函数返回最大值的下标。因此，tf.argmax(y_hat,1)给出概率高的下标。于是，如果下标 7 处的概率较高，则返回 7。
- Y 参数表示实际的标签，并且它们都是一位有效编码的值。也就是说，除了在实际图像所在的位为 1 之外，其他位都是由 0 组成。例如，如果输入图像是 7，那么除了在下标 7 处为 1 之外，Y 在所有其他下标处都为 0。于是，tf.argmax(Y,1)返回 7，因为在这个位置有一个为 1 的高值。

因此，tf.argmax(y_hat,1)给出预测的数字，而 tf.argmax(Y,1)则给出了实际数字。

tf.equal(x, y)函数将 x 和 y 作为输入，并按元素返回 x == y 的真值。因此，correct_pred =

tf.equal(predicted_digit,actual_digit)由 True（如果实际的数字和预测的数字相同）和 False（如果实际的数字和预测的数字不相同）所组成。我们使用 TensorFlow 的 cast 操作——tf.cast(correct_pred, tf.float32)将 correct_pred 中的布尔值转换为浮点值。将它们转换为浮点值之后，使用 tf.reduce_mean()求平均值。

因此，tf.reduce_mean(tf.cast(correct_pred, tf.float32))给出了正确的平均预测。

```
with tf.name_scope('Accuracy'):
    predicted_digit = tf.argmax(y_hat, 1)
    actual_digit = tf.argmax(Y, 1)
    correct_pred = tf.equal(predicted_digit,actual_digit)
    accuracy = tf.reduce_mean(tf.cast(correct_pred, tf.float32))
```

2.7.8 创建摘要

我们还可以在 TensorBoard 中的几次迭代过程中可视化模型的损失和精度的变化。所以，我们使用 tf.summary()获取变量的摘要。由于损失和精度是标量变量，所以我们使用 tf.summary.scalar()，代码如下所示。

```
tf.summary.scalar("Accuracy", accuracy)
tf.summary.scalar("Loss", loss)
```

接下来，利用 tf.summary.merge_all()合并图中所使用的所有摘要。这样做是因为当我们有许多摘要时，运行和存储它们会变得效率低下，所以在会话中只运行一次，而不是多次运行。

```
merge_summary = tf.summary.merge_all()
```

2.7.9 训练模型

现在，是时候训练我们的模型了。正如我们所了解的那样，首先需要初始化所有的变量。

```
init = tf.global_variables_initializer()
```

定义批量大小、迭代次数和学习率，代码如下所示。

```
learning_rate = 1e-4
num_iterations = 1000
batch_size = 128
```

启动 TensorFlow 会话。

```
with tf.Session() as sess:
```

初始化所有的变量。

```
sess.run(init)
```

保存事件文件。

```
summary_writer=tf.summary.FileWriter('./graphs', graph=sess.graph)
```

训练模型进行多次迭代。

```
for i in range(num_iterations):
```

根据批量大小获取一批数据。

```
batch_x, batch_y = mnist.train.next_batch(batch_size)
```

训练网络。

```
sess.run(optimizer, feed_dict={X: batch_x, Y: batch_y})
```

每 100 次迭代就输出损失和精度。

```
if i % 100 == 0:
    batch_loss, batch_accuracy,summary = sess.run(
      [loss, accuracy, merge_summary], feed_dict={X: batch_x, Y: batch_y})

    #store all the summaries
    summary_writer.add_summary(summary, i)

    print('Iteration: {}, Loss: {}, Accuracy:
    {}'.format(i,batch_loss,batch_accuracy))
```

正如你可能从以下输出中注意到的那样，经过多次的训练迭代，损失在减少，而精度则在提高。

```
Iteration: 0, Loss: 2.30789709091, Accuracy: 0.1171875
Iteration: 100, Loss: 1.76062202454, Accuracy: 0.859375
Iteration: 200, Loss: 1.60075569153, Accuracy: 0.9375
Iteration: 300, Loss: 1.60388696194, Accuracy: 0.890625
Iteration: 400, Loss: 1.59523034096, Accuracy: 0.921875
Iteration: 500, Loss: 1.58489584923, Accuracy: 0.859375
Iteration: 600, Loss: 1.51407408714, Accuracy: 0.953125
Iteration: 700, Loss: 1.53311181068, Accuracy: 0.9296875
Iteration: 800, Loss: 1.57677125931, Accuracy: 0.875
Iteration: 900, Loss: 1.52060437202, Accuracy: 0.9453125
```

2.8 在 TensorBoard 中可视化图

训练完模型之后，我们可以在 TensorBoard 中可视化我们的计算图。如图 2-8 所示，我们的模型将输入、权重和偏差作为输入并返回输出，基于模型的输出计算损失和精度，并通过计算梯度和更新权重值来最小化损失。

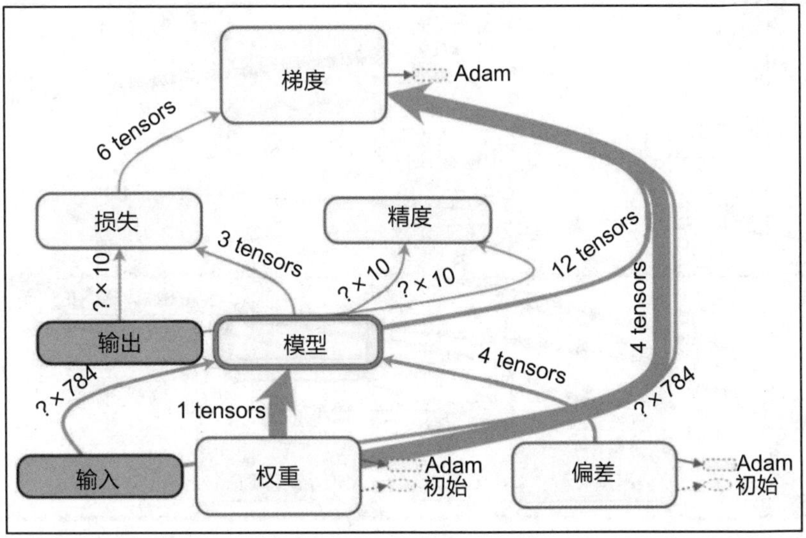

图 2-8

如果双击并展开这个模型，就可以看到有 3 个隐藏层和 1 个输出层，如图 2-9 所示。

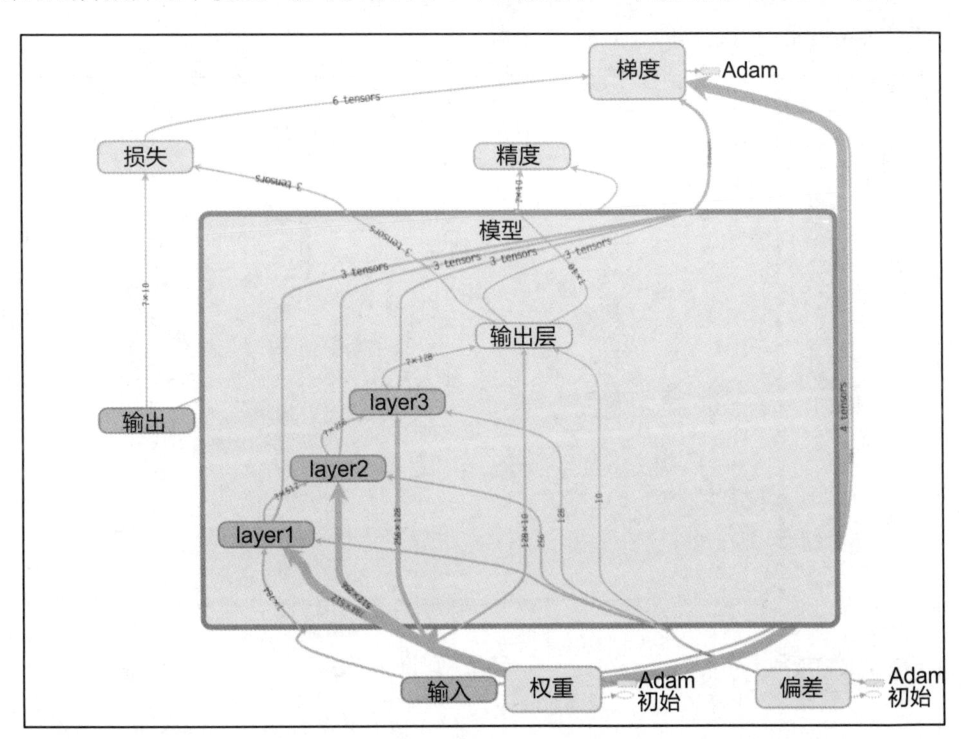

图 2-9

同样，可以双击并看查看每个节点。例如，如果我们打开**权重**，可以看到如何使用截断正态分布初始化 4 个权重，以及如何使用 Adam 优化器更新它，如图 2-10 所示。

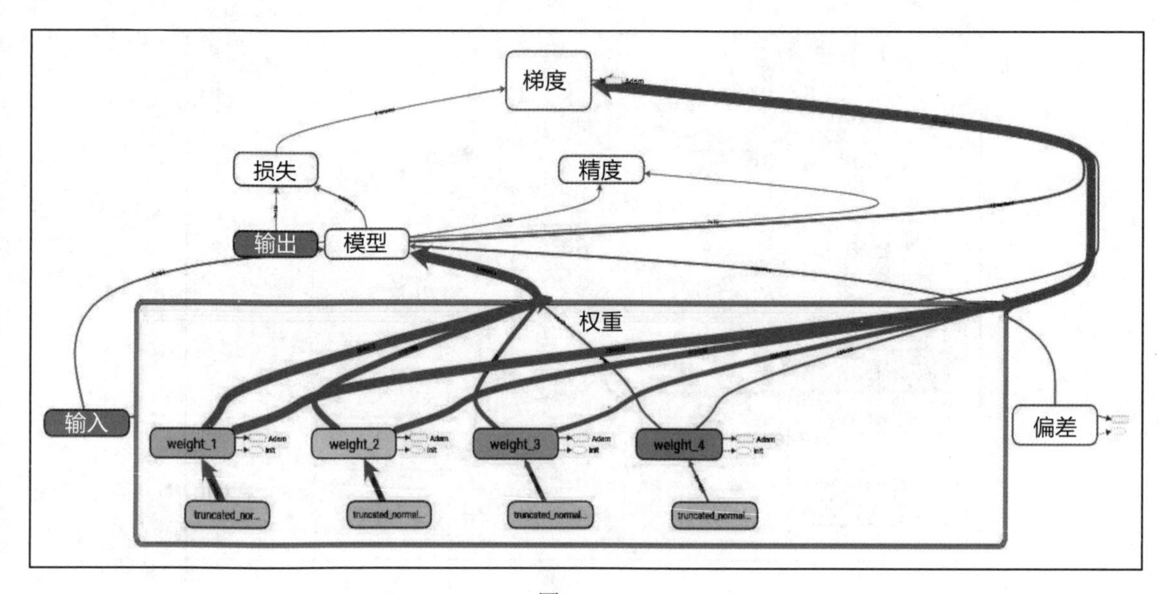

图 2-10

正如我们所了解的那样，计算图帮助我们理解在每个节点上所发生的事情。我们可以通过双击**精度**节点，看到精度是如何计算的，如图 2-11 所示。

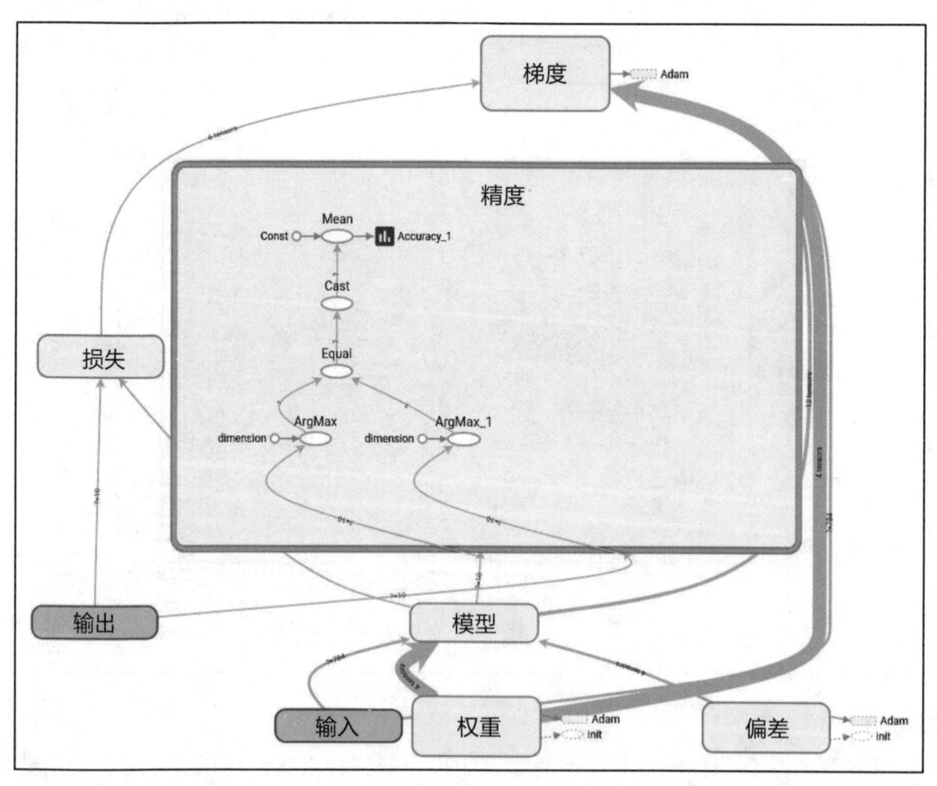

图 2-11

别忘了，我们还存储了损失（loss）和精度（accuracy）变量的摘要，可以在 TensorBoard 的 SCALARS 选项卡下找到它们。

我们可以看到损失是如何随着迭代而减少的，如图 2-12 所示。

图 2-13 则显示了在迭代过程中精度是如何提高的。

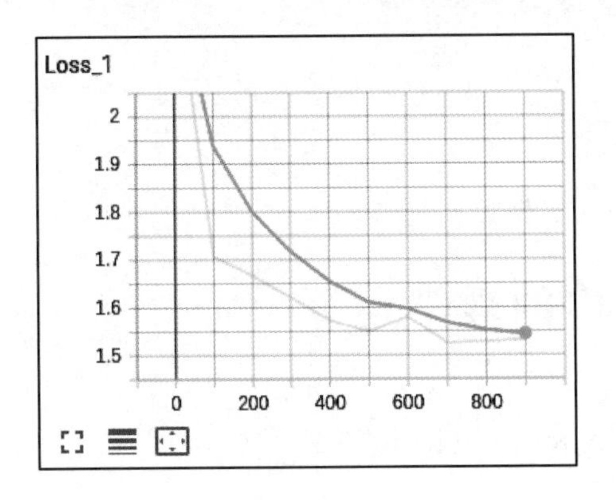

图 2-12

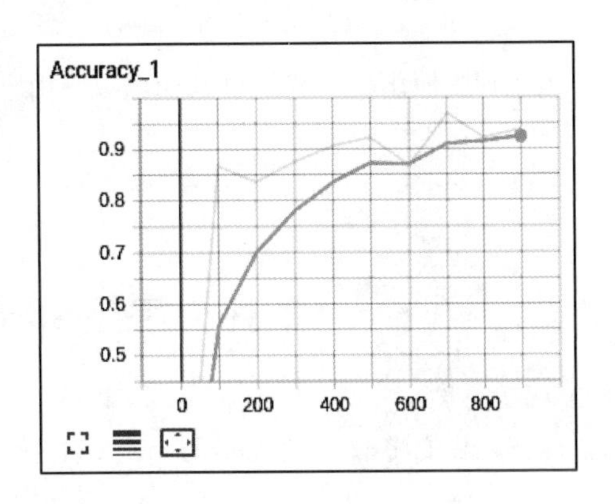

图 2-13

2.9 急迫执行简介

TensorFlow 中的急迫执行（Eager Execution）更像 Python，它允许快速原型化。与每次执行任何操作时都需要构造一个图的图模式不同，急迫执行遵循命令式编程范式，即可以立即执行任何操作，而无须创建图，就像我们在 Python 中所做的那样。因此，通过急迫执行，我们可以告别会话和占位符。与图模式不同，它还通过立即出现运行时错误使调试过程更加容易。

例如，在图模式下，为了计算任何东西，都要运行会话。如以下代码所示，要计算 z 的值，就必须运行 TensorFlow 会话。

```
x = tf.constant(11)
y = tf.constant(11)
z = x*y

with tf.Session() as sess:
    print sess.run(z)
```

使用急迫执行，我们不需要创建会话；可以简单地计算 z，就像在 Python 中一样。开启急迫执行，只需调用 tf.enable_eager_execution()函数。

```
x = tf.constant(11)
y = tf.constant(11)
z = x*y

print z
```

☞译者的话：

以上 print 语句是 Python 早期版本的语法，在比较新的 Python 版本中要使用 print(z)。

它将返回以下内容。

```
<tf.Tensor: id=789, shape=(), dtype=int32, numpy=121>
```

为了得到输出值，我们可以输出以下内容。

```
z.numpy()
    121
```

2.10　TensorFlow 中的数学运算

现在，我们将探讨在 TensorFlow 中使用急迫执行模式的一些操作。

```
x = tf.constant([1., 2., 3.])
y = tf.constant([3., 2., 1.])
```

让我们从一些基本的算术运算开始。

使用 tf.add()函数将两个数字相加。

```
sum = tf.add(x,y)
sum.numpy()

array([4., 4., 4.], dtype=float32)
```

tf.subtract()函数用于求两个数字之间的差。

```
difference = tf.subtract(x,y)
difference.numpy()

array([-2., 0., 2.], dtype=float32)
```

tf.multiply()函数用于将两个数字相乘。

```
product = tf.multiply(x,y)
product.numpy()

array([3., 4., 3.], dtype=float32)
```

使用 tf.divide()函数将两个数相除。

```
division = tf.divide(x,y)
division.numpy()

array([0.33333334, 1. , 3. ], dtype=float32)
```

使用如下代码可计算点积。

```
dot_product = tf.reduce_sum(tf.multiply(x, y))
dot_product.numpy()

10.0
```

接下来，让我们找出最小元素和最大元素的下标。

```
x = tf.constant([10, 0, 13, 9])
```

使用 tf.argmin()函数计算最小值的下标。

```
tf.argmin(x).numpy()

1
```

使用 tf.argmax()函数计算最大值的下标。

```
tf.argmax(x).numpy()

2
```

运行以下代码，求 x 和 y 之差的平方。

```
x = tf.Variable([1,3,5,7,11])
y = tf.Variable([1])

tf.math.squared_difference(x,y).numpy()

[0, 4, 16, 36, 100]
```

让我们尝试一下类型转换，也就是说，从一种数据类型转换为另一种数据类型。
打印 x 的数据类型。

```
print x.dtype

tf.int32
```

可以使用 tf.cast()函数将 x 的类型（也就是 tf.int32 型）转换成 tf.float32 型，代码如下所示。

```
x = tf.cast(x, dtype=tf.float32)
```

现在，检查 x 的数据类型。它将是 tf.float32 型。

```
print x.dtype
tf.float32
```

连接两个矩阵。

```
x = [[3,6,9], [7,7,7]]
y = [[4,5,6], [5,5,5]]
```

按行连接矩阵。

```
tf.concat([x, y], 0).numpy()
```

```
array([[3, 6, 9],
[7, 7, 7],
[4, 5, 6],
[5, 5, 5]], dtype=int32)
```

使用以下代码按列连接矩阵。

```
tf.concat([x, y], 1).numpy()

array([[3, 6, 9, 4, 5, 6],
    [7, 7, 7, 5, 5, 5]], dtype=int32)
```

使用 tf.stack()函数堆叠 x 矩阵。

```
tf.stack(x, axis=1).numpy()

array([[3, 7],
       [6, 7],
       [9, 7]], dtype=int32)
```

现在，让我们看看如何执行 reduce_ mean 操作。

```
x = tf.Variable([[1.0, 5.0], [2.0, 3.0]])

x.numpy()

array([[1., 5.],
       [2., 3.]])
```

计算 x 的平均值，即（1.0+5.0+2.0+3.0）/ 4。

```
tf.reduce_mean(input_tensor=x).numpy()

2.75
```

计算每列的平均值，即（1.0+5.0）/ 2，（2.0+3.0）/ 2。

```
tf.reduce_mean(input_tensor=x, axis=0).numpy()

array([1.5, 4. ], dtype=float32)
```

☞译者的话：

以上（1.0 + 5.0）/ 2 和（2.0 + 3.0）/ 2 应该分别是（1.0 + 2.0）/ 2 和（5.0 + 3.0）/ 2。

计算每行的平均值，即（1.0+5.0）/ 2，（2.0+3.0）/ 2。

```
tf.reduce_mean(input_tensor=x, axis=1, keepdims=True).numpy()

array([[3. ],
       [2.5]], dtype=float32)
```

从概率分布中提取随机值。

```
tf.random.normal(shape=(3,2), mean=10.0, stddev=2.0).numpy()
tf.random.uniform(shape = (3,2), minval=0, maxval=None,
dtype=tf.float32,).numpy()
```

计算 softmax 概率。

```
x = tf.constant([7., 2., 5.])
tf.nn.softmax(x).numpy()
array([0.8756006, 0.00589975, 0.11849965], dtype=float32)
```

现在，来看看如何计算梯度。

定义平方函数。

```
def square(x):
    return tf.multiply(x, x)
```

可以使用 tf.GradientTape()为上面的平方函数计算梯度，其代码和计算结果如下。

```
with tf.GradientTape(persistent=True) as tape:
    print square(6.).numpy()

36.0
```

更多的 TensorFlow 操作可以在 GitHub 上的 Notebook 中找到。

注释：

TensorFlow 远远不止这些。随着本书的继续，我们将学习 TensorFlow 的各种重要功能。

2.11 TensorFlow 2.0 和 Keras

TensorFlow 2.0 已经有一些非常酷的特性。它将急迫执行模式设置为默认模式。它提供了一个简化的工作流，并使用 Keras 作为构建深度学习模型的主要 API。它还向后兼容 TensorFlow 1.x 版本。

要安装 TensorFlow 2.0，请打开终端并输入以下命令。

```
pip install tensorflow==2.0.0-alpha0
```

译者的话：

现在安装 TensorFlow 时，只需要使用 pip install tensorflow，pip 将自动安装系统所支持的最新版本。

因为 TensorFlow 2.0 使用 Keras 作为高级 API，所以下面我们将介绍 Keras 的工作原理。

2.11.1 Keras

Keras 是另一个广泛使用的深度学习代码库。它是由谷歌的弗朗索瓦 • 乔利特（François Chollet）

开发的。它以快速的原型化而闻名，并且使模型的构建变得简单。它是一个高级库，这意味着它本身不执行任何低级操作，如卷积。它使用后台引擎（如 TensorFlow）来做到这一点。在 tf.keras 中提供了 Keras API，而 TensorFlow 2.0 将其用作主要 API。

在 Keras 中构建模型包括 4 个重要步骤。

（1）定义模型。

（2）编译模型。

（3）训练模型。

（4）评估模型。

2.11.2 定义模型

第一步是定义模型。Keras 提供了两种不同的 API 定义模型。

- 顺序 API。
- 功能 API。

1. 定义一个顺序模型

在一个顺序模型中，我们将每层堆叠在另一层之上。

```
from keras.models import Sequential
from keras.layers import Dense
```

首先，将模型定义为 Sequential()模型，如下所示。

```
model = Sequential()
```

现在，定义第一层，代码如下所示。

```
model.add(Dense(13, input_dim=7, activation='relu'))
```

在上面的代码中，Dense 表示完全连接的层，input_dim 表示输入的维度，而 activation 指定使用的激活函数。可以根据需要将任意多的层堆叠起来（一层在另一层之上）。

使用 ReLU 激活函数定义下一层。

```
model.add(Dense(7, activation='relu'))
```

使用 sigmoid 激活函数定义输出层。

```
model.add(Dense(1, activation='sigmoid'))
```

顺序模型的最终代码块如下所示。如你所见，Keras 代码比 TensorFlow 代码简单多了。

```
model = Sequential()
model.add(Dense(13, input_dim=7, activation='relu'))
model.add(Dense(7, activation='relu'))
model.add(Dense(1, activation='sigmoid'))
```

2. 定义一个功能模型

功能模型比顺序模型提供了更多的灵活性。例如，在功能模型中，我们可以很容易地将任何一层连接到另一层，而在顺序模型中，每层都是堆叠在另一层之上。功能模型在创建复杂模型（如有向无环图，具有多个输入值、多个输出值和共享层的模型等）时非常方便。现在，我们将看到如何在 Keras 中定义一个功能模型。

首先是定义输入维度。

```
input = Input(shape=(2,))
```

现在，将使用 Dense 类定义第一个具有 10 个神经元和 ReLU 激活函数的完全连接层。

```
layer1 = Dense(10, activation='relu')
```

我们定义了 layer1，但是 layer1 的输入来自哪里？我们需要在末尾用括号表示法指定 layer1 的输入。

```
layer1 = Dense(10, activation='relu')(input)
```

定义下一层，即 layer2，它带有 13 个神经元和 ReLU 激活函数。layer2 的输入来自 layer1，因此将其添加到末尾的括号中，代码如下所示。

```
layer2 = Dense(10, activation='relu')(layer1)
```

现在，我们可以用 sigmoid 激活函数定义输出层。输出层的输入来自 layer2，因此在末尾的括号中添加上 layer2。

```
output = Dense(1, activation='sigmoid')(layer2)
```

在定义了所有层之后，我们使用一个 Model 类定义这个模型，其中需要指定 inputs（输入）和 outputs（输出），如下所示。

```
model = Model(inputs=input, outputs=output)
```

这个功能模型的完整代码如下所示。

```
input = Input(shape=(2,))
layer1 = Dense(10, activation='relu')(input)
layer2 = Dense(10, activation='relu')(layer1)
output = Dense(1, activation='sigmoid')(layer2)
model = Model(inputs=input, outputs=output)
```

2.11.3 编译模型

既然已经定义了模型，下一步就是编译这个模型了。在这个阶段，我们要设置模型应该如何学习。我们在编译模型时将定义 3 个参数。

- 优化器参数：它定义了我们想要使用的优化算法，如在本例中是梯度下降。
- 损失参数：这是我们试图最小化的目标函数，如均方误差或交叉熵损失。
- metrics 参数：这是我们用来评估模型性能的指标，如准确性（accuracy）。还可以指定多个 metrics 参数。

运行以下代码编译这个模型。

```
model.compile(loss='binary_crossentropy', optimizer='sgd',
metrics=['accuracy'])
```

2.11.4 训练模型

我们定义并编译了模型。现在，我们将训练模型。可以使用 fit()函数训练该模型。指定特征 x、标签 y、要训练的 epochs 次数以及 batch_size，如下所示。

```
model.fit(x=data, y=labels, epochs=100, batch_size=10)
```

2.11.5 评估模型

训练模型之后，我们将在测试集上评估这个模型。

```
model.evaluate(x=data_test,y=labels_test)
```

还可以在同一训练集上评估这个模型，这将有助于我们理解训练的准确性。

```
model.evaluate(x=data,y=labels)
```

2.12 使用 TensorFlow 2.0 对手写数字进行分类

现在，我们将看到如何使用 TensorFlow 2.0 执行 MNIST 手写数字的分类。与 TensorFlow 1.x 相比，它只需要几行代码。我们已经了解到，TensorFlow 2.0 使用 Keras 作为其高级 API，我们只需要添加 tf.keras 到 Keras 代码中。

让我们从加载数据集开始。

```
mnist = tf.keras.datasets.mnist
```

使用以下代码创建训练集和测试集。

```
(x_train,y_train), (x_test, y_test) = mnist.load_data()
```

通过将 x 的值除以 x 的最大值（即 255.0），使训练和测试集规范化。

```
x_train, x_test = tf.cast(x_train/255.0, tf.float32), tf.cast(x_test/255.0,
tf.float32)
y_train, y_test = tf.cast(y_train,tf.int64),tf.cast(y_test,tf.int64)
```

按以下方式定义顺序模型。

```
model = tf.keras.models.Sequential()
```

现在，让我们为模型添加若干层。我们使用 3 层网络，两层使用 ReLU 函数，而最后一层使用 softmax 函数。

```
model.add(tf.keras.layers.Flatten())
model.add(tf.keras.layers.Dense(256, activation="relu"))
model.add(tf.keras.layers.Dense(128, activation="relu"))
model.add(tf.keras.layers.Dense(10, activation="softmax"))
```

通过运行以下代码编译这个模型。

```
model.compile(optimizer='sgd', loss='sparse_categorical_crossentropy',
metrics=['accuracy'])
```

训练这个模型。

```
model.fit(x_train, y_train, batch_size=32, epochs=10)
```

评估这个模型。

```
model.evaluate(x_test, y_test)
```

就是这样！使用 Keras API 编写代码就是这么简单。

2.13 我们应该使用 Keras 还是 TensorFlow

我们已经学习了使用 Keras 作为高级 API 的 TensorFlow 2.0。使用高级 API 可以快速地实现原型。但是当我们想在低级别上构建模型时，或者如果我们想构建高级 API 不能提供的东西时，就不能使用高级 API。

除此之外，与直接潜入高级 API 相比，从头开始编写代码可以增强我们对算法的了解，并帮助我们更好地理解和学习概念。这就是为什么在本书中，我们将使用 TensorFlow 从头开始编写大多数算法，而不使用 Keras 之类的高级 API。我们使用的 TensorFlow 版本为 1.13.1。

2.14 总　　结

本章我们学习了 TensorFlow 和它如何使用计算图。我们知道了 TensorFlow 中的每个计算都是由一个计算图表示的，它由几个节点和边组成，其中节点是数学运算，如加法和乘法，而边则是张量。

我们了解到变量是用来存储值的容器，并且它们被用作计算图中其他若干操作的输入。随后，了解到占位符类似于变量；对于占位符，我们只定义类型和维度，并不指定值，而占位符的值将在运行时提供。

接下来，我们学习了 TensorBoard，它是 TensorFlow 的可视化工具，它可以用来可视化计算图。它还可以用来绘制各种定量指标和若干中间计算的结果。

我们还学习了急迫执行，它更 Python 化，并允许快速原型开发。我们知道了，与每次执行任何操作都需要构造一个图的图模式不同，急迫执行遵循命令式编程范式；在这种范式中，可以立即执行任何操作，而不必创建图，就像我们在 Python 中所做的那样。

在第 3 章中，我们将学习梯度下降算法以及梯度下降算法的几个变种。

2.15 问　　题

通过回答以下问题评估你对 TensorFlow 的理解。

（1）如何定义计算图？

（2）什么是会话？

（3）如何在 TensorFlow 中创建一个会话？

（4）变量与占位符之间的差别是什么？

（5）为什么需要 TensorBoard?

（6）什么是名称作用域？它又是如何创建的？

（7）什么是急迫执行？

☞译者的话：

本章的内容已经结束了，为了帮助初学者能够尽快地安装和使用 TensorFlow，请学习以下内容。如果读者已经熟悉 TensorFlow 或目前对它没有兴趣，可以忽略以下内容。

一、Anaconda 的下载与安装

对于初学者而言，安装 TensorFlow 并不是一件容易的事，能够一次安装成功应该算相当走运的。TensorFlow 是谷歌的产品，而 Windows 是微软的操作系统。不同 IT 巨头的产品之间兼容性不好是司空见惯的事。

目前公认的比较容易和可靠地安装 TensorFlow 的方法是使用 Anaconda 安装。

Anaconda 是一个免费开源软件工具。如果读者想知道更多有关 Anaconda 内容，可以自己在互联网中搜索。以下是安装 Anaconda 的具体步骤。

（1）登录 Anaconda 官方网站，单击 Download 按钮，随后下载你的操作系统上所用的 Anaconda 安装程序。译者下载的是 Windows 操作系统下的 64 位图形安装程序，如图 1 所示。

图　1

（2）运行下载的 Anaconda 安装程序，随后单击 Next 按钮，如图 2 所示。

（3）单击 I Agree 按钮，接受许可协议，如图 3 所示。

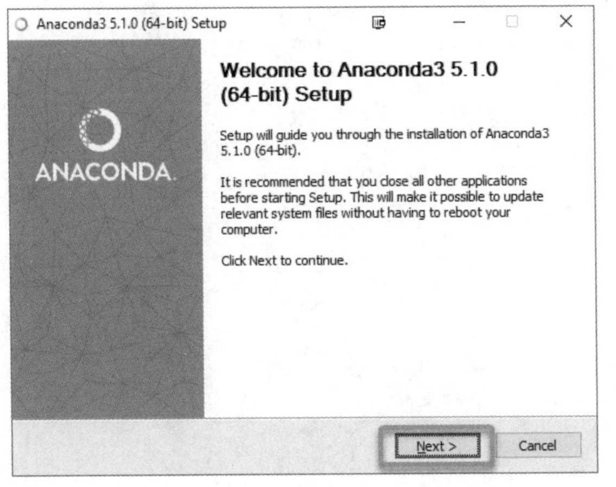

图 2

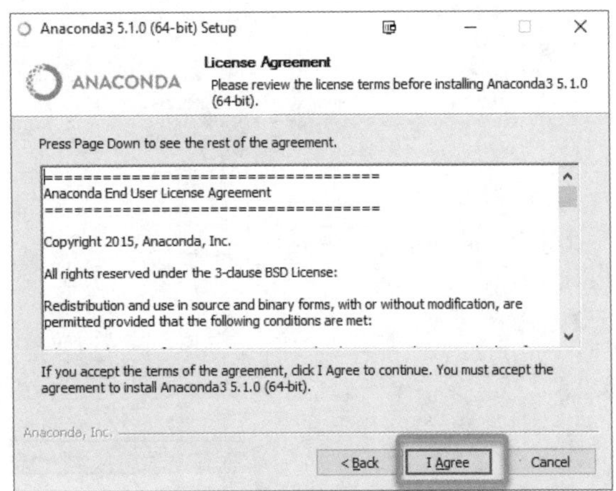

图 3

（4）选中 Just Me 单选按钮并单击 Next 按钮，如图 4 所示。

（5）选择目标文件夹并单击 Next 按钮（其中 Admin 是用户名），如图 5 所示。

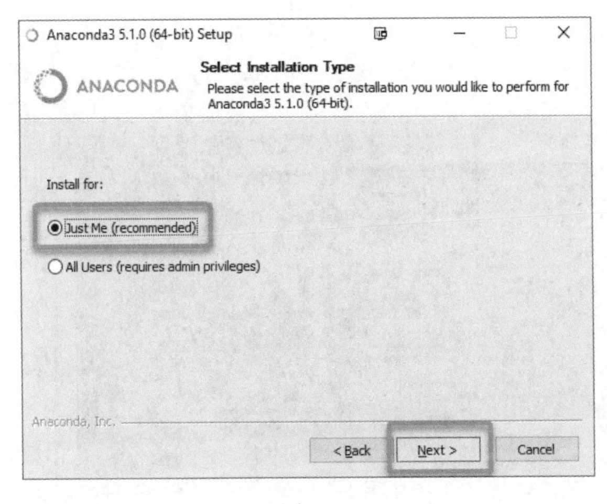

图 4

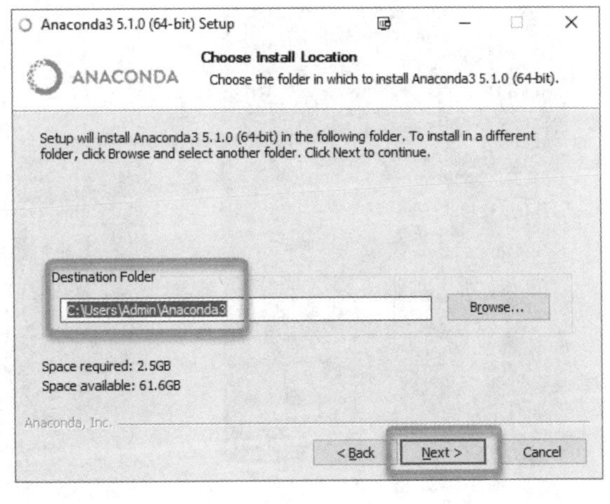

图 5

这里可以修改盘符和文件夹，你可以将 Anaconda 安装到任何有足够磁盘空间的硬盘和文件夹中，如译者目前使用的 Anaconda 就安装在 F:\anaconda3 中。

（6）选择所需选项并单击 Install 按钮进行安装，如图 6 所示。

（7）安装过程将开始，如图 7 所示。

（8）接下来，你只需在需要时继续单击 Next 按钮，并在最后单击 Finish 按钮即可。

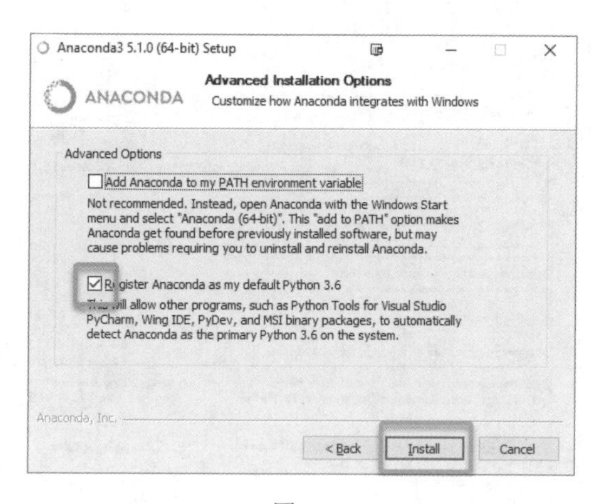

图 6

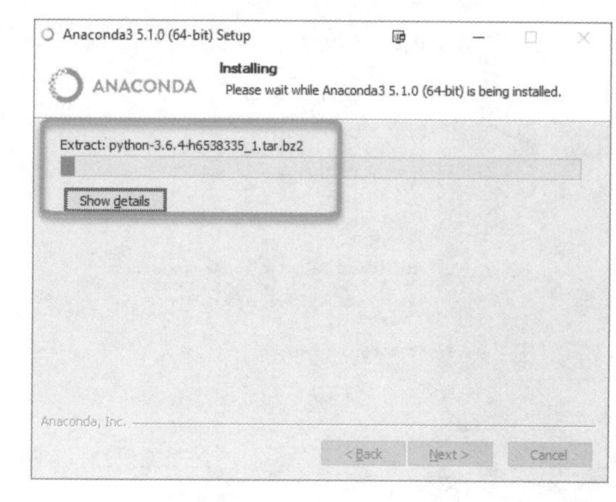

图 7

二、配置虚拟环境和安装 TensorFlow

接下来，我们将使用 Anaconda 的命令行工具一步一步地完成所需的环境配置并安装 TensorFlow。

（1）单击“开始”菜单并运行 Anaconda 的命令行界面，如图 8 所示。

（2）使用 conda info 命令确定 conda 的详细信息，如图 9 所示。

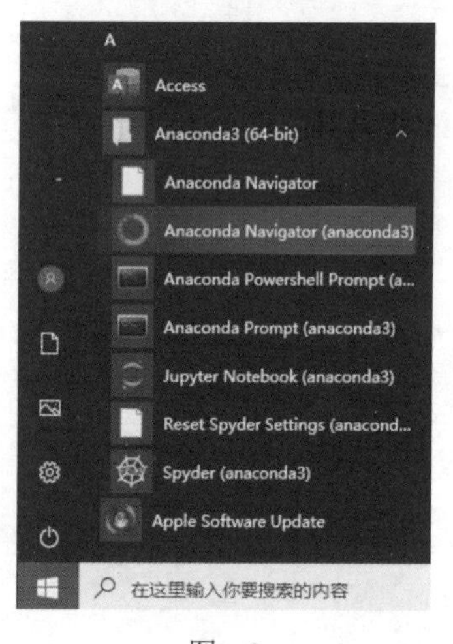

图 8

```
Anaconda Prompt (anaconda3)
(base) C:\Users\SUN-MOON>conda info

     active environment : base
    active env location : F:\anaconda3
            shell level : 1
       user config file : C:\Users\SUN-MOON\.condarc
 populated config files : C:\Users\SUN-MOON\.condarc
          conda version : 4.9.2
    conda-build version : 3.20.5
         python version : 3.8.5.final.0
       virtual packages : __win=0=0
                          __archspec=1=x86_64
       base environment : F:\anaconda3  (writable)
           channel URLs : https://repo.anaconda.com/pkgs/main/win-64
                          https://repo.anaconda.com/pkgs/main/noarch
                          https://repo.anaconda.com/pkgs/r/win-64
                          https://repo.anaconda.com/pkgs/r/noarch
                          https://repo.anaconda.com/pkgs/msys2/win-64
                          https://repo.anaconda.com/pkgs/msys2/noarch
          package cache : F:\anaconda3\pkgs
                          C:\Users\SUN-MOON\.conda\pkgs
                          C:\Users\SUN-MOON\AppData\Local\conda\conda\pkgs
       envs directories : F:\anaconda3\envs
                          C:\Users\SUN-MOON\.conda\envs
```

图 9

（3）使用 where anaconda 命令定位 Anaconda，如图 10 所示。

```
(base) C:\Users\SUN-MOON>where anaconda
F:\anaconda3\Scripts\anaconda.exe
```

图 10

（4）最好为 TensorFlow 创建一个单独的虚拟环境以方便管理和维护。可使用 conda create -n tensorenviron 命令创建，其中“-n”是 name 的第一个字符，后面的字符串 tensorenviron 是虚拟环境的名字，这个名字可以随便起。这需要执行一段时间，如图 11 所示。

```
(base) C:\Users\SUN-MOON>conda create -n tensorenviron
```

图 11

（5）随后，你可以使用 conda env list 命令检查一下虚拟环境安装是否成功，其中前面有*号的表示是当前环境，如图 12 所示。

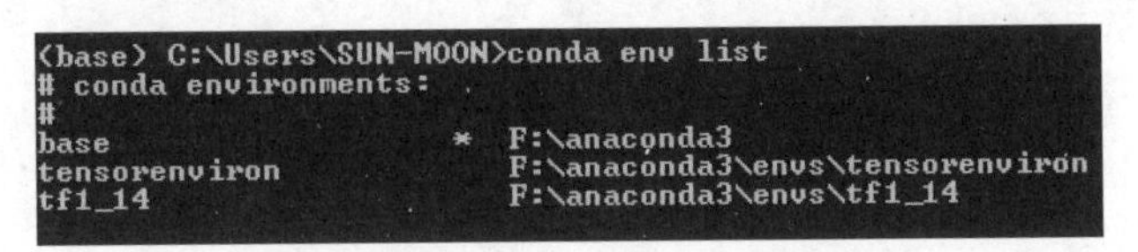

图 12

（6）为了在虚拟环境中安装 TensorFlow，你应该使用 activate tensorenviron 命令激活这个虚拟环境。请注意*号的位置和命令行提示符的变化，如图 13 所示。

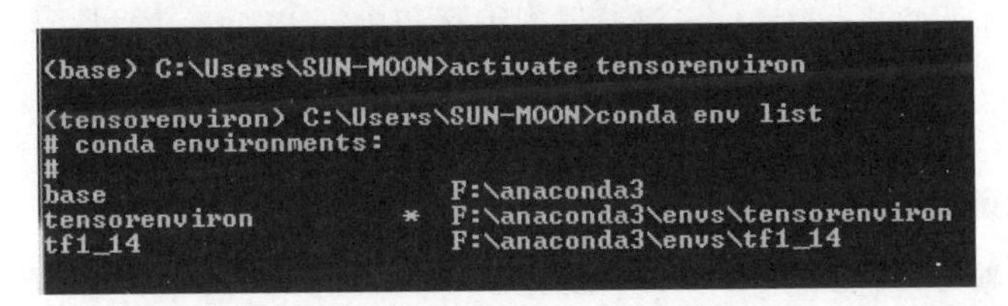

图 13

（7）接下来，使用 conda install tensorflow 命令安装 TensorFlow，如图 14 所示。

```
(tensorenviron) C:\Users\SUN-MOON>conda install tensorflow
```

图 14

（8）使用 where python 命令确定目前所使用的 Python，实际上，我们使用的 Python 是在虚拟环境目录中的 Python，如图 15 所示。

```
(tensorenviron) C:\Users\SUN-MOON>where python
F:\anaconda3\envs\tensorenviron\python.exe
C:\Users\SUN-MOON\AppData\Local\Programs\Python\Python38\python.exe
```

图 15

（9）使用 python 命令启动虚拟环境中的 Python 解释器，如图 16 所示。

```
(tensorenviron) C:\Users\SUN-MOON>python
Python 3.8.5 (default, Sep  3 2020, 21:29:08) [MSC v.1916 64 bit (AMD64)] :: Ana
conda, Inc. on win32
Type "help", "copyright", "credits" or "license" for more information.
>>>
```

图 16

（10）使用 import tensorflow as tf 命令导入 TensorFlow 并赋予别名 tf。接下来可以使用 tf.__version__命令列出所安装的 TensorFlow 版本，如图 17 所示。

```
>>> import tensorflow as tf
>>> tf.__version__
'2.3.0'
```

图 17

到此为止，我们就成功地安装了 TensorFlow。要注意的是：conda 的默认环境是 base，所以每次使用 TensorFlow 时，你都需要使用 activate tensorenviron 命令激活安装了 TensorFlow 的虚拟环境——在译者的这个系统上是 tensorenviron。

如果你的系统安装过一些其他软件，可能 TensorFlow 的安装不一定成功，因为在安装一些软件时可能已经自动地修改了一些操作系统配置。许多高手建议：最好在刚刚新安装的操作系统上安装 TensorFlow，以避免麻烦。

如果你不想在自己的计算机上安装 TensorFlow 或是历尽千辛万苦也无法成功地安装 TensorFlow，那么你可以直接使用谷歌的 Colab。

三、在 Colab 上安装和使用 TensorFlow

Colaboratory 简称 Colab，允许你在浏览器中编写和执行 Python，并且不需要任何安装与配置，而且很容易共享。以下是在 Colab 中使用 TensroFlow 的具体步骤。

（1）登录 Colab 官方网站，也可以在搜索引擎中搜索 Google colab，之后单击相关的网络链接登录。选择 File→New notebook。如图 18 所示。

（2）使用 Colab 需要登录谷歌的账号（如果你没有，可以注册一个，注册是免费的）。单击 SIGN IN 按钮登录，如图 19 所示。

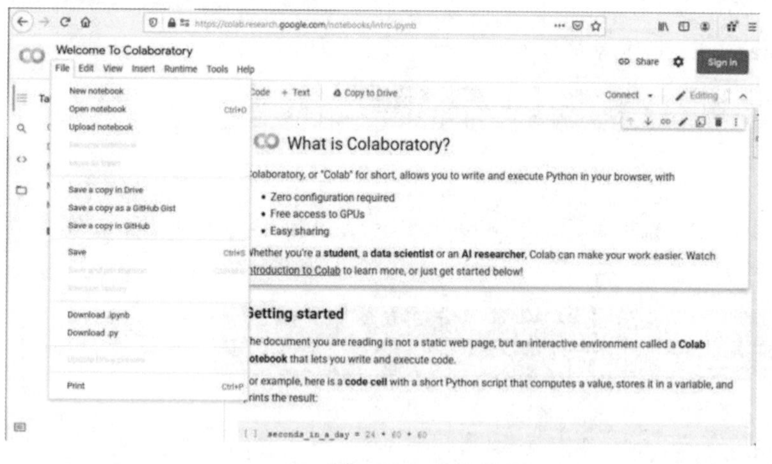

图 18

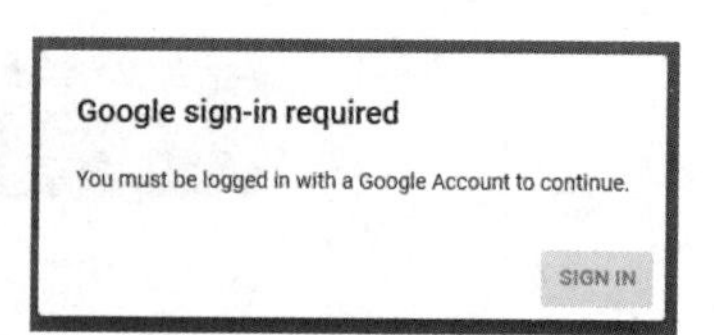

图 19

（3）输入你的谷歌用户名，如图 20 所示。

（4）输入你的密码，之后单击 Next 按钮，如图 21 所示。

（5）随即将开启 Colab 的记事本（Jupyter Notebook），其中左上角的 Untitled3.ipynb 是文件名，这个文件名中的数字会根据你账号下的文件个数而有所不同。可以在光标所在的栏中输入代码，如图 22 所示。

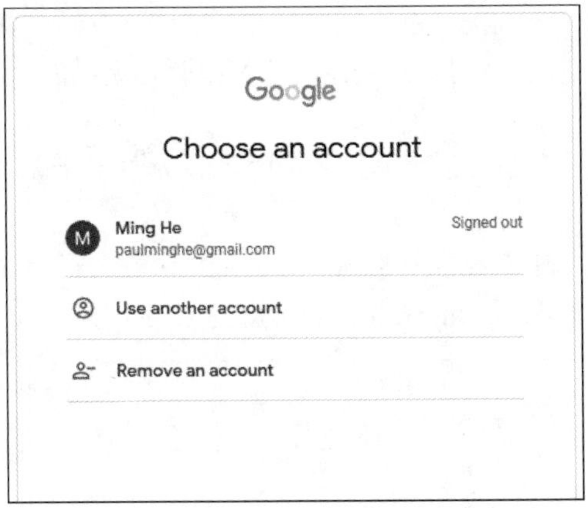

图 20

图 21

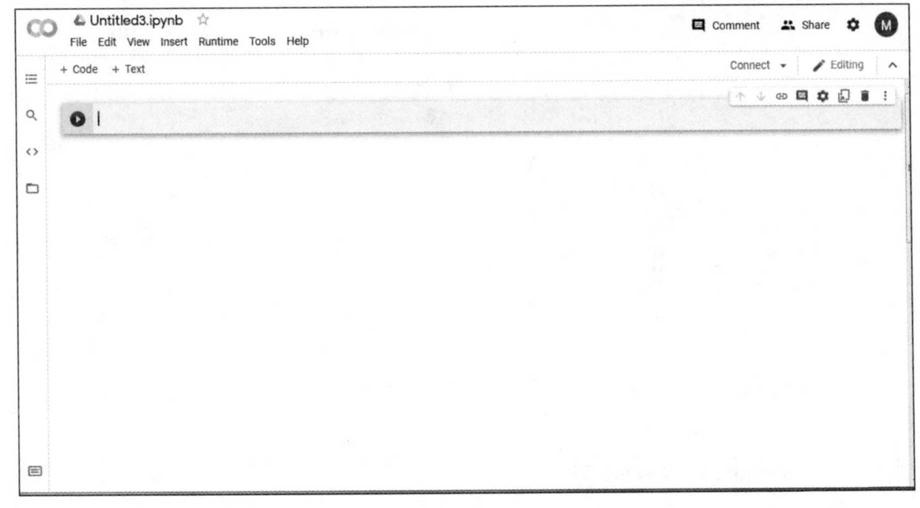

图 22

（6）在代码栏中输入代码 import tensorflow as tf，随后单击最左边的执行按钮。执行这个命令需要一段时间，如图 23 所示。

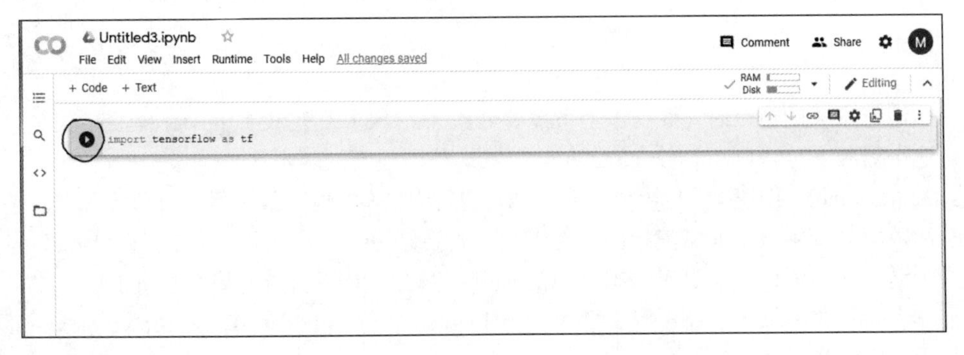

图 23

单击 Code 按钮，在新出现的代码栏中输入 tf.__version__命令，随后再次单击最左边的执行按钮。命令的结果将显示当前 TensorFlow 的版本。现在你就可以使用这种方法执行你所需的命令了，如图 24 所示。

（7）你也可以使用!pip install tensorflow==1.13.1 命令安装本书所使用的 TensorFlow 版本。安装需要一段时间，如图 25 所示。

（8）再次单击 Code 按钮，在新出现的代码栏中输入 import tensorflow as tf 和 tf.__version__命令，随后再次单击最左边的执行按钮。命令的结果显示的 TensorFlow 版本就为 1.13.1 了。

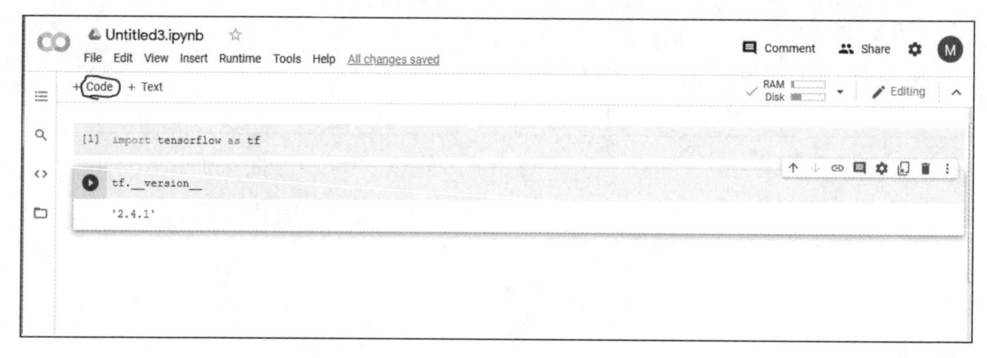

图 24

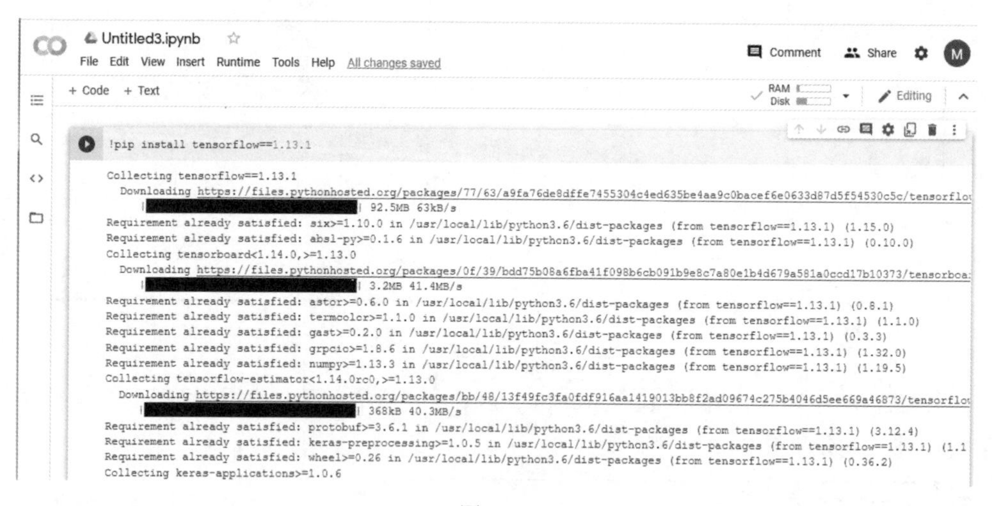

图 25

这样在运行本书的命令时，你基本上不需要修改了。不过每次开启 Jupyter Notebook 时，都需要重新安装这个老版本，否则 Jupyter Notebook 会默认使用最新的版本 2.4.1。

Jupyter Notebook 应用程序是一个界面，你可以通过 Web 浏览器编写脚本和代码。它是目前在数据科学和数据分析领域中非常流行的软件工具。如果你想进一步深入了解 Jupyter Notebook，网上有很多关于这方面的资料。不过对于本书中的应用，以上所介绍的内容基本够用了。

如果读者对计算机操作系统不那么熟悉，使用 Colab 执行本书中的 TensorFlow 或 Python 命令应该是一个不错的选择。

第 2 部分
基本的深度学习算法

在第 2 部分中，将探讨所有基本的深度学习算法。首先直观地理解每种算法，然后深入研究底层的数学知识。还将学习在 TensorFlow 中实现每个算法。

这一部分将包括以下各章。

- 第 3 章　梯度下降和它的变体
- 第 4 章　使用 RNN 生成歌词
- 第 5 章　RNN 的改进
- 第 6 章　揭开卷积网络的神秘面纱
- 第 7 章　学习文本表示

第3章

梯度下降和它的变体

梯度下降法是目前应用最广泛的一种优化算法，它是一种一阶优化算法。一阶优化意味着只计算一阶导数。正如我们在第1章中所看到的那样，我们使用梯度下降法，计算损失函数对网络权重的一阶导数，以最小化损失。

梯度下降法不仅适用于神经网络，而且同样也适用于需要求函数最小值的情况。在本章中，我们将从基础知识开始，深入探讨梯度下降，并学习几种不同的梯度下降算法。有各种各样用于训练神经网络的梯度下降算法。首先，我们将了解随机梯度下降（SGD）算法和小批量梯度下降算法。然后，我们将探讨如何利用动量加速梯度下降达到收敛。在本章的稍后部分，我们将学习如何使用各种算法以自适应方式执行梯度下降，如 Adagrad、Adadelta、RMSProp、Adam、Adamax、AMSGrad 和 Nadam。我们将采用一个简单的线性回归方程，看看如何使用各种类型的梯度下降算法计算线性回归的成本函数的最小值。

在本章中，我们将学习以下内容。

- 揭开梯度下降的神秘面纱
- 梯度下降与随机梯度下降
- 动量和内斯特罗夫（Nesterov）加速梯度
- 梯度下降的自适应方法

3.1 揭开梯度下降的神秘面纱

在我们进入细节的学习之前，首先理解一下基础知识。什么是数学中的函数？函数表示输入和输出之间的关系。我们通常用f表示函数。例如，$f(x)=x^2$ 表示一个函数，它接收输入 x 并返回输出 x^2。它也可以表示为 $y=x^2$。

在这里，我们有一个函数 $y=x^2$，可以绘出它的图形，来看看这个函数到底是什么样子的，如图 3-1 所示。

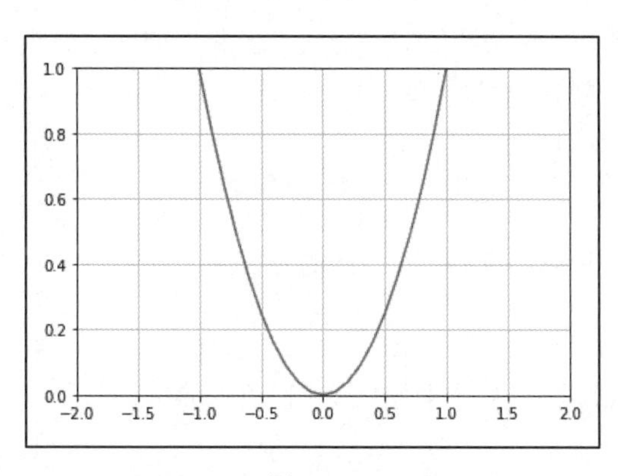

图 3-1

函数最小的点称为函数的最小值。正如在图 3-1 中所看到的那样，x^2 函数的最小值为 0。上面的函数称为凸函数，并且只有一个最小值。当存在多个最小值时，函数称为非凸函数。非凸函数可以有多个局部最小值和一个全局最小值，而凸函数只有一个全局最小值，如图 3-2 所示。

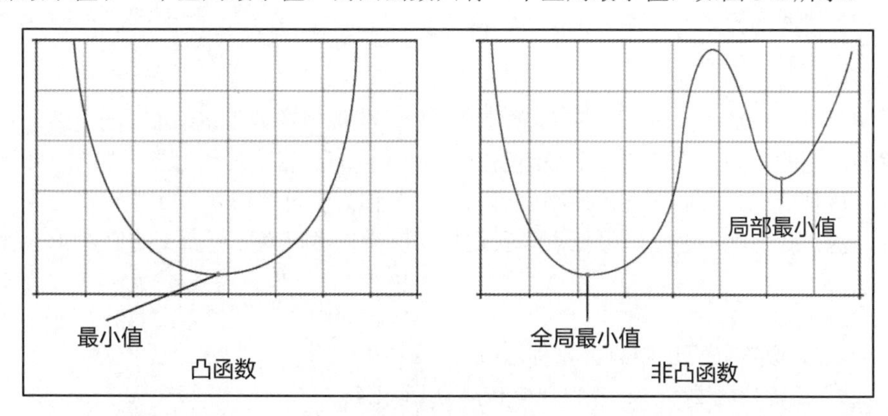

图 3-2

通过观察 $y=x^2$ 函数的图形，我们可以很容易地说出它的最小值在 $x=0$ 处。但是我们怎样才能在数学中找到函数的最小值呢？首先，让我们假设 $x=0.7$。因此，我们处于 $x=0.7$ 的位置，如图 3-3 所示。

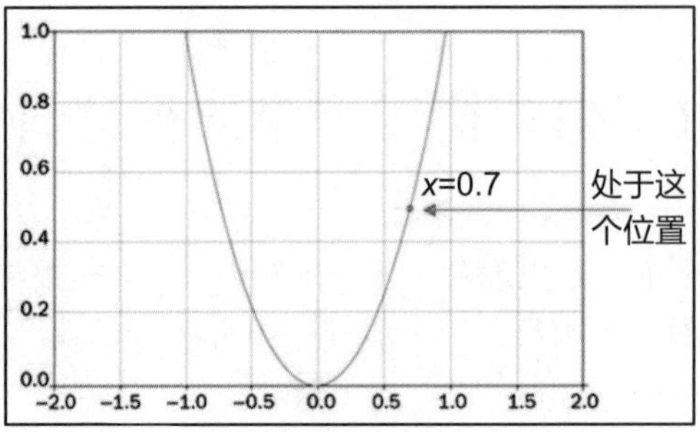

图　3-3

现在，我们需要移动到 0，这是我们的最小值，但我们如何才能到达这个点呢？可以通过计算函数 $y=x^2$ 的导数得到它。因此，函数 y 对 x 的导数为

$$\begin{cases} y = x^2 \\ \dfrac{\mathrm{d}y}{\mathrm{d}x} = 2x \end{cases}$$

因为我们在 $x=0.7$ 处，所以将 0.7 代入上面的方程中，就得到下面的导数值。

$$\frac{\mathrm{d}y}{\mathrm{d}x} = 2\times 0.7 = 1.4$$

在计算了导数之后，根据以下更新规则更新我们所处的位置。

$$x = x - \frac{\mathrm{d}y}{\mathrm{d}x}$$

$$x = 0.7 - 1.4$$

$$x = -0.7$$

☞**译者的话：**

以上第一行方程的意思是：将 x 现在的值减去 y（在 $x=0.7$ 处）对 x 的导数再重新赋予 x；你应该理解成这是一个程序语句。

我们最初是在 $x=0.7$ 处，但是，在计算梯度之后，我们现在处于 $x=-0.7$ 的更新位置。然而，这并不是我们想要的，因为我们错过了最小值，即 $x=0$，而到达了其他地方，如图 3-4 所示。

为了避免这种情况，我们在更新规则中引入了一个称为学习率的新参数。它帮助我们放慢我们的梯度步骤，这样我们就不会错过最低点。我们将梯度乘以学习率并更新 x 的值，如下所示。

$$x = x - \alpha\frac{\mathrm{d}y}{\mathrm{d}x}$$

假设 $\alpha=0.15$，现在，可以将以上方程写成

$$x = 0.7 - 0.15\times 1.4$$

$$x = 0.49$$

正如我们在图 3-5 中所看到的那样，将梯度乘以学习率并更新后面的 x 值，让我们从初始位置 $x=0.7$ 下降到 $x=0.49$。

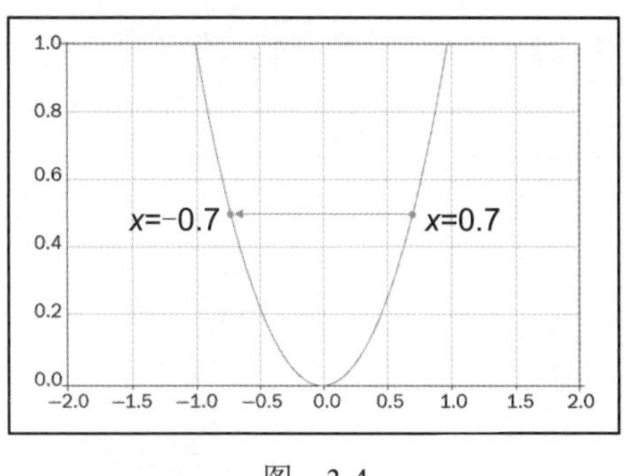

图 3-4

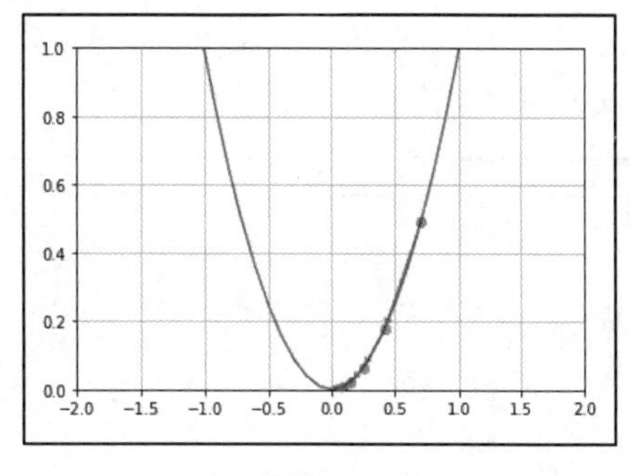

图 3-5

然而，这仍然不是我们的最佳最小值。我们需要再往下移动，直到达到最小值，即 $x=0$。所以，对于 n 次迭代，我们必须重复相同的过程，直到我们到达最小值为止。也就是说，对于某些 n 次迭代，我们使用以下更新规则更新 x 的值，直到到达最小点为止。

$$x = x - \alpha \frac{\mathrm{d}y}{\mathrm{d}x}$$

好的，为什么前面的等式中有负数？这就是为什么我们要从 x 中减去 $\alpha(\mathrm{d}y/\mathrm{d}x)$。为什么我们不能把它们加起来，并把方程设为 $x+\alpha(\mathrm{d}y/\mathrm{d}x)$？

这是因为我们正在寻找函数的最小值，所以我们需要向下移动。如果我们把 x 与 $\alpha(\mathrm{d}y/\mathrm{d}x)$相加，那么每次迭代都向上移动，我们将无法找到最小值，如图 3-6 所示。

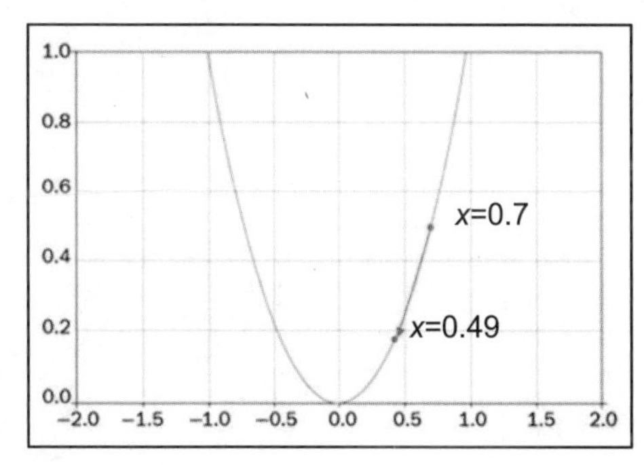

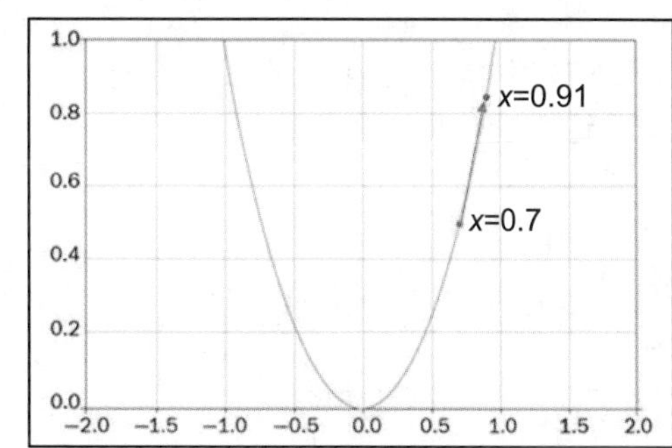

图 3-6

因此，在每次迭代中，我们计算 y 相对于 x 的梯度，即 $\mathrm{d}y/\mathrm{d}x$，将梯度乘以学习率，即 $\alpha(\mathrm{d}y/\mathrm{d}x)$，然后从 x 值中减去它，最后得到更新的 x 值。

通过在每次迭代中重复这个步骤，我们从成本函数向下移动，并最终到达最小点。如图 3-7 所示，我们从初始位置 0.7 向下移动到 0.49；然后，从那里，我们到达了 0.2。

然后，经过若干次迭代后，我们到达最小点，即 0.0，如图 3-7 所示。

当我们到达函数的最小值时，我们说达到了收敛。但问题是，我们如何知道达到了收敛？在例子 $y=x^2$ 中，我们知道最小值是 0。所以，当我们到达 0 时，我们可以说找到了达到收敛的最小值。但是我们怎么能从数学上说 0 是函数 $y=x^2$ 的最小值呢？

让我们仔细看看图 3-8，它显示了 x 的值在每次迭代中是如何变化的。你可能注意到了，x 的值在第五次迭代中为 0.009，在第六次迭代中为 0.008，而在第七次迭代中为 0.007。正如你所看到的那样，在第五、第六和第七次迭代之间，x 的值没有太大的区别。当 x 的值在迭代过程中几乎没有变化时，我们可以得出结论，已经达到收敛。

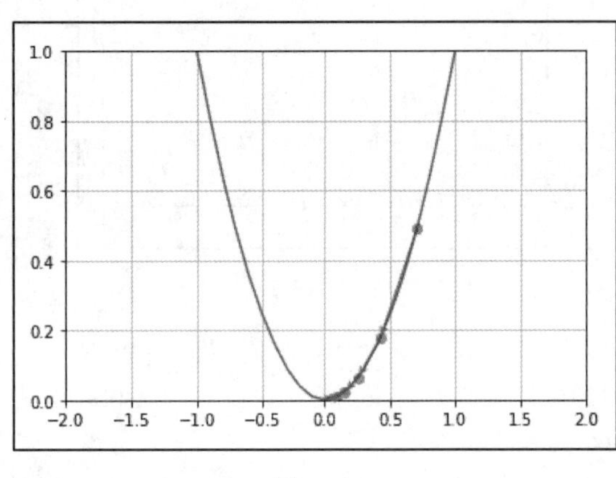

图 3-7

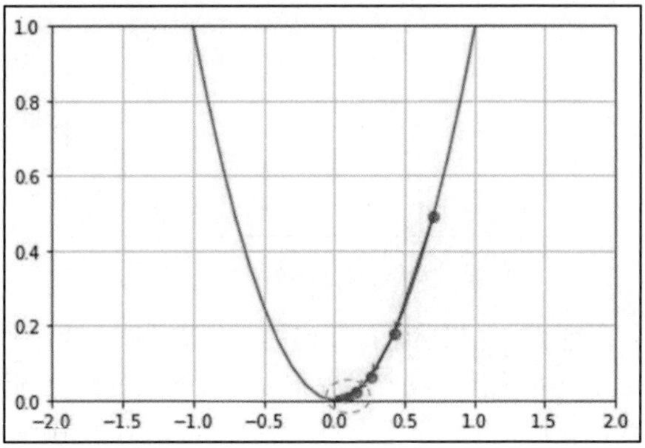

图 3-8

好吧，但是这一切有什么用呢？为什么我们要试着求函数的最小值？当我们训练一个模型时，我们的目标是最小化模型的损失函数。因此，通过梯度下降，可以找到成本函数的最小值。通过求成本函数的最小值，我们可以得到模型的最优参数，从而使损失最小。一般来说，我们用 θ 表示模型的参数。以下方程称为参数更新规则或权重更新规则。

$$\theta = \theta - \alpha \nabla_{\theta} J(\theta) \tag{3-1}$$

在以上的方程中，包含了以下内容。

- θ 是这个模型的参数。
- α 是学习率。
- $\nabla_{\theta} J(\theta)$ 是梯度。

根据参数更新规则，我们对模型参数进行多次迭代更新，直至到达收敛为止。

3.1.1　在回归中执行梯度下降

到目前为止，我们已经知道了梯度下降算法如何找到模型的最佳参数。在本小节和接下来的几个小节中，我们将了解如何在线性回归中使用梯度下降法并找到最佳参数。

简单线性回归方程可表示为

$$\hat{y} = mx + b$$

因此，我们有两个参数，即 m 和 b。现在，我们即将看到如何使用梯度下降法以及如何找到这两个参数的最佳值。

3.1.2　导入程序库

首先，我们需要导入所需的程序库。

```
import warnings
warnings.filterwarnings('ignore')
import random
import math
import numpy as np
from matplotlib import pyplot as plt
%matplotlib inline
```

3.1.3 准备数据集

接下来，我们将生成500行2列（x和y）的随机数据点，并使用它们训练模型。

```
data = np.random.randn(500, 2)
```

如你所见，我们的数据有两列。

```
print data[0]
array([-0.08575873, 0.45157591])
```

第一列表示x的值。

```
print data[0,0]
-0.08575873243708057
```

第二列表示y的值。

```
print data[0,1]
0.4515759149158441
```

我们知道，简单线性回归的方程表示为

$$\hat{y} = mx + b \tag{3-2}$$

因此，我们有两个参数，即m和b。我们将这两个参数都存储在一个名为theta的数组中。首先，用0初始化theta。

```
theta = np.zeros(2)
```

theta[0]函数表示m的值，而theta[1]函数则表示b的值。

```
print theta
array([0., 0.])
```

3.1.4 定义损失函数

回归的**均方差（Mean Squared Error，MSE）**的公式为

$$J = \frac{1}{N}\sum_{i=1}^{N}(y - \hat{y})^2 \tag{3-3}$$

其中，N是训练样本的个数，y是实际值，而$\hat{y}$是预测值。

以上损失函数的实现如下所示。我们将数据和模型参数theta输入损失（loss）函数，该函数将

返回均方差（MSE）。请记住，data[, 0]具有 x 值，而 data[, 1]具有 y 值。类似地，theta [0]表示 m，theta [1]表示 b。

定义损失函数。

```
def loss_function(data,theta):
```

现在，需要得到 m 和 b 的值。

```
m = theta[0]
b = theta[1]

loss = 0
```

对每个迭代都执行相同的操作。

```
for i in range(0, len(data)):
```

现在，得到 x 和 y 的值。

```
x = data[i, 0]
y = data[i, 1]
```

然后，预测 $\hat{y}$ 的值。

```
y_hat = (m*x + b)
```

计算式（3-3）中给出的损失。

```
loss = loss + ((y - (y_hat)) ** 2)
```

计算均方差。

```
mse = loss / float(len(data))
return mse
```

当我们输入随机初始化的数据（data）和模型参数（theta）时，loss_function 返回均方损失。

```
loss_function(data, theta)
1.0253548008165727
```

现在，我们需要使这个损失降到最低。为了使损失最小化，我们需要计算损失函数 J 相对于模型参数 m 和 b 的梯度，并根据参数更新规则更新参数。首先，我们将计算损失函数的梯度。

3.1.5 计算损失函数的梯度

相对于参数 m，损失函数 J 的梯度为

$$\frac{\mathrm{d}J}{\mathrm{d}m}=\frac{2}{N}\sum_{i=1}^{N}-x_i(y_i-(mx_i+b)) \tag{3-4}$$

相对于参数 b，损失函数 J 的梯度为

$$\frac{\mathrm{d}J}{\mathrm{d}b}=\frac{2}{N}\sum_{i=1}^{N}-(y_i-(mx_i+b)) \tag{3-5}$$

我们定义了一个名为 compute_gradients 的函数，它将参数 data 和 theta 作为输入并返回计算的梯度。

```
def compute_gradients(data, theta):
```

现在，需要初始化梯度。

```
gradients = np.zeros(2)
```

然后，需要将数据点的总数保存在 N 中。

```
N = float(len(data))
```

现在，可以得到 m 和 b 的值。

```
m = theta[0]
b = theta[1]
```

对每个迭代都执行相同的操作。

```
for i in range(0, len(data)):
```

然后，得到 x 和 y 的值。

```
x = data[i, 0]
y = data[i, 1]
```

计算相对于 m 损失的梯度，如式（3-4）所示。

```
gradients[0] += - (2 / N) * x * (y - (( m* x) + b))
```

计算相对于 b 损失的梯度，如式（3-5）所示。

```
gradients[1] += - (2 / N) * (y - ((theta[0] * x) + b))
```

需要添加 epsilon 以避免被零除的错误。

```
epsilon = 1e-6
gradients = np.divide(gradients, N + epsilon)
return gradients
```

当我们输入随机初始化的 data 和 theta 模型参数时，compute_gradients 函数返回相对于 m（即 $\mathrm{d}J/\mathrm{d}m$）的梯度和相对于 b（即 $\mathrm{d}J/\mathrm{d}b$）的梯度，如下所示。

```
compute_gradients(data,theta)
array([-9.08423989e-05, 1.05174511e-04])
```

3.1.6 更新模型参数

既然已经计算了梯度，接下来需要根据更新规则更新模型参数，如下所示。

$$m = m - \alpha \frac{\mathrm{d}J}{\mathrm{d}m} \tag{3-6}$$

$$b = b - \alpha \frac{\mathrm{d}J}{\mathrm{d}b} \tag{3-7}$$

因为我们在 theta[0]中存储了 m，在 theta[1]中存储了 b，所以可以将更新公式写成

$$\theta = \theta - \alpha \frac{\mathrm{d}J}{\mathrm{d}\theta} \tag{3-8}$$

正如我们在上一小节中所学到的，仅在一次迭代中更新梯度不会导致收敛（即成本到达函数的最小值），因此我们需要计算梯度并通过若干次迭代更新模型的参数。

首先，需要设置迭代次数。

```
num_iterations = 50000
```

现在，需要定义学习率。

```
lr = 1e-2
```

接下来，将定义一个名为 loss 的列表，它用于存储每次迭代中的损失。

```
loss = []
```

在每次迭代中，将根据式（3-8）中的参数更新规则计算并更新梯度。

```
theta = np.zeros(2)
for t in range(num_iterations):
    #compute gradients
    gradients = compute_gradients(data, theta)
    #update parameter
    theta = theta - (lr*gradients)
    #store the loss
    loss.append(loss_function(data,theta))
```

绘制损失（成本）函数。

```
plt.plot(loss)
plt.grid()
plt.xlabel('Training Iterations')
plt.ylabel('Cost')
plt.title('Gradient Descent')
```

图 3-9 显示了**损失（成本）**是如何随着训练的迭代而减少的。

因此，我们了解到：梯度下降法可以用来寻找到模型的最佳参数，然后我们可以使用它来最小化损失。在下一节中，我们将学习梯度下降算法的几种变体。

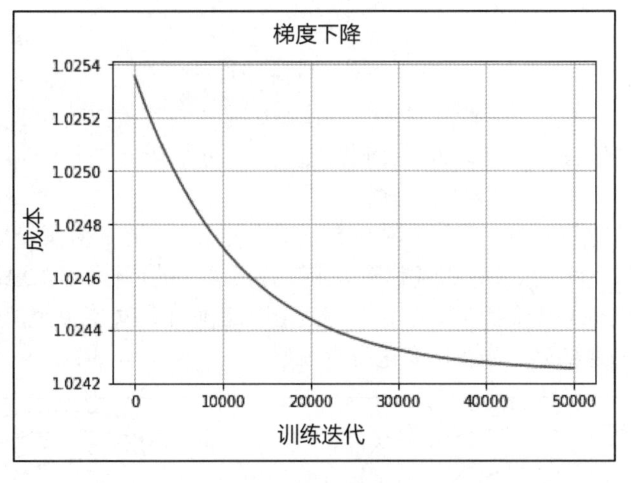

图 3-9

3.2 梯度下降与随机梯度下降

我们用参数更新式（3-1）以多次更新模型的参数，直到找到最佳参数值为止。在梯度下降法中，为了执行单一参数的更新，需要遍历训练集中的所有数据点。因此，每次更新模型的参数时，都会遍历训练集中的所有数据点。通过迭代训练集中的所有数据点更新模型的参数，使梯度下降非常缓慢，并且会增加训练的时间，特别是当数据集很大时。

假设有一个 100 万个数据点的训练集。我们知道，要找到最佳参数值，需要多次更新模型的参数。因此，即使要执行单个参数的更新，也要遍历训练集中的所有的 100 万个数据点，然后才能更新模型参数。这无疑会使训练速度变慢。这是因为我们不能只通过一次更新就找到最优参数；我们需要多次更新模型的参数才能找到最优值。因此，如果每次参数更新都遍历训练集中的 100 万个数据点，那么训练速度绝对会减慢。

因此，为了解决这个问题，引入了**随机梯度下降（Stochastic Gradient Descent，SGD）**。与梯度下降法不同，在迭代训练集中的所有数据点之后，我们不必等待更新模型的参数；在迭代训练集中的每个数据点之后，就更新模型的参数。

因为在 SGD 中迭代每个数据点后就更新模型的参数，所以与梯度下降法相比，它能更快地学习模型的最优参数，从而使训练时间最小化。

SGD 有什么用处？当我们有一个巨大的数据集时，通过使用普通的梯度下降方法，只能在遍历这个巨大数据集中的所有数据点之后才能更新参数。因此，在对整个数据集进行多次迭代之后，达到了收敛，显而易见，这需要很长时间。但是，在 SGD 中，在遍历每个训练样本之后就更新参数。也就是说，我们正在学习从第一个训练样本中找到最优参数的方法，这有助于比使用普通梯度的下降法更快地收敛。

我们知道，历元指定了神经网络看到整个训练数据的次数。因此，在梯度下降中，在每个历元上执行参数更新。这意味着，在每个历元之后，神经网络都能看到整个训练数据。对每个历元执行如下参数更新规则。

$$\theta = \theta - \alpha \nabla_{\theta} J(\theta)$$

然而，在 SGD 中，我们不必等到每个历元完成后才更新参数。也就是说，不必等到神经网络看到整个训练数据后再更新参数。取而代之的是从每个历元的单个训练样本中更新网络的参数。

下面的等高线图（见图 3-10）显示了梯度下降和随机梯度下降如何执行参数更新并找到最小成本的。图中心的星形符号表示成本最低的位置。正如你所看到的那样，SGD 比普通梯度下降更快地收敛。你还可以观察到 SGD 上梯度步长的振荡。这是因为我们正在更新每个训练样本的参数，因此，SGD 中的梯度步长与普通梯度下降相比变化得更频繁。

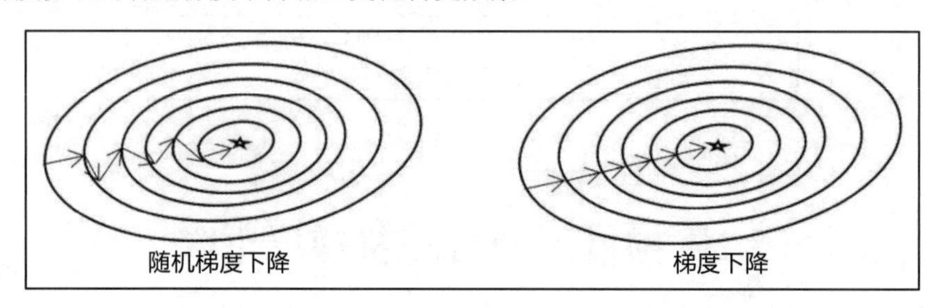

图 3-10

还有另一种梯度下降的变体，称为**小批量梯度下降（Mini-Batch Gradient Descent）**。它兼有普通梯度下降和 SGD 的优点。在 SGD 中，我们看到为每个训练样本更新模型的参数。然而，在小批量梯度下降中，不是迭代每个训练样本后更新参数，而是迭代一批数据点后更新参数。假设批量大小是 50，这意味着在迭代 50 个数据点之后更新模型的参数，而不是在迭代每个数据点之后更新参数。

下面显示了随机梯度下降和小批量梯度下降的等高线图，如图 3-11 所示。

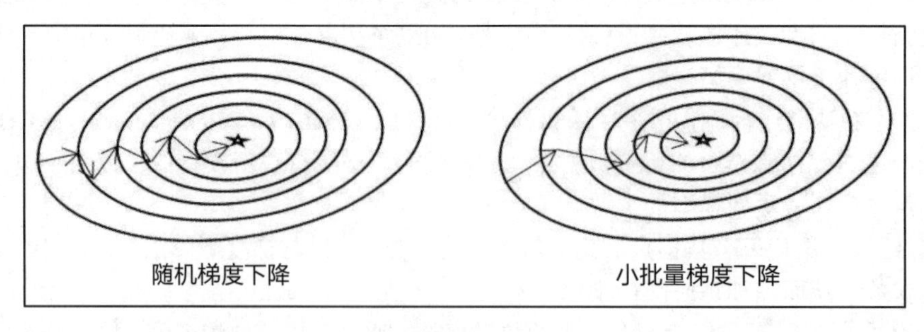

图 3-11

简而言之，这些类型的梯度下降之间的区别如下。

- **梯度下降**：迭代训练集中的所有数据点后更新模型的参数。
- **随机梯度下降**：迭代训练集中的每个数据点后更新模型的参数。
- **小批量梯度下降**：迭代训练集中的 n 个数据点后更新模型的参数。

提示：

对于大型数据集，小批量梯度下降优于普通梯度下降和随机梯度下降，因为小批量梯度下降的速度优于其他两种方法。

小批量梯度下降算法的代码如下。

首先，需要定义 minibatch 函数。

```
def minibatch(data, theta, lr = 1e-2, minibatch_ratio = 0.01,
num_iterations = 1000):
```

接下来，将通过把数据长度乘以 minibatch_ratio 定义 minibatch_size。

```
minibatch_size = int(math.ceil(len(data) * minibatch_ratio))
```

在每个迭代中，都执行以下操作。

```
for t in range(num_iterations):
```

接下来，选择 sample_size。

```
sample_size = random.sample(range(len(data)), minibatch_size)
np.random.shuffle(data)
```

根据 sample_size 对数据进行采样。

```
sample_data = data[0:sample_size[0], :]
```

计算 sample_data 相对于 theta 的梯度。

```
grad = compute_gradients(sample_data, theta)
```

在计算给定最小批量的采样数据的梯度之后，更新模型参数 theta，如下所示。

```
theta = theta - (lr * grad)
    return theta
```

3.3 基于动量的梯度下降

在本节中，我们将学习两种新的梯度下降算法的变体，它们称为**动量**（**Momentum**）和**内斯特罗夫**（**Nesterov**）加速梯度。

3.3.1 动量梯度下降

由于参数更新中的振荡，我们有一个关于 SGD 和小批量梯度下降的问题。看看下面的图（见图 3-12），它显示了小批量梯度下降是如何实现收敛的。正如你所看到的那样，梯度阶跃中存有振荡，用虚线表示。正如你可能注意到的那样，它朝一个方向做梯度阶跃，然后再朝另一个方向做梯度阶跃，以此类推，直到收敛为止。

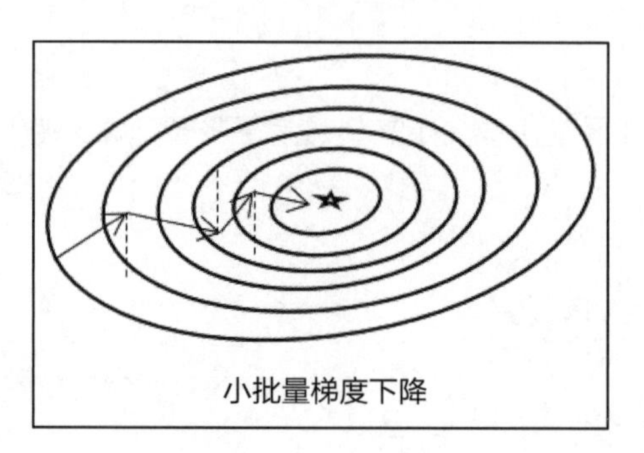

图 3-12

之所以会出现这种振荡，是因为我们在每 n 个数据点迭代一次之后更新参数，更新的方向会有一些变化，这会导致每个梯度阶跃中的振荡。由于这种振荡，很难达到收敛，并且会减慢达到收敛的过程。

为了缓解这种情况，我们将引入一种称为动量的新技术。如果能知道梯度阶跃更快收敛的正确方向，那么就可以使梯度阶跃朝那个方向前进，减少不相关方向的振荡。也就是说，可以减少选择不会导致收敛的方向。

那么，怎么做呢？我们基本上要从上一个梯度阶跃（步骤）中提取一部分更新的参数，并将其添加到当前梯度阶跃中。在物理学中，动量使物体在施力后保持运动。在这里，动量使梯度朝着导致收敛的方向移动。

如果你看一下下面的方程，就会发现我们基本上是从上一步 v_{t-1} 中得到更新的参数，然后把它加到当前的梯度阶跃 $\nabla_\theta J(\theta)$ 中。我们希望从上一个梯度阶跃中获取多少信息取决于因子 γ 和学习率 η：

$$v_t = \gamma v_{t-1} + \eta \nabla_\theta J(\theta)$$

在上面的方程中，v_t 称为速度，它在导致收敛的方向上加速梯度。它还通过将上一步的参数更新的一小部分添加到当前步骤中来减少不相关方向上的振荡。

因此，带有动量的参数更新方程表示为

$$\theta = \theta - v_t$$

注释：

通过这样做，执行带有动量的小批量梯度下降有助于我们减少梯度阶跃中的振荡和更快地达到收敛。

现在，让我们看看动量如何实现。

首先，定义动量函数，如下所示。

```
def momentum(data, theta, lr = 1e-2, gamma = 0.9, num_iterations = 1000):
```

然后，用 0 初始化 v_t。

```
vt = np.zeros(theta.shape[0])
```

执行以下代码以覆盖每次迭代的范围。

```
for t in range(num_iterations):
```

计算关于 theta 的 gradients（梯度）。

```
gradients = compute_gradients(data, theta)
```

将 v_t 更新为 $v_t = \gamma v_{t-1} + \eta \nabla_\theta J(\theta)$。

```
vt = gamma * vt + lr * gradients
```

将模型参数 theta 更新为 $\theta = \theta - v_t$。

```
theta = theta - vt
return theta
```

3.3.2 内斯特罗夫加速梯度

动量（小批量梯度下降算法）的一个问题是它可能会错过最小值。也就是说，当我们向收敛点（最小点）靠近时，动量的值会很高。若动量值很高，当接近收敛时，动量实际上将梯度阶跃推得很大，而这可能会错过实际的最小值。也就是说，当接近收敛，并且动量大时，它可能会超过最小值，如图 3-13 所示。

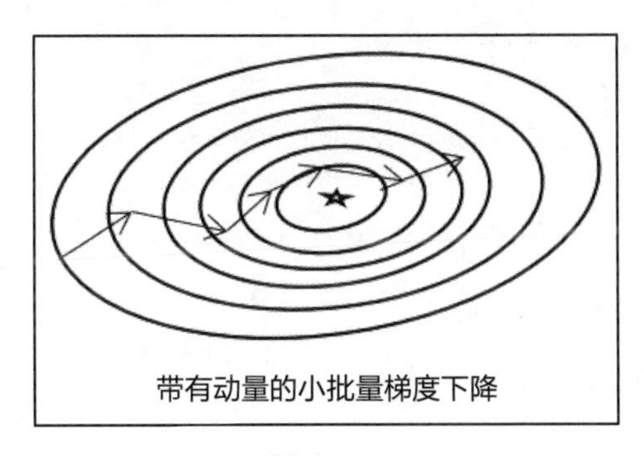

图 3-13

为了克服这个问题，内斯特罗夫提出了一种新的方法，称为**内斯特罗夫加速梯度算法**（**Nesterov Accelerated Gradient，NAG**）。

内斯特罗夫加速梯度算法背后的基本动机是：我们不是计算当前位置的梯度，而是计算动量将我们带到的位置的梯度，称这个位置为前瞻位置。

但这意味着什么？在动量梯度下降部分，我们学习了以下方程式。

$$v_t = \gamma v_{t-1} + \eta \nabla_\theta J(\theta) \tag{3-9}$$

式（3-9）告诉我们，基本上是把当前的梯度阶跃 $\nabla_\theta J(\theta)$ 推到一个新的位置，使用上一步 γv_{t-1} 的一小部分参数更新，这将有助于我们达到收敛。然而，当动量很高时，这个新位置实际上会超过最小值。

因此，在使用动量进行梯度阶跃并到达新位置之前，如果我们了解动量将带我们到达哪个位置，那么我们就可以避免超过最小值。如果我们发现动量会把我们带到一个没有达到最小值的位置，那么我们就可以放慢动量，努力达到最小值。

但如何才能找到动量将带我们到达的位置呢？在式（3-2）中，我们不是计算相对于当前梯度阶跃 $\nabla_\theta J(\theta)$ 的梯度，而是计算关于 $\nabla_\theta J(\theta-\gamma v_{t-1})$ 的梯度。其中，$\theta-\gamma v_{t-1}$ 项基本上告诉我们下一个梯度步的大致位置，我们称其为前瞻位置。这让我们知道下一个梯度阶跃将到哪里。

因此，我们可以根据内斯特罗夫加速梯度算法重写 v_t 方程。

$$v_t = \gamma v_{t-1} + \eta \nabla_\theta J(\theta - \gamma v_{t-1})$$

我们按如下的方式更新参数。

$$\theta = \theta - v_t$$

当梯度阶跃接近收敛时，用上面的方程更新参数可以通过减慢动量防止我们错过最小值。内斯特罗夫加速梯度算法的实现如下。

首先，我们定义 NAG（内斯特罗夫加速梯度算法）函数。

```
def NAG(data, theta, lr = 1e-2, gamma = 0.9, num_iterations = 1000):
```

然后，用 0 初始化 v_t 的值。

```
vt = np.zeros(theta.shape[0])
```

对于每个迭代，执行以下步骤。

```
for t in range(num_iterations):
```

需要计算相对于 $\theta-\gamma v_{t-1}$ 的梯度。

```
gradients = compute_gradients(data, theta - gamma * vt)
```

将 v_t 更新为 $v_t = \gamma v_{t-1} + \eta \nabla_\theta J(\theta - \gamma v_{t-1})$。

```
vt = gamma * vt + lr * gradients
```

将模型参数 theta 更新为 $\theta = \theta - v_t$。

```
theta = theta - vt
return theta
```

3.4 自适应梯度下降

在本节中，我们将学习几种自适应版本的梯度下降算法。

3.4.1 使用 Adagrad 自适应设置学习速率

当构建一个深度神经网络时，会有很多参数。参数基本上是网络的权重值，所以当我们构建一个多层网络时，我们会有很多权重值，如 θ^1，θ^2，θ^3，…，θ^i，…，θ^n。我们的目标是找到所有这些权重的最佳值。在之前学习过的所有方法中，学习率是网络所有参数的共同值。而 **Adagrad**（为

adaptive gradient 的缩写）则依据一个参数自适应地设置它的学习速率。

具有频繁更新或高梯度的参数将具有较慢的学习速率，而具有不频繁更新或小梯度的参数也将具有较慢的学习速率。不过我们为什么要这么做呢？这是因为不经常更新的参数意味着它们没有得到足够的训练，所以为它们设置了一个高的学习速率；而频繁更新的参数意味着它们得到了足够的训练，所以将它们的学习速率设置为一个低值，这样就不会错过最小值。

现在，让我们看看 Adagrad 是如何自适应地改变学习速率的。之前，我们用 $\nabla_\theta J(\theta)$ 表示梯度。为了简单起见，从现在开始，在本章中，我们将用 g 表示梯度。因此，参数 θ^i 在迭代 t 处的梯度可以表示为

$$g_t^i = \nabla_\theta J(\theta_t^i)$$

可以用 g 作为梯度符号重写更新方程，如下所示。

$$\theta_t^i = \theta_{t-1}^i - \frac{\eta}{\sqrt{\sum_{\tau=1}^{t}(g_\tau^i)^2 + \varepsilon}} g_t^i$$

这里，$\sqrt{\sum_{\tau=1}^{t}(g_\tau^i)^2 + \varepsilon}$ 隐含了参数 θ^i 的所有先前梯度的平方和。加了 ε 是为了避免被零除的错误，我们通常将 ε 的值设置为一个很小的数。这里出现的问题是：为什么要将学习速率除以所有先前梯度的平方和？

我们了解到：具有频繁更新或高梯度的参数将具有较慢的学习速率，而具有不频繁更新或小梯度的参数也将具有较高的学习速率。

总和 $\sqrt{\sum_{\tau=1}^{t}(g_\tau^i)^2 + \varepsilon}$，实际上可以衡量我们的学习速率。也就是说，当过去梯度的平方和有一个很高的值时，我们基本上是将学习速率除以一个很高的值，所以我们的学习速率值会变小。类似地，如果过去梯度的平方和的值很低，我们将学习速率除以一个较低的值，因此我们的学习速率值将变高。这意味着学习速率与参数的所有先前梯度的平方和成反比。

简言之，在 Adagrad 算法中，当前一个梯度值较高时，我们将学习速率设置为一个较低的值；当前一个梯度值较低时，我们将学习速率设置为一个较高的值。这意味着我们的学习速率值会根据参数的过去梯度更新而变化。

现在我们已经了解了 Adagrad 算法的工作原理，让我们通过实现这个算法强化我们的知识。Adagrad 算法的代码如下所示。

首先，定义 AdaGrad()函数。

```
def AdaGrad(data, theta, lr = 1e-2, epsilon = 1e-8, num_iterations = 10000):
```

定义名为 gradients_sum 的变量保存梯度的总和，并初始化为 0。

```
gradients_sum = np.zeros(theta.shape[0])
```

对于每次迭代，执行以下步骤。

```
for t in range(num_iterations):
```

计算相对于 theta 所损失的 gradients（梯度）。

```
gradients = compute_gradients(data, theta)
```

计算梯度的平方和，即 $\sum_{\tau=1}^{t}(g_\tau^i)^2$ 。

```
gradients_sum += gradients ** 2
```

计算梯度更新，即 $\frac{g_t^i}{\sqrt{\sum_{\tau=1}^{t}(g_\tau^i)^2+\varepsilon}}$ 。

```
gradient_update=gradients/(np.sqrt(gradients_sum+epsilon))
```

更新 theta 模型参数，使其为 $\theta_t^i=\theta_{t-1}^i-\frac{\eta}{\sqrt{\sum_{\tau=1}^{t}(g_\tau^i)^2+\varepsilon}}g_t^i$ 。

```
theta = theta - (lr * gradient_update)

return theta
```

同样，Adagrad 算法也有一个缺点。对于每次迭代，都在累加并对所有过去的平方梯度求和。所以，在每次迭代中，过去梯度值的平方和都会增加。当过去梯度值的平方和很高时，分母中会有一个很大的数字。当把学习速率除以一个很大的数时，学习速率就会变得很小。因此，经过若干次迭代，学习速率开始衰减，变成一个无穷小的数字，也就是说，学习速率将单调递减。当学习速率达到一个很低的值时，则需要很长时间才能收敛。

在 3.4.2 小节中，我们将看到 Adadelta 是如何应对这个缺点的。

3.4.2 使用 Adadelta 消除学习速率

Adadelta 是 Adagrad 算法的一个增强。在 Adagrad 算法中，我们注意到当学习速率下降到一个非常低的数字时带来的问题。虽然 Adagrad 算法自适应地学习学习速率，但是我们仍然需要手动设置初始学习速率。然而，在 Adadelta 中，我们根本不需要学习速率。那么 Adadelta 算法是如何学习的呢？

在 Adadelta 中，不是求所有过去梯度的平方和，取而代之的是可以设置一个大小为 W 的窗口，并只从该窗口求过去梯度的平方和。在 Adagrad 中，我们计算了所有过去梯度的平方和，这导致学习速率下降到一个很低的数字。为了避免这种情况，我们只从一个窗口取过去梯度的平方和。

如果 W 是窗口大小，那么我们的参数更新公式为

$$\theta_t^i=\theta_{t-1}^i-\frac{\eta}{\sqrt{\sum_{\tau=t-w+1}^{t}(g_\tau^i)^2+\varepsilon}}g_t^i$$

然而，问题是：尽管我们只从一个窗口 W 中获取梯度，但是在每次迭代中，计算平方和将所有梯度存储在窗口中的操作效率很低。因此，我们并不这样做，取而代之的是取梯度的平均值。

我们通过将先前梯度的移动平均值 $E[g^2]_{t-1}$ 和当前梯度的移动平均值 g_t^2 相加，来计算迭代 t 中梯度的移动平均值 $E[g^2]_t$。

$$E[g^2]_t = E[g^2]_{t-1} + g_t^2$$

但是我们并不只是采用移动平均值，还采用梯度的指数衰减的移动平均值，如下所示。

$$E[g^2]_t = \gamma E[g^2]_{t-1} + (1-\gamma)g_t^2 \tag{3-10}$$

在这里，γ 称为指数衰减率，而它与我们在动量中看到的相似。也就是说，它被用来决定应该添加多少来自先前梯度移动平均值的信息。

现在，我们的更新公式如下。

$$\theta_t^i = \theta_{t-1}^i - \frac{\eta}{\sqrt{E[g^2]_t + \varepsilon}} g_t^i$$

为了简单起见，将 $-\frac{\eta}{\sqrt{E[g^2]_t + \varepsilon}} g_t^i$ 表示为 $\nabla\theta_t$，这样我们就可以重写前面的更新公式，如下所示。

$$\theta_t^i = \theta_{t-1}^i + \nabla\theta_t \tag{3-11}$$

从以上的等式中，我们可以推断出

$$\nabla\theta_t = -\frac{\eta}{\sqrt{E[g^2]_t + \varepsilon}} g_t^i \tag{3-12}$$

看式（3-12）中的分母，基本上是计算直到第 t 次迭代的梯度的均方根，所以可以简写如下。

$$\text{RMS}[g_t] = \sqrt{E[g^2]_t + \varepsilon} \tag{3-13}$$

将式（3-13）代入式（3-12），可以将式（3-12）写成

$$\nabla\theta_t = -\frac{\eta}{\text{RMS}[g_t]} g_t^i \tag{3-14}$$

然而，在我们的方程中仍然有学习率 η 这一项。怎样才能消除这一项呢？可以这样做——根据参数来更新参数的单位。你可能已经注意到了，θ_t 和 $\nabla\theta_t$ 的单位并不匹配。为了解决这个问题，我们计算了参数更新的指数衰减平均值 $\nabla\theta_t$，正如我们计算了式（3-10）中梯度的指数衰减平均值 g_t 一样。因此，可以写出以下方程。

$$E[\Delta\theta^2]_t = \gamma E[\Delta\theta^2]_{t-1} + (1-\gamma)\Delta\theta_t^2$$

就像梯度的均方根值（RMS）、$\text{RMS}[g_t]$那样，它类似于式（3-13）。可以将参数更新的均方根值写为如下形式。

$$\text{RMS}[\Delta\theta]_t = \sqrt{E[\Delta\theta^2]_t + \varepsilon}$$

然而，参数更新的 RMS 值 $\Delta\theta_t$ 是未知的，也就是说，$\text{RMS}[\Delta\theta]_t$ 是未知的，因此我们可以考虑直到上一次更新 $\text{RMS}[\Delta\theta]_{t-1}$ 为止近似地表示它。

现在只是用参数更新的 RMS 值来代替学习速率。也就是说，用式（3-14）中的 $\text{RMS}[\Delta\theta]_{t-1}$ 代替 η 并写出如下的方程。

$$\nabla\theta_t = -\frac{\text{RMS}[\Delta\theta]_{t-1}}{\text{RMS}[g_t]} g_t^i \tag{3-15}$$

将式（3-15）代入式（3-11），最终的更新方程式如下。

$$\theta_t^i = \theta_{t-1}^i - \frac{\mathrm{RMS}[\Delta\theta]_{t-1}}{\mathrm{RMS}[g_t]} g_t^i$$

$$\theta_t^i = \theta_{t-1}^i + \nabla\theta_t$$

现在，让我们通过实现这个 Adadelta 算法理解它。

首先，定义 AdaDelta()函数。

```
def AdaDelta(data, theta, gamma = 0.9, epsilon = 1e-5, num_iterations = 1000):
```

然后，用 0 初始化 E_grad2 变量以存储梯度的移动平均值，并用 0 初始化 E_delta_theta2 以存储参数更新的移动平均值，如下所示。

```
#running average of gradients
E_grad2 = np.zeros(theta.shape[0])

#running average of parameter update
E_delta_theta2 = np.zeros(theta.shape[0])
```

对于每次迭代，都执行以下步骤。

```
for t in range(num_iterations):
```

计算相对于 theta 的 gradients（梯度）。

```
gradients = compute_gradients(data, theta)
```

计算梯度的移动平均值。

```
E_grad2=(gamma * E_grad2)+((1. - gamma)*(gradients ** 2))
```

计算 delta_theta，也就是 $\nabla\theta_t = -\frac{\mathrm{RMS}[\Delta\theta]_{t-1}}{\mathrm{RMS}[g_t]} g_t^i$。

```
delta_theta = - (np.sqrt(E_delta_theta2 + epsilon)) /
(np.sqrt(E_grad2 + epsilon)) * gradients
```

计算参数更新的移动平均值 $E[\Delta\theta^2]_t = \gamma E[\Delta\theta^2]_{t-1} + (1-\gamma)\Delta\theta_t^2$。

```
E_delta_theta2 = (gamma * E_delta_theta2) + ((1. - gamma) * (delta_theta ** 2))
```

更新模型的参数 theta，使其为 $\theta_t^i = \theta_{t-1}^i + \nabla\theta_t$。

```
theta = theta + delta_theta

return theta
```

3.4.3 使用 RMSProp 克服 Adagrad 的局限性

与 Adadelta 算法类似，引入 RMSProp 算法是用来解决 Adagrad 的学习速率衰减的问题的。因此，在 RMSProp 算法中，我们计算梯度的指数衰减移动平均值，如下所示。

$$E[g^2]_t = \gamma E[g^2]_{t-1} + (1-\gamma)g_t^2$$

不是取所有过去梯度的平方和，取而代之的是，使用梯度的移动平均值。这意味着我们的更新公式变成如下所示。

$$\theta_t^i = \theta_{t-1}^i - \frac{\eta}{\sqrt{E[g^2]_t + \varepsilon}} g_t^i$$

推荐将学习速率 η 的值指定为 0.9。现在，将学习如何在 Python 中实现 RMSProp 算法。

首先，需要定义 RMSProp()函数。

```
def RMSProp(data, theta, lr = 1e-2, gamma = 0.9, epsilon = 1e-6,
num_iterations = 1000):
```

现在，需要用 0 初始化 E_grad2 变量存储梯度的移动平均值。

```
E_grad2 = np.zeros(theta.shape[0])
```

对于每次迭代，都执行以下步骤。

```
for t in range(num_iterations):
```

计算相对于 theta 的 gradients（梯度）。

```
gradients = compute_gradients(data, theta)
```

计算梯度的移动平均值，即 $E[g^2]_t = \gamma E[g^2]_{t-1} + (1-\gamma)g_t^2$。

```
E_grad2=(gamma*E_grad2)+((1.-gamma)*(gradients**2))
```

更新模型的参数 theta，所以它是 $\theta_t^i = \theta_{t-1}^i - \frac{\eta}{\sqrt{E[g^2]_t + \varepsilon}} g_t^i$。

```
theta = theta - (lr / (np.sqrt(E_grad2 + epsilon)) * gradients)
return theta
```

3.4.4 自适应矩估计

自适应矩估计（Adaptive Moment Estimation，Adam）是优化神经网络中最流行的算法之一。在阅读有关 RMSProp 的内容时，我们了解到：为了避免学习速率递减的问题，计算平方梯度的移动平均值如下。

$$E[g^2]_t = \gamma E[g^2]_{t-1} + (1-\gamma)g_t^2$$

RMSProp 算法的最终更新公式如下所示。

$$\theta_t^i = \theta_{t-1}^i - \frac{\eta}{\sqrt{E[g^2]_t + \varepsilon}} g_t^i$$

与此类似，在 Adam 算法中，我们也计算了平方梯度的移动平均值。然而，在计算平方梯度的移动平均值的同时，还要计算梯度的移动平均值。

梯度的移动平均值的计算公式如下所示。

$$E[g]_t = \beta_1 E[g]_{t-1} + (1-\beta)g_t \quad (3\text{-}16)$$

平方梯度的移动平均值的计算公式如下所示。

$$E[g^2]_t = \beta_2 E[g^2]_{t-1} + (1-\beta_2)g_t^2 \quad (3\text{-}17)$$

因为很多文献和程序库用 β 代替 γ 表示 Adam 算法中的衰变率，所以这里也使用 β 表示 Adam 中的衰变率。因此，在式（3-16）和式（3-17）中的 β_1 和 β_2 分别表示梯度和平方梯度的移动平均值的指数衰减率。

因此，我们的更新公式变为

$$\theta_t^i = \theta_{t-1}^i - \frac{\eta}{\sqrt{E[g^2]_t + \varepsilon}} E[g]_t$$

梯度的移动平均值和平方梯度的移动平均值基本上是这些梯度的一阶矩和二阶矩。也就是说，它们分别是梯度的均值和无中心方差。为了简单起见，我们将 $E[g]_t$ 表示为 m_t，将 $E[g^2]_t$ 表示为 v_t。

因此，可以将式（3-16）和式（3-17）重写为

$$m_t = \beta_1 m_{t-1} + (1-\beta_1)g_t$$

$$v_t = \beta_2 v_{t-1} + (1-\beta_2)g_t^2$$

首先将初始矩估计值设为 0。也就是说，用 0 初始化 m_t 和 v_t。当初始估计值设置为 0 时，即使经过多次迭代，它们仍然非常小。这意味着它们将偏向于 0，特别是当 β_1 和 β_2 接近 1 时。因此，为了解决这个问题，我们在计算了 m_t 和 v_t 的偏差修正估计值后，只需除以 $1-\beta^t$，如下所示。

$$\hat{m}_t = \frac{m_t}{1-\beta_1^t}$$

$$\hat{v}_t = \frac{v_t}{1-\beta_2^t}$$

这里，$\hat{m}_t$ 和 $\hat{v}_t$ 分别是 m_t 和 v_t 的偏差校正估计。

因此，我们的最终更新方程如下所示。

$$\theta_t = \theta_{t-1} - \frac{\eta}{\sqrt{\hat{v}_t} + \varepsilon} \hat{m}_t$$

现在，让我们了解如何在 Python 中实现 Adam。

首先，定义 Adam()函数。

```
def Adam(data, theta, lr = 1e-2, beta1 = 0.9, beta2 = 0.9, epsilon = 1e-6,
num_iterations = 1000):
```

然后，用 0 初始化一阶矩 mt 和二阶矩 vt:

```
mt = np.zeros(theta.shape[0])
vt = np.zeros(theta.shape[0])
```

对于每次迭代，都执行以下步骤。

```
for t in range(num_iterations):
```

计算相对于 theta 的 gradients。

```
gradients = compute_gradients(data, theta)
```

更新一阶矩 mt，使其为 $m_t = \beta_1 m_{t-1} + (1-\beta_1) g_t$ 。

```
mt = beta1 * mt + (1. - beta1) * gradients
```

更新二阶矩 vt，使其为 $v_t = \beta_2 v_{t-1} + (1-\beta_2) g_t^2$ 。

```
vt = beta2 * vt + (1. - beta2) * gradients ** 2
```

计算 mt 的偏差修正估计，即 $\hat{m}_t = \dfrac{m_t}{1-\beta_1^t}$ 。

```
mt_hat = mt / (1. - beta1 ** (t+1))
```

计算 vt 的偏差修正估计，即 $\hat{v}_t = \dfrac{v_t}{1-\beta_2^t}$ 。

```
vt_hat = vt / (1. - beta2 ** (t+1))
```

更新模型参数 theta，使其为 $\theta_t = \theta_{t-1} - \dfrac{\eta}{\sqrt{\hat{v}_t} + \varepsilon} \hat{m}_t$ 。

```
theta = theta - (lr / (np.sqrt(vt_hat) + epsilon)) * mt_hat

return theta
```

3.4.5 Adamax——基于无穷范数的 Adam

现在，来看看 Adam 算法的一个小变种 **Adamax**。让我们回忆一下 Adam 算法中的二阶矩方程。

$$v_t = \beta_2 v_{t-1} + (1-\beta_2) g_t^2$$

正如你可能已经注意到的，上面的方程将梯度缩放成与当前和过去梯度的 L^2 范数（Norm）成反比（L^2 范数基本上是指值的平方）。

$$v_t = \beta_2 v_{t-1} + (1-\beta_2) |g_t|^2$$

不是只有 L^2，我们能够把它推广到 L^p 范数吗？一般来说，当范数有一个大的 p 时，我们的更新就会变得不稳定。然而，当我们把 p 值设为∞时，即当 L^∞时，v_t 方程变得简单而稳定。不仅参数化了梯度 g_t，还参数化了衰变率 β_2。因此，可以将以上方程写为

$$v_t = \beta_2^\infty v_{t-1} + (1-\beta_2^\infty) |g_t|^\infty$$

当我们设定极限时，p 趋于无穷大，得到最终方程为

$$v_t = \max(\beta_2^{t-1} |g_1|, \beta_2^{t-2} |g_2|, \cdots, \beta_2 |g_{t-1}|, |g_t|)$$

📖注释：

可以查看本章“进一步的阅读”一节（电子书）中列出的文章，看看以上公式是如何得出的。

可以将上面的方程重写为一个简单的递归方程。

$$v_t = \max(\beta_2 v_{t-1}, |g_t|)$$

计算 m_t 的方法与 3.4.4 小节中的类似，因此可以直接写出以下的方程。

$$m_t = \beta_1 m_{t-1} + (1-\beta_1) g_t$$

通过这样做，可以计算 m_t 的偏差校正估计值。

$$\hat{m}_t = \frac{m_t}{1-\beta_1^t}$$

因此，最终的更新公式如下。

$$\theta_t = \theta_{t-1} - \frac{\eta}{v_t} \hat{m}_t$$

为了更好地理解 Adamax 算法，让我们一步一步地编写这个算法的代码。

首先，定义 Adamax()函数。

```
def Adamax(data, theta, lr = 1e-2, beta1 = 0.9, beta2 = 0.999, epsilon = 1e-6,
num_iterations = 1000):
```

然后，用 0 初始化一阶矩 mt 和二阶矩 vt。

```
mt = np.zeros(theta.shape[0])
vt = np.zeros(theta.shape[0])
```

对于每次迭代，都执行以下步骤。

```
for t in range(num_iterations):
```

可以计算相对于 theta 的 gradients。

```
gradients = compute_gradients(data, theta)
```

按照公式 $m_t = \beta_1 m_{t-1} + (1-\beta_1) g_t$ 计算一阶矩 mt。

```
mt = beta1 * mt + (1. - beta1) * gradients
```

按照公式 $v_t = \max(\beta_2 v_{t-1}, |g_t|)$ 计算二阶矩 vt。

```
vt = np.maximum(beta2 * vt, np.abs(gradients))
```

计算 mt 的偏差校正估计值，即 $\hat{m}_t = \frac{m_t}{1-\beta_1^t}$。

```
mt_hat = mt / (1. - beta1 ** (t+1))
```

更新模型参数 theta，使其为 $\theta_t = \theta_{t-1} - \frac{\eta}{v_t} \hat{m}_t$。

```
theta = theta - ((lr / (vt + epsilon)) * mt_hat)
return theta
```

3.4.6 基于 AMSGrad 的自适应矩估计

Adam 算法存在的一个问题是：它有时不能达到最优收敛，或者它达到次优解。有人注意到：在某些情况下，Adam 不能收敛或只达到次优解而不是全局最优解。这是由于梯度的平均值呈指数移动。还记得我们在 Adam 中使用梯度的指数移动平均值避免学习速率衰减的问题吗？

然而，问题是，由于我们采用的是指数移动平均的梯度，所以我们会漏掉（很少发生的）有关梯度的信息。

为了解决这个问题，AMSGrad 算法的作者对 Adam 算法做了一个小小的改动。回想一下我们在 Adam 算法中看到的二阶矩估计。

$$v_t = \beta_2 v_{t-1} + (1-\beta_2) g_t^2$$

在 AMSGrad 算法中，使用一个稍微修改的 v_t 版本。在上一步之前，我们没有直接使用 v_t，而是取 v_t 的最大值。

$$\hat{v}_t = \max(\hat{v}_{t-1}, v_t)$$

这将保留提供有用信息的梯度，而不会由于指数移动平均而被淘汰。

因此，我们的最终更新公式如下。

$$\theta_t = \theta_{t-1} - \frac{\eta}{\sqrt{\hat{v}_t} + \varepsilon} \hat{m}_t$$

现在，让我们了解如何用 Python 编写 AMSGrad 算法。

首先，定义 AMSGrad()函数。

```
def AMSGrad(data, theta, lr = 1e-2, beta1 = 0.9, beta2 = 0.9, epsilon = 1e-6,
num_iterations = 1000):
```

然后，用 0 初始化一阶矩 mt、二阶矩 vt 和 vt 的修改版本——即 vt_hat。

```
mt = np.zeros(theta.shape[0])
vt = np.zeros(theta.shape[0])
vt_hat = np.zeros(theta.shape[0])
```

对于每次迭代，都执行以下步骤。

```
for t in range(num_iterations):
```

计算相对于 theta 的 gradients。

```
gradients = compute_gradients(data, theta)
```

计算一阶矩 mt，即 $m_t = \beta_1 m_{t-1} + (1-\beta_1) g_t$。

```
mt = beta1 * mt + (1. - beta1) * gradients
```

更新二阶矩 vt，即 $v_t = \beta_2 v_{t-1} + (1-\beta_2) g_t^2$。

```
vt = beta2 * vt + (1. - beta2) * gradients ** 2
```

在 AMSGrad 算法中，我们使用了 v_t 的一个稍微修改的版本。在上一步之前，我们不直接使用 v_t，而是取 v_t 的最大值。因此，$\hat{v}_t = \max(\hat{v}_{t-1}, v_t)$ 实现如下。

```
vt_hat = np.maximum(vt_hat,vt)
```

计算 mt 的偏差校正估计值，即 $\hat{m}_t = \dfrac{m_t}{1-\beta_1^t}$。

```
mt_hat = mt / (1. - beta1 ** (t+1))
```

更新模型参数 theta，使其为 $\theta_t = \theta_{t-1} - \dfrac{\eta}{\sqrt{\hat{v}_t}+\varepsilon}\hat{m}_t$。

```
theta=theta-(lr / (np.sqrt(vt_hat) + epsilon)) * mt_hat
return theta
```

3.4.7 Nadam——将 NAG 添加到 Adam

Nadam 是 Adam 算法的另一个小扩展。顾名思义，这里我们将 NAG 融入 Adam。首先，回顾一下我们在 Adam 中所学到的东西。

首先，计算了一阶矩和二阶矩。

$$m_t = \beta_1 m_{t-1} + (1-\beta_1) g_t$$
$$v_t = \beta_2 v_{t-1} + (1-\beta_2) g_t^2$$

然后，计算了一阶矩和二阶矩的偏差修正估计值。

$$\hat{m}_t = \frac{m_t}{1-\beta_1^t}$$

$$\hat{v}_t = \frac{v_t}{1-\beta_2^t}$$

我们的 Adam 最终更新方程如下所示。

$$\theta_t = \theta_{t-1} - \frac{\eta}{\sqrt{v_t}+\varepsilon} m_t$$

现在，我们将看到 Nadam 是如何修改 Adam 以使用内斯特罗夫加速动量的。在 Adam 中，我们计算一阶矩：

$$m_t = \beta_1 m_{t-1} + (1-\beta_1) g_t$$

改变一阶矩，使之成为内斯特罗夫的加速动量。也就是说，不使用先前的动量，而是使用当前的动量，并将其用作前瞻。

$$\tilde{m}_t = \beta_1^{t+1} m_t + (1-\beta_1^t) g_t$$

我们不能像在 Adam 中那样计算偏差修正估计，因为这里 g_t 来自当前步骤，m_t 来自后续步骤。因此，我们改变偏差校正估计步骤。

$$\hat{m}_t = \frac{m_t}{1-\prod_{i=1}^{t+1}\beta_1^i}$$

$$\hat{g}_t = \frac{g_t}{1-\prod_{i=1}^{t}\beta_1^i}$$

因此，我们可以改写一阶矩方程。

$$\tilde{m}_t = \beta_1^{t+1}\hat{m}_t + (1-\beta_1^t)\hat{g}_t$$

我们的最终更新公式如下。

$$\theta_t = \theta_{t-1} - \frac{\eta}{\sqrt{v_t}+\varepsilon}\tilde{m}_t$$

现在让我们看看如何在 Python 中实现 Nadam 算法。

首先，定义 nadam()函数。

```
def nadam(data, theta, lr = 1e-2, beta1 = 0.9, beta2 = 0.999, epsilon = 1e-6,
num_iterations = 500):
```

然后，用 0 初始化一阶矩 mt 和二阶矩 vt。

```
mt = np.zeros(theta.shape[0])
vt = np.zeros(theta.shape[0])
```

接下来，将 beta_prod 设置为 1。

```
beta_prod = 1
```

对于每次迭代，都执行以下步骤。

```
for t in range(num_iterations):
```

计算相对于 theta 的 gradients。

```
gradients = compute_gradients(data, theta)
```

计算一阶矩 mt，使其为 $m_t = \beta_1 m_{t-1} + (1-\beta_1)g_t$ 。

```
mt = beta1 * mt + (1. - beta1) * gradients
```

更新二阶矩 vt，使其为 $v_t = \beta_2 v_{t-1} + (1-\beta_2)g_t^2$ 。

```
vt = beta2 * vt + (1. - beta2) * gradients ** 2
```

计算 beta_prod，即 $\prod_{i=1}^{t+1}\beta_1^i$ 。

```
beta_prod = beta_prod * (beta1)
```

计算 mt 的偏差修正估计值，即 $\hat{m}_t = \frac{m_t}{1-\prod_{i=1}^{t+1}\beta_1^i}$ 。

```
mt_hat = mt / (1. - beta_prod)
```

计算 gt 的偏差修正估计值，使其为 $\hat{g}_t = \frac{g_t}{1-\prod_{i=1}^{t}\beta_1^i}$。

```
g_hat = grad / (1. - beta_prod)
```

计算 vt 的偏差修正估计值，使其为 $\hat{v}_t = \frac{v_t}{1-\beta_2^t}$。

```
vt_hat = vt / (1. - beta2 ** (t))
```

计算 mt_tilde，使其为 $\tilde{m}_t = \beta_1^{t+1}\hat{m}_t + (1-\beta_1^t)\hat{g}_t$。

```
mt_tilde = (1-beta1**t+1)* mt_hat + ((beta1**t)* g_hat)
```

使用 $\theta_t = \theta_{t-1} - \frac{\eta}{\sqrt{v_t}+\varepsilon}\tilde{m}_t$ 更新模型参数 theta。

```
theta = theta-(lr/(np.sqrt(vt_hat) + epsilon))* mt_hat
return theta
```

通过这样做，我们已经学习了用于训练神经网络的各种流行的梯度下降算法变体。从 GitHub 的 Jupyter Notebook 中可以获取（使用回归的所有变体的）执行回归的完整代码。

3.5 总　　结

本章我们首先学习了什么是凸函数和非凸函数。然后，探讨了如何使用梯度下降算法求函数的最小值。我们学习了如何通过梯度下降来计算最优参数，从而使损失函数最小化。随后，我们研究了随机梯度下降(SGD)，在该算法中，我们在遍历每个数据点之后更新模型的参数。然后，学习了小批量梯度下降，在该算法中，我们在遍历一批数据点之后更新参数。

接下来，学习了如何使用动量减少梯度步骤中的振荡，并更快地实现收敛。接着，了解了内斯特罗夫动量，在该算法中，不是计算当前位置的梯度，而是计算动量将到达的位置的梯度。

我们还学习了 Adagrad 算法，在该算法中，我们将频繁更新的参数的学习速率设置为较低，将不频繁更新的参数的学习速率设置为较高。接下来，学习了 Adadelta 算法，在这里我们完全取消了学习速率，而使用了梯度的指数衰减平均值。然后学习了 Adam 算法，使用一阶和二阶动量估计来更新梯度。

随后，探讨了 Adam 的几个变体，如 Adamax，我们将 Adam 的 L^2 范数推广到 L^∞，以及 AMSGrad，在这里讨论了 Adam 达到次优解的问题。在本章的最后，学习了 Nadam 算法，在该算法中，我们将 Nesterov 动量合并到 Adam 算法中。

在第 4 章中，将学习最广泛使用的深度学习算法之一，称为递归神经网络（RNN），以及如何使用它们生成歌词。

3.6 问　　题

通过回答以下问题回顾一下梯度下降。

（1）随机梯度下降和普通梯度下降有何不同？

（2）什么是小批量梯度下降？

（3）为什么我们需要动量？

（4）Nesterov 动量背后的基本动机是什么？

（5）Adagrad 如何自适应地设置学习速率？

（6）Adadelta 的更新方程是什么？

（7）RMSProp 如何克服 Adagrad 的局限性？

（8）如何定义 Adam 的更新方程？

第 4 章

使用 RNN 生成歌词

在一个正态前馈神经网络中，每个输入都独立于其他输入。但是对于序列数据集，我们需要知道过去的输入才能作出预测。一个序列是一组有序的项。例如，一个句子就是一个由若干个单词所组成的序列。假设我们想预测一个句子中的下一个单词，要做到这一点，需要记住前面的若干个单词。正常的前馈神经网络不能预测正确的下一个单词，因为它不会记住句子前面的单词。在这种情况下（需要记住以前的输入），使用递归神经网络（Recurrent Neural Networks，RNN）进行预测。

☞**译者的话：**

目前 Recurrent Neural Networks 有几种翻译：循环神经网络、回归神经网络、反馈神经网络，以及递归神经网络。在本书中之所以使用递归神经网络，是考虑到该算法本身就是一个递归的算法。如果读者已经习惯了其他的翻译，可以继续使用，完全没有必要刻意地矫正自己习惯了的术语。

在本章中，我们将描述如何使用 RNN 对序列数据集进行建模，以及它如何记住以前的输入。我们将从研究 RNN 与前馈神经网络的区别开始。然后，将检查前向传播如何在 RNN 中工作。

接下来，我们将研究时间反向传播（Back Propagation Through Time，BPTT）算法，该算法用于训练 RNN。稍后，将探讨在训练循环网络时发生的梯度消失和梯度爆炸问题。还将学习如何在 TensorFlow 中使用 RNN 生成歌词。

在本章的最后，我们将研究不同类型的 RNN 架构，以及它们如何用于各种应用程序。

在本章中，我们将学习以下内容。

- 递归神经网络
- 在递归神经网络中的前向传播
- 时间反向传播算法
- 梯度消失与梯度爆炸问题
- 使用递归神经网络生成歌词
- 不同类型的递归神经网络架构

4.1 递归神经网络简介

The sun rises in the ____.

如果有人要求我们预测上面句子中的空白项，我们可能会说是 east（东方）。为什么要预测 east 这个词在这里是正确的呢？因为我们阅读了整个句子，理解了上下文，并预测 east 这个词将是一个合适的词以完成这个句子。

如果我们使用前馈神经网络来预测那个空白，它就不能预测正确的单词。这是因为在前馈神经网络中，每个输入都独立于其他输入，而它们只根据当前输入进行预测，并且不记得以前的输入。

因此，对前馈神经网络的输入将仅仅是空白之前的单词，即单词 the。仅以这个单词作为输入，我们的网络无法预测正确的单词，因为它不知道该句子的上下文，这意味着它不知道前一组单词以理解句子的上下文和预测下一个合适的单词。

这就是为什么要使用递归神经网络（RNN）。递归神经网络不仅基于当前输入，而且基于先前的隐藏状态预测输出。为什么它们必须根据当前的输入和先前的隐藏状态预测输出呢？为什么它们不能只使用当前输入和以前的输入？这是因为先前的输入将只存储有关先前单词的信息，而先前的隐藏状态将捕获有关网络迄今为止看到的句子中所有单词的上下文信息。基本上，先前的隐藏状态就像记忆一样，它捕捉句子的上下文。通过这个上下文和当前输入，可以预测相关的单词。

例如，让我们用同样的句子：*The sun rises in the ____*。如图 4-1 所示，首先传递单词 the 作为输入，然后传递下一个单词 sun 作为输入；同时，还传递上一个隐藏状态 h_0。因此，在每次传递输入单词时，也传递一个先前隐藏的状态作为输入。

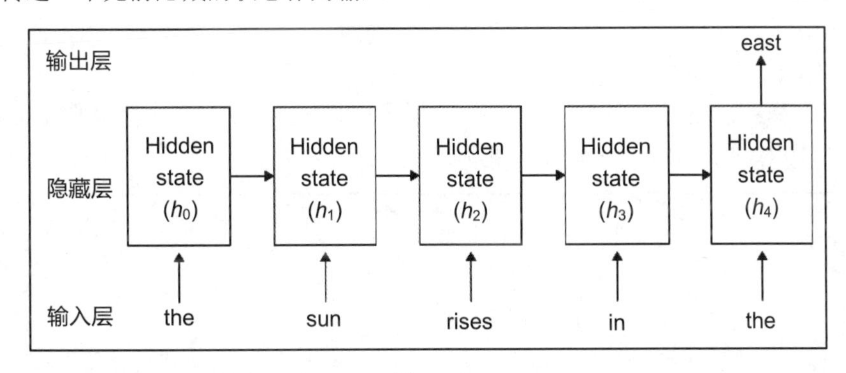

图 4-1

在最后一步中，传递单词 the，以及先前的隐藏状态 h_3，它捕获了到目前为止该网络所看到的单词序列的上下文信息。因此，h_3 充当了存储器并存储了关于该网络所看到的所有先前单词的信息。通过 h_3 和当前输入（the），可以预测相关的下一个单词。

简而言之，递归神经网络使用先前的隐藏状态作为记忆，该记忆捕获并存储了网络迄今为止看到的上下文信息（输入）。

递归神经网络广泛应用于涉及序列数据的情况，如时间序列、文本、音频、语音、视频、天气等。它们被广泛应用于各种**自然语言处理（Natural Language Processing，NLP）**任务中，如语言翻译、情感分析、文本生成等。

4.1.1 前馈网络与 RNN 的区别

递归神经网络和前馈网络的比较如图 4-2 所示。

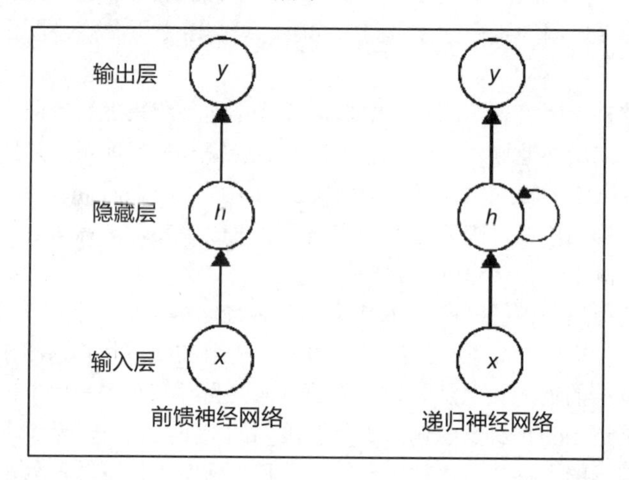

图 4-2

正如你在图 4-2 中所看到的那样，递归神经网络在隐藏层中包含一个循环连接，这意味着我们使用先前的隐藏状态和输入预测输出。

仍然感到困惑吗？让我们看看下面展开的递归神经网络版本。但等一下，递归神经网络的展开版本又是什么？

这意味着我们要为一个完整的序列展开网络。假设我们有一个带有 T 个单词的输入句子；然后，我们将有 0～T-1 层，每个单词一层，如图 4-3 所示。

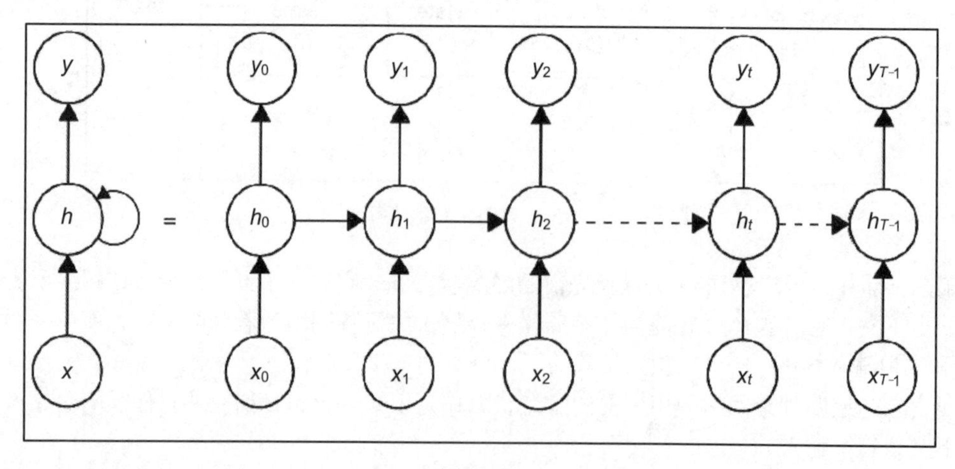

图 4-3

如图 4-3 所示，在时间步 $T=1$ 时，基于当前输入 x_1 和先前隐藏状态 h_0 预测输出 y_1。类似地，在时间步 $T=2$ 处，使用当前输入 x_2 和先前隐藏状态 h_1 预测 y_2。这就是递归神经网络的工作原理：利用当前的输入和先前隐藏的状态预测输出。

4.1.2 递归神经网络中的前向传播

让我们看看递归神经网络是如何使用前向传播来预测输出的。但是在开始之前，让我们先熟悉一下符号，如图 4-4 所示。

图 4-4 中的内容解释如下。

- $\boldsymbol{U}$ 表示输入层到隐藏层的权重矩阵。
- $\boldsymbol{W}$ 表示隐藏层到隐藏层的权重矩阵。
- $\boldsymbol{V}$ 表示隐藏层到输出层的权重矩阵。

在时间步 t 的隐藏状态 h 可以计算如下。

$$h_t = \tanh(\boldsymbol{U}x_t + \boldsymbol{W}h_{t-1})$$

也就是说，在某个时间步的隐藏状态，$h_t=\tanh$（[输入层到隐藏层权重×输入]+[隐藏层到隐藏层权重×上一个隐藏状态]）。

在某一时间步 t 的输出可计算如下。

$$\hat{y}_t = \mathrm{softmax}(\boldsymbol{V}h_t)$$

也就是说，在某一时间步的输出，$\hat{y}_t=$ softmax（隐藏层到输出层权重×在时间步 t 的隐藏状态）。

也可以将 RNN 表示为如图 4-5 所示。如你所见，隐藏层由一个 RNN 块表示，这意味着我们的网络是一个 RNN，并且先前的隐藏状态用于预测输出。

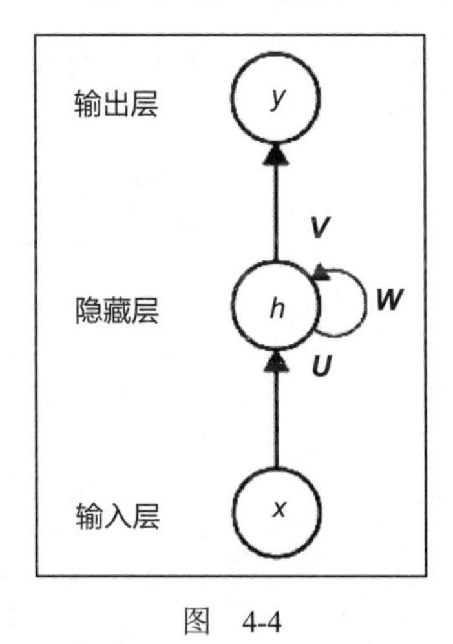

图 4-4

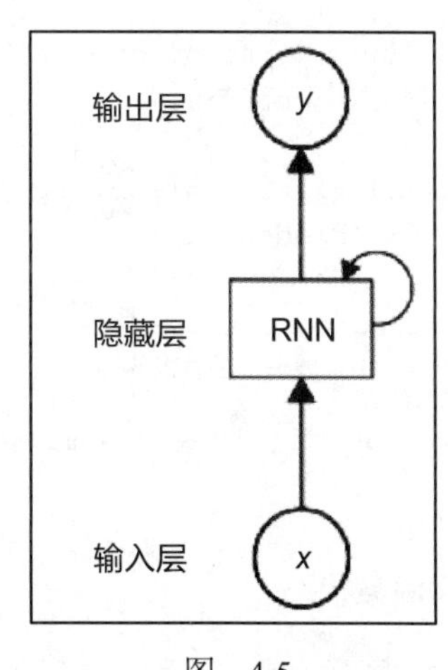

图 4-5

图 4-6 显示了前向传播在递归神经网络展开版本中的工作方式。

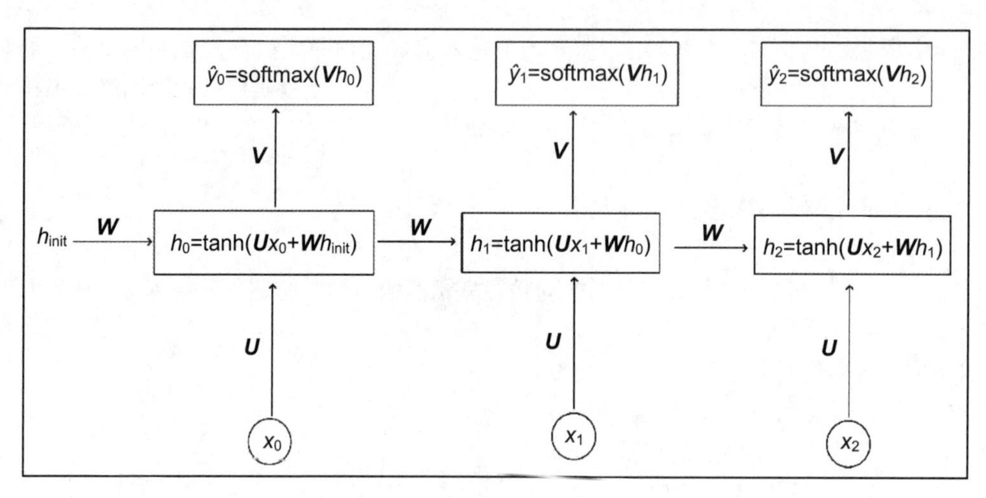

图 4-6

我们用随机值初始化初始隐藏状态 h_{init}。如图 4-6 所示，输出 $\hat{y}_0$ 是基于当前输入 x_0 和先前的隐藏状态（即初始隐藏状态 h_{init}）使用以下公式预测的。

$$h_0 = \tanh(\boldsymbol{U}x_0 + \boldsymbol{W}h_{\text{init}})$$

$$\hat{y}_0 = \text{softmax}(\boldsymbol{V}h_0)$$

类似地，看看输出 $\hat{y}_1$ 是如何计算的。它采用当前输入 x_1 和之前的隐藏状态 h_0 进行计算。

$$h_1 = \tanh(\boldsymbol{U}x_1 + \boldsymbol{W}h_0)$$

$$\hat{y}_1 = \text{softmax}(\boldsymbol{V}h_1)$$

为了清晰起见，让我们看看如何在递归神经网络中实现前向传播以预测输出。

（1）初始化所有权重 U、W 和 V，从均匀分布中随机抽取。

```
U = np.random.uniform(-np.sqrt(1.0 / input_dim), np.sqrt(1.0/input_dim),
(hidden_dim, input_dim))

W = np.random.uniform(-np.sqrt(1.0 / hidden_dim), np.sqrt(1.0/hidden_dim),
(hidden_dim, hidden_dim))

V = np.random.uniform(-np.sqrt(1.0 / hidden_dim), np.sqrt(1.0/hidden_dim),
(input_dim, hidden_dim))
```

（2）定义时间步数，即输入序列的长度 x。

```
num_time_steps = len(x)
```

（3）定义隐藏状态。

```
hidden_state = np.zeros((num_time_steps + 1, hidden_dim))
```

（4）初始隐藏状态 h_{init} 为 0。

```
hidden_state[-1] = np.zeros(hidden_dim)
```

（5）初始化输出。

```
YHat = np.zeros((num_time_steps, output_dim))
```

（6）对于每个时间步，都执行以下操作。

```
for t in np.arange(num_time_steps):

    #h_t = tanh(UX + Wh_{t-1})
    hidden_state[t] = np.tanh(U[:, x[t]] + W.dot(hidden_state[t - 1]))

    # yhat_t = softmax(vh)
    YHat[t] = softmax(V.dot(hidden_state[t]))
```

4.1.3 通过时间反向传播

我们刚刚学习了前向传播在递归神经网络中的工作原理以及它是如何预测输出的。现在，我们计算在每个时间步 t 的损耗 L，以确定递归神经网络对输出的预测效果如何。使用交叉熵损失作为损失函数。在时间步 t 处的损失 L 为

$$L_t = -y_t \log(\hat{y}_t)$$

这里，y_t 是在时间步 t 处的实际输出；而 $\hat{y}_t$ 是在时间步 t 处的预测输出。

最终损失是所有时间步损失的总和。假设有 $T-1$ 层；那么，最终损失可以表示为

$$L = \sum_{j=0}^{T-1} L_j$$

如图 4-7 所示，最终损失由所有时间步的损失之和得出。

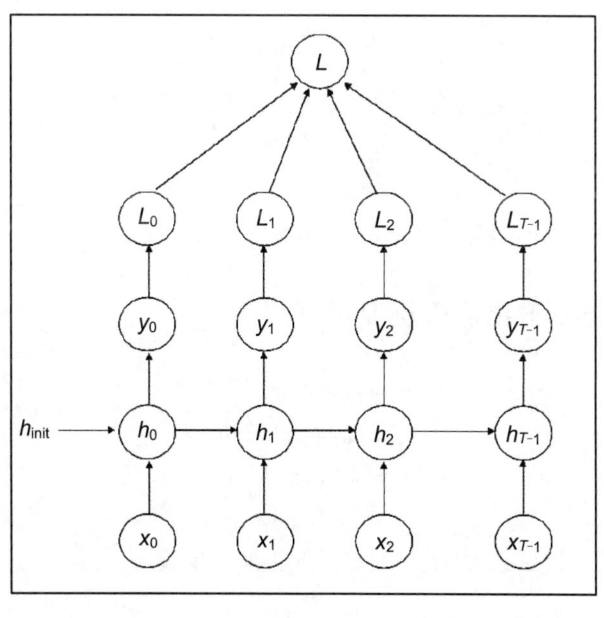

图 4-7

我们计算了损失，现在的目标是尽可能使损失达到最小。怎样才能把损失降到最低？可以通过寻找 RNN 的最佳权值最小化损失。正如我们所了解的，在 RNN 中有 3 个权重：输入层到隐藏层的 $\boldsymbol{U}$、隐藏层到隐藏层的 $\boldsymbol{W}$ 和隐藏层到输出层的 $\boldsymbol{V}$。

我们需要找到所有这 3 个权重的最佳值，以使损失最小化。可以使用梯度下降算法寻找最佳权重。首先计算损失函数相对于所有权重的梯度，然后根据权重更新规则更新权重，如下所示。

$$\boldsymbol{V} = \boldsymbol{V} - \alpha \frac{\partial L}{\partial \boldsymbol{V}}$$

$$\boldsymbol{W} = \boldsymbol{W} - \alpha \frac{\partial L}{\partial \boldsymbol{W}}$$

$$\boldsymbol{U} = \boldsymbol{U} - \alpha \frac{\partial L}{\partial \boldsymbol{U}}$$

注释：

如果你不想理解梯度计算背后的数学知识，您可以跳过接下来的部分。然而，这部分的内容将帮助你更好地理解 BPTT 是如何在 RNN 中工作的。

首先，计算相对于最后一层 $\hat{y}_t$（也就是 $\frac{\partial L}{\partial \hat{y}_t}$）的损失梯度，以便在接下来的步骤中使用它。

正如我们已经学习过的，在时间步 t 处的损失 L 可以表示为

$$L_t = -y_t \log(\hat{y}_t)$$

因为我们知道

$$\frac{\mathrm{d}}{\mathrm{d}x}(\log x) = \frac{1}{x}$$

所以可以写为

$$\frac{\partial L_t}{\partial \hat{y}_t} = -y_t \frac{1}{\hat{y}_t}$$

因此，损失 L 相对于 $\hat{y}_t$ 的梯度变为

$$\frac{\partial L_t}{\partial \hat{y}_t} = -\frac{y_t}{\hat{y}_t} \tag{4-1}$$

现在，将学习如何逐个计算相对于所有权重的损失梯度。

4.1.4 相对于隐藏层到输出层权重 V 的梯度

首先，让我们回顾一下在前向传播中涉及的步骤。

$$\begin{cases} h_t = \tanh(\boldsymbol{U}x_t + \boldsymbol{W}h_{t-1}) \\ \hat{y}_t = \operatorname{softmax}(\boldsymbol{V}h_t) \\ L_t = -y_t \log(\hat{y}_t) \end{cases} \tag{4-2}$$

假设 $z_t = \boldsymbol{V}h_t$，并将其代入式（4-2），可以重写上面的步骤为

$$
\begin{cases}
h_t = \tanh(\boldsymbol{U}x_t + \boldsymbol{W}h_{t-1}) \\
\hat{y}_t = \text{softmax}(z_t) \\
L_t = -y_t \log(\hat{y}_t)
\end{cases}
$$

在预测了输出 $\hat{y}$ 之后，我们进入了网络的最后一层。因为是反向传播，也就是说，从输出层到输入层，我们的第一个权重将应该是 $\boldsymbol{V}$，这是隐藏层到输出层的权重。

我们已经看到，最终损失是所有时间步上损失的总和；同样，最终梯度是所有时间步上梯度的总和，即

$$
\frac{\partial L}{\partial \boldsymbol{V}} = \frac{\partial L_0}{\partial \boldsymbol{V}} + \frac{\partial L_1}{\partial \boldsymbol{V}} + \frac{\partial L_2}{\partial \boldsymbol{V}} + \cdots + \frac{\partial L_{T-1}}{\partial \boldsymbol{V}}
$$

因此，可以将以上表达式写为

$$
\frac{\partial L}{\partial \boldsymbol{V}} = \sum_{j=0}^{T-1} \frac{\partial L_j}{\partial \boldsymbol{V}}
$$

回顾一下我们的损失函数：$L_t = -y_t \log(\hat{y}_t)$；我们不能直接从 L_t 计算关于 $\boldsymbol{V}$ 的梯度，因为其中没有 V 项。所以，我们应用链式法则。回想一下前向传播方程；$\hat{y}_t$ 中有一个 $\boldsymbol{V}$ 项。

$$
\hat{y}_t = \sigma(z_t)，其中 z_t = \boldsymbol{V}h_t
$$

首先，计算损失相对于 $\hat{y}_t$ 的偏导数，然后，从 $\hat{y}_t$ 开始，计算损失相对于 z_t 的偏导数。从 z_t 可以计算相对于 $\boldsymbol{V}$ 的导数。

因此，方程式变成了如下形式。

$$
\frac{\partial L}{\partial \boldsymbol{V}} = \sum_{j=0}^{T-1} \frac{\partial L_j}{\partial \hat{y}_j} \frac{\partial \hat{y}_j}{\partial z_j} \frac{\partial z_j}{\partial \boldsymbol{V}} \tag{4-3}
$$

正如我们知道的那样，$\hat{y}_t = \text{softmax}(z_t)$，相对于 z 的损失梯度可以计算为

$$
\frac{\partial L_j}{\partial z_j} = \frac{\partial L_j}{\partial \hat{y}_j} \frac{\partial \hat{y}_j}{\partial z_j} \tag{4-4}
$$

将式（4-4）代入式（4-3）中，可以写出方程

$$
\frac{\partial L}{\partial \boldsymbol{V}} = \sum_{j=0}^{T-1} \frac{\partial L_j}{\partial z_j} \frac{\partial z_j}{\partial \boldsymbol{V}} \tag{4-5}
$$

为了更好地理解，让我们从前面的方程中提取每项，并逐一计算它们。

$$
\frac{\partial L}{\partial z_t} = \sum_{j=0}^{T-1} \frac{\partial L_j}{\partial \hat{y}_j} \frac{\partial \hat{y}_j}{\partial z_t} \tag{4-6}
$$

利用式（4-1），可以将 $\frac{\partial L_j}{\partial \hat{y}_j}$ 代入式（4-6）中，于是得到方程

$$
\frac{\partial L}{\partial z_t} = \sum_{j=0}^{T-1} -\frac{y_j}{\hat{y}_j} \frac{\partial \hat{y}_j}{\partial z_t} \tag{4-7}
$$

计算 $\frac{\partial \hat{y}_j}{\partial z_t}$。因为我们知道 $\hat{y}_t = \text{softmax}(z_t)$，所以计算 $\frac{\partial \hat{y}_j}{\partial z_t}$ 就得到了 softmax 函数的导数：

$$
\frac{\partial y_j}{\partial z_t} = \text{softmax}'
$$

softmax 函数的导数可以表示为

$$\frac{\partial \hat{y}_j}{\partial z_t}=\begin{cases}-\hat{y}_j\hat{y}_t, & j\neq t\\ \hat{y}_t(1-\hat{y}_t), & j=t\end{cases} \tag{4-8}$$

将式（4-8）代入式（4-7），可以得到

$$\begin{aligned}\frac{\partial L}{\partial z_t}&=-\frac{y_t}{\hat{y}_t}\hat{y}_t(1-\hat{y}_t)+\sum_{j\neq t}^{T}\frac{y_j}{\hat{y}_j}\hat{y}_j\hat{y}_t\\&=-\frac{y_t}{\hat{y}_t}\hat{y}_t(1-\hat{y}_t)+\sum_{j\neq t}^{T}\frac{y_j}{\hat{y}_j}\hat{y}_j\hat{y}_t\\&=-y_t(1-\hat{y}_t)+\sum_{j\neq t}^{T}y_j\hat{y}_t\\&=-y_t+\hat{y}_t y_t+\hat{y}_t\sum_{j\neq t}^{T}y_j\\&=-y_t+\hat{y}_t\sum_{j=1}^{T}y_j\end{aligned}$$

设 $\sum_{j=1}^{T}y_j=1$，则可写成

$$\begin{aligned}&=-y_t+\hat{y}_t\\&=\hat{y}_t-y_t\end{aligned}$$

因此，最后的等式变成

$$\frac{\partial L}{\partial z_t}=\hat{y}_t-y_t \tag{4-9}$$

现在，可以将式（4-9）代入式（4-5）中，得

$$\frac{\partial L}{\partial \boldsymbol{V}}=\sum_{j=0}^{T-1}(\hat{y}_j-y_j)\frac{\partial z_j}{\partial \boldsymbol{V}} \tag{4-10}$$

因为 $z_t=Vh_t$，所以有

$$\frac{\partial z_t}{\partial \boldsymbol{V}}=h_t$$

将上面的方程代入式（4-10），得到最后的方程，即损失函数相对于 $\boldsymbol{V}$ 的梯度。

$$\frac{\partial L}{\partial \boldsymbol{V}}=\sum_{j=0}^{T-1}(\hat{y}_j-y_j)\otimes h_j$$

4.1.5 相对于隐藏层到隐藏层权重 W 的梯度

现在，我们将计算相对于隐藏层到隐藏层权重 $\boldsymbol{W}$ 的损失梯度。与 $\boldsymbol{V}$ 类似，最终梯度是所有时间步的梯度之和。

$$\frac{\partial L}{\partial \boldsymbol{W}}=\frac{\partial L_0}{\partial \boldsymbol{W}}+\frac{\partial L_1}{\partial \boldsymbol{W}}+\frac{\partial L_2}{\partial \boldsymbol{W}}+\cdots+\frac{\partial L_{T-1}}{\partial \boldsymbol{W}}$$

所以，可以将以上方程式写为

$$\frac{\partial L}{\partial \boldsymbol{W}}=\sum_{j=0}^{T-1}\frac{\partial L_j}{\partial \boldsymbol{W}}$$

首先，计算相对于 $\boldsymbol{W}$ 的损失梯度 L_0，也就是 $\frac{\partial L_0}{\partial \boldsymbol{W}}$。

我们无法直接计算 L_0 对 $\boldsymbol{W}$ 的导数，因为以上的方程式中没有 $\boldsymbol{W}$ 项。所以，我们使用链式法则来计算相对于 $\boldsymbol{W}$ 的损失梯度。回顾一下前向传播方程：

$$L_0=-y_0\log(\hat{y}_0)$$

$$y_0=\text{softmax}(h_0\boldsymbol{V})$$

$$h_0=\tanh(\boldsymbol{U}x_0+\boldsymbol{W}h_{\text{init}})$$

计算相对于 y_0 损失 L_0 的偏导数；从 y_0 开始，计算相对于 h_0 的偏导数；从 h_0 开始，计算相对于 $\boldsymbol{W}$ 的导数。

$$\frac{\partial L_0}{\partial \boldsymbol{W}}=\frac{\partial L_0}{\partial y_0}\frac{\partial y_0}{\partial h_0}\frac{\partial h_0}{\partial \boldsymbol{W}}$$

计算相对于 $\boldsymbol{W}$ 损失的梯度 L_1，也就是 $\frac{\partial L_1}{\partial \boldsymbol{W}}$。因此，再次应用链式法则得到

$$\frac{\partial L_1}{\partial \boldsymbol{W}}=\frac{\partial L_1}{\partial y_1}\frac{\partial y_1}{\partial h_1}\frac{\partial h_1}{\partial \boldsymbol{W}}$$

当看到上面的等式时，又该如何计算 $\frac{\partial h_1}{\partial \boldsymbol{W}}$ 这一项呢？那就让我们回忆一下 h_1 的方程式吧。

$$h_1=\tanh(\boldsymbol{U}x_1+\boldsymbol{W}h_0)$$

正如你在上面的等式中看到的那样，计算 h_1 依赖于 h_0 和 $\boldsymbol{W}$，但是 h_0 并不是一个常数；它又是一个函数。所以，也需要计算相对于它的导数。

然后这个方程变为

$$\frac{\partial L_1}{\partial \boldsymbol{W}}=\frac{\partial L_1}{\partial y_1}\frac{\partial y_1}{\partial h_1}\frac{\partial h_1}{\partial \boldsymbol{W}}+\frac{\partial L_1}{\partial y_1}\frac{\partial y_1}{\partial h_1}\frac{\partial h_1}{\partial h_0}\frac{\partial h_0}{\partial \boldsymbol{W}}$$

图 4-8 显示了 $\frac{\partial L_1}{\partial \boldsymbol{W}}$ 是如何计算的，我们可以注意到 h_1 是如何依赖于 h_0 的。

现在，计算相对于 $\boldsymbol{W}$ 损失的梯度 L_2，也就是 $\frac{\partial L_2}{\partial \boldsymbol{W}}$。因此，再次应用链式法则得到

$$\frac{\partial L_2}{\partial \boldsymbol{W}}=\frac{\partial L_2}{\partial y_2}\frac{\partial y_2}{\partial h_2}\frac{\partial h_2}{\partial \boldsymbol{W}}$$

在上面的等式中，我们无法直接计算 $\frac{\partial h_2}{\partial \boldsymbol{W}}$。回想一下 h_2 的方程式：

$$h_2=\tanh(\boldsymbol{U}x_2+\boldsymbol{W}h_1)$$

正如你所观察到的那样，计算 h_2 依赖于函数 h_1，而计算 h_1 又依赖于函数 h_0。如图 4-9 所示，为了计算相对于 h_2 的导数，需要遍历到 h_0，因为每个函数都相互依赖。

$$\frac{\partial L_2}{\partial \boldsymbol{W}}=\frac{\partial L_2}{\partial y_2}\frac{\partial y_2}{\partial h_2}\frac{\partial h_2}{\partial \boldsymbol{W}}+\frac{\partial L_2}{\partial y_2}\frac{\partial y_2}{\partial h_2}\frac{\partial h_2}{\partial h_1}\frac{\partial h_1}{\partial \boldsymbol{W}}+\frac{\partial L_2}{\partial y_2}\frac{\partial y_2}{\partial h_2}\frac{\partial h_2}{\partial h_0}\frac{\partial h_0}{\partial \boldsymbol{W}}$$

这可以用图 4-9 表示。

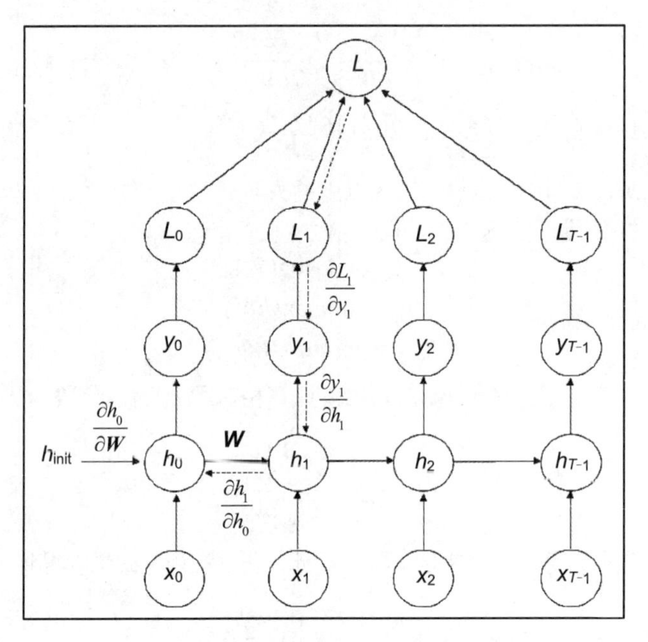

图 4-8

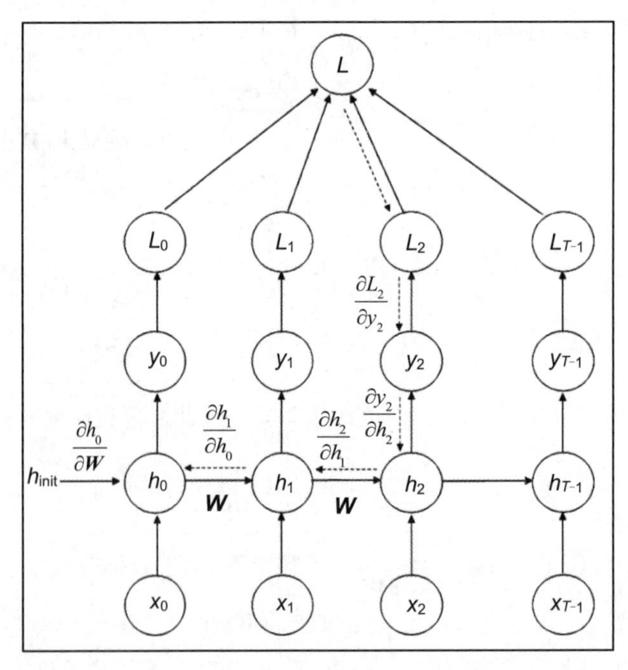

图 4-9

这适用于任何时间步的损失，如 $L_0, L_1, L_2, \cdots, L_j, \cdots, L_{T-1}$。所以，可以说，要计算任何损失 L_j，都需要遍历到 h_0，如图 4-10 所示。

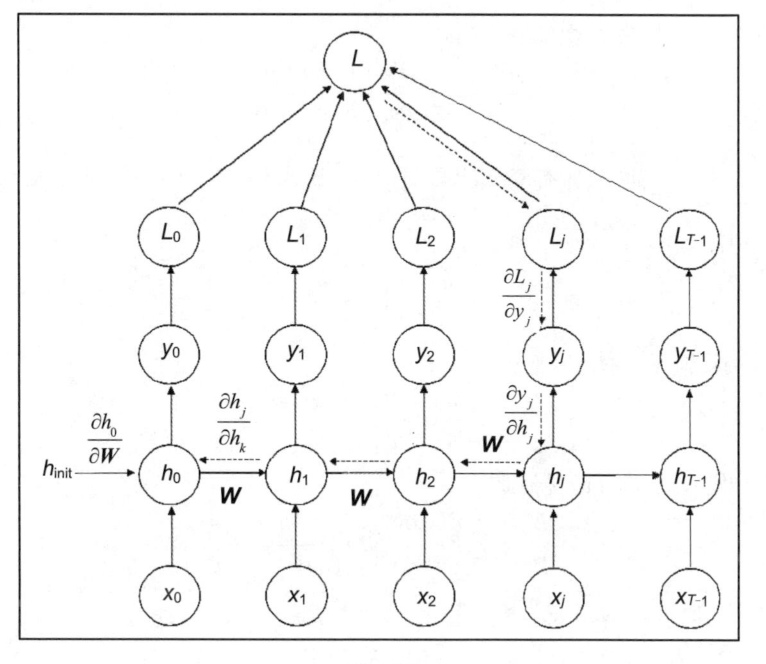

图 4-10

这是因为在 RNN 中，在时间步 t 的隐藏状态依赖于时间步 t–1 的隐藏状态，这意味着当前隐藏状态总是依赖于先前的隐藏状态。

因此，任何损失 L_j 都可以按图 4-11 进行计算。

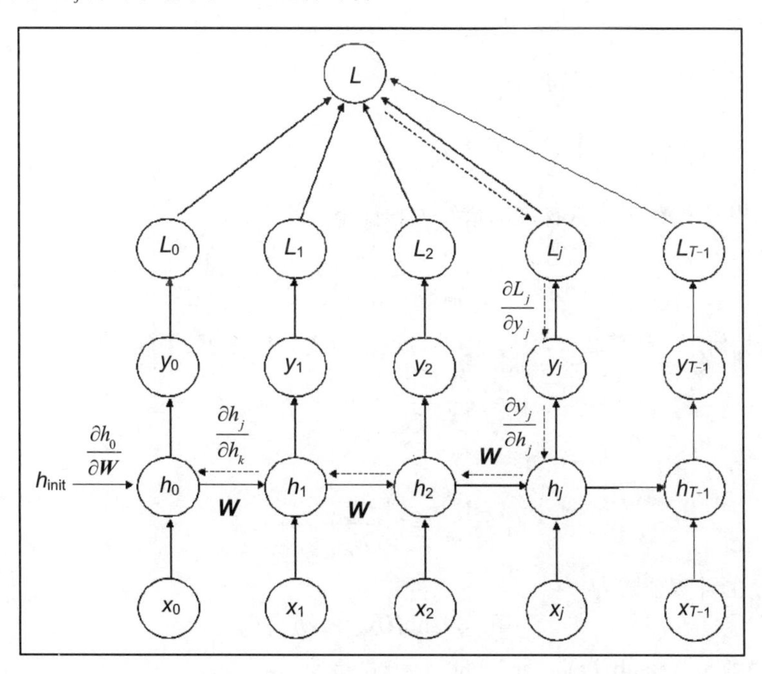

图 4-11

因此，相对于 $\boldsymbol{W}$ 的损失 L_j 梯度变为

$$\frac{\partial L_j}{\partial \boldsymbol{W}}=\sum_{k=0}^{j}\frac{\partial L_j}{\partial y_j}\frac{\partial y_j}{\partial h_j}\frac{\partial h_j}{\partial h_k}\frac{\partial h_k}{\partial \boldsymbol{W}} \tag{4-11}$$

式（4-11）中的和 $\sum_{k=0}^{j}$ 意味着所有隐藏状态 h_k 的和。在式（4-11）中，可以使用链式法则计算 $\frac{\partial h_j}{\partial h_k}$。所以，我们可以说：

$$\frac{\partial h_j}{\partial h_k}=\prod_{m=k+1}^{j}\frac{\partial h_m}{\partial h_{m-1}} \tag{4-12}$$

假设 j=3，k=0，则式（4-12）变为

$$\frac{\partial h_3}{\partial h_0}=\frac{\partial h_3}{\partial h_2}\frac{\partial h_2}{\partial h_1}\frac{\partial h_1}{\partial h_0}$$

将式（4-12）代入式（4-11）得到

$$\frac{\partial L_j}{\partial \boldsymbol{W}}=\sum_{k=0}^{j}\frac{\partial L_j}{\partial y_j}\frac{\partial y_j}{\partial h_j}\left(\prod_{m=k+1}^{j}\frac{\partial h_m}{\partial h_{m-1}}\right)\frac{\partial h_k}{\partial \boldsymbol{W}} \tag{4-13}$$

最终损失是所有时间步的损失总和。

$$\frac{\partial L}{\partial \boldsymbol{W}}=\sum_{j=0}^{T-1}\frac{\partial L_j}{\partial \boldsymbol{W}}$$

将式（4-13）代入上式，得到

$$\frac{\partial L}{\partial \boldsymbol{W}}=\sum_{j=0}^{T-1}\sum_{k=0}^{j}\frac{\partial L_j}{\partial y_j}\frac{\partial y_j}{\partial h_j}\left(\prod_{m=k+1}^{j}\frac{\partial h_m}{\partial h_{m-1}}\right)\frac{\partial h_k}{\partial \boldsymbol{W}} \tag{4-14}$$

在上面的方程式中有两次求和，其中：

- $\sum_{j=0}^{T-1}$ 表示所有时间步的损失总和。
- $\sum_{k=0}^{j}$ 是隐态的总和。

因此，计算相对于 $\boldsymbol{W}$ 的损失梯度的最终方程如下：

$$\frac{\partial L}{\partial \boldsymbol{W}}=\sum_{j=0}^{T-1}\sum_{k=0}^{j}\frac{\partial L_j}{\partial y_j}\frac{\partial y_j}{\partial h_j}\left(\prod_{m=k+1}^{j}\frac{\partial h_m}{\partial h_{m-1}}\right)\frac{\partial h_k}{\partial \boldsymbol{W}} \tag{4-15}$$

现在来看看如何逐一计算式（4-15）中的每项。由式（4-4）和式（4-9）可知

$$\frac{\partial L_j}{\partial y_j}\frac{\partial y_j}{\partial h_j}=\hat{y}_j-y_j$$

看下一项：

$$\prod_{m=k+1}^{j}\frac{\partial h_m}{\partial h_{m-1}}$$

隐藏状态 h_m 的计算公式为

$$h_m=\tanh(\boldsymbol{U}x_m+\boldsymbol{W}h_{m-1})$$

$\tanh(x)$ 的导数是 $1-\tanh^2(x)$，所以可以将上式写为

$$\frac{\partial h_m}{\partial h_{m-1}} = \boldsymbol{W}^{\mathrm{T}}\mathrm{diag}(1-\tanh^2(\boldsymbol{W}h_{m-1}+\boldsymbol{U}x_m))$$

让我们看看最后一项 $\frac{\partial h_k}{\partial \boldsymbol{W}}$。我们知道隐藏状态 h_k 的计算公式为 $h_k = \tanh(\boldsymbol{U}x_k + \boldsymbol{W}h_{k-1})$。因此，$h_k$ 相对于 $\boldsymbol{W}$ 的导数变为

$$\frac{\partial h_k}{\partial \boldsymbol{W}} = h_k - 1$$

将所有计算的项都代入式（4-15），得到了相对于 $\boldsymbol{W}$ 的损失梯度 L 的最终方程，如下所示。

$$\frac{\partial L}{\partial \boldsymbol{W}} = \sum_{j=0}^{T-1}\sum_{k=0}^{j}(\hat{y}_j - y_j)\prod_{m=k+1}^{j}\boldsymbol{W}^{\mathrm{T}}\mathrm{diag}(1-\tanh^2(\boldsymbol{W}h_{m-1}+\boldsymbol{U}x_m))\otimes h_{k-1}$$

4.1.6 相对于输入层到隐藏层权重 U 的梯度

计算相对于 $\boldsymbol{U}$ 的损失函数梯度与计算相对于 $\boldsymbol{W}$ 的相同，因为这里我们也取 h_t 的顺序导数。与 $\boldsymbol{W}$ 类似，为了计算任何损失 L_j 对 $\boldsymbol{U}$ 的导数，需要向后遍历到 h_0。

计算相对于 $\boldsymbol{U}$ 的损失梯度的最终方程如下所示。你可能注意到了，它基本上与式（4-15）相同，只是我们用 $\frac{\partial h_k}{\partial \boldsymbol{U}}$ 项代替了 $\frac{\partial h_k}{\partial \boldsymbol{W}}$，如下所示。

$$\frac{\partial L}{\partial \boldsymbol{U}} = \sum_{j=0}^{T-1}\sum_{k=0}^{j}\frac{\partial L_j}{\partial \hat{y}_j}\frac{\partial \hat{y}_j}{\partial h_j}\left(\prod_{m=k+1}^{j}\frac{\partial h_m}{\partial h_{m-1}}\right)\frac{\partial h_k}{\partial \boldsymbol{U}}$$

我们已经在 4.1.5 小节中看到了如何计算开头的两项。

让我们看看最后一项 $\frac{\partial h_k}{\partial \boldsymbol{U}}$。我们知道隐藏状态 h_k 的计算公式为 $h_k = \tanh(\boldsymbol{U}x_k + \boldsymbol{W}h_{k-1})$。因此，$h_k$ 相对于 $\boldsymbol{U}$ 的导数变为

$$\frac{\partial h_k}{\partial \boldsymbol{U}} = x_k$$

所以，最后的相对于 $\boldsymbol{U}$ 的损失梯度方程可以写为

$$\frac{\partial L}{\partial \boldsymbol{U}} = \sum_{j=0}^{T-1}\sum_{k=0}^{j}(\hat{y}_j - y_j)\prod_{m=k+1}^{j}\boldsymbol{W}^{\mathrm{T}}\mathrm{diag}(1-\tanh^2(\boldsymbol{W}h_{m-1}+\boldsymbol{U}x_m))\otimes x_k$$

4.1.7 梯度消失与梯度爆炸问题

我们刚刚了解了 BPTT 是如何工作的，还了解了如何利用 RNN 中的所有权重计算损失梯度。但是在这里，我们会遇到名为**梯度消失和梯度爆炸**的问题。

在计算损失对 $\boldsymbol{W}$ 和 $\boldsymbol{U}$ 的导数时，我们看到必须遍历回到第一个隐藏状态，因为 t 时刻的隐藏状态都依赖于 t-1 时刻的隐藏状态。

例如，损失 L_2 相对于 $\boldsymbol{W}$ 的梯度为

$$\frac{\partial L_2}{\partial \boldsymbol{W}} = \frac{\partial L_2}{\partial y_2}\frac{\partial y_2}{\partial h_2}\frac{\partial h_2}{\partial \boldsymbol{W}}$$

如果看一看上面方程中的 $\frac{\partial h_2}{\partial \boldsymbol{W}}$ 项，就知道我们无法直接计算 h_2 对 $\boldsymbol{W}$ 的导数。我们知道，$h_2 = \tanh(\boldsymbol{U}x_2 + \boldsymbol{W}h_1)$是一个依赖于 h_1 和 $\boldsymbol{W}$ 的函数。因此，我们也需要计算相对于 h_1 的导数。甚至 $h_1 = \tanh(\boldsymbol{U}x_2 + \boldsymbol{W}h_0)$还是一个依赖于 h_0 和 $\boldsymbol{W}$ 的函数。所以，我们也需要计算相对于 h_0 的导数。

如图 4-12 所示，为了计算 L_2 的导数，我们需要一直返回到初始隐藏状态 h_0，因为每个隐藏状态都依赖于它之前的隐藏状态。

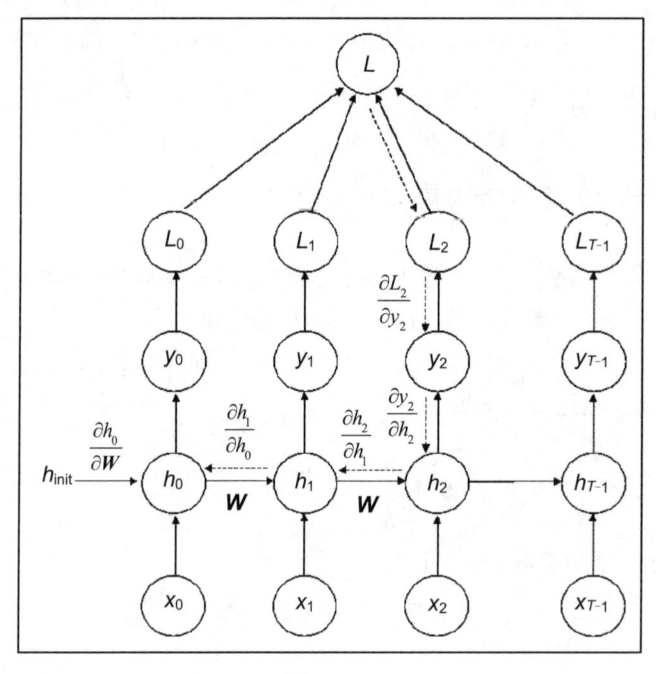

图 4-12

所以，为了计算任何损失 L_j，需要遍历所有的路径回溯到初始隐藏状态 h_0，因为每个隐藏状态都依赖于它以前的隐藏状态。假设我们有一个 50 层的深度递归网络，为了计算损失 L_{50}，需要遍历所有的路径一直回溯到 h_0，如图 4-13 所示。

那么，这里到底有什么问题呢？当反向传播到初始隐藏状态时，会丢失信息，RNN 不会完成完美的反向传播。

还记得 $h_t = \tanh(\boldsymbol{U}x_t + \boldsymbol{W}h_{t-1})$吗？每次我们向后移动，计算 h_t 的导数。tanh 的导数以 1 为界。我们知道，在 0 和 1 之间的任何两个值，当它们相乘时，都会得到一个更小的数。我们通常将网络的权值初始化为一个小的数字。因此，当我们在反向传播中乘以导数和权重时，本质上是将较小的数相乘。

所以，当我们在每步都把更小的数字相乘，同时向后移动时，梯度就会变得无穷小，得到一个计算机无法处理的数字，这就是所谓的**梯度消失问题（Vanishing Gradient Problem）**。

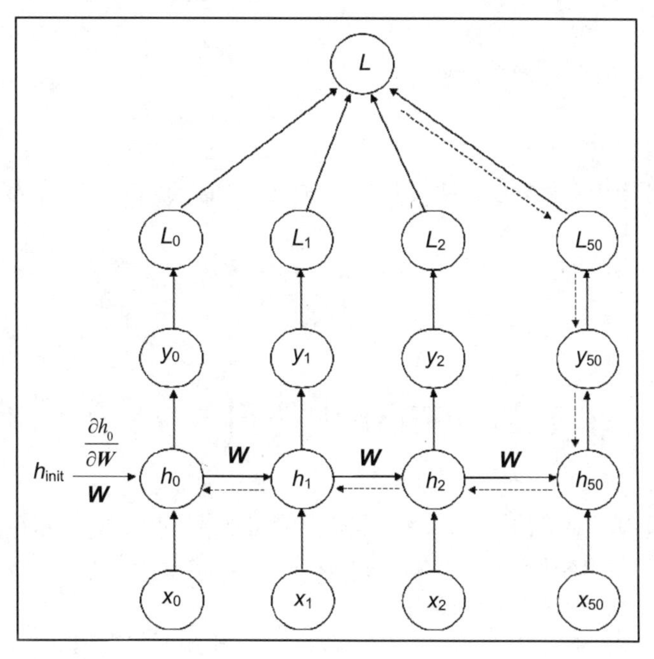

图 4-13

回想一下相对于 ***W*** 的损失梯度方程，我们在 4.1.5 小节中看到：

$$\frac{\partial L}{\partial \boldsymbol{W}}=\sum_{j=0}^{T-1}\sum_{b=0}^{j}(\hat{y}_j-y_j)\prod_{m=k+1}^{j}\boldsymbol{W}^{\mathrm{T}}\,\mathrm{diag}(1-\tanh^2(\boldsymbol{W}h_{m-1}+\boldsymbol{U}x_m))\otimes h_{k-1}$$

权重　　激活函数导数

正如你所观察到的那样，我们在每个时间步乘以 tanh 函数的权重和导数。这两者的重复相乘会导致一个小的数，并导致梯度消失问题。

梯度消失问题不仅存在于 RNN 中，也存在于其他以 sigmoid 或 tanh 为激活函数的深度网络中。所以，为了克服这个问题，可以用 ReLU 作为激活函数，而不是使用 tanh。

然而，我们有一种称为**长短期记忆（Long Short-Term Memory，LSTM）**网络的 RNN 变体，它可以有效地解决梯度消失问题。我们将在第 5 章中了解它是如何工作的。

类似地，当我们将网络的权值初始化为一个非常大的数值时，每步的梯度都会变得非常大。当反向传播时，我们在每个时间步乘以一个大的数，这将导致无穷大。这就是所谓的**梯度爆炸问题（Exploding Gradient Problem）**。

4.1.8 梯度剪辑

我们可以使用梯度剪辑绕过梯度爆炸问题。在这种方法中，我们根据一个向量范数（如 L2）对梯度进行规范化，并将梯度值裁剪到一定的范围。例如，如果将阈值设置为 0.7，那么梯度将保持在−0.7～+0.7 的范围内。如果梯度值小于−0.7，就把它改成−0.7；同样地，如果它超过了 0.7，我们就把它改成+0.7。

假设 $\hat{g}$ 是相对于 $\boldsymbol{W}$ 的损失 L 的梯度：

$$\hat{g} = \frac{\partial L}{\partial \boldsymbol{W}}$$

首先，使用 L2 范数规范化梯度，即 $\|\hat{g}\|$。如果规范化梯度超过所定义的阈值，就利用如下所示的公式更新梯度。

$$\hat{g} = \frac{\text{threshold}}{\|\hat{g}\|}\hat{g}$$

4.2 在 TensorFlow 中使用 RNN 生成歌词

我们已经对 RNN 有了足够的了解；现在，我们将看看如何使用 RNN 生成歌词。要做到这一点，我们只需构建一个字符级 RNN，这意味着在每个时间步上，都会预测一个新字符。

让我们考虑一个小句子：*What a beautiful d*。

在第一个时间步，RNN 预测一个新的字符为 a，这个句子将被更新为 *What a beautiful d**a***。

在下一个时间步，它预测一个新的字符为 y，因此这个句子变成 *What a beautiful da**y***。

通过这种方式，我们在每个时间步预测一个新字符并生成一首歌。我们不需要每次预测一个新的字符，取而代之的是可以每次预测一个新的单词，这称为**单词级的 RNN（Word Level RNN）**。为了简单起见，让我们从字符级 RNN 开始。

但是 RNN 又是怎样在每个时间步预测一个新的字符呢？假设在时间步 t=0 时，输入一个字符，如 x。现在 RNN 基于给定的输入字符 x 预测下一个字符。为了预测下一个字符，它预测在词汇表中所有字符将成为下一个字符的概率。一旦有了这个概率分布，就根据这个概率随机选择下一个字符。是不是觉得有点晕？还是让我们用一个例子来更好地理解这一点吧。

例如，如图 4-14 所示，假设我们的词汇表包含 4 个字符：L、O、V 和 E。当输入字符 L 时，RNN 计算词汇表中所有单词成为下一个字符的概率。

所以，我们的概率为[0.0，0.9，0.0，0.1]，它们对应着词汇表中的字符[L，O，V，E]。根据这个概率分布，我们有 90%的概率选择 O 作为下一个字符，有 10%的概率选择 E 作为下一个字符。通过从这个概率分布中抽样预测下一个字符，会给输出增加一些随机性。

在下一个时间步，将上一个时间步的预测字符和上一个隐藏状态作为输入，来预测下一个字符，如图 4-15 所示。

因此，在每个时间步上，都将上一个时间步的预测字符和上一个隐藏状态作为输入，并预测下一个字符，如图 4-16 所示。

在图 4-16 中，在时间步 t=2 时，将 V 作为输入传递，并且它预测下一个字符为 E。但这并不意味着每次将字符 V 作为输入传递时，它都应该返回 E 作为输出。因为我们将输入与之前的隐藏状态一起传递，所以 RNN 拥有迄今为止看到的所有字符的记忆。

因此，实际上前一个隐藏状态捕获了前一个输入字符，它们是 L 和 O。现在，有了这个先前的隐藏状态和输入 V，RNN 预测下一个字符为 E。

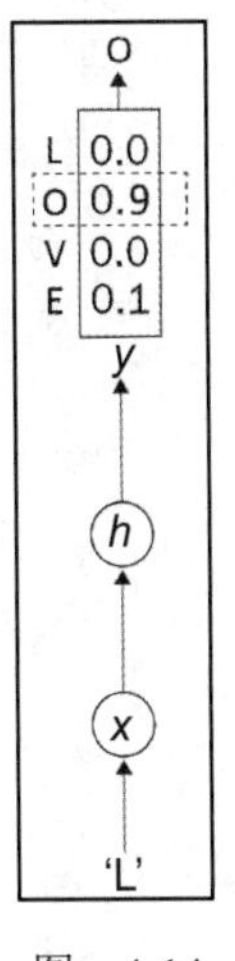

图 4-14

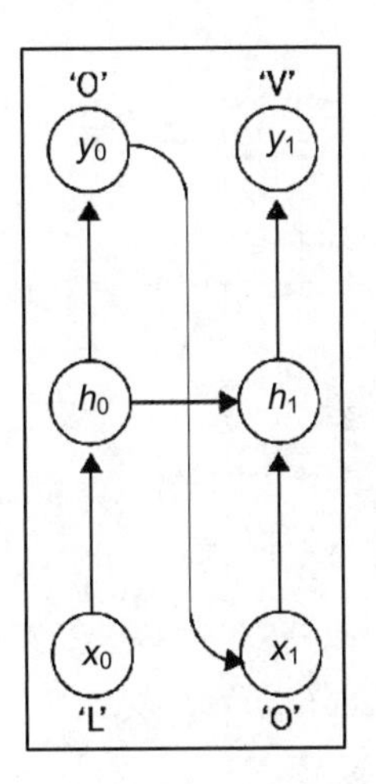

图 4-15

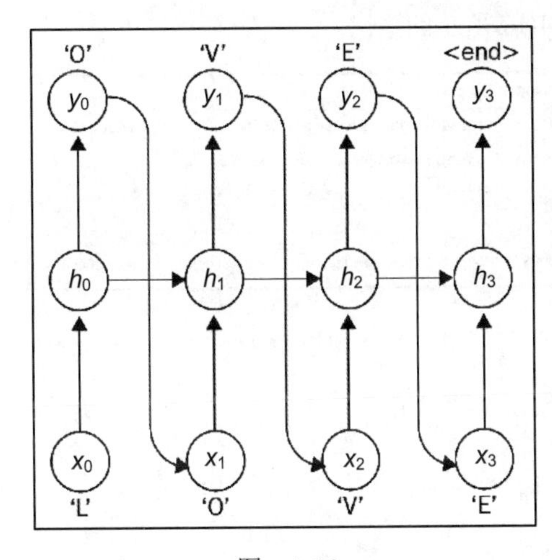

图 4-16

4.2.1 在 TensorFlow 中的实现

现在，我们来看看如何在 TensorFlow 中构建 RNN 模型生成歌词。数据集和本小节中使用的完整代码以及分步说明可在 GitHub 上获得。下载之后，解压归档文档，然后将 songdata.csv 放在 data 文件夹中。

导入所需的程序库。

```
import warnings
warnings.filterwarnings('ignore')

import random
import numpy as np
import tensorflow as tf
```

```
tf.logging.set_verbosity(tf.logging.ERROR)

import warnings
warnings.filterwarnings('ignore')
```

4.2.2 数据准备

读取下载的输入数据集。

```
df = pd.read_csv('data/songdata.csv')
```

让我们看看数据集中有什么。

```
df.head()
```

上面的代码将产生如图 4-17 所示的输出。

	artist	song	link	text
0	ABBA	Ahe's My Kind Of Girl	/a/abba/ahes+my+kind+of+girl_20598417.html	Look at her face, it's a wonderful face \nAnd...
1	ABBA	Andante, Andante	/a/abba/andante+andante_20002708.html	Take it easy with me, please \nTouch me gentl...
2	ABBA	As Good As New	/a/abba/as+good+as+new_20003033.html	I'll never know why I had to go \nWhy I had t...
3	ABBA	Bang	/a/abba/bang_20598415.html	Making somebody happy is a question of give an...
4	ABBA	Bang-A-Boomerang	/a/abba/bang+a+boomerang_20002668.html	Making somebody happy is a question of give an...

图 4-17

我们的数据集由大约 57650 首歌曲组成。

```
df.shape[0]
57650
```

我们有大约 643 位艺术家的歌曲。

```
len(df['artist'].unique())
643
```

每位艺术家的歌曲数量如下所示。

```
df['artist'].value_counts()[:10]

Donna Summer          191
Gordon Lightfoot      189
George Strait         188
Bob Dylan             188
Loretta Lynn          187
Cher                  187
Alabama               187
Reba Mcentire         187
Chaka Khan            186
```

```
Dean Martin              186
Name: artist, dtype: int64
```

平均而言，来自每位艺术家的歌曲大约有 89 首。

```
df['artist'].value_counts().values.mean()
89
```

我们在 text 列中有歌词，因此合并该列的所有行，并以文本的方式将其保存在名为 data 的变量中，如下所示。

```
data = ', '.join(df['text'])
```

让我们看看一首歌的几行内容。

```
data[:369]

"Look at her face, it's a wonderful face \nAnd it means something special to me
\nLook at the way that she smiles when she sees me \nHow lucky can one fellow
be? \n \nShe's just my kind of girl, she makes me feel fine \nWho could ever
believe that she could be mine? \nShe's just my kind of girl, without her I'm
blue \nAnd if she ever leaves me what could I do, what co"
```

因为我们正在构建一个 char 级别的 RNN，所以我们将把数据集中的所有唯一字符存储到一个名为 chars 的变量中，这基本上是我们的词汇表。

```
chars = sorted(list(set(data)))
```

将词汇表大小存储在名为 vocab_size 的变量中。

```
vocab_size = len(chars)
```

因为神经网络只接收数字的输入，所以我们需要将词汇表中的所有字符转换成一个数字。

我们将词汇表中的所有字符映射成它们相应的下标（索引），从而形成一个唯一的数字。我们定义了一个 char_to_ix 字典，它将所有字符映射到它们的下标。为了通过字符获取下标，我们还定义了 ix_to_char 字典，它将所有下标映射成各自的字符。

```
char_to_ix = {ch: i for i, ch in enumerate(chars)}
ix_to_char = {i: ch for i, ch in enumerate(chars)}
```

正如你在下面的代码片段中所看到的那样，字符 s 被映射为 char_to_ix 字典中的下标 68。

```
print char_to_ix['s']
68
```

类似地，如果我们将 68 作为 `ix_to_char`，会得到相应的字符，即 s。

```
print ix_to_char[68]
's'
```

一旦我们得到字符到整数的映射，我们就使用**一位有效编码（One-Hot Encoding）**表示向量形式的输入和输出。一个一位有效编码向量基本上是一个充满 0 的向量（除了在对应于字符下标的位置为 1）。

例如，假设 vocabSize 是 7，而字符 z 在词汇表中的第 4 个位置。那么，字符 z 的一位有效编码可以表示如下：

```
vocabSize = 7
char_index = 4
print np.eye(vocabSize)[char_index]
array([0., 0., 0., 0., 1., 0., 0.])
```

正如你所看到的那样，在字符的相应下标处有一个 1，其余的值都是 0。这就是我们怎样将每个字符转换成一个一位有效编码向量的方式。

在下面的代码中，我们定义了一个名为 one_hot_encoder()的函数，该函数将返回给定字符下标的一位有效编码向量。

```
def one_hot_encoder(index):
    return np.eye(vocab_size)[index]
```

4.2.3 定义网络参数

接下来，定义所有网络参数。

（1）定义隐藏层中的单位数。

```
hidden_size = 100
```

（2）定义输入和输出序列的长度。

```
seq_length = 25
```

（3）定义梯度下降的学习率。

```
learning_rate = 1e-1
```

（4）设置种子值。

```
seed_value = 42
tf.set_random_seed(seed_value)
random.seed(seed_value)
```

4.2.4 定义占位符

现在，将定义 TensorFlow 占位符。

（1）定义输入和输出的占位符。

```
inputs = tf.placeholder(shape=[None, vocab_size], dtype=tf.float32, name="inputs")
targets = tf.placeholder(shape=[None, vocab_size], dtype=tf.float32, name="targets")
```

（2）为初始隐藏状态定义占位符。

```
init_state = tf.placeholder(shape=[1, hidden_size],dtype=tf.float32, name="state")
```

（3）定义用于初始化 RNN 权重的初始值设定项。

```
initializer = tf.random_normal_initializer(stddev=0.1)
```

4.2.5 定义前向传播

让我们定义在 RNN 中涉及的前向传播，它在数学上的定义为

$$h_t = \tanh(\boldsymbol{U}x_t + \boldsymbol{W}h_{t-1} + \mathrm{bh})$$

$$\hat{y}_t = \mathrm{softmax}(\boldsymbol{V}h_t + \mathrm{bv})$$

其中，bh 和 bv 分别是隐藏层和输出层的偏差。为简单起见，在前面的部分中，我们没有将它们添加到的方程中。前向传播可以按如下的方式实现。

```
with tf.variable_scope("RNN") as scope:
    h_t = init_state
    y_hat = []

    for t, x_t in enumerate(tf.split(inputs, seq_length, axis=0)):

        if t > 0:
            scope.reuse_variables()

        #input to hidden layer weights
        U = tf.get_variable("U", [vocab_size, hidden_size], initializer=initializer)

        #hidden to hidden layer weights
        W = tf.get_variable("W", [hidden_size, hidden_size],initializer=initializer)

        #output to hidden layer weights
        V = tf.get_variable("V", [hidden_size, vocab_size], initializer=initializer)

        #bias for hidden layer
        bh = tf.get_variable("bh", [hidden_size], initializer=initializer)

        #bias for output layer
        by = tf.get_variable("by", [vocab_size], initializer=initializer)

        h_t = tf.tanh(tf.matmul(x_t, U)+tf.matmul(h_t, W)+ bh)

        y_hat_t = tf.matmul(h_t, V) + by

        y_hat.append(y_hat_t)
```

对输出应用 softmax 激活函数并获得其概率。

```
output_softmax = tf.nn.softmax(y_hat[-1])
```

```
outputs = tf.concat(y_hat, axis=0)
```

计算交叉熵损失。

```
loss = tf.reduce_mean(tf.nn.softmax_cross_entropy_with_logits(labels=targets,
logits = outputs))
```

将 RNN 的最终隐藏状态存储在 hprev 中。我们使用这个最终隐藏状态进行预测。

```
hprev = h_t
```

4.2.6 定义 BPTT

现在，以 Adam 作为我们的优化器，执行 BPTT。我们还将执行梯度剪辑以避免梯度爆炸问题。

（1）初始化 Adam 优化器。

```
minimizer = tf.train.AdamOptimizer()
```

（2）使用 Adam 优化器计算损失梯度。

```
gradients = minimizer.compute_gradients(loss)
```

（3）设置梯度剪辑的阈值。

```
threshold = tf.constant(5.0, name="grad_clipping")
```

（4）剪辑超过阈值的梯度并将其带回到范围内。

```
clipped_gradients = []
for grad, var in gradients:
    clipped_grad = tf.clip_by_value(grad, -threshold, threshold)
    clipped_gradients.append((clipped_grad, var))
```

（5）使用剪辑的梯度更新梯度。

```
updated_gradients= minimizer.apply_gradients(clipped_gradients)
```

4.2.7 开始生成歌词

启动 TensorFlow 会话并初始化所有变量。

```
sess = tf.Session()
init = tf.global_variables_initializer()
sess.run(init)
```

现在，我们来看看如何使用 RNN 生成歌词。这个 RNN 的输入和输出应该是什么？它是如何学习的？它的训练数据是什么？让我们一步一步地理解这一切，并通过代码进一步解释。

我们知道在 RNN 中，在一个时间步 t 预测的输出将作为输入发送到下一个时间步；也就是说，在每个时间步上，我们都需要输入上一个时间步的预测字符。所以，我们用同样的方法准备数据集。

例如，看图 4-18。假设每行都是不同的时间步，在时间步 $t = 0$ 时，RNN 预测一个新字符 g 作为输出。这将作为输入发送到下一时间步，$t = 1$。

然而，如果你注意到时间步 $t = 1$ 中的输入，我们将从输入中删除第一个字符 O，并将新预测的字符 g 添加到该序列的末尾。为什么要从输入中删除第一个字符？因为我们需要保持序列的长度。

假设我们的序列长度是 8，向该序列中添加一个新预测的字符会将序列长度增加到 9。为了避免这种情况，我们从输入中删除第一个字符，同时从上一个时间步添加一个新预测的字符。

类似地，在输出数据中，我们还移除每个时间步上的第一个字符，因为一旦它预测新字符，其序列长度就会增加。为了避免这种情况，我们在每个时间步上从输出中删除第一个字符，如图 4-18 所示。

	输入	输出
$t = 0$	On a bri (12345678)	n a brig (12345678)
$t = 1$	n a brig (12345678)	a brigh (12345678)
$t = 2$	a brigh (12345678)	a bright (12345678)

图 4-18

现在，我们来看看如何准备与图 4-18 中类似的输入和输出序列。

定义一个名为 pointer 的变量，它指向数据集中的字符。我们将 pointer 设置为 0，这意味着它指向第一个字符。

```
pointer = 0
```

定义输入数据。

```
input_sentence = data[pointer: pointer + seq_length]
```

这是什么意思？利用 pointer 和序列长度，我们对该数据进行切片。假设 seq_length 是 25，并且 pointer 为 0。它将返回开头的 25 个字符作为输入。因此，data[pointer:pointer + seq_length]返回以下内容。

```
"Look at her face, it's a"
```

定义输出，如下所示。

```
output_sentence = data[pointer + 1: pointer + seq_length + 1]
```

我们利用将输入数据中的一个字符移到前面的方式对输出数据进行切片。因此，data[pointer + 1:pointer + seq_length + 1]返回以下内容。

```
"ook at her face, it's a w"
```

如你所见，我们在上一句中添加了下一个字符，并删除了第一个字符。因此，在每次迭代中，我们增加指针并遍历整个数据集。这就是我们如何获得输入和输出语句训练 RNN 的。

正如我们已经了解到的那样，RNN 只接收数字作为输入。一旦我们对输入和输出序列进行了切片，就可以使用我们定义的 char_to_ix 字典获得相应字符的下标。

```
input_indices = [char_to_ix[ch] for ch in input_sentence]
target_indices = [char_to_ix[ch] for ch in output_sentence]
```

使用前面定义的 one_hot_encoder()函数将下标转换为一个一位有效编码向量。

```
input_vector = one_hot_encoder(input_indices)
target_vector = one_hot_encoder(target_indices)
```

这个 input_vector 和 target_vector 成了训练 RNN 的输入和输出。现在，让我们开始训练。

变量 hprev_val 存储我们训练的 RNN 模型的最后一个隐藏状态，使用该模型进行预测，并且将损失存储在一个名为 loss_val 的变量中。

```
hprev_val, loss_val, _ = sess.run([hprev, loss, updated_gradients],
feed_dict={inputs: input_vector,targets: target_vector,init_state: hprev_val})
```

通过 n 次迭代训练这个模型。训练之后，开始进行预测。现在，将探讨如何使用经过训练的 RNN 进行预测和生成歌词。设置 sample_length，即我们要生成的句子（歌词）的长度。

```
sample_length = 500
```

随机选择输入序列的起始下标。

```
random_index = random.randint(0, len(data) - seq_length)
```

使用随机选择的下标选择输入句子。

```
sample_input_sent=data[random_index:random_index+seq_length]
```

如我们所知道的那样，我们需要以数字形式输入，将选定的输入句子转换为下标。

```
sample_input_indices = [char_to_ix[ch] for ch in sample_input_sent]
```

请记住，我们将 RNN 的最后一个隐藏状态存储在 hprev_val 中。我们用它来作预测。通过从 hprev_val 复制值，我们创建了一个名为 sample_prev_state_val 的新变量。

sample_prev_state_val 用作进行预测的初始隐藏状态。

```
sample_prev_state_val = np.copy(hprev_val)
```

初始化用于存储预测输出下标的列表。

```
predicted_indices = []
```

现在，对于 sample_length 范围 t，执行以下操作并为定义的 sample_length 生成歌词。

将 sampled_input_indices 转换为一位有效编码向量。

```
sample_input_vector = one_hot_encoder(sample_input_indices)
```

将 sample_input_vector 以及隐藏状态 sample_prev_state_val 作为初始隐藏状态馈送给 RNN，从

而得到预测结果。我们将输出概率分布存储在 probs_dist 中。

```
probs_dist, sample_prev_state_val = sess.run([output_softmax, hprev],feed_dict=
{inputs: sample_input_vector,init_state: sample_prev_state_val})
```

用 RNN 生成的概率分布随机地选择下一个字符的下标。

```
ix=np.random.choice(range(vocab_size),p=probs_dist.ravel())
```

将这个新预测的下标 ix 添加到这个 sample_input_indices 中，并从 sample_input_indices 中移除第一个下标以保持序列长度。这将形成下一时间步的输入。

```
sample_input_indices = sample_input_indices[1:] + [ix]
```

将所有预测的 chars 的下标存储在 predicted_indices 列表中。

```
predicted_indices.append(ix)
```

将所有 predicted_indices 转换为它们的字符。

```
predicted_chars = [ix_to_char[ix] for ix in predicted_indices]
```

合并所有 predicted_chars 并将其另存为 text。

```
text = ''.join(predicted_chars)
```

在第 50000 次迭代时输出预测的 text。

```
print ('\n')
print ('After %d iterations' %(iteration))
print('\n %s \n' % (text,))
print('-'*115)
```

递增 pointer 和 iteration。

```
pointer += seq_length
iteration += 1
```

在初始迭代中，你可以看到 RNN 已经生成了一些随机字符。但在第 50000 次迭代时，它已经开始生成有意义的文本了，如下所示。

```
After 0 iterations
Y?a6C.-eMSfk0pHD v!74YNeI 3YeP,hh6AADuANJJv:
HA(QXNeKzwCjBnAShbavSrGw7:ZcSv[!?dUno Qt?OmE-PdY
wrqhSu?Yvxdek?5Rn'Pj!n5:32a?cjue ZIj
Xr6qn.scqpa7)[MSUjG-Sw8n3ZexdUrLXDQ:MOXBMX
EiuKjGudcznGMkF:Y6)ynj0Hiajj?d?n2Iapmfc?WYd BWVyB-GAxe.Hq0PaEce5H!u5t:
AkO?F(oz0Ma!BUMtGtSsAP]Oh,1nHf5tZCwU(F?X5CDzhOgSNH(4Cl-Ldk? HO7
WD9boZyPIDghWUfY B:r5z9Muzdw2'WWtf4srCgyX?hS!,BL
GZHqgTY:K3!wn:aZGoxr?zmayANhMKJsZhGjpbgiwSw5Z:oatGAL4Xenk]jE3zJ?ymB6v?j7(mL
[3DFsO['Hw-d7htzMn?nm20o'?6gfPZhBa
NlOjnBd2n0 T"d'e1k?OY6Wwnx6d!F
--------------------------------------------------------------------------------
```

```
After 50000 iterations
Hem-:]
[Ex" what
Akn'lise
[Grout his bring bear.
Gnow ourd?
Thelf
As cloume
That hands, Havi Musking me Mrse your leallas, Froking the cluse (have:
mes.
I slok and if a serfres me the sky withrioni flle rome.....Ba tut get make
ome
But it lives I dive.
[Lett it's to the srom of and a live me it's streefies
And is.
As it and is me dand a serray]
[zrtye:"
Chay at your hanyer
[Every rigbthing with farclets
[Brround.
Mad is trie
[Chare's a day-Mom shacke?
, I
--------------------------------------------------------------------------------
```


4.3 不同类型的 RNN 架构

既然已经学习了 RNN 的工作原理，接下来我们将研究一种基于输入和输出数量的不同类型的 RNN 架构。

4.3.1 一对一架构

在一对一架构中，将单个输入映射到单个输出，并且将来自时间步 t 的输出作为输入馈送到下一时间步。我们已经在 4.2 节中看到了这种使用 RNN 生成歌词的架构。

例如，对于文本生成任务，我们将从当前时间步生成的输出作为下一个时间步的输入来生成下一个单词。这种架构也广泛应用于股市预测。

图 4-19 显示了这种一对一 RNN 架构。正如你所见到的那样，在时间步 t 处预测的输出被发送作为下一时间步的输入。

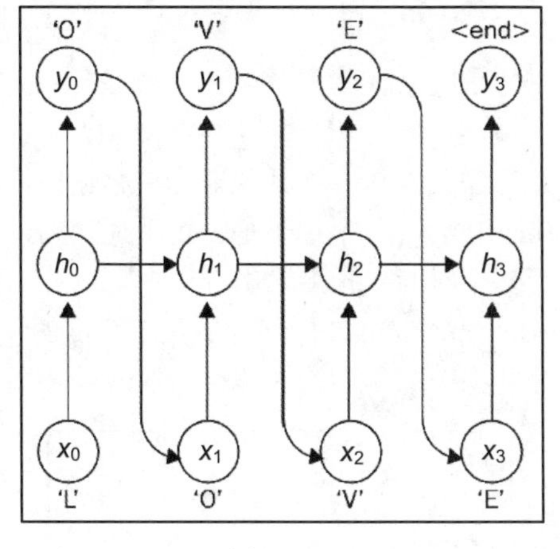

图 4-19

4.3.2 一对多架构

在一对多架构中，一个输入映射到多个隐藏状态和多个输出值，这意味着 RNN 接收一个输入并将其映射到一个输出序列。虽然我们只有一个输入值，但我们可以跨时间步共享若干隐藏状态来预测输出。与先前的一对一架构不同，这里，我们只在时间步上共享以前的隐藏状态，而不共享以前的输出。

这种架构的一个应用是图像字幕（标题）生成。我们传递一个图像作为输入，输出的是构成图像标题的单词序列。

如图 4-20 所示，将单个图像作为输入传递给 RNN，并且在第一时间步 t_0 预测单词 Horse；在下一时间步 t_1 使用先前的隐藏状态 h_0 预测下一个单词，这个词就是 standing。类似地，它继续执行一系列步骤并预测下一个单词，直到生成字幕（标题）为止。

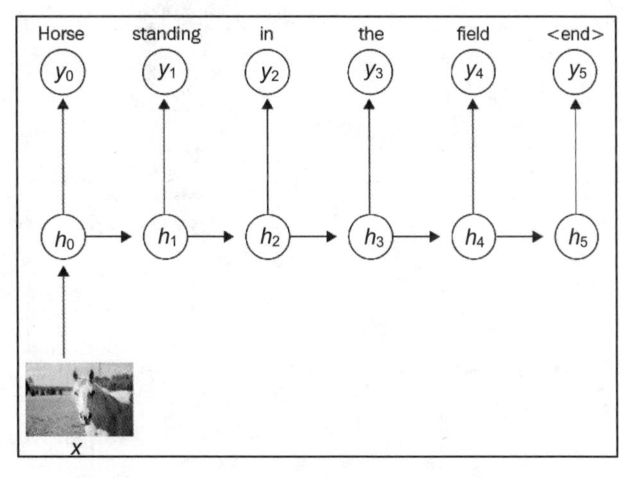

图 4-20

4.3.3 多对一架构

顾名思义，多对一架构接收一系列输入并将其映射为单个输出值。多对一架构的一个流行例子是**情感分类（Sentiment Classification）**。一个句子是一个单词序列，因此在每个时间步，我们将每个单词作为输入传递，并在最后一个时间步预测输出。

假设我们有一个句子：*Paris is a beautiful city*（巴黎是个美丽的城市）。如图 4-21 所示，在每个时间步，一个单词与前一个隐藏状态一起作为输入传递；在最后一个时间步，它预测句子的情感。

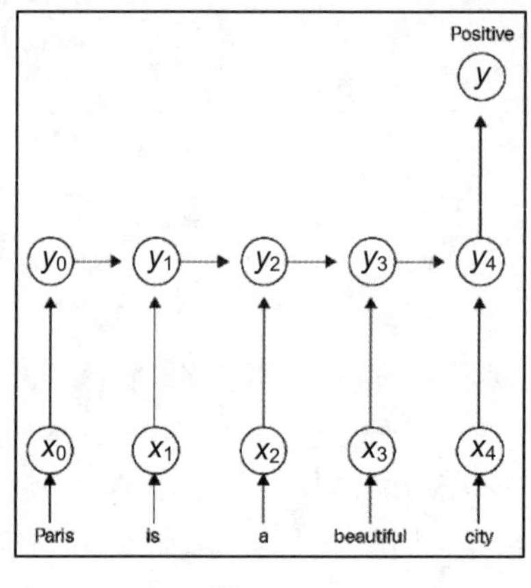

图 4-21

4.3.4 多对多架构

在多对多架构中，我们将任意长度的输入序列映射为任意长度的输出序列。这种架构已经在各种应用程序中得到应用。多对多架构的一些流行应用包括语言翻译、会话机器人和音频生成。

假设我们正在把一个句子从英语转换成法语。考虑一下我们的输入句：What are you doing？它应该映射为 Que Faites Vous，如图 4-22 所示。

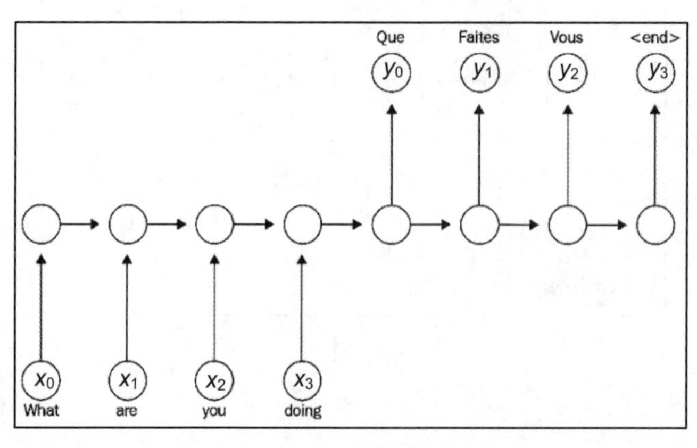

图 4-22

4.4 总　　结

我们从介绍什么是递归神经网络（RNN）以及 RNN 与前馈网络的区别开始了这一章。我们了解到，RNN 是一种特殊类型的神经网络，它广泛应用于序列数据；它不仅基于当前输入，而且基于先前的隐藏状态预测输出，它起到了记忆的作用，它存储了网络迄今为止所看到的信息序列。

我们学习了前向传播在 RNN 中的工作原理，然后详细探讨了用于训练 RNN 的 BPTT 导数的算法。随后，通过在 TensorFlow 中实现 RNN 生成歌词，从而进一步研究 RNN。在本章的最后，我们学习了 RNN 的不同架构，如用于各种应用的一对一、一对多、多对一和多对多架构。

在第 5 章中，我们将学习 LSTM 单元，它解决 RNN 中的消失梯度问题。我们还将学习 RNN 的不同变体。

4.5 问　　题

尝试回答以下问题。

（1）RNN 和前馈神经网络有什么区别？

（2）怎样在 RNN 中计算隐藏状态？

（3）RNN 有什么用？

（4）梯度消失问题是如何发生的？

（5）什么是梯度爆炸问题？

（6）梯度剪辑是怎样缓解梯度爆炸问题的？

（7）RNN 架构有哪些不同类型？

第 5 章

RNN 的改进

递归神经网络（RNN）的缺点是不能在内存中长时间保留信息。我们知道 RNN 将信息序列存储在隐藏状态中，不过当输入序列太长时，由于第 4 章中讨论的梯度消失问题，RNN 无法将所有信息保留在它的内存中。

为了解决这个问题，我们引入了一种称为长短时记忆（Long Short-Term Memory，LSTM）单元的 RNN 变体，它通过使用一种称为门（Gate）的特殊结构解决消失梯度问题。若干门根据需要将信息保存在内存中。这些门从记忆中学习保留什么信息和丢弃什么信息。

我们将从探讨 LSTM 以及 LSTM 如何克服 RNN 的缺点开始本章的学习。稍后，我们将学习如何使用 LSTM 单元执行前向和反向传播。接下来，我们将探讨如何在 TensorFlow 中实现 LSTM 单元，以及如何使用它们预测比特币的价格。

接下来，我们将了解门控递归单元（Gated Recurrent Unit，GRU）工作原理，它是一种 LSTM 单元的简化版本。我们将学习如何在 GRU 中进行前向和反向传播。随后，我们将对双向 RNN 有一个基本的了解，以及弄清它们如何利用过去和未来的信息进行预测；我们还将了解 RNN 的工作深度。

在本章的最后，我们将学习 seq2seq 模型，它将变长的输入映射到变长的输出。我们将深入研究 seq2seq 模型的架构和注意力机制。

在本章中，我们将学习以下内容。

- 用 LSTM 解决问题
- 在 LSTM 中的前向和反向传播
- 使用 LSTM 预测比特币价格
- GRU
- 在 GRU 中的前向和反向传播
- 双向 RNN
- 深度 RNN
- seq2seq 模型

5.1 用 LSTM 解决问题

当反向传播 RNN 时，我们发现了一个叫作梯度消失的问题。由于梯度消失的问题，我们不能正确地训练网络，这导致 RNN 不能在内存中保留长序列。为了理解我们的意思，这里考虑一个小句子。

The sky is __.

RNN 可以根据所看到的信息轻松地将空白预测为 *blue*，但它无法覆盖长期依赖关系。这是什么意思呢？为了更好地理解这个问题，让我们考虑下面这句话。

Archie lived in China for 13 years. He loves listening to good music. He is a fan of comics. He is fluent in ____.

现在，如果有人要求我们预测上面句子中缺失的单词，我们会预测它是 *Chinese*，但是我们是如何预测的呢？我们只要记得前面的几句话，并明白了 Archie（阿奇）在中国生活了 13 年。这就会让我们得出结论，阿奇可能会说一口流利的中文。但是，RNN 不能在内存中保留所有的这些信息，从而得出阿奇中文流利的结论。由于梯度消失问题，它不能在内存中长时间地回忆/记忆信息。也就是说，当输入序列很长时，RNN 记忆（隐藏状态）不能保存所有信息。为了缓解这种情况，我们使用了 LSTM 单元。

LSTM 是 RNN 的一个变种，它解决了梯度消失问题，并在需要时在内存中保留信息。基本上，在隐藏单元中将 RNN 单元替换为 LSTM 单元，如图 5-1 所示。

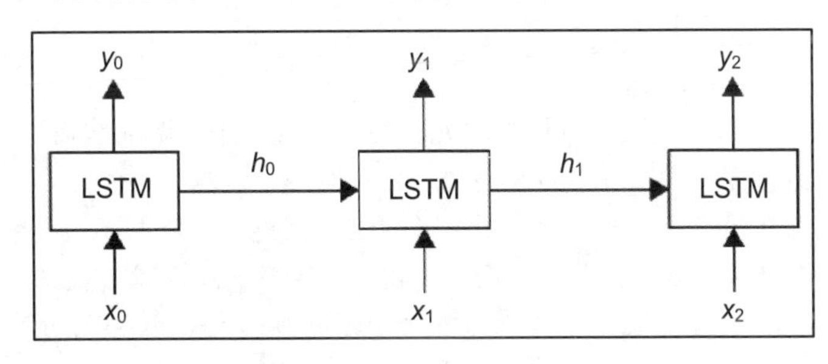

图 5-1

5.1.1 理解 LSTM 单元

是什么让 LSTM 单元（LSTM Cells）如此特别？LSTM 单元是如何实现长期依赖性的？它如何知道从内存中保留什么信息和丢弃什么信息？

这一切都是通过称为**门（Gate）**的特殊结构实现的。如图 5-2 所示，典型的 LSTM 单元由 3 个特殊门组成，称为输入门、输出门和遗忘门。

这 3 个门负责决定从内存中添加、输出和忘记哪些信息。利用这些门，LSTM 单元只在需要时有效地将信息保存在内存中。

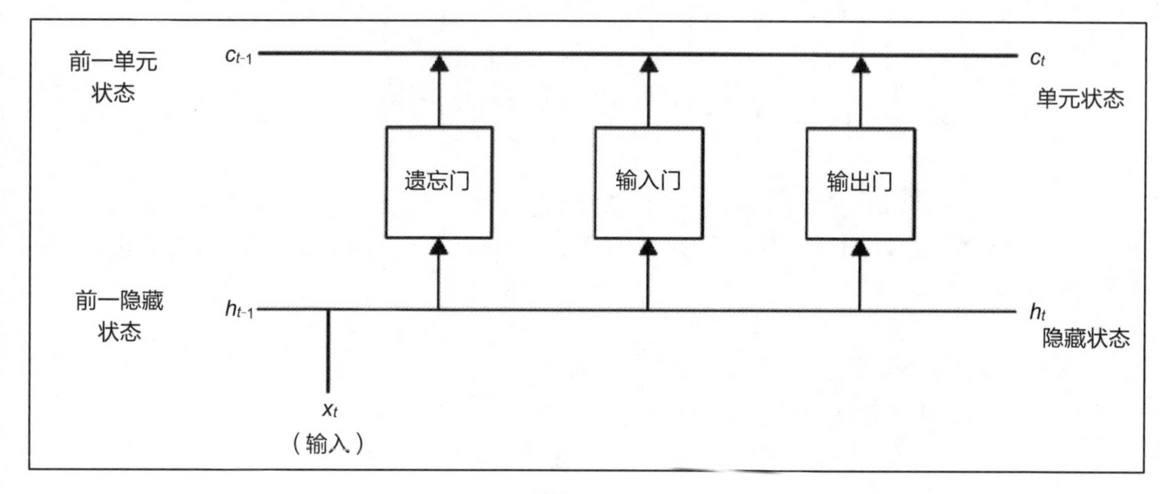

图 5-2

在 RNN 单元中，我们将隐藏状态 h_t 用于两个目的：一个用于存储信息，另一个用于进行预测。与 RNN 不同，在 LSTM 单元中，我们将隐藏状态分为两种状态，它们称为单元状态和隐藏状态。

- 单元状态也称为内部存储器，是存储所有信息的地方。
- 隐藏状态用于计算输出，即进行预测。

单元状态和隐藏状态在每个时间步中是共享的。现在，我们将深入研究 LSTM 单元，看看这些门是如何使用的，以及隐藏状态如何预测输出。

5.1.2 遗忘门

遗忘门（Forget Gate）f_t 负责决定应该从单元状态（内存）中删除哪些信息。考虑以下句子。

Harry is a good singer. He lives in New York. Zayn is also a good singer.

只要我们一开始谈论 Zayn（扎恩），该网络就会明白，话题已经从 Harry（哈里）转换成了扎恩，也就是不再需要有关哈里的信息了。现在，遗忘门将从单元状态中删除/忘记有关哈里的信息。

遗忘门由一个 sigmoid 函数控制。在时间步 t 处，我们将输入 x_t 和先前的隐藏状态 h_{t-1} 传递给遗忘门。如果应该删除单元状态中的特定信息，则返回 0；如果不应该删除该信息，则返回 1。在时间步 t 处的遗忘门 f_t 表示为

$$f_t = \sigma(U_f x_t + W_f h_{t-1} + b_f)$$

在这里，对以上公式中的相关项说明如下。

- U_f 为遗忘门的输入层到隐藏层的权重。
- W_f 为遗忘门的隐藏层到隐藏层的权重。
- b_f 为遗忘门的偏差。

图 5-3 显示了遗忘门。正如你所见的那样，输入 x_t 与 U_f 相乘，并且之前的隐藏状态 h_{t-1} 与 W_f 相乘，然后两者相加并发送到 sigmoid 函数，该函数返回 f_t，如图 5-3 所示。

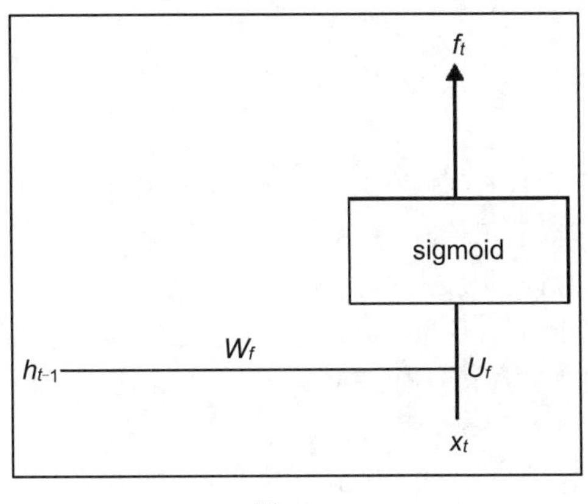

图 5-3

5.1.3 输入门

输入门（Input Gate）负责决定单元状态中应该存储哪些信息。让我们考虑同样的例子。

Harry is a good singer. He lives in New York. Zayn is also a good singer.

在遗忘门从单元状态中删除信息之后，输入门决定它必须在内存中保留哪些信息。这里，由于遗忘门从单元状态中删除了 Harry 的信息，输入门决定用 Zayn 的信息更新单元状态。

与遗忘门类似，输入门由一个 sigmoid 函数控制，该函数返回 0～1 的输出。如果它返回 1，则特定信息将存储/更新到单元状态；如果它返回 0，则不将信息存储到单元状态。在时间步 t 处的输入门 i_t 表示为

$$i_t = \sigma(U_i x_t + W_i h_{t-1} + b_i)$$

在这里，对以上公式中的相关项说明如下。

- U_i 为输入门的输入层到隐藏层的权重。
- W_i 为输入门的隐藏层到隐藏层的权重。
- b_i 为输入门的偏差。

图 5-4 显示了输入门的工作原理。

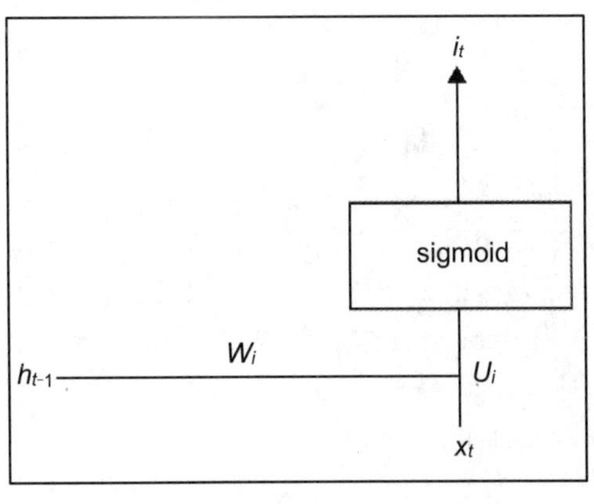

图 5-4

5.1.4 输出门

我们将有大量的信息在单元状态（内存）中。**输出门**（Output Gate）负责决定应该从单元状态获取哪些信息作为输出。考虑以下句子。

Zayn's debut album was a huge success. Congrats ____.

输出门将查找单元状态中的所有信息，并选择正确的信息来填充该空白。在这里，Congrats 是用来形容名词的形容词。因此，输出门将预测 Zayn（名词）填充空白。与其他门类似，它也是由 sigmoid 函数控制的。时间步 t 处的输出门表示为

$$o_t = \sigma(U_o x_t + W_o h_{t-1} + b_o)$$

在这里，对以上公式中的相关项说明如下。

- U_o 为输出门的输入层到隐藏层的权重。
- W_o 为输出门的隐藏层到隐藏层的权重。
- b_o 为输出门的偏差。

输出门如图 5-5 所示。

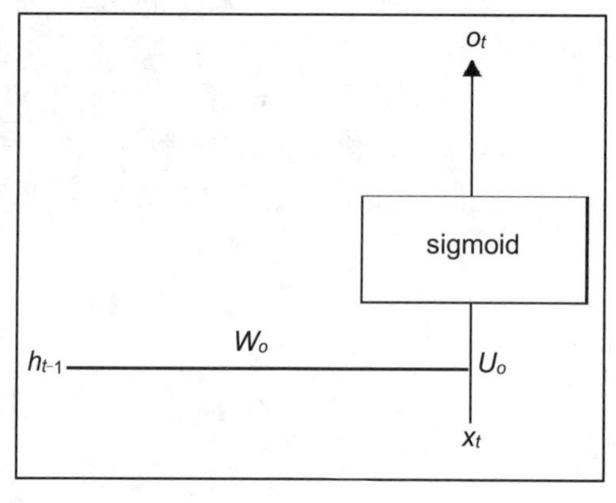

图 5-5

5.1.5 更新单元状态

我们刚刚了解了所有 3 个门在 LSTM 网络中是如何工作的，但问题是我们怎样在门的帮助下，通过添加相关的新信息和从单元状态中删除不需要的信息来实际更新单元状态呢？

首先，来看看如何向单元状态添加新的相关信息。为了保存可以添加到单元状态（内存）中的所有新信息，我们创建了一个名为 g_t 的新向量，它称为**候选状态（Candidate State）或内部状态向量（Internal State Vector）**。与由 sigmoid 函数调节的门不同，候选状态由 tanh 函数调节，但为什么呢？sigmoid 函数返回 0～1 的值，也就是说，它总是正的。我们需要允许 g_t 的值为正或负。所以，我们使用 tanh 函数，它返回-1～1 的值。

在时间步 t 处的候选状态表示为

$$g_t = \tanh(U_g x_t + W_g h_{t-1} + b_g)$$

在这里，对以上公式中的相关项说明如下。

- U_g 为候选门的输入层到隐藏层的权重。
- W_g 为候选门的隐藏层到隐藏层的权重。
- b_g 为候选门的偏差。

因此，候选状态保存可以添加到单元状态（内存）的所有新信息。图 5-6 显示了候选状态。

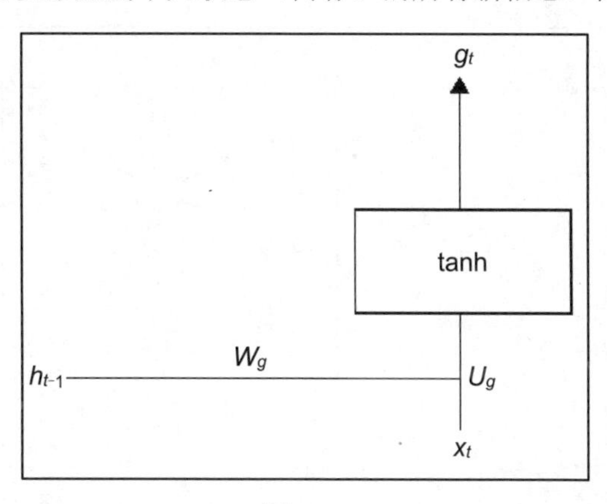

图 5-6

那么，我们又该如何确定候选状态的信息是否相关呢？我们如何决定是否从候选状态向单元状态添加新信息呢？我们了解到，输入门负责决定是否添加新信息，因此，如果我们将 g_t 和 i_t 相乘，只能得到应该添加到内存中的相关信息。

也就是说，如果不需要信息，我们知道输入门返回 0，而如果需要信息，则返回 1。假设 $i_t = 0$，然后将 g_t 和 i_t 相乘得到 0，这意味着 g_t 中的信息不是必需的，因此我们不想用 g_t 更新单元状态。当 $i_t = 1$ 时，将 g_t 和 i_t 相乘得到 g_t，这意味着我们可以将 g_t 中的信息更新为单元状态。

使用输入门 i_t 和候选状态 g_t 将新信息添加到单元状态，如图 5-7 所示。

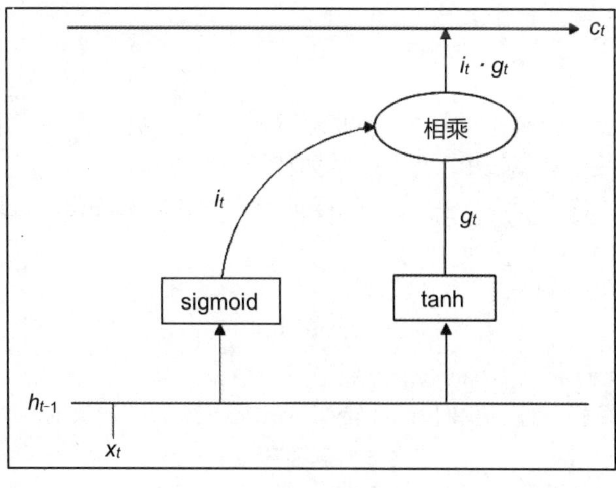

图 5-7

现在，我们将看到如何从以前的单元状态中删除不再需要的信息。

我们了解到遗忘门用于删除单元状态中不需要的信息。所以，如果将先前的单元状态 c_{t-1} 与遗忘门 f_t 相乘，就会仅保留了单元状态中的相关信息。

假设 $f_t=0$，那么将 c_{t-1} 和 f_t 相乘得到 0，这意味着单元状态 c_{t-1} 的信息是不需要的，应该删除（遗忘掉）。当 $f_t=1$ 时，将 c_{t-1} 与 f_t 相乘得到 c_{t-1}，这意味着需要先前单元状态中的信息，即不应删除。

使用遗忘门 f_t，从上一个单元状态 c_{t-1} 中删除信息，如图 5-8 所示。

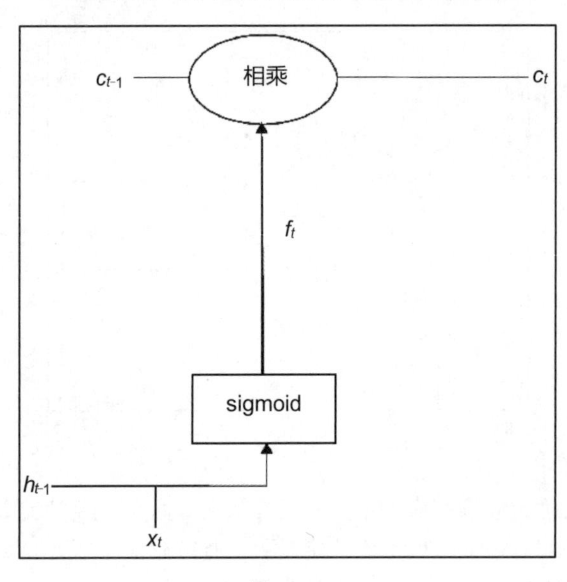

图 5-8

因此，简而言之，我们通过将 g_t 和 i_t 相乘添加新信息，并将 c_{t-1} 和 f_t 相乘删除信息，从而更新我们的单元状态。可以将单元状态方程表示为

$$c_t = f_t c_{t-1} + i_t g_t$$

5.1.6 更新隐藏状态

我们刚刚学习了如何更新单元状态中的信息。现在，我们将看到如何更新隐藏状态中的信息。我们了解到隐藏状态 h_t 用于计算输出，但是我们如何计算输出呢？

我们知道输出门负责决定应该从单元状态中获取哪些信息作为输出。因此，将单元状态 $\tanh(c_t)$ 的 o_t 和 tanh 相乘（限制在-1～1），得到输出。

因此，隐藏状态 h_t 表示为

$$h_t = o_t \tanh(c_t)$$

图 5-9 显示了如何通过将 o_t 和 $\tanh(c_t)$相乘计算隐藏状态 h_t。

最后，一旦有了隐藏状态值，我们就可以应用 softmax 函数并计算 $\hat{y}_t$，如下所示。

$$\hat{y}_t = \text{softmax}(Vh_t)$$

这里，V 为隐藏层到输出层的权重。

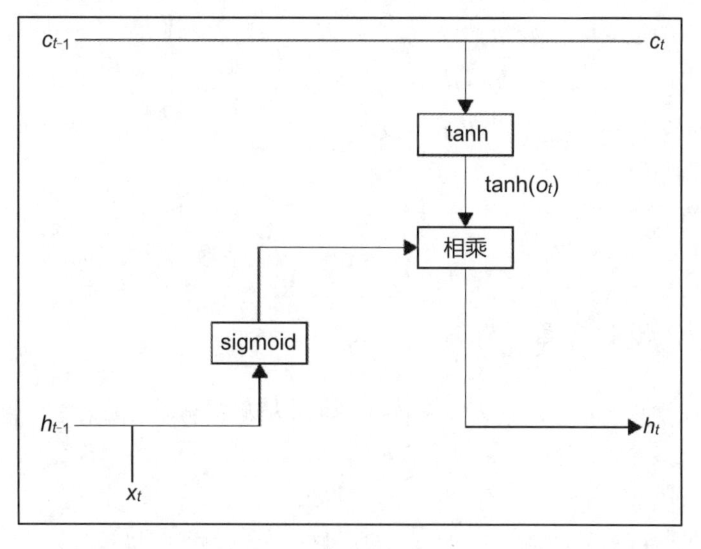

图 5-9

5.1.7 LSTM 中的前向传播

将所有的内容放在一起，具有所有操作的最终 LSTM 单元如图 5-10 所示。单元状态和隐藏状态跨时间步共享，这意味着 LSTM 在时间步 t 处计算单元状态 c_t 和隐藏状态 h_t，并将其发送到下一个时间步。

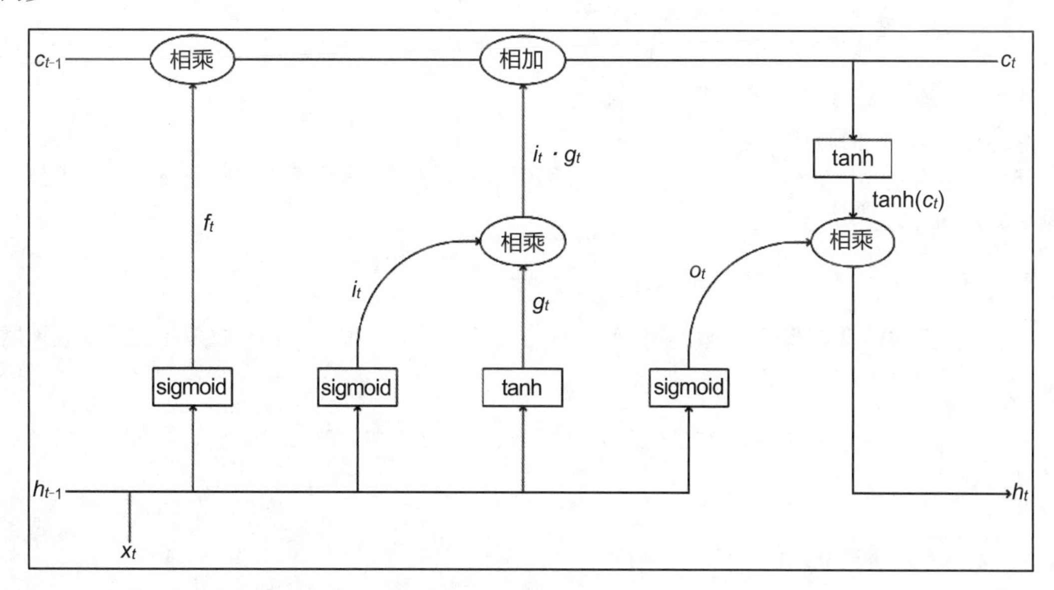

图 5-10

在 LSTM 单元中的完整前向传播步骤可以归纳如下。

（1）输入门：$i_t = \sigma(U_i x_t + W_f h_{t-1} + b_i)$

（2）遗忘门：$f_t = \sigma(U_f x_t + W_f h_{t-1} + b_f)$

（3）输出门：$o_t = \sigma(U_o x_t + W_o h_{t-1} + b_o)$

（4）候选门：$g_t = \tanh(U_g x_t + W_g h_{t-1} + b_g)$

（5）单元状态：$c_t = f_t c_{t-1} + i_t g_t$

（6）隐藏状态：$h_t = o_t \tanh(c_t)$

（7）输出：$\hat{y}_t = \text{softmax}(Vh_t)$

5.1.8 LSTM 中的反向传播

我们计算每个时间步的损失，以确定我们的 LSTM 模型预测输出的效果。假设使用交叉熵作为损失函数，那么在时间步 t 处的损失由以下方程给出。

$$L_t = -y_t \log(\hat{y}_t)$$

这里，y_t 为时间步 t 处的实际输出，而 $\hat{y}_t$ 为时间步 t 处的预测输出。

最终损失是在所有时间步的损失总和，如下所示。

$$L = \sum_{j=0}^{T} L_j$$

我们使用梯度下降法最小化损失。找到（相对于网络中使用的所有权重的）损失的导数，并找到使损失最小化的最佳权重，具体如下。

- 我们有 4 个输入层到隐藏层的权重 U_i、U_f、U_o、U_g，它们分别是输入门、遗忘门、输出门和候选状态的输入层到隐藏层的权重。
- 我们有 4 个隐藏层到隐藏层的权重 W_i、W_f、W_o、W_g，它们分别是输入门、遗忘门、输出门和候选状态的隐藏层到隐藏层的权重。
- 我们有一个隐藏层到输出层的权重 V。

我们通过梯度下降找到所有这些权重值的最优值，并根据权重值更新规则更新这些权重值。权重值更新规则为

$$\text{weight} = \text{weight} - \alpha \frac{\partial \text{Loss}}{\text{weight}}$$

在 5.1.9 小节中，我们将逐步地了解如何计算与 LSTM 单元中使用的所有权重相关的损失梯度。

注释：

如果你对为所有权重导出梯度不感兴趣，可以跳过 5.1.9 小节。然而，这些内容将加强你对 LSTM 单元的理解。

5.1.9 相对于门的梯度

计算相对于 LSTM 单元中使用的所有权重的损失梯度需要所有门和候选状态的梯度。因此，在本小节中，我们将学习如何计算损失函数相对于所有门和候选状态的梯度。

在开始之前，让我们回顾一起以下两件事。

（1）sigmoid 函数的导数表示如下。

$$\sigma'(x)=\sigma(x)(1-\sigma(x))$$

（2）tanh 函数的导数表示如下。

$$\tanh'(x)=1-\tanh^2(x)$$

在接下来的计算中，我们将在多个地方使用相对于隐藏状态 h_t 和单元状态 c_t 的损失梯度。因此，首先，我们将了解如何计算相对于隐藏状态 h_t 和单元状态 c_t 的损失梯度。

首先，让我们看看怎样计算相对于隐藏状态 h_t 的损失梯度。

我们知道输出 $\hat{y}_t$ 的计算如下。

$$\hat{y}_t=\text{softmax}(Vh_t)$$

假设 $z_t=Vh_t$。我们在 z_t 中有 h_t 项，所以根据链式法则，我们可以写出

$$\frac{\partial L}{\partial h_t}=\frac{\partial L}{\partial z_t}\frac{\partial z_t}{\partial h_t}$$

$$\frac{\partial L}{\partial h_t}=\frac{\partial L}{\partial z_t}V$$

我们已经在第 4 章学习了如何计算 $\frac{\partial L}{\partial z_t}$，因此可以直接从第 4 章的式（4-9）写出如下公式：

$$\frac{\partial L}{\partial h_t}=(\hat{y}_t-y_t)V$$

现在，让我们看看如何计算相对于单元状态 c_t 的损失梯度。

为了计算相对于单元状态的损耗梯度，请查看前向传播方程，并找出哪个方程有 c_t 项。在隐藏状态方程上，我们有 c_t 项，如下所示。

$$h_t=o_t\tanh(c_t)$$

因此，根据链式法则，我们可以写出

$$\frac{\partial L}{\partial c_t}=\frac{\partial L}{\partial h_t}\frac{\partial h_t}{\partial c_t}$$

$$=\frac{\partial L}{\partial h_t}(o_t\cdot\tanh'(c_t))$$

我们知道 tanh 函数的导数是 $\tanh'(x)=1-\tanh^2(x)$，因此我们可以写出

$$\frac{\partial L}{\partial c_t}=\frac{\partial L}{\partial h_t}(o_t\cdot 1-\tanh^2(c_t))$$

既然我们已经计算了相对于隐藏状态和单元状态的损失梯度，那么就让我们看看如何逐个计算相对于所有门的损失梯度。

首先，了解如何计算**相对于输出门 o_t 的损失梯度。**

要计算相对于输出门的损失梯度，请查看前向传播方程，找出在哪个方程中有 o_t 项。在隐藏状态方程中，我们有 o_t 项，如下所示。

$$h_t=o_t\tanh(c_t)$$

因此，根据链式法则，我们可以写出

$$\frac{\partial L}{\partial o_t} = \frac{\partial L}{\partial h_t} \frac{\partial h_t}{\partial o_t}$$

$$\frac{\partial L}{\partial o_t} = \frac{\partial L}{\partial h_t} \tanh(c_t) \tag{5-1}$$

现在我们将看到如何计算**相对于输入门 i_t 的损失梯度**。

在 c_t 的单元状态方程中有 i_t 项。

$$c_t = f_t c_{t-1} + i_t g_t$$

根据链式法则，我们可以写出

$$\frac{\partial L}{\partial i_t} = \frac{\partial L}{\partial c_t} \frac{\partial c_t}{\partial i_t}$$

$$\frac{\partial L}{\partial i_t} = \frac{\partial L}{\partial c_t} g_t \tag{5-2}$$

现在我们学习如何计算**相对于遗忘门 f_t 的损失梯度**。

在 c_t 的单位状态方程中也有 f_t 项。

$$c_t = f_t c_{t-1} + i_t g_t$$

根据链式法则，我们可以写出

$$\frac{\partial L}{\partial f_t} = \frac{\partial L}{\partial c_t} \frac{\partial c_t}{\partial f_t}$$

$$\frac{\partial L}{\partial f_t} = \frac{\partial L}{\partial c_t} c_{t-1} \tag{5-3}$$

最后，我们学习如何计算**相对于候选状态 g_t 的损失梯度**。

在 c_t 的单位状态方程中也有 g_t 项。

$$c_t = f_t c_{t-1} + i_t g_t$$

因此，根据链式法则，我们可以写出

$$\frac{\partial L}{\partial g_t} = \frac{\partial L}{\partial c_t} \frac{\partial c_t}{\partial g_t}$$

$$\frac{\partial L}{\partial g_t} = \frac{\partial L}{\partial c_t} i_t \tag{5-4}$$

于是，我们计算了相对于所有门和候选状态的损失梯度。在 5.1.10 小节中，我们将学习如何计算相对于 LSTM 单元中所使用的所有权重的损失梯度。

5.1.10 相对于权重的梯度

现在让我们看看如何计算相对于 LSTM 单元中所使用的所有权重的梯度。

1. 相对于 V 的梯度

在预测了输出 $\hat{y}$ 之后，我们进入了网络的最后一层。因为我们是反向传播的，也就是说，从输出层到输入层，所以我们的第一个权重将是 V，它是隐藏层到输出层的权重。

我们已经完全了解到：最终的损失是所有时间步中损失的总和。以类似的方式，最终梯度是所有时间步的梯度之和，如下所示。

$$\frac{\partial L}{\partial V}=\frac{\partial L_0}{\partial V}+\frac{\partial L_1}{\partial V}+\frac{\partial L_2}{\partial V}+\cdots+\frac{\partial L_{T-1}}{\partial V}$$

如果我们有 $T-1$ 层，那么我们可以写出相对于 V 的损失梯度，如下所示。

$$\frac{\partial L}{\partial V}=\sum_{j=0}^{T-1}\frac{\partial L_j}{\partial V}$$

因为 LSTM 的最终方程—— $\hat{\boldsymbol{y}}_t=\mathbf{softmax}(\boldsymbol{V}\boldsymbol{h}_t)$ 与 RNN 相同，所以计算相对于 V 的损失梯度与我们在 RNN 中所计算的完全相同。因此，我们可以直接写出

$$\frac{\partial L}{\partial V}=\sum_{j=0}^{T}(\hat{y}_j-y_j)\otimes h_j$$

2．相对于 W 的梯度

现在我们将看到如何（针对所有门和候选状态）计算相对于隐藏层到隐藏层权重 W 的损失梯度。

让我们来计算**相对于 W_i 的损失梯度**。

回想一下输入门的方程，如下所示。

$$i_t=\sigma(U_i x_t+W_f h_{t-1}+b_i)$$

因此，根据链式法则，我们可以写出

$$\frac{\partial L}{\partial W_i}=\sum_{j=0}^{T-1}\frac{\partial L_j}{\partial i_j}\frac{\partial i_j}{\partial W_i}$$

计算一下上面等式中的每一项。

在相对于门的梯度部分中，我们已经看到了如何计算第一项，相对于输入门的损失梯度 $\frac{\partial L_j}{\partial i_j}$ 。请参考式（5-2）。

因此，让我们看看第二项：

$$\frac{\partial i_j}{\partial W_i}=\sigma'(i_j)\otimes h_{j-1}$$

因为 sigmoid 函数的导数 $\sigma'(x)=\sigma(x)(1-\sigma(x))$ ，我们可以写出

$$\sigma'(i_j)=\sigma(i_j)(1-\sigma(i_j))$$

但 i_j 已经是 sigmoid 的结果，也就是 $i_j=\sigma(U_i x_j+W_i h_{j-1}+b_i)$ ，所以可以只写 $\sigma'(i_j)=i_j(1-i_j)$ 。因此，方程变成

$$\frac{\partial i_j}{\partial W_i}=i_j(1-i_j)\otimes h_{j-1}$$

因此，计算相对于 W_i 的损失梯度的最终公式变成

$$\frac{\partial L}{\partial W_i}=\sum_{j=0}^{T-1}\frac{\partial L_j}{\partial i_j}\cdot i_j(1-i_j)\otimes h_{j-1}$$

现在，找出**相对于 W_f 的损失梯度**。

回想一下遗忘门的方程式，如下所示。

$$f_t = \sigma(U_f x_t + W_f h_{t-1} + b_f)$$

因此，根据链式法则，我们可以写出

$$\frac{\partial L}{\partial W_f} = \sum_{j=0}^{T-1} \frac{\partial L_j}{\partial f_j} \frac{\partial f_j}{\partial W_f}$$

在相对于门的梯度部分中，我们已经看到了如何计算 $\frac{\partial L_j}{\partial f_j}$，请参考式（5-3）。因此，让我们来计算第二项。

$$\frac{\partial f_j}{\partial W_f} = \sigma(f_j)' \otimes h_{j-1}$$

$$= f_j(1 - f_j) \otimes h_{j-1}$$

因此，计算相对于 W_f 的损失梯度的最终公式如下。

$$\frac{\partial L}{\partial W_f} = \sum_{j=0}^{T-1} \frac{\partial L_j}{\partial f_j} \cdot f_j(1 - f_j) \otimes h_{j-1}$$

我们来计算**相对于 W_o 的损失梯度**。

回想一下输出门的方程，如下所示。

$$o_t = \sigma(U_o x_t + W_o h_{t-1} + b_o)$$

因此，根据链式法则，我们可以写出

$$\frac{\partial L}{\partial W_o} = \sum_{j=0}^{T-1} \frac{\partial L_j}{\partial o_j} \frac{\partial o_j}{\partial W_o}$$

检查式（5-1）可得到第一项。第二项可计算如下。

$$\frac{\partial o_j}{\partial W_o} = \sigma'(o_j)' \otimes h_{j-1}$$

$$= o_j(1 - o_j) \otimes h_{j-1}$$

因此，计算相对于 W_o 的损失梯度的最终公式如下。

$$\frac{\partial L}{\partial W_o} = \sum_{j=0}^{T-1} \frac{\partial L_j}{\partial o_j} \cdot o_j(1 - o_j) \otimes h_{j-1}$$

我们来计算**相对于 W_g 的损失梯度**。

回想一下候选状态方程：

$$g_t = \tanh(U_g x_t + W_g h_{t-1} + b_g)$$

因此，根据链式法则，我们可以写出

$$\frac{\partial L}{\partial W_g} = \sum_{j=1}^{T} \frac{\partial L_j}{\partial g_j} \frac{\partial g_j}{\partial W_g}$$

要得到第一项，请参考式（5-4）。第二项可计算如下。

$$\frac{\partial g_j}{\partial W_f} = \tanh'(g_j) \otimes h_{j-1}$$

我们知道 tanh 函数的导数是 $\tanh(x)' = 1 - \tanh^2(x)$ ，因此我们可以写出

$$\frac{\partial g_j}{\partial W_f} = (1 - g_j^2) \otimes h_{j-1}$$

因此，计算相对于 W_g 的损失梯度的最终公式如下。

$$\frac{\partial L}{\partial W_g} = \sum_{j=0}^{T-1} \frac{\partial L_j}{\partial g_j} \cdot (1 - g_j^2) \otimes h_{j-1}$$

3．相对于 U 的梯度

让我们（针对所有门和候选状态）计算相对于隐藏层到输入层权重 U 的损失梯度。计算相对于 U 的损失梯度与计算相对于 W 的损失梯度完全相同，只是最后一项是 x_j 而不是 h_{j-1}。来看看这是什么意思。

找出 U_i 的损失梯度。输入门方程如下。

$$i_t = \sigma(U_i x_t + W_f h_{t-1} + b_i)$$

因此，使用链式法则，我们可以写出

$$\frac{\partial L}{\partial U_i} = \sum_{j=1}^{T} \frac{\partial L_j}{\partial i_j} \frac{\partial i_j}{\partial U}$$

计算一下上述等式中的每一项。由式（5-2），我们已经知道了第一项。因此，第二项可以计算如下。

$$\begin{aligned} \frac{\partial i_j}{\partial U_i} &= \sigma'(i_j) \otimes x_j \\ &= i_j (1 - i_j) \otimes x_j \end{aligned}$$

因此，计算相对于 U_i 的损失梯度的最终公式如下。

$$\frac{\partial L}{\partial U_i} = \sum_{j=0}^{T-1} \frac{\partial L_j}{\partial i_j} \cdot i_j (1 - i_j) \otimes x_j$$

正如你所见到的那样，上面的公式与 $\frac{\partial L}{\partial W_i}$ 完全相同，只是最后一项是 x_j 而不是 h_{j-1}。这适用于所有其他权重，因此我们可以直接写出：

- 相对于 U_f 的损失梯度：

$$\frac{\partial L}{\partial U_f} = \sum_{j=0}^{T-1} \frac{\partial L_j}{\partial f_j} \cdot f_j (1 - f_j) \otimes x_j$$

- 相对于 U_o 的损失梯度：

$$\frac{\partial L}{\partial U_o} = \sum_{j=0}^{T-1} \frac{\partial L_j}{\partial o_j} \cdot o_j (1 - o_j) \otimes x_j$$

- 相对于 U_g 的损失梯度：

$$\frac{\partial L}{\partial U_g} = \sum_{j=0}^{T-1} \frac{\partial L_j}{\partial g_j} \cdot g_j (1 - g_j^2) \otimes x_j$$

在计算梯度之后，相对于所有这些权重值，我们使用权重值更新规则进行更新，并使损失最小化。

5.2 使用 LSTM 模型预测比特币的价格

我们已经了解到：LSTM 模型广泛应用于顺序数据集，即数据集先后次序是至关重要的。在本节中，我们将学习如何使用 LSTM 网络进行时间序列分析，学习如何使用 LSTM 网络预测比特币价格。

首先，导入所需的代码库。

```
import numpy as np
import pandas as pd
from sklearn.preprocessing import StandardScaler

import matplotlib.pyplot as plt
%matplotlib inline
plt.style.use('ggplot')

import tensorflow as tf
tf.logging.set_verbosity(tf.logging.ERROR)

import warnings
warnings.filterwarnings('ignore')
```

5.2.1 数据准备

现在，我们将看到怎样按照 LSTM 网络需要的方式准备我们的数据集。

首先，读取输入数据集。

```
df = pd.read_csv('data/btc.csv')
```

然后，显示数据集的头几行。

```
df.head()
```

上面的代码将生成如图 5-11 所示的输出。

	Date	Symbol	Open	High	Low	Close	Volume From	Volume To
0	5/26/2018	BTCUSD	7459.11	7640.46	7380.00	7520.00	2722.80	2.042265e+07
1	5/25/2018	BTCUSD	7584.15	7661.85	7326.94	7459.11	8491.93	6.342069e+07
2	5/24/2018	BTCUSD	7505.00	7734.99	7269.00	7584.15	11033.72	8.293137e+07
3	5/23/2018	BTCUSD	7987.70	8030.00	7433.19	7505.00	14905.99	1.148104e+08
4	5/22/2018	BTCUSD	8393.44	8400.00	7950.00	7987.70	6589.43	5.389753e+07

图 5-11

如以上数据所示，Close 列表示比特币的收盘价。我们只需要 Close 列就可以进行预测，所以我们仅仅使用该列。

```
data = df['Close'].values
```

接下来，对数据进行标准化，并将其缩放到相同的比例。

```
scaler = StandardScaler()
data = scaler.fit_transform(data.reshape(-1, 1))
```

然后，绘制并观察比特币价格变化的趋势。因为我们按比例调整了价格，所以没有较大的数字。

```
plt.plot(data)
plt.xlabel('Days')
plt.ylabel('Price')
plt.grid()
```

以上代码将生成如图 5-12 所示的绘图。

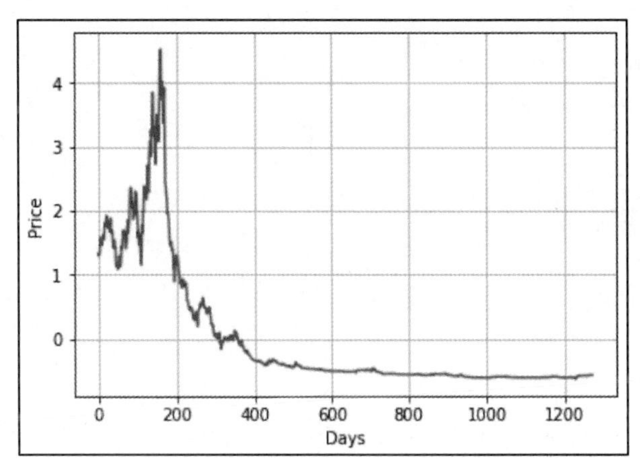

图　5-12

现在，我们定义了一个名为 get_data()的函数，它生成输入和输出。它将数据和 window_size 作为输入，并生成输入和目标列。

这里窗口大小是什么？我们将 x 值向前移动 window_size 次，就得到 y 值。由表 5-1 可见，window_size 为 1 时，y 值仅比 x 值提前一个时间步。

表　5-1

x	y
0.13	0.56
0.56	0.11
0.11	0.40
0.40	0.63

get_data()函数定义如下。

```
def get_data(data, window_size):
    X = []
    y = []
    i = 0
    while (i + window_size) <= len(data) - 1:
        X.append(data[i:i+window_size])
        y.append(data[i+window_size])
        i += 1
    assert len(X) == len(y)
    return X, y
```

选择 window_size 为 7，并生成输入和输出。

```
X, y = get_data(data, window_size = 7)
```

将前 1000 个点视为训练集，而将数据集中的其余点视为测试集。

```
#train set
X_train = np.array(X[:1000])
y_train = np.array(y[:1000])

#test set
X_test = np.array(X[1000:])
y_test = np.array(y[1000:])
```

X_train 的形状如下。

```
X_train.shape
(1000,7,1)
```

上面的形状是什么意思？这意味着 sample_size、time_steps 和 features 函数和 LSTM 网络需要的输入如下所示。

- 用 1000 设置数据点的个数（sample_size）。
- 用 7 指定窗口大小（time_steps）。
- 用 1 指定数据集的维度（features）。

5.2.2 定义参数

定义网络参数。

```
batch_size = 7
window_size = 7
hidden_layer = 256
learning_rate = 0.001
```

为输入和输出定义占位符（placeholders）。

```
input = tf.placeholder(tf.float32, [batch_size, window_size, 1])
target = tf.placeholder(tf.float32, [batch_size, 1])
```

现在，让我们定义将在 LSTM 单元中使用的所有权重。

定义输入门的权重。

```
U_i = tf.Variable(tf.truncated_normal([1, hidden_layer], stddev=0.05))
W_i = tf.Variable(tf.truncated_normal([hidden_layer, hidden_layer],stddev=0.05))
b_i = tf.Variable(tf.zeros([hidden_layer]))
```

定义遗忘门的权重。

```
U_f = tf.Variable(tf.truncated_normal([1, hidden_layer], stddev=0.05))
W_f = tf.Variable(tf.truncated_normal([hidden_layer, hidden_layer], stddev=0.05))
b_f = tf.Variable(tf.zeros([hidden_layer]))
```

定义输出门的权重。

```
U_o = tf.Variable(tf.truncated_normal([1, hidden_layer], stddev=0.05))
W_o = tf.Variable(tf.truncated_normal([hidden_layer, hidden_layer], stddev=0.05))
b_o = tf.Variable(tf.zeros([hidden_layer]))
```

定义候选状态的权重。

```
U_g = tf.Variable(tf.truncated_normal([1, hidden_layer], stddev=0.05))
W_g = tf.Variable(tf.truncated_normal([hidden_layer, hidden_layer], stddev=0.05))
b_g = tf.Variable(tf.zeros([hidden_layer]))
```

定义输出层的权重。

```
V = tf.Variable(tf.truncated_normal([hidden_layer, 1], stddev=0.05))
b_v = tf.Variable(tf.zeros([1]))
```

5.2.3 定义 LSTM 单元

现在，定义一个名为 LSTM_cell()的函数，它将单元状态和隐藏状态作为输出返回。回想一下我们在 LSTM 的前向传播中看到的步骤，它的实现代码如下所示。LSTM_cell()将输入值、前一隐藏状态和前一单元状态作为输入，并返回当前单元状态和当前隐藏状态作为输出。

```
def LSTM_cell(input, prev_hidden_state, prev_cell_state):
    it = tf.sigmoid(tf.matmul(input, U_i) + tf.matmul(prev_hidden_state, W_i) + b_i)

    ft = tf.sigmoid(tf.matmul(input, U_f) + tf.matmul(prev_hidden_state, W_f) + b_f)

    ot = tf.sigmoid(tf.matmul(input, U_o) + tf.matmul(prev_hidden_state, W_o) + b_o)

    gt = tf.tanh(tf.matmul(input, U_g) + tf.matmul(prev_hidden_state, W_g) + b_g)

    ct = (prev_cell_state * ft) + (it * gt)
    ht = ot * tf.tanh(ct)
    return ct, ht
```

5.2.4 定义前向传播

现在我们将执行前向传播并预测输出 $\hat{y}_t$，并初始化一个名为 y_hat 的列表以存储输出。

```
y_hat = []
```

对于每次迭代，我们计算输出并将其存储在 y_hat 列表中。

```
for i in range(batch_size):
```

初始化隐藏状态和单元状态。

```
hidden_state=np.zeros([1, hidden_layer], dtype=np.float32)
cell_state = np.zeros([1, hidden_layer], dtype=np.float32)
```

执行前向传播并计算每个时间步的 LSTM 单元的隐藏状态和单元状态。

```
for t in range(window_size):
cell_state, hidden_state = LSTM_cell(tf.reshape(input[i][t],(-1, 1)),
hidden_state, cell_state)
```

我们知道输出 $\hat{y}_t$ 可以按下式计算。

$$\hat{y}_t = Vh_t + b_v$$

计算 y_hat，并将其附加到 y_hat 列表中。

```
y_hat.append(tf.matmul(hidden_state, V) + b_v)
```

5.2.5 定义反向传播

在执行前向传播和预测输出之后，我们计算了损失。我们使用均方误差作为损失函数，总损失是所有时间步长的损失之和。

```
losses = []

for i in range(len(y_hat)):
    losses.append(tf.losses.mean_squared_error(tf.reshape (target[i], (-1, 1)),
    y_hat[i]))

    loss = tf.reduce_mean(losses)
```

为了避免梯度爆炸问题，执行梯度剪辑。

```
gradients = tf.gradients(loss, tf.trainable_variables())
clipped, _ = tf.clip_by_global_norm(gradients, 4.0)
```

使用 Adam 优化器并最小化损失函数。

```
optimizer =tf.train.AdamOptimizer(learning_rate).apply_gradients(zip(gradients,
tf.trainable_variables()))
```

5.2.6 训练 LSTM 模型

启动 TensorFlow 会话并初始化所有变量。

```
session = tf.Session()
session.run(tf.global_variables_initializer())
```

设置 epochs。

```
epochs = 100
```

然后，对于每次迭代，都执行如下代码。

```
for i in range(epochs):
    train_predictions = []
    index = 0
    epoch_loss = []
```

然后，采样一批数据并训练这个网络。

```
while(index + batch_size) <= len(X_train):
    X_batch = X_train[index:index+batch_size]
    y_batch = y_train[index:index+batch_size]

    #predict the price and compute the loss
    predicted, loss_val, _ = session.run([y_hat, loss, optimizer],
    feed_dict={input:X_batch, target:y_batch})

    #store the loss in the epoch_loss list
    epoch_loss.append(loss_val)

    #store the predictions in the train_predictions list
    train_predictions.append(predicted)
    index += batch_size
```

每 10 次迭代输出一次损失。

```
if (i % 10)== 0:
    print 'Epoch {}, Loss: {} '.format(i,np.mean(epoch_loss))
```

正如你在以下输出中所看到的那样，损失随着时间的推移（Epoch 的增加）而减少。

```
Epoch 0, Loss: 0.0402321927249
Epoch 10, Loss: 0.0244581680745
Epoch 20, Loss: 0.0177710317075
Epoch 30, Loss: 0.0117778982967
Epoch 40, Loss: 0.00901956297457
Epoch 50, Loss: 0.0112476013601
Epoch 60, Loss: 0.00944950990379
```

```
Epoch 70, Loss: 0.00822851061821
Epoch 80, Loss: 0.00766260037199
Epoch 90, Loss: 0.00710930628702
```

5.2.7 使用 LSTM 模型进行预测

现在我们将开始对测试集进行预测。

```
predicted_output = []
i = 0

while i+batch_size <= len(X_test):
    output = session.run([y_hat],feed_dict={input:X_test[i: i+batch_size]})
    i += batch_size
    predicted_output.append(output)
```

打印预测输出。

```
predicted_output[0]
```

将得到如下内容。

```
[[array([[-0.60426176]], dtype=float32),
  array([[-0.60155034]], dtype=float32),
  array([[-0.60079575]], dtype=float32),
  array([[-0.599668]], dtype=float32),
  array([[-0.5991149]], dtype=float32),
  array([[-0.6008351]], dtype=float32),
  array([[-0.5970466]], dtype=float32)]]
```

正如你所看到的那样，测试预测的值位于嵌套列表中，因此我们将对它们进行展平。

```
predicted_values_test = []
for i in range(len(predicted_output)):
    for j in range(len(predicted_output[i][0])):
        predicted_values_test.append(predicted_output[i][0][j])
```

现在，如果我们打印预测值，它们将不再位于嵌套列表中。

```
predicted_values_test[0]
array([[-0.60426176]], dtype=float32)
```

当我们将开头的 1000 个点作为一个训练集时，会对大于 1000 的时间步进行预测。

```
predictions = []
for i in range(1280):
if i >= 1000:
    predictions.append(predicted_values_test[i-1019])
else:
```

```
    predictions.append(None)
```

绘制并查看预测值与实际值的匹配程度。

```
plt.figure(figsize=(16, 7))
plt.plot(data, label='Actual')
plt.plot(predictions, label='Predicted')
plt.legend()
plt.xlabel('Days')
plt.ylabel('Price')
plt.grid()
plt.show()
```

输出结果如图 5-13 所示。在实际程序运行界面中，实际值将显示为红色，预测值将显示为蓝色。当我们对大于 1000 的时间步进行预测时，在时间步 1000 之后，红色和蓝色的线将相互融合在一起，这意味着我们的模型已经正确预测了实际值。

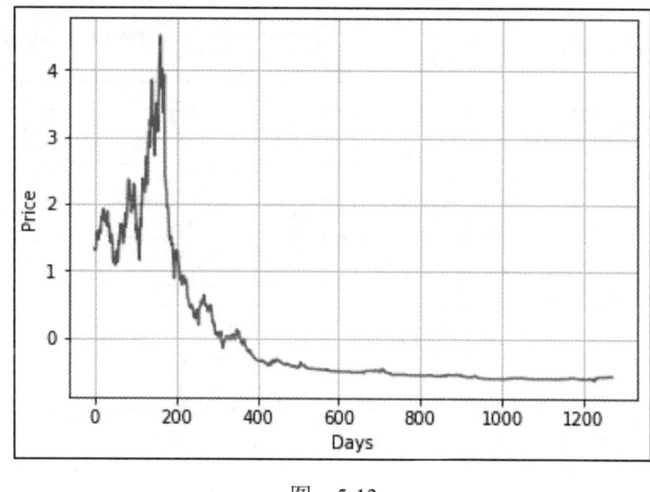

图 5-13

5.3 门控递归单元

到目前为止，我们已经学习了 LSTM 单元如何使用不同的门以及它如何解决 RNN 的梯度消失问题。但是，正如你可能已经注意到的，由于存在许多门和状态，LSTM 单元有太多的参数。

因此，在对 LSTM 网络进行反向传播时，每次迭代都需要更新大量的参数。这增加了我们的训练时间。因此，我们又引入了**门控递归单元（Gated Recurrent Units，GRU）**，它是 LSTM 单元的简化版本。与 LSTM 单元不同，GRU 只有两个门和一个隐藏状态。

带有 GRU 的递归神经网络如图 5-14 所示。

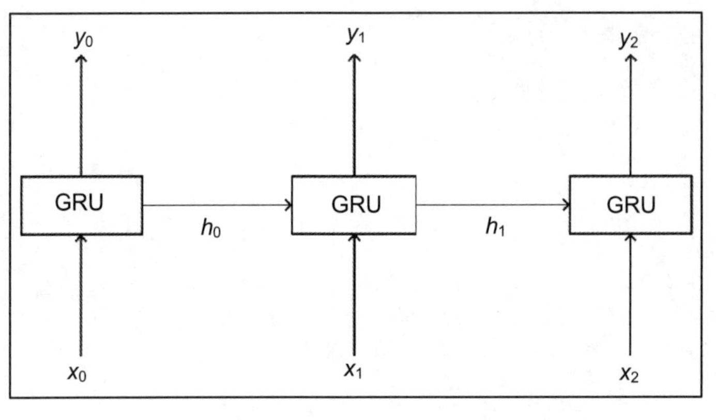

图 5-14

5.3.1 理解 GRU

如图 5-15 所示，一个 GRU 只有两个门（称为更新门和重置门）和一个隐藏状态。

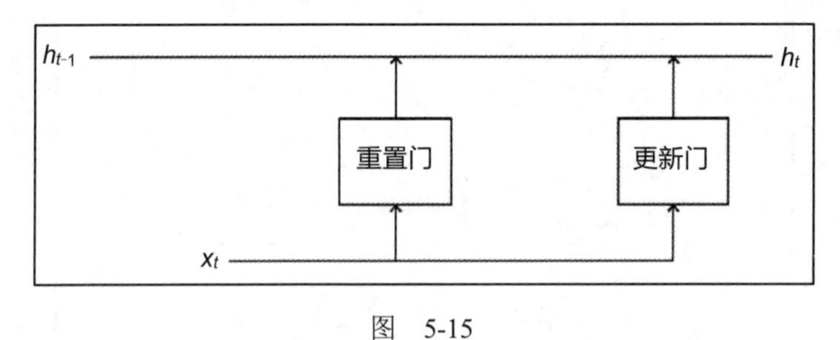

图 5-15

让我们较深入地研究，并看看如何使用这些门以及如何计算隐藏状态。

5.3.2 更新门

更新门有助于决定上一时间步 h_{t-1} 中的哪些信息可以转发到下一时间步 h_t。它基本上是一个输入门和一个遗忘门的组合，这是我们在 LSTM 单元中所学到的。与 LSTM 单元的门类似，更新门也由 sigmoid 函数调节。

时间步 t 处的更新门 z_t 表示为

$$z_t = \sigma(U_z x_t + W_z h_{t-1} + b_z)$$

在以上公式中，相关各项的含义如下。

- U_z 为更新门的输入层到隐藏层的权重。
- W_z 为更新门的隐藏层到隐藏层的权重。
- b_z 为更新门的偏差。

图 5-16 显示了更新门。正如你所看到的那样，输入 x_t 与 U_z 和前面的隐藏状态 h_{t-1}（这个隐藏状态只能是 0 或 1）相乘。

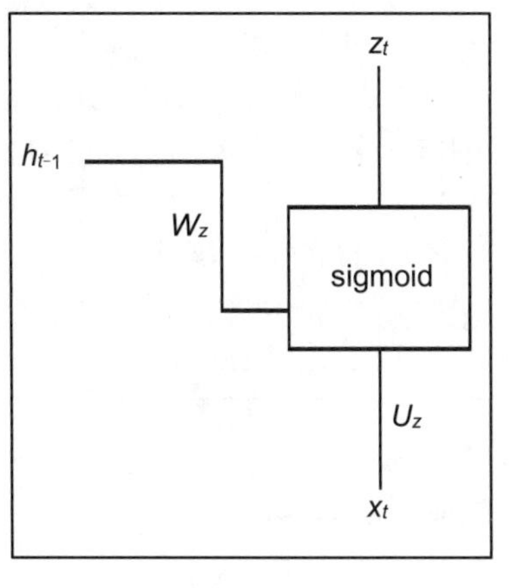

图 5-16

5.3.3 重置门

重置门有助于决定如何将新信息添加到内存中，也就是说，它可以忘记一些过去的信息。在时间步 t 处的重置门 r_t 表示为

$$r_t = \sigma(U_r x_t + W_r h_{t-1} + b_r)$$

在以上公式中，相关各项的含义如下。

- U_r 为重置门的输入层到隐藏层的权重。
- W_r 为重置门的隐藏层到隐藏层的权重。
- b_r 为重置门的偏差。

重置门如图 5-17 所示。

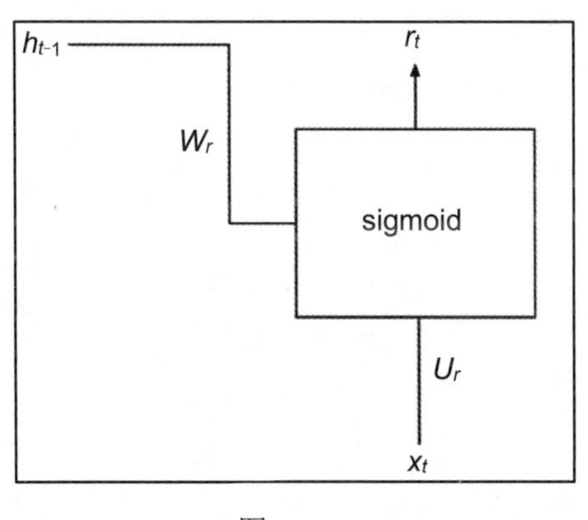

图 5-17

5.3.4 更新隐藏状态

我们刚刚学习了更新门和重置门是如何工作的，但是这些门如何帮助更新隐藏状态呢？也就是说，如何向隐藏状态添加新信息，以及如何借助重置门和更新门从隐藏状态中删除不需要的信息？

首先，我们将了解如何向隐藏状态添加新信息。

我们创建了一个新的状态，名为 c_t 的内容状态（它用于保存信息）。我们知道重置门用于删除不需要的信息。因此，使用重置门，创建一个只保存所需信息的内容状态 c_t。

在时间步 t 处的内容状态 c_t 表示为

$$c_t = \tanh(U_c x_t + W_c(h_{t-1}) \cdot r_t)$$

图 5-18 显示了如何使用重置门创建内容状态。

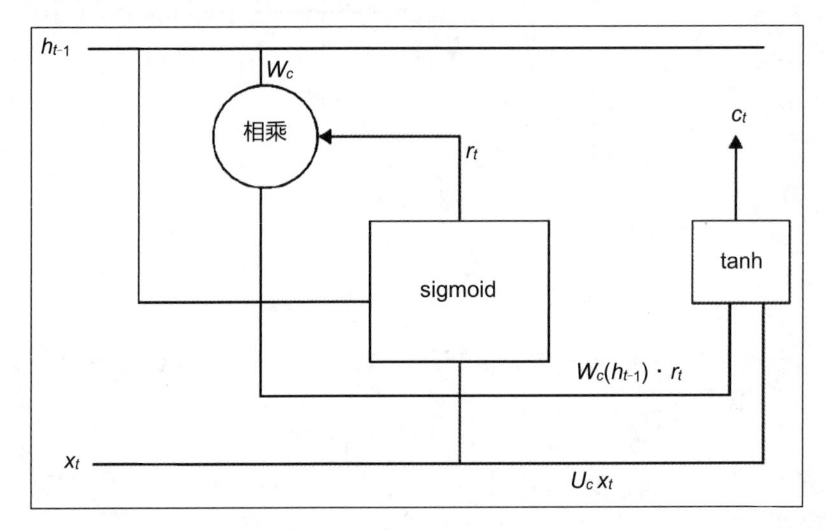

图 5-18

现在我们将看到如何从隐藏状态中删除信息。

我们了解到，更新门 z_t 有助于决定上一时间步 h_{t-1} 中的哪些信息可以转发到下一时间步 h_t。将 z_t 和 h_{t-1} 相乘只得到上一步的相关信息。我们只取 z_t 的一个补码，即（$1-z_t$），并将它们与 c_t 相乘，而不是有一个新的门。

然后，更新隐藏状态：

$$h_t = (1 - z_t) \cdot c_t + z_t \cdot h_{t-1}$$

一旦计算出隐藏状态，就可以应用 softmax 函数并计算输出：

$$\hat{y}_t = \text{softmax}(Vh_t)$$

5.3.5 GRU 中的前向传播

综上所述，我们在 5.3.4 小节中了解到，在 GRU 中完整的前向传播步骤可以表示如下。

- 更新门： $$z_t = \sigma(U_z x_t + W_z h_{t-1}) \quad (5\text{-}5)$$
- 重置门： $$r_t = \sigma(U_r x_t + W_r h_{t-1}) \quad (5\text{-}6)$$
- 内容状态： $$c_t = \tanh(U_c x_t + W_c(h_{t-1}) \cdot r_t) \quad (5\text{-}7)$$
- 隐藏状态： $$h_t = (1 - z_t) \cdot c_t + z_t \cdot h_{t-1} \quad (5\text{-}8)$$
- 输出： $$y_t = \text{softmax}(Vh_t) \quad (5\text{-}9)$$

5.3.6 GRU 中的反向传播

总损失 L 是所有时间步的损失之和。

$$L = \sum_{j=0}^{T} L_j$$

为了使用梯度下降法最小化损失，我们发现损失相对于 GRU 中使用的所有权重的导数如下。

- 我们有 3 个输入层到隐藏层的权重 U_z、U_r、U_c，它们分别是更新门、重置门和内容状态的输入层到隐藏层的权重。
- 我们有 3 个隐藏层到隐藏层的权重 W_z、W_r、W_c，它们分别是更新门、重置门和内容状态的隐藏层到隐藏层的权重。
- 我们有一个隐藏层到输出层的权重 V。

我们通过梯度下降找到所有这些权重值的最优值，并根据权重值更新规则更新这些权重值。

5.3.7 相对于门的梯度

正如我们在讨论 LSTM 单元时所看到的那样，计算相对于所有权重的损失梯度需要所有门和内容状态的梯度。因此，首先我们将了解怎样计算它们。

在接下来的计算中，我们将使用相对于隐藏状态 h_t 的损失梯度，而 h_t 在多个地方是 $\frac{\partial L}{\partial h_t}$，所以我们将看到如何计算它。计算相对于隐藏状态 h_t 的损失梯度与我们在 LSTM 中看到的完全相同，可以给出如下计算公式。

$$\frac{\partial L}{\partial h_t} = (\hat{y}_t - y_t)V$$

首先，让我们看看如何计算**相对于内容状态 c_t 的损失梯度**。

要计算相对于内容状态的损失梯度，请查看前向传播方程，并找出哪个方程有 c_t 项。在隐藏状态方程，即式（5-8）中，我们看到有 c_t 项：

$$h_t = (1 - z_t) \cdot c_t + z_t \cdot h_{t-1}$$

因此，根据链式法则，我们可以写出

$$\begin{aligned} \frac{\partial L}{\partial c_t} &= \frac{\partial L}{\partial h_t} \frac{\partial h_t}{\partial c_t} \\ &= \frac{\partial L}{\partial h_t} (1 - z_t) \tanh'(c_t) \\ &= \frac{\partial L}{\partial h_t} (1 - z_t)(1 - \tanh^2(c_t)) \end{aligned} \tag{5-10}$$

让我们看看怎样计算**相对于重置门 r_t 的损失梯度**。

在内容状态方程中有 r_t 项，如下所示。

$$c_t = \tanh(U_c x_t + W_c (h_{t-1}) \cdot r_t)$$

因此，根据链式法则，我们可以写出

$$\frac{\partial L}{\partial r_t} = \frac{\partial L}{\partial c_t}\frac{\partial c_t}{\partial r_t}$$

$$\frac{\partial L}{\partial r_t} = \frac{\partial L}{\partial c_t} W_c (h_{t-1}) \tag{5-11}$$

最后，我们看到**相对于更新门 z_t 的损失梯度**。

在隐藏状态 h_t 方程中，我们看到有 z_t 项，该方程可表示为

$$h_t = (1 - z_t) \cdot c_t + z_t \cdot h_{t-1}$$

因此，根据链式法则，我们可以写出

$$\begin{aligned}\frac{\partial L}{\partial z_t} &= \frac{\partial L}{\partial h_t}\frac{\partial h_t}{\partial z_t}\\ &= \frac{\partial L}{\partial h_t}(-c_t + h_{t-1})\\ &= \frac{\partial L}{\partial h_t}(h_{t-1} - c_t)\end{aligned} \tag{5-12}$$

现在我们已经计算了相对于所有门和内容状态的损失梯度，我们将看到如何计算相对于 GRU 中所有权重的损失梯度。

5.3.8 相对于权重的梯度

现在，我们将了解如何计算相对于 GRU 中使用的所有权重的梯度。

1. 相对于 V 的梯度

因为 GRU 的最终方程，即 $\hat{\boldsymbol{y}}_t = \mathbf{softmax}(\boldsymbol{V}\boldsymbol{h}_t)$ 与 RNN 相同，所以计算相对于隐藏层到输出层权重 V 的损失梯度与我们在 RNN 中计算的完全相同。因此，我们可以直接写出

$$\frac{\partial L}{\partial V} = \sum_{j=1}^{T} (\hat{y}_j - y_j) \otimes h_j$$

2. 相对于 W 的梯度

现在，我们将了解如何计算相对于所有门和内容状态的隐藏层到隐藏层权重 W 的损失梯度。

让我们来计算**相对于 W_r 的损失梯度**。

回想一下重置门的方程式：

$$r_t = \sigma(U_r x_t + W_r h_{t-1})$$

使用链式法则，我们可以写出

$$\frac{\partial L}{\partial W_r} = \sum_{j=0}^{T-1} \frac{\partial L_j}{\partial r_j}\frac{\partial r_j}{\partial W_r}$$

让我们计算一下上述等式中的每一项。第一项 $\frac{\partial L_j}{\partial r_j}$，我们已经在式（5-11）中计算过了。第二项计算如下。

$$\frac{\partial r_j}{\partial W_r} = \sigma'(r_j) \otimes h_{j-1}$$

$$= r_j(1-r_j) \otimes h_{j-1}$$

因此，计算相对于 W_r 的损失梯度的最终公式如下。

$$\frac{\partial L}{\partial W_r} = \sum_{j=0}^{T-1} \frac{\partial L_j}{\partial r_j} \cdot r_j(1-r_j) \otimes h_{j-1}$$

现在，让我们继续计算**相对于 W_z 的损失梯度**。

回想一下更新门的方程式：

$$z_t = \sigma(U_z x_t + W_z h_{t-1})$$

使用链式法则，我们可以写出

$$\frac{\partial L}{\partial W_z} = \sum_{j=0}^{T-1} \frac{\partial L_j}{\partial z_j} \frac{\partial z_j}{\partial W_z}$$

我们已经计算了式（5-12）中的第一项。第二项计算如下。

$$\frac{\partial z_j}{\partial W_z} = \sigma'(z_j) \otimes h_{j-1}$$

$$= z_j(1-z_j) \otimes h_{j-1}$$

因此，计算相对于 W_z 的损失梯度的最终公式如下。

$$\frac{\partial L}{\partial W_z} = \sum_{j=0}^{T-1} \frac{\partial L_j}{\partial z_j} \cdot z_j(1-z_j) \otimes h_{j-1}$$

现在，我们将计算**相对于 W_c 的损失梯度**。

回想一下内容状态方程：

$$c_t = \tanh(U_c x_t + W_c (h_{t-1}) \cdot r_t)$$

使用链式法则，我们可以写出

$$\frac{\partial L}{\partial W_c} = \sum_{j=0}^{T-1} \frac{\partial L_j}{\partial c_j} \frac{\partial c_j}{\partial W_c}$$

有关第一项，请参见式（5-10）。第二项可以表示如下。

$$\frac{\partial c_j}{\partial W_c} = \tanh'(c_j) \otimes r_j h_{j-1}$$

$$= (1-c_j^2) \otimes r_j h_{j-1}$$

因此，计算相对于 W_c 的损失梯度的最终公式如下。

$$\frac{\partial L}{\partial W_c} = \sum_{j=0}^{T-1} \frac{\partial L_j}{\partial c_j} \cdot (1-c_j^2) \otimes r_j h_{j-1}$$

3. 相对于 U 的梯度

现在我们将看到如何计算相对于所有门和内容状态的输入层到隐藏层权重 U 的损失梯度。计算相对于 U 的梯度与计算相对于 W 的梯度完全相同，只是最后一项将是 x_j 而不是 h_{j-1}，这类似于我们在讨论 LSTM 时所学到的。

我们可以将**相对于 U_r 的损失梯度**写为

$$\frac{\partial L}{\partial U_r}=\sum_{j=0}^{T-1}\frac{\partial L_j}{\partial r_j}\cdot r_j(1-r_j)\otimes x_j$$

相对于 U_z 的损失梯度为

$$\frac{\partial L}{\partial U_z}=\sum_{j=0}^{T-1}\frac{\partial L_j}{\partial z_j}\cdot z_j(1-z_j)\otimes x_j$$

相对于 U_c 的损失梯度为

$$\frac{\partial L}{\partial U_c}=\sum_{j=0}^{T-1}\frac{\partial L_j}{\partial c_j}\cdot(1-c_j^2)\otimes x_j$$

5.3.9 在 TensorFlow 中实现 GRU

现在，我们将看到怎样在 TensorFlow 中实现 GRU。我们不用看完整的代码，而只看如何在 TensorFlow 中实现 GRU 的前向传播。

1．定义权重

首先，定义所有的权重。定义更新门的权重。

```
Uz = tf.get_variable("Uz", [vocab_size, hidden_size], initializer=init)
Wz = tf.get_variable("Wz", [hidden_size, hidden_size], initializer=init)
bz = tf.get_variable("bz", [hidden_size], initializer=init)
```

定义重置门的权重。

```
Ur = tf.get_variable("Ur", [vocab_size, hidden_size], initializer=init)
Wr = tf.get_variable("Wr", [hidden_size, hidden_size], initializer=init)
br = tf.get_variable("br", [hidden_size], initializer=init)
```

定义内容状态的权重。

```
Uc = tf.get_variable("Uc", [vocab_size, hidden_size], initializer=init)
Wc = tf.get_variable("Wc", [hidden_size, hidden_size], initializer=init)
bc = tf.get_variable("bc", [hidden_size], initializer=init)
```

定义输出层的权重。

```
V = tf.get_variable("V", [hidden_size, vocab_size], initializer=init)
by = tf.get_variable("by", [vocab_size], initializer=init)
```

2．定义前向传播

定义更新门，如式（5-5）所示。

```
zt = tf.sigmoid(tf.matmul(x_t, Uz) + tf.matmul(h_t, Wz) + bz)
```

定义重置门，如式（5-6）所示。

```
rt = tf.sigmoid(tf.matmul(x_t, Ur) + tf.matmul(h_t, Wr) + br)
```

定义内容状态，如式（5-7）所示。

```
ct = tf.tanh(tf.matmul(x_t, Uc) + tf.matmul(tf.multiply(rt, h_t), Wc) + bc)
```

定义隐藏状态，如式（5-8）所示。

```
h_t = tf.multiply((1 - zt), ct) + tf.multiply(zt, h_t)
```

计算输出，如式（5-9）所示。

```
y_hat_t = tf.matmul(h_t, V) + by
```

5.4 双向 RNN

在双向 RNN 中，我们有两层不同的隐藏单元。这两层都从输入层连接到输出层。在一层中，隐藏状态从左到右共享；在另一层中，隐藏状态从右到左共享。

但这到底是什么意思？简单地说，一个隐藏层从序列的开始一直向前移动，而另一个隐藏层从序列的结尾一直向后移动。

正如图 5-19 所示，我们有两个隐藏层：一个前向隐藏层和一个后向隐藏层，它们的解释如下。

- 在前向隐藏层中，隐藏状态的值从过去的时间步中共享，即 h_0 与 h_1 共享，h_1 与 h_2 共享，等等。
- 在后向隐藏层中，隐藏状态的值从将来的时间步中共享，即 z_3 与 z_2 共享，z_2 与 z_1 共享，等等。

前向隐藏层和后向隐藏层如图 5-19 所示。

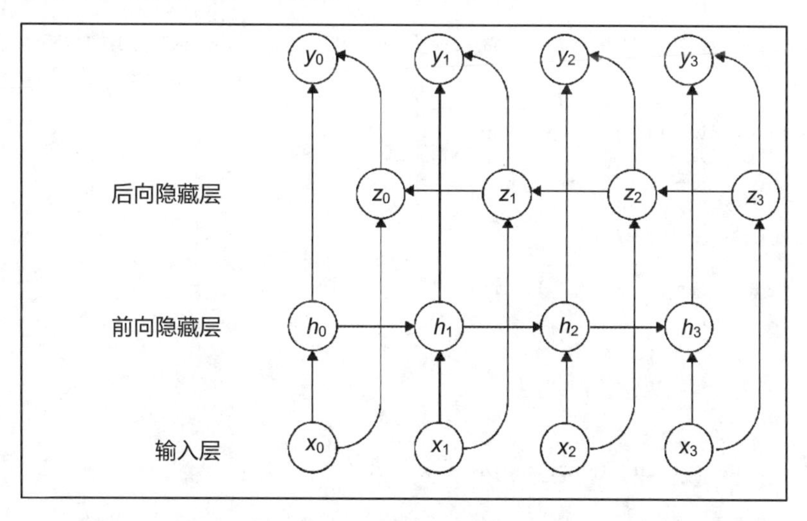

图 5-19

那么，双向 RNN 有什么用呢？在某些情况下，从两侧读取输入序列非常有用。因此，一个双向 RNN 由两个 RNN 组成，一个向前读句子，而另一个向后读句子。

例如，考虑以下句子。

Archie lived for 13 years in _____. So he is good at speaking Chinese.

如果我们使用 RNN 预测上面句子中的空白，它将是模棱两可的。正如我们所知，RNN 只能根据它迄今为止看到的一组单词进行预测。在前面的句子中，为了预测空白，RNN 只看到了 Archie、lived、for、13、years 和 in 这几个单词，但是这些单词本身并没有提供太多的上下文，也没有给出任何对于预测正确单词的启示。它只是说：*Archie lived for 13 years in*。仅凭这些信息，我们无法正确预测下一个单词。

但是，如果我们还阅读接下来的单词，也就是 So、he、is、good、at、speaking 和 Chinese，那么我们可以说 Archie 在中国生活了 13 年，因为这句话告诉我们他中文说得很好。因此，在这种情况下，如果我们使用双向 RNN 预测空白，它将正确预测，因为它在预测之前在向前和向后的方向上读句子。

双向 RNN 已广泛应用于各种应用程序，如**词性标注（Part-of-Speech，POS）**（在这种应用程序中至关重要的是在目标词之前和之后都知道该词）、语言翻译、蛋白质结构预测、依赖分析等。然而，双向 RNN 不适合我们不知道未来的在线设置。

双向 RNN 中的前向传播步骤如下所示。

- 前向隐藏层：

$$h_t = \sigma(U_h x_t + W_h h_{t-1})$$

- 后向隐藏层：

$$z_t = \sigma(U_z x_t + W_z z_{t+1})$$

- 输出：

$$\hat{y}_t = \text{softmax}(V_h h_t + V_z z_t)$$

使用 TensorFlow 实现双向 RNN 非常简单。假设我们在双向 RNN 中使用 LSTM，我们可以执行以下操作。

（1）从 TensorFlow 的 contrib 导入 rnn。

```
from tensorflow.contrib import rnn
```

（2）定义前向和后向隐藏层。

```
forward_hidden_layer = rnn.BasicLSTMCell(num_hidden,
forget_bias=1.0)

backward_hidden_layer = rnn.BasicLSTMCell(num_hidden,
forget_bias=1.0)
```

（3）利用 rnn.static_bidirectional_rnn 定义双向 RNN。

```
outputs, forward_states, backward_states =
rnn.static_bidirectional_rnn(forward_hidden_layer,
backward_hidden_layer, input)
```

5.5 深入理解深度 RNN

我们知道一个深度神经网络是一个有许多隐藏层的网络。类似地，深度 RNN 有多个隐藏层，但是当我们有不止一个隐藏层时，如何计算隐藏状态？我们知道 RNN 通过获取输入和之前的隐藏状态计算隐藏状态，但是如何计算后面层中的隐藏状态呢？

例如，让我们看看如何计算隐藏层 2 中的 h_1^2。它将取前一个隐藏状态 h_0^2 和前一层的输出 h_1^1 作为计算的输入。

因此，当我们有一个具有不止一个隐藏层的 RNN 时，将取前一个隐藏状态和前一层的输出作为输入计算后一层的隐藏层，如图 5-20 所示。

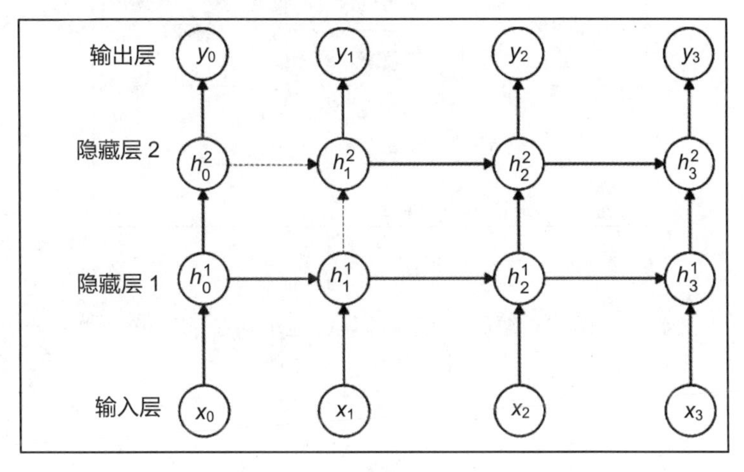

图 5-20

5.6 使用 seq2seq 模型的语言翻译

seq2seq（Sequence-to-Sequence，序列到序列）模型基本上是 RNN 的多对多架构。由于它可以将任意长度的输入序列映射到任意长度的输出序列，因此被用于各种应用。seq2seq 模型的一些应用包括语言翻译、音乐生成、语音生成和聊天机器人。

在大多数真实场景中，输入和输出序列的长度是不同的。例如，让我们来执行语言翻译任务，在这个任务中，我们需要将一个句子从源语言转换为目标语言。假设我们正在从英语（源语言）转换为法语（目标语言）。

考虑一下我们的输入句是 *what are you doing*。然后，它会被映射到 *que faites vous*。我们可以观察到：输入序列由 4 个单词组成，而输出序列由 3 个单词组成。seq2seq 模型处理这种长度不等的输入和输出序列，并将源（语言）映射到目标（语言）。因此，它们广泛应用于输入和输出序列长度变化的应用中。

seq2seq 模型的架构非常简单。它包括两个重要的组成部分，即编码器和解码器。让我们考虑同样的语言翻译任务。首先，我们将输入语句输入到编码器。

编码器学习输入句子的嵌入，但嵌入又是什么呢？嵌入基本上是一个包含句子意义的向量。它也被称为**思考向量（Thought Vector）或上下文向量（Context Vector）**。一旦编码器学习到嵌入，它就将嵌入发送到解码器。解码器将这种嵌入（思考向量）作为输入，并尝试构造一个目标句子。因此，译码器试图为英语句子生成法语译文。

如图 5-21 所示，编码器获取输入的英语句子，学习嵌入内容，并将嵌入内容提供给解码器，然后解码器使用这些嵌入内容生成翻译的法语句子。

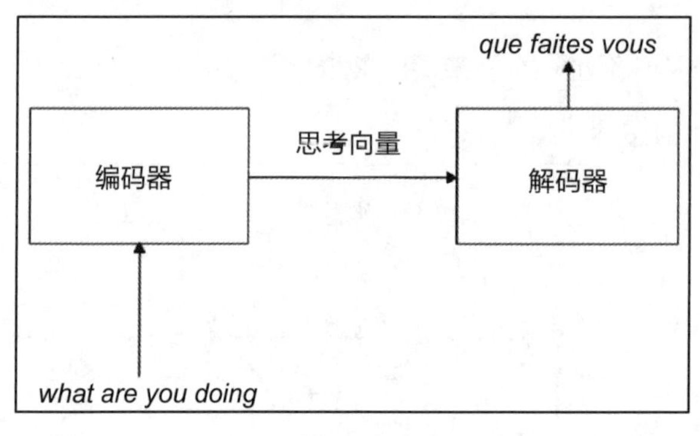

图 5-21

但是，这实际上是如何工作的？编码器是如何理解这个句子的？解码器又是如何使用编码器的嵌入来翻译句子的？让我们深入研究，看看这是如何工作的。

5.6.1 编码器

编码器基本上是带有 LSTM 或 GRU 的 RNN。它也可以是双向 RNN。我们将输入语句输入编码器，但这并不是获取输出，而是取最后一个时间步的隐藏状态作为嵌入。让我们用一个例子来更好地理解编码器。

假设我们使用的是带有 GRU 的 RNN，并且输入的句子是 *what are you doing*。让我们用 e 表示编码器的隐藏状态，如图 5-22 所示。

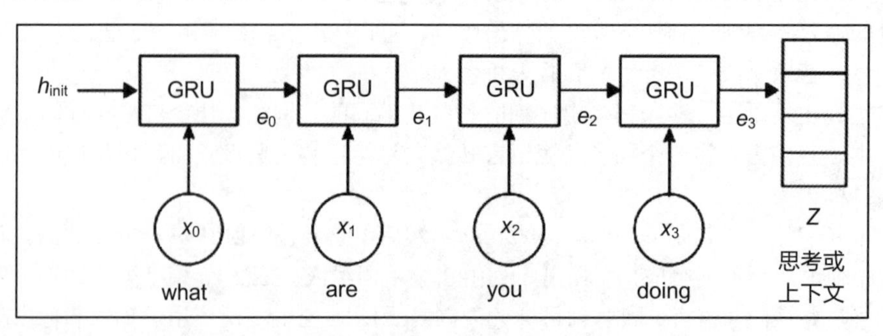

图 5-22

☞译者的话：

我个人认为，图 5-22 中的 h_{init} 应该是 e_{init}。

图 5-22 显示了编码器如何计算思考向量，其解释如下。

- 在第一时间步 $t=0$ 处，我们将输入 x_0（它是输入语句中的第一个单词 what）和初始隐藏状态 e_{init}（它是随机初始化的）传递给 GRU。通过这些输入，GRU 计算第一个隐藏状态 e_0。

$$e_0 = \text{GRU}(x_0, e_{\text{init}})$$

- 在下一个时间步 $t = 1$ 处，我们将输入 x_1（它是输入句子中的下一个单词 are）传递给编码器。与此同时，我们还传递先前的隐藏状态 e_0，并计算隐藏状态 e_1。

$$e_1 = \text{GRU}(x_1, e_0)$$

- 在下一个时间步 $t = 2$ 处，我们将输入 x_2（它是输入句子中的下一个单词 you）传递给编码器。与此同时，我们还传递先前的隐藏状态 e_1 并计算隐藏状态 e_2。

$$e_2 = \text{GRU}(x_2, e_1)$$

- 在最后的时间步 $t=3$ 处，我们将输入 x_3（它是输入句子中的最后一个单词 doing）传递给编码器。与此同时，我们还传递先前的隐藏状态 e_2 并计算隐藏状态 e_3。

$$e_3 = \text{GRU}(x_3, e_2)$$

因此，e_3 是我们的最终隐藏状态。我们了解到 RNN 捕捉到了迄今为止在它的隐藏状态下已经看到的所有单词的上下文。因为 e_3 是最终的隐藏状态，所以它保存了网络所看到的所有单词的上下文，而这些单词将是我们输入句子中的所有单词，即 what、are、you 和 doing。

因为最终的隐藏状态 e_3 保存了我们输入句子中所有单词的上下文，所以它保存了输入句子的上下文，并且这基本上形成了我们的嵌入 z，也就是所谓的思考或上下文向量，如下所示。

$$z = e_3$$

我们将上下文向量 z 输入解码器，将其转换为目标句子。

🕮注释：

因此，在编码器中，在每个时间步 t 上，我们输入一个输入单词（字），同时输入先前的隐藏状态 e_{t-1}，并计算当前隐藏状态 e_t。最后一步的隐藏状态 e_{T-1} 保存输入句子的上下文，并且它将成为嵌入状态 z，它将被发送到解码器，将其转换为目标句子。

5.6.2 解码器

现在，我们将学习解码器如何使用编码器生成的思考向量 z 生成目标句子。一个解码器是带有 LSTM 或 GRU 的一个 RNN。我们解码器的目标是为给定的输入（源）语句生成目标语句。

我们知道通过用随机值初始化 RNN 的初始隐藏状态来启动 RNN，但是对于解码器的 RNN，我们用编码器生成的思考向量 z 初始化隐藏状态，而不是用随机值初始化它们。解码器网络如图 5-23 所示。

但是，解码器的输入应该是什么呢？我们只需将<sos>作为输入传递给解码器，<sos>指示句子的开头（Start of the Sentence）。因此，一旦解码器接收到<sos>，它就会尝试预测目标句子的实际起始词。让我们用 d 表示解码器的隐藏状态。

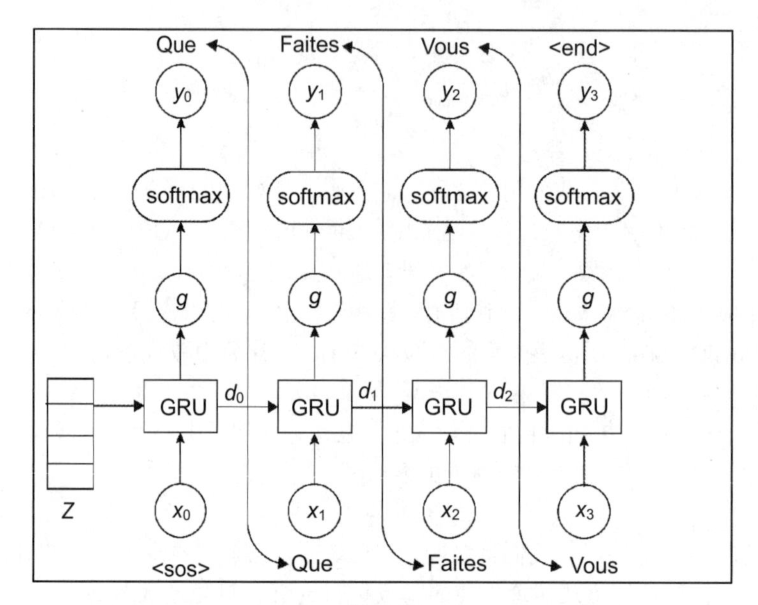

图 5-23

在第一个时间步 $t=0$ 处，我们将第一个输入（即<sos>）馈送到解码器；同时，我们将思考向量作为初始隐藏状态传递：

$$d_0 = \text{GRU}(z, x_{\text{sos}})$$

好的。我们在这里到底在干什么？我们需要预测输出序列，它是我们输入英语句子的法语等价句。我们的词汇表中有很多法语单词。解码器如何决定输出哪个单词呢？也就是说，它如何决定输出序列中的第一个单词？

我们将解码器隐藏状态 d_0 输入 $g(.)$，而 $g(.)$则返回词汇表中，所有单词的分数作为第一个输出单词。也就是，时间步 $t=0$ 处的输出字计算如下：

$$s_0 = g(d_0)$$

我们并没有原始分数，而是把它们转换成概率。因为我们了解到 softmax 函数将值限制在 0～1，所以我们使用 softmax 函数将分数转换为概率：

$$p_0 = \text{softmax}(s_0)$$

因此，我们有可能把我们的词汇表中的所有法语单词都作为第一个输出单词。使用 argmax 函数选择概率最高的单词作为第一个输出单词：

$$y_0 = \text{argmax}(p_0)$$

因此，预测第一个输出单词 y_0 是 Que，如图 5-23 所示。

在下一个时间步 $t=1$ 处，我们将在上一个时间步预测的输出单词 y_0 作为输入馈送到解码器。同时，还传递上一个隐藏状态 d_0：

$$d_1 = \text{GRU}(d_0, y_0)$$

然后，计算词汇表中所有单词的分数，使其成为下一个输出单词，即时间步 $t=1$ 处的输出单词：

$$s_1 = g(d_1)$$

然后，使用 softmax 函数将分数转换为概率。

$$p_1 = \text{softmax}(s_1)$$

接下来，在时间步 $t = 1$ 处选择概率最大的单词 y_1 作为输出单词。

$$y_1 = \text{argmax}(p_1)$$

因此，我们用 z 初始化解码器的初始隐藏状态，并且在每个时间步 t 上，我们将来自前一时间步 y_{t-1} 的预测输出单词和前一隐藏状态 d_{t-1} 作为当前时间步的解码器 d_t 的输入，并预测当前输出 y_t。

但是解码器什么时候停止呢？因为我们的输出序列必须在某个地方停止，所以我们不能一直持续地将上一个时间步的预测输出单词作为下一个时间步的输入。当解码器预测输出单词为<sos>时，这就意味着句子结束。然后，解码器得知输入源语句被转换为有意义的目标语句，并停止预测下一个单词。

因此，这就是 seq2seq 模型将源语句转换成目标语句的方式。

5.6.3 我们所需注意的全部

我们刚刚学习了 seq2seq 模型的工作原理，以及它如何将一个句子从源语言翻译成目标语言。我们了解到，上下文向量基本上是编码器最后一个时间步的隐藏状态向量，它捕获了输入句子的含义，并由解码器来生成目标句子。

但是当输入句子较长时，上下文向量并不能捕捉整个句子的意思，因为它只是最后一个时间步的隐藏状态。因此，我们并不是将最后一个隐藏状态作为上下文向量并将其用于解码器，而是从编码器获取所有隐藏状态的总和并将其用作上下文向量。

假设输入句有 10 个单词，那么我们就有 10 个隐藏状态。我们将所有这 10 个隐藏状态相加，并将其用于解码器生成目标语句。然而，并非所有这些隐藏状态都有助于在时间步 t 处生成目标单词。一些隐藏状态将比其他隐藏状态更有用。因此，我们需要知道：对于在时间步 t 处预测目标单词，与另外的隐藏状态相比，哪个隐藏状态更重要。为了获得这个重要性，我们使用注意力机制，该机制告诉我们在时间步 t 处生成目标单词时哪个隐藏状态更重要。因此，注意力机制基本上赋予了编码器的每个隐藏状态在时间步 t 处生成目标词的重要性。

注意力机制是如何工作的？假设我们有一个编码器的 3 个隐藏状态 e_0、e_1、e_2，以及一个解码器的隐藏状态 d_0，如图 5-24 所示。

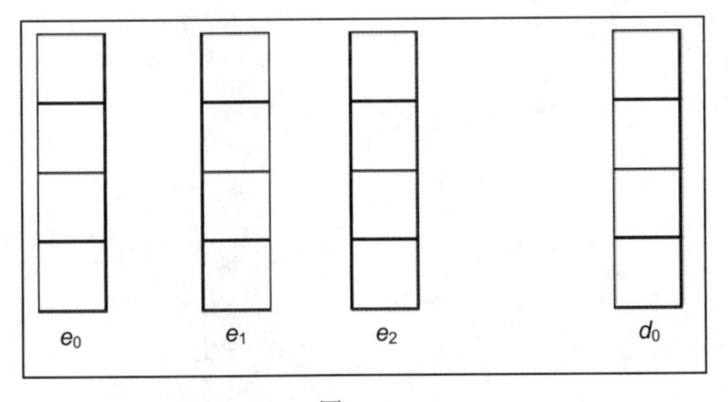

图 5-24

现在，我们需要知道编码器的所有隐藏状态对于在时间步 t 所生成目标单词的重要性。因此，我们获取每个编码器隐藏状态 e 和解码器隐藏状态 d_0，并将它们提供给一个函数 $f(.)$，该函数称为得分函数或对齐函数，而它返回每个编码器隐藏状态的（指示它们重要性的）得分。但是这个分数函数是什么呢？分数函数有很多选择，如点积、缩放点积、余弦相似性等。

我们使用一个简单的点积作为分数函数，即编码器隐藏状态和解码器隐藏状态之间的点积。例如，要知道 e_0 在生成目标单词中的重要性，我们只需计算 e_0 和 d_0 之间的点积，这会给我们一个表示 e_0 和 d_0 有多相似的分数。

一旦我们已经得到分数之后，我们就使用 softmax 函数将它们转换为概率，如下所示。

$$\alpha_t = \text{softmax}(\text{score}_t)$$

这些概率 α_t 称为**注意力权重（Attention Weights）**。

如图 5-25 所示，我们使用函数 $f(.)$计算每个编码器的隐藏状态与解码器的隐藏状态之间的相似性分数。然后，使用 softmax 函数将相似性得分转换为概率，这些概率称为注意力权重。

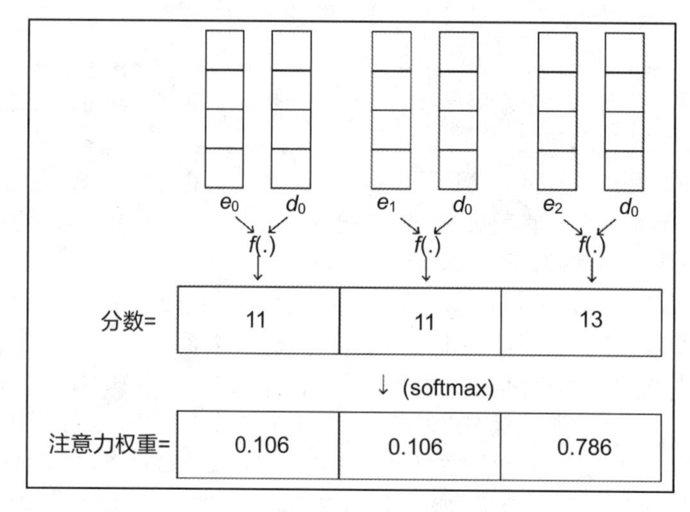

图 5-25

因此，我们对编码器的每个隐藏状态都有注意力权重（概率）。现在，我们将注意力权重与相应编码器的隐藏状态相乘，即 $\alpha_t e_t$。如图 5-26 所示，编码器的隐藏状态 e_0 乘以 0.106，e_1 乘以 0.106，e_2 乘以 0.786。

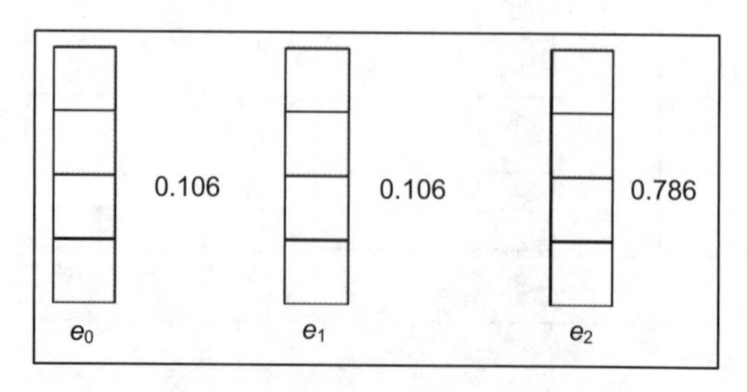

图 5-26

但是，为什么要将注意力权重乘以编码器的隐藏状态呢？

将编码器的隐藏状态与它们的注意力权重相乘，表明我们对具有更多注意力权重的隐藏状态给予了更多的重视，而对具有较少注意力权重的隐藏状态给予了更少的重视。如图 5-26 所示，用隐藏状态 e_2 乘以 0.786 意味着我们对 e_2 的重视程度高于其他两个隐藏状态。

因此，这就是注意力机制如何在时间步 t 处决定哪个隐藏状态对生成目标单词更重要的过程。在将编码器的隐藏状态乘以它们的注意力权重之后，我们简单地将它们相加，这就形成了我们的上下文/思考向量（context vector）：

$$\text{context vector} = \sum_{t=0}^{N} \alpha_t e_t$$

如图 5-27 所示，上下文向量是这样获得的：由编码器的隐藏状态乘以其各自的注意力权重，再累加到一起。

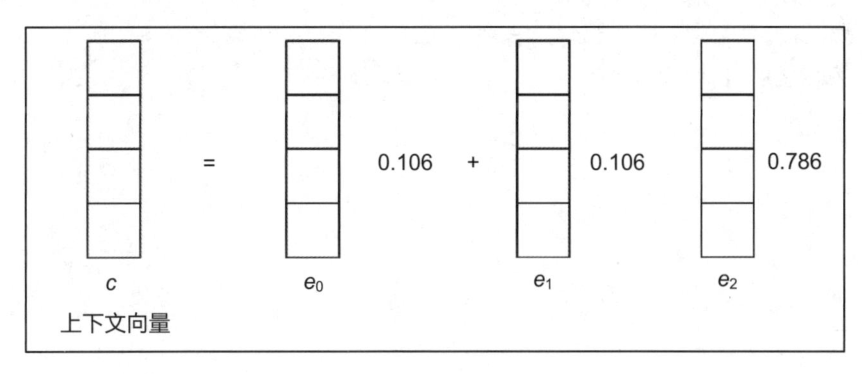

图 5-27

因此，为了在时间步 t 处生成目标单词，解码器在时间步 t 处使用上下文向量 c。在注意力机制下，我们不需要将最后一个隐藏状态作为上下文向量并将其用于解码器，而是将编码器中所有隐藏状态的总和作为上下文向量。

5.7 总　　结

在本章中，我们学习了 LSTM 如何使用若干门解决消失梯度问题。然后，我们学习了如何使用 LSTM 在 TensorFlow 中预测比特币的价格。

在探讨了 LSTM 之后，我们学习了 GRU——它是 LSTM 的简化版本。我们还学习了双向 RNN，其中有两层隐藏状态，一层从序列开始时一直向前移动，而另一层从序列结束时一直向后移动。

在本章的最后，我们学习了 seq2seq 模型，它将一个变长的输入序列映射为一个变长的输出序列。我们还了解了注意力机制是如何在 seq2seq 模型中使用的，以及它是如何聚焦在重要信息上的。

在第 6 章中，我们将学习卷积神经网络以及它们如何用于图像识别。

5.8 问　　题

让我们检验一下新学到的知识。回答以下问题。

（1）LSTM 是如何解决 RNN 的梯度消失问题的？

（2）在 LSTM 中的所有不同门及它们的功能是什么？

（3）单元状态有什么用？

（4）什么是 GRU？

（5）双向 RNN 如何工作？

（6）深度 RNN 是如何计算隐藏状态的？

（7）seq2seq 模型中的编码器和解码器是什么？

（8）注意力机制有什么用？

第 6 章

揭开卷积网络的神秘面纱

卷积神经网络（Convolutional Neural Networks，CNN）是最常用的深度学习算法之一，广泛应用于与图像相关的任务，如图像识别、目标检测、图像分割等。CNN 的应用层出不穷，从自动驾驶汽车的视觉系统到 Facebook 图片中的朋友自动标记。虽然 CNN 广泛应用于图像数据集，但它们也可以应用于文本数据集。

在本章中，我们将详细地探究 CNN、掌握 CNN，以及了解它们如何工作。首先，我们将直观地了解 CNN，然后深入理解其背后的数学基础。接下来，我们将逐步地理解如何在 TensorFlow 中实现 CNN。随后，我们将探讨不同类型的 CNN 架构，如 LeNet、AlexNet、VGGNet 和 GoogleNet。在本章的最后，我们将研究 CNN 的缺点以及如何使用胶囊网络解决这些问题。此外，我们还将学习如何使用 TensorFlow 构建胶囊网络。

在本章中，我们将学习以下内容。

- 什么是 CNN
- CNN 背后的数学
- 在 TensorFlow 中实现 CNN
- 不同类型的 CNN 架构
- 胶囊网络
- 在 TensorFlow 中构建胶囊网络

6.1 什么是 CNN

CNN 也称为 ConvNet，是计算机视觉任务中应用最广泛的深度学习算法之一。假设我们正在执行一个图像识别任务。考虑以下图像（见图 6-1）。我们想让自己的 CNN 识别出这个图像中包含了一匹马，该怎么做呢？

图 6-1

当我们把该图像输入计算机时，计算机基本上把这个图像转换成像素值矩阵。像素值的范围为 0～255，而该矩阵的尺寸（大小）为图像宽度×图像高度×通道数目。灰度图像只有一个通道，而彩色图像则有 3 个通道：红色、绿色和蓝色（RGB）。

假设我们有一个宽度为 11、高度为 11 的彩色输入图像，即 11×11，那么矩阵维数为 11×11×3。正如你所看到的那样，11×11 表示图像的宽度和高度，而 3 表示通道数目，因为我们有一幅彩色图像。所以，我们将有一个三维矩阵。

但是很难将三维矩阵可视化，因此，为了理解，考虑将灰度图像作为输入。因为灰度图像只有一个通道，所以我们将得到一个二维矩阵。

如图 6-2 所示，输入的灰度图像将被转换为一个像素值的矩阵，像素值范围为 0～255，像素值表示那一点的像素强度。

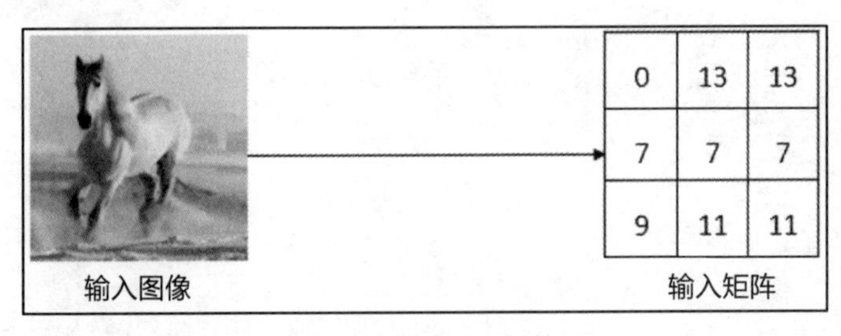

图 6-2

📖**注释：**

输入矩阵中所给出的值只是我们理解的任意值。

好的，现在我们有一个像素值的输入矩阵。接下来会发生什么呢？这个 CNN 是如何理解图像中包含有一匹马的呢？CNN 由以下 3 个重要层所组成。

- 卷积层。
- 池化层。
- 完全连通层。

在这 3 层的帮助下，该 CNN 识别出图像中包含有一匹马。现在我们将详细探讨每层。

6.1.1 卷积层

卷积层是 CNN 的第一层和核心层。它是 CNN 的组成部分之一，用于从图像中提取重要特征。

我们有一幅马的图像。你认为什么特征可以帮助我们理解这是一幅马的图像？我们可能说身体结构、脸、腿、尾巴等。但是 CNN 如何理解这些特征呢？这就是我们使用卷积运算的关键，它将从图像中提取出表示马的所有重要特征。所以，卷积运算帮助我们理解图像的全部含义。

这个卷积运算到底是什么？它又是如何执行的？它是怎样提取重要特征的？让我们仔细看一下吧。

众所周知，每幅输入图像都由像素值矩阵表示。除了输入矩阵外，还有另一个矩阵叫作过滤器矩阵。过滤器矩阵也称为内核或简称过滤器，如图 6-3 所示。

取过滤器矩阵，在输入矩阵上滑动一个像素，执行逐元素乘法，对结果求和，并产生一个数字。这很令人困惑，借助图 6-4，让我们更好地理解这一点。

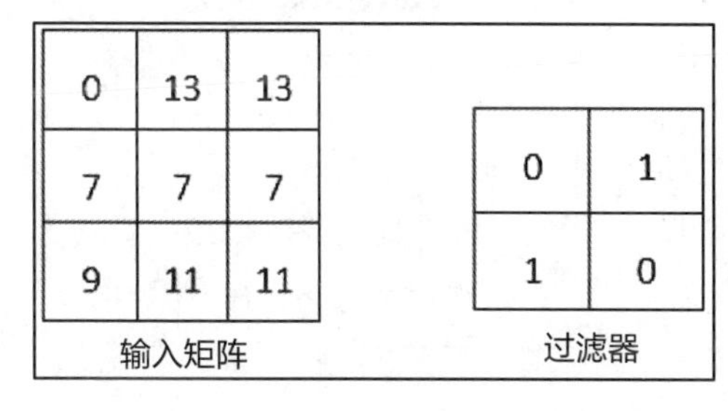

图 6-3

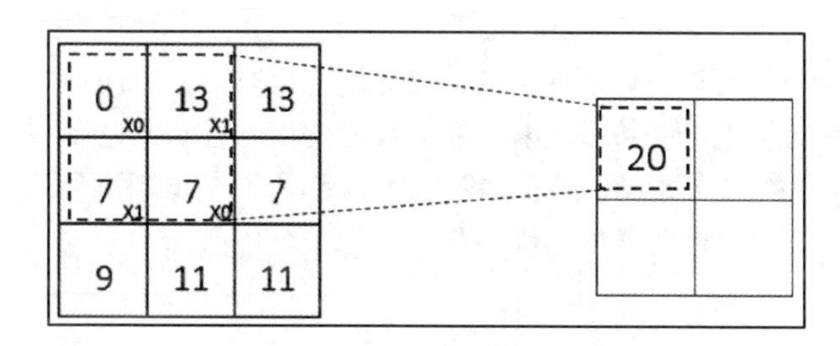

图 6-4

正如你在图 6-4 中所看到的那样，我们将过滤器矩阵放在输入矩阵的顶部，执行逐元素乘法，对结果求和，并生成单个数字。计算如下所示。

$$0\times0+13\times1+7\times1+7\times0=20$$

现在，我们将过滤器在输入矩阵上滑动一个像素并执行相同的步骤，如图 6-5 所示。

计算如下所示。

$$13\times0+13\times1+7\times1+7\times0=20$$

同样，我们将过滤器矩阵滑动一个像素并执行相同的操作，如图 6-6 所示。

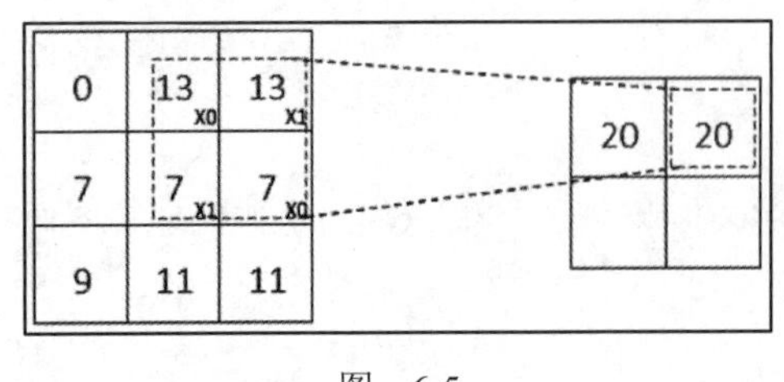

图 6-5

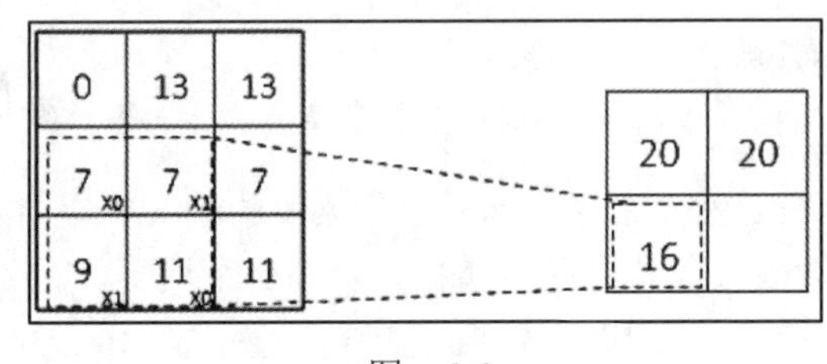

图 6-6

计算如下所示。

$$7\times0+7\times1+9\times1+11\times0=16$$

现在，我们再次将过滤器矩阵在输入矩阵上滑动一个像素并执行相同的操作，如图 6-7 所示。

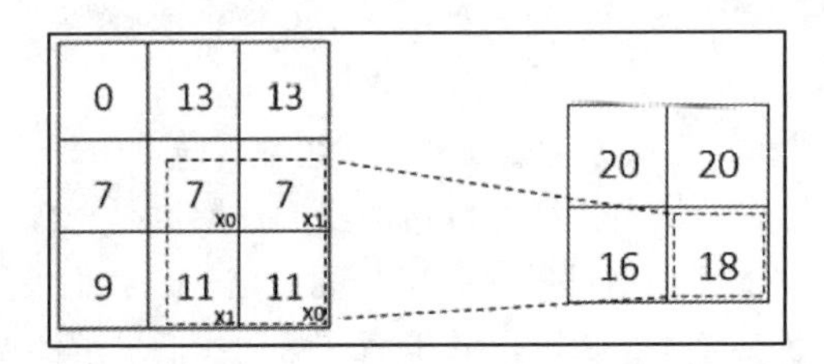

图 6-7

计算如下所示。

$$7\times0+7\times1+11\times1+11\times0=18$$

我们在这里正在干什么？我们基本上是将过滤器矩阵在整个输入矩阵上滑动一个像素，执行逐元素乘法并将它们的结果累加在一起，从而创建一个称为**特征映射（Feature Map）或激活映射（Activation Map）**的新矩阵。这称为**卷积运算（Convolution Operation）**。

正如我们所知，卷积运算用于提取特征，而这个新的矩阵（即特征映射）表示提取的特征。如果我们绘制特征映射，那么我们就可以看到通过卷积运算提取的特征。

图 6-8 显示了实际图像（输入图像）和卷积图像（特征图）。我们可以看到过滤器已经检测到了来自实际图像的边缘并将其作为一个特征。

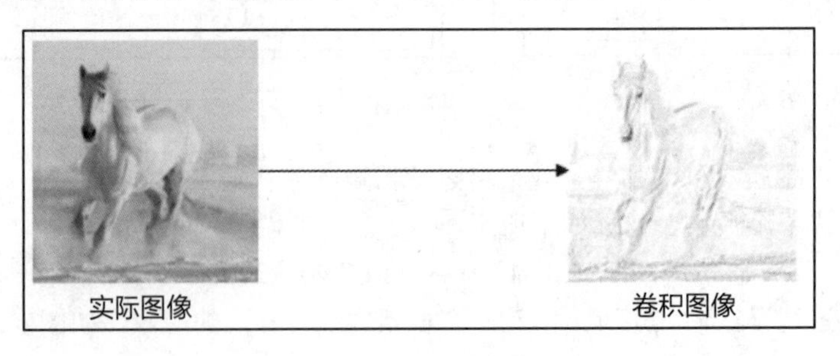

图 6-8

可以使用各种过滤器从图像中提取不同的特征。例如，如果我们使用锐化过滤器 $\begin{bmatrix} 0 & -1 & 0 \\ -1 & 5 & -1 \\ 0 & 1 & 0 \end{bmatrix}$，

那么它将使我们的图像更加鲜明，如图 6-9 所示。

因此，我们已经了解到：通过过滤器，我们可以使用卷积运算从图像中提取一些重要的特征。所以，我们并不是使用一个过滤器，而是可以使用多个过滤器从图像中提取不同的特征，并生成多个特征映射。因此，特征映射的深度将是过滤器的个数。如果我们使用 7 个过滤器从图像中提取不同的特征，那么特征映射的深度将是 7 层，如图 6-10 所示。

图 6-9

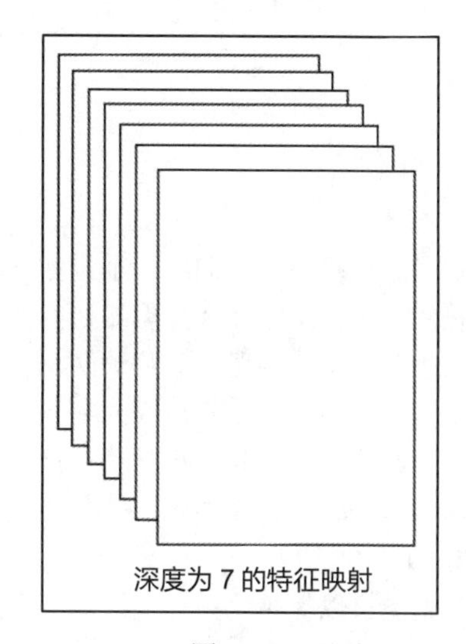

图 6-10

我们已经了解到不同的过滤器会从图像中提取不同的特征。但问题是，我们怎样才能为过滤器矩阵设置正确的值，以便从图像中提取重要的特征呢？别担心！我们只需对过滤器矩阵进行随机初始化，然后通过反向传播，学习过滤器矩阵的最优值，即可从图像中提取重要特征。其实，我们只需要指定过滤器的大小和我们要使用的过滤器的数量。

6.1.2 步幅

我们刚刚已经学习了卷积运算的工作原理。我们在输入矩阵和过滤器矩阵上滑动一个像素，然后执行卷积运算。但我们不仅可以在输入矩阵上滑动一个像素，也可以在输入矩阵上滑动任意数量的像素。

过滤器矩阵在输入矩阵上滑动的像素个数称为**步幅（stride）**。

如果我们将步幅设置为 2，那么将在输入矩阵和过滤器矩阵上滑动两个像素。图 6-11 显示了步幅为 2 的卷积运算。

但是如何选择步幅呢？我们刚刚了解到，步幅是指移动过滤器矩阵时滑过的像素个数。因此，与步幅设置为较大的数字相比，当步幅设置为较小的数字时，我们可以对图像进行更详细的编码。但是，具有大的步幅比具有小的步幅花费更少的计算时间。

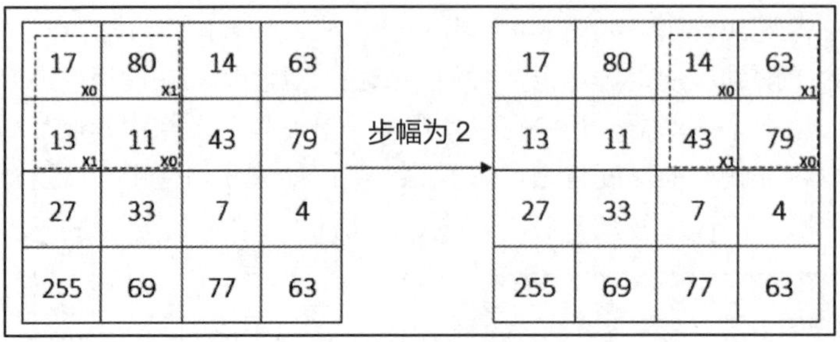

17	80	14	63
13	11	43	79
27	33	7	4
255	69	77	63

步幅为 2

17	80	14	63
13	11	43	79
27	33	7	4
255	69	77	63

图 6-11

6.1.3 填充

在卷积运算中，我们用一个过滤器矩阵在输入矩阵上滑动。但在某些情况下，过滤器并不完全适合输入矩阵。这是什么意思呢？例如，假设我们正在执行步幅为 2 的卷积运算。存在着这样一种情况：当我们将过滤器矩阵移动两个像素时，它到达了边界，并且过滤器矩阵与输入矩阵不匹配。也就是说，我们的过滤器矩阵的某些部分在输入矩阵之外，如图 6-12 所示。

在这种情况下，我们执行填充操作。我们可以简单地用 0 填充输入矩阵，这样过滤器就可以适应输入矩阵，如图 6-13 所示。在输入矩阵上用 0 填充称为**相同填充（Same Padding）或零填充（Zero Padding）**。

我们也可以简单地丢弃输入矩阵中过滤器不适合的区域，而不是用 0 填充它们，如图 6-14 所示。这称为**有效填充（Valid Padding）**。

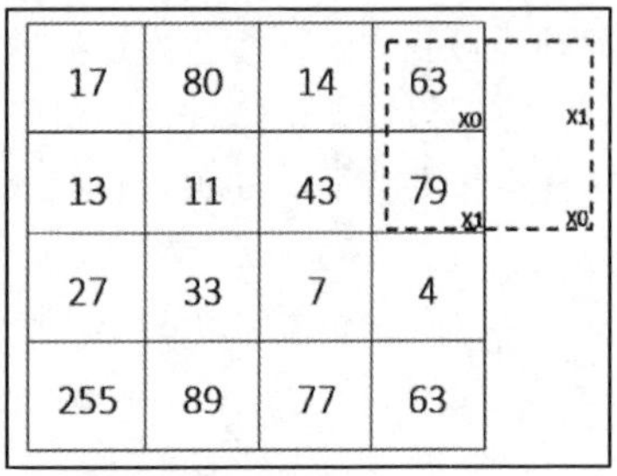

17	80	14	63
13	11	43	79
27	33	7	4
255	89	77	63

图 6-12

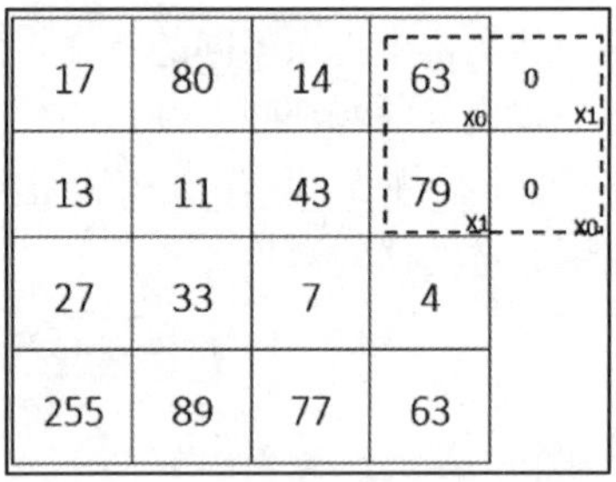

17	80	14	63	0
13	11	43	79	0
27	33	7	4	
255	89	77	63	

图 6-13

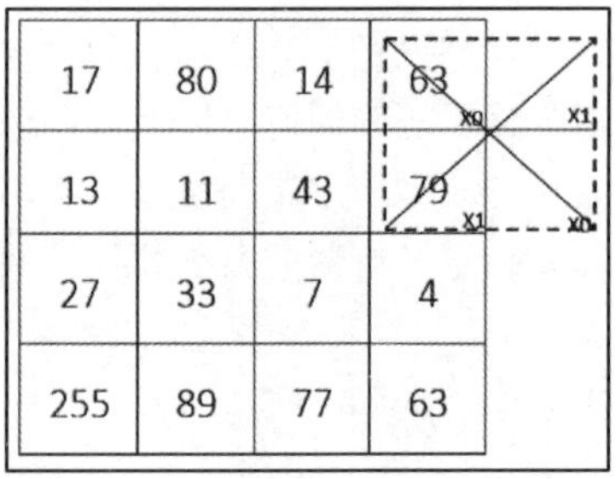

17	80	14	63
13	11	43	79
27	33	7	4
255	89	77	63

图 6-14

6.1.4 池化层

现在，我们完成了卷积运算。作为卷积运算的结果，我们得到了一些特征映射，但是特征映射的维数太大。为了降低特征映射的维数，我们执行一种池化操作。这种操作减少了特征映射的维数，而只保留了必要的细节，从而减少了计算量。

例如，要从图像中识别马，我们只需要提取并保留马的特征；我们可以简单地丢弃不想要的特征，如图像的背景等。池化操作也称为**下采样（Downsampling）或子采样（Subsampling）**操作，而且它使 CNN 转化保持不变。因此，池化层通过仅保留重要特征减少空间维度。

📖注释：

池化操作不会改变特征映射的深度；它只会影响高度和宽度。

池化操作有不同的类型，包括最大池化、平均池化和总和池化。

在最大池化中，我们在输入矩阵的过滤器上滑动，只需从过滤器窗口获取最大值，如图 6-15 所示。

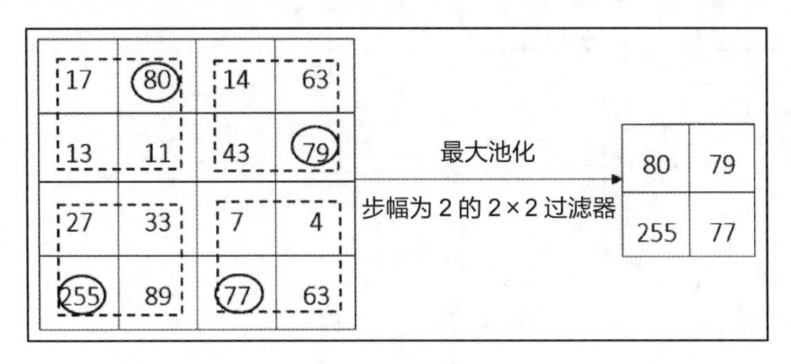

图 6-15

在平均池化中，顾名思义，我们取过滤器窗口内输入矩阵的平均值；在总和池化中，我们求过滤器窗口内输入矩阵的所有值之和，如图 6-16 所示。

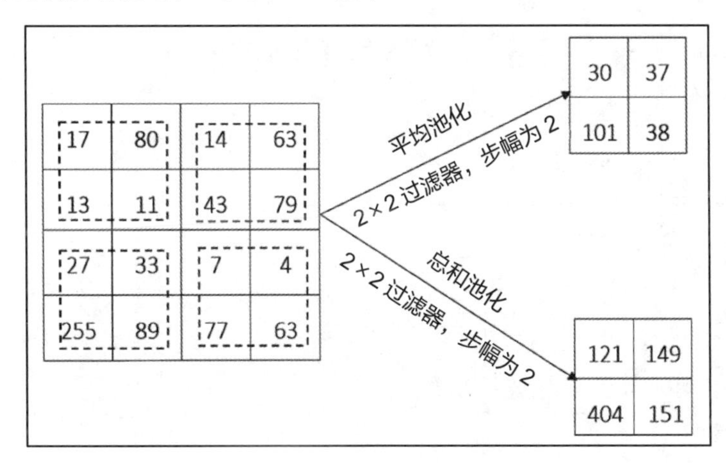

图 6-16

📖注释：

最大池化是最常用的池化操作之一。

6.1.5 完全连通层

到目前为止，我们已经学习了卷积层和池化层是如何工作的。一个 CNN 可以有多个卷积层和池化层。然而，这些层仅从输入图像中提取特征并生成特征映射；也就是说，它们只是特征提取器。

给定任何图像，卷积层从图像中提取特征并生成特征映射。现在，我们需要对这些提取的特征进行分类。因此，我们需要一种可以对这些提取的特征进行分类的算法；而该算法告诉我们这些提取的特征是否是马，或是别的东西。为了进行这种分类，我们使用一个前向神经网络。将特征映射展平，并将其转换为向量，然后将其作为前向网络的输入。前向网络将此展平的特征映射作为输入，应用激活函数（如 sigmoid）并返回输出，说明这幅图像是否包含了一匹马。这称为完全连通层，如图 6-17 所示。

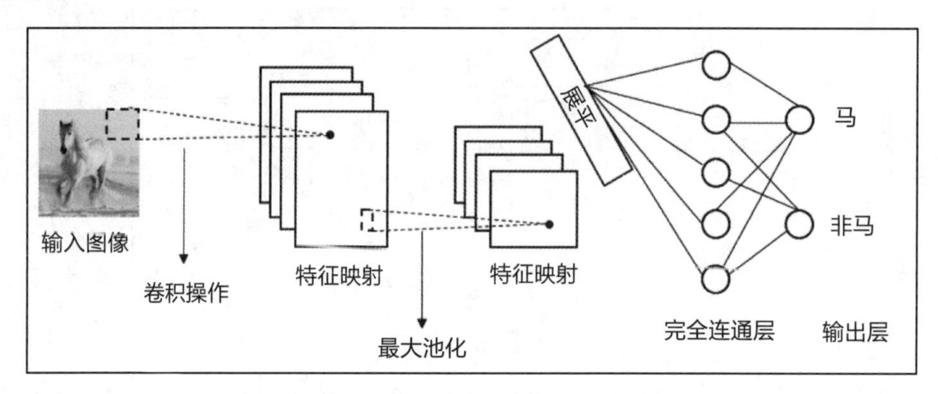

图 6-17

6.2 CNN 的架构

CNN 的架构如图 6-18 所示。

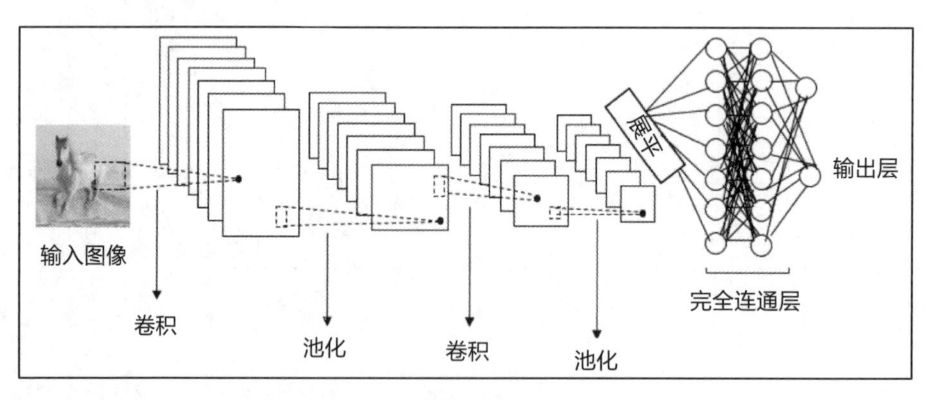

图 6-18

你可能会注意到，我们首先将输入图像馈送到卷积层，在那里应用卷积运算从图像中提取重要特征并创建特征映射。然后，将特征映射传递到池化层，在池化层中特征映射的维数将被缩减。如图 6-18 所示，我们可以有多个卷积层和池化层，而且还应该注意池化层不一定在每个卷积层之后；池化层后面可以有许多卷积层。

因此，在卷积层和池化层之后，我们将结果特征映射展平并将其馈送到一个完全连通层，该层基本上是一个基于特征映射对给定输入图像进行分类的前向神经网络。

6.3 CNN背后的数学

到目前为止，我们已经直观地理解了CNN的工作原理。但是CNN到底是怎么学习的呢？它又是如何使用反向传播找到过滤器最佳值的呢？为了回答这个问题，我们将从数学上探讨CNN是如何工作的。与第5章不同，CNN背后的数学非常简单，而且非常有趣。

6.3.1 前向传播

让我们从前向传播开始。我们已经看到了前向传播的工作原理以及CNN如何对给定的输入图像进行分类。让我们对此制定出数学的框架。我们考虑一个输入矩阵 $\boldsymbol{X}$ 和过滤器 W，其值如图6-19所示。

首先，让我们熟悉一下符号。每当我们写 x_{ij} 时，它指的是在第 i 行和第 j 列的输入矩阵中的元素。这同样适用于过滤器和输出矩阵；也就是说，W_{ij} 和 o_{ij} 分别表示过滤器和输出矩阵中的第 i 行和第 j 列值。在图6-19中，$x_{11}=x_1$，即 x_1 是输入矩阵的第1行和第1列中的元素。

如图6-20所示，我们取过滤器，将其滑动到输入矩阵上，执行卷积运算，并生成输出矩阵（特征映射），就像我们在6.2节中所学的那样。

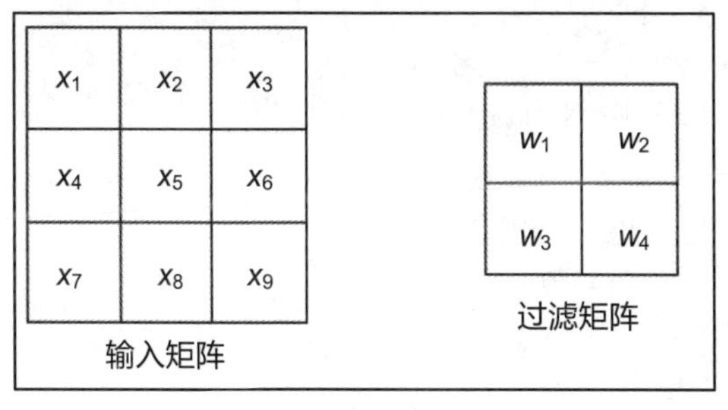

图 6-19

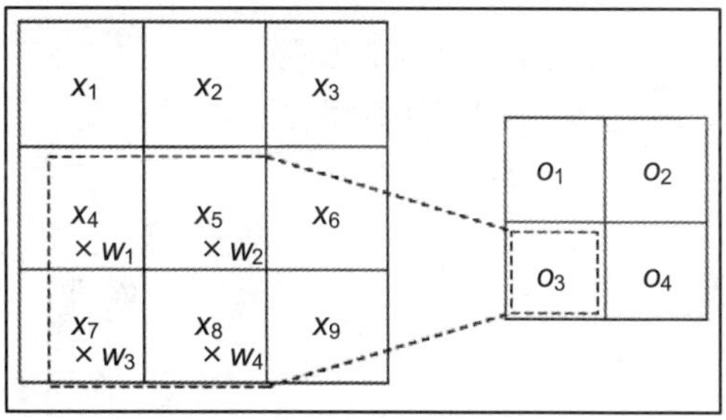

图 6-20

因此，输出矩阵（特征映射）中的所有值计算如下。

$$o_1 = x_1 w_1 + x_2 w_2 + x_4 w_3 + x_5 w_4$$
$$o_2 = x_2 w_1 + x_3 w_2 + x_5 w_3 + x_6 w_4$$
$$o_3 = x_4 w_1 + x_5 w_2 + x_7 w_3 + x_8 w_4$$
$$o_4 = x_5 w_1 + x_6 w_2 + x_8 w_3 + x_9 w_4$$

所以我们知道这就是执行卷积运算和计算输出的方法。我们能用一个简单的方程表示这种方法吗？假设我们有一个宽度为 W、高度为 H 的输入图像 X，以及大小为 $p \times q$ 的过滤器，那么卷积运算可以表示为

$$o_{ij} = \sum_{m=0}^{p-1} \sum_{n=0}^{q-1} W_{m,n} X_{i+m,j+n} \tag{6-1}$$

这个方程式基本上表示了如何使用卷积运算来计算输出 o_{ij}（即输出矩阵的第 i 行和第 j 列中的元素）。

一旦执行了卷积运算，我们将结果 o_{ij} 馈送到前向网络 f，并预测输出 $\hat{y}_i$：

$$\hat{y}_i = f(o_{ij})$$

6.3.2 反向传播

一旦我们预测了输出，我们就计算了损失 L。我们使用均方误差作为损失函数，即实际输出 y_i 和预测输出 $\hat{y}_i$ 之间的平方差的平均值，如下所示。

$$L = \frac{1}{2}\sum_i (y_i - \hat{y}_i)^2$$

现在，我们将看到如何使用反向传播最小化损失 L。为了使损失最小化，我们需要找到过滤器 W 的最佳值。我们的过滤器矩阵由 4 个值组成：w_1、w_2、w_3 和 w_4。为了找到最佳的过滤器矩阵，我们需要计算损失函数相对于这 4 个值的梯度。该怎么做呢？

首先，让我们回顾一下输出矩阵的方程，如下所示。

$$o_1 = x_1 w_1 + x_2 w_2 + x_4 w_3 + x_5 w_4$$
$$o_2 = x_2 w_1 + x_3 w_2 + x_5 w_3 + x_6 w_4$$
$$o_3 = x_4 w_1 + x_5 w_2 + x_7 w_3 + x_8 w_4$$
$$o_4 = x_5 w_1 + x_6 w_2 + x_8 w_3 + x_9 w_4$$

不要被即将看到的方程式吓倒，它们其实很简单。

首先，让我们计算相对于 w_1 的梯度。正如你所看到的那样，w_1 出现在所有输出方程中；计算损失相对于 w_1 的偏导数。

$$\frac{\partial L}{\partial w_1} = \frac{\partial L}{\partial o_1}\frac{\partial o_1}{\partial w_1} + \frac{\partial L}{\partial o_2}\frac{\partial o_2}{\partial w_1} + \frac{\partial L}{\partial o_3}\frac{\partial o_3}{\partial w_1} + \frac{\partial L}{\partial o_4}\frac{\partial o_4}{\partial w_1}$$
$$\frac{\partial L}{\partial w_1} = \frac{\partial L}{\partial o_1}x_1 + \frac{\partial L}{\partial o_2}x_2 + \frac{\partial L}{\partial o_3}x_4 + \frac{\partial L}{\partial o_4}x_5$$

类似地，计算损失相对于 w_2 权重的偏导数。

$$\frac{\partial L}{\partial w_2} = \frac{\partial L}{\partial o_1}\frac{\partial o_1}{\partial w_2} + \frac{\partial L}{\partial o_2}\frac{\partial o_2}{\partial w_2} + \frac{\partial L}{\partial o_3}\frac{\partial o_3}{\partial w_2} + \frac{\partial L}{\partial o_4}\frac{\partial o_4}{\partial w_2}$$
$$\frac{\partial L}{\partial w_2} = \frac{\partial L}{\partial o_1}x_2 + \frac{\partial L}{\partial o_2}x_3 + \frac{\partial L}{\partial o_3}x_5 + \frac{\partial L}{\partial o_4}x_6$$

相对于 w_3 权重的损失梯度计算如下。

$$\frac{\partial L}{\partial w_3} = \frac{\partial L}{\partial o_1}\frac{\partial o_1}{\partial w_3} + \frac{\partial L}{\partial o_2}\frac{\partial o_2}{\partial w_3} + \frac{\partial L}{\partial o_3}\frac{\partial o_3}{\partial w_3} + \frac{\partial L}{\partial o_4}\frac{\partial o_4}{\partial w_3}$$
$$\frac{\partial L}{\partial w_3} = \frac{\partial L}{\partial o_1}x_4 + \frac{\partial L}{\partial o_2}x_5 + \frac{\partial L}{\partial o_3}x_7 + \frac{\partial L}{\partial o_4}x_8$$

相对于 w_4 权重的损失梯度计算如下。

$$\frac{\partial L}{\partial w_4}=\frac{\partial L}{\partial o_1}\frac{\partial o_1}{\partial w_4}+\frac{\partial L}{\partial o_2}\frac{\partial o_2}{\partial w_4}+\frac{\partial L}{\partial o_3}\frac{\partial o_3}{\partial w_4}+\frac{\partial L}{\partial o_4}\frac{\partial o_4}{\partial w_4}$$

$$\frac{\partial L}{\partial w_4}=\frac{\partial L}{\partial o_1}x_5+\frac{\partial L}{\partial o_2}x_6+\frac{\partial L}{\partial o_3}x_8+\frac{\partial L}{\partial o_4}x_9$$

简而言之，我们相对于所有权重的损失梯度的最终方程如下所示。

$$\frac{\partial L}{\partial w_1}=\frac{\partial L}{\partial o_1}x_1+\frac{\partial L}{\partial o_2}x_2+\frac{\partial L}{\partial o_3}x_4+\frac{\partial L}{\partial o_4}x_5$$

$$\frac{\partial L}{\partial w_2}=\frac{\partial L}{\partial o_1}x_2+\frac{\partial L}{\partial o_2}x_3+\frac{\partial L}{\partial o_3}x_5+\frac{\partial L}{\partial o_4}x_6$$

$$\frac{\partial L}{\partial w_3}=\frac{\partial L}{\partial o_1}x_4+\frac{\partial L}{\partial o_2}x_5+\frac{\partial L}{\partial o_3}x_7+\frac{\partial L}{\partial o_4}x_8$$

$$\frac{\partial L}{\partial w_4}=\frac{\partial L}{\partial o_1}x_5+\frac{\partial L}{\partial o_2}x_6+\frac{\partial L}{\partial o_3}x_8+\frac{\partial L}{\partial o_4}x_9$$

结果表明，计算损失相对于过滤器矩阵的导数非常简单——它只是另一种卷积运算而已。如果我们认真观察上面的方程，我们会注意到它们看起来像是输入矩阵和作为过滤器矩阵的（相对于输出的）损失梯度之间的卷积运算的结果，如图 6-21 所示。

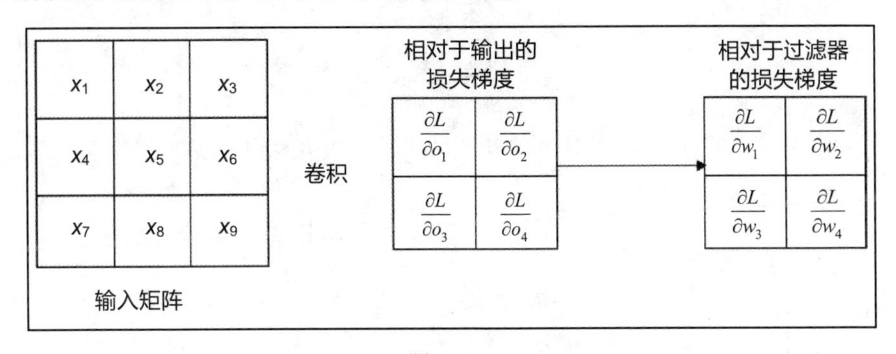

图 6-21

例如，让我们看看如何通过输入矩阵和作为过滤矩阵的（相对于输出的）损失梯度之间的卷积运算来计算相对于权重 w_3 的损失梯度，如图 6-22 所示。

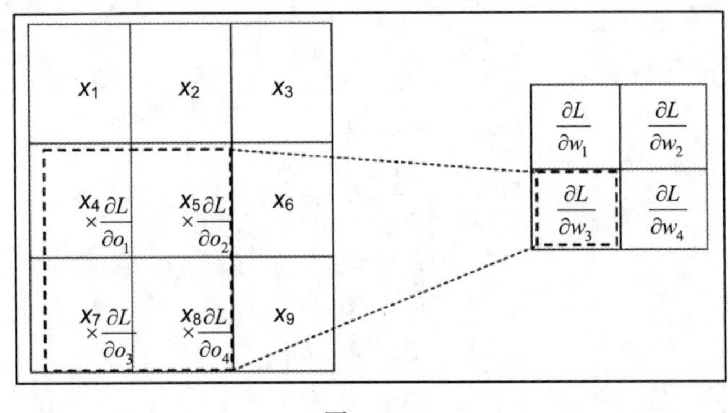

图 6-22

因此，我们可以写出

$$\frac{\partial L}{\partial w_3}=\frac{\partial L}{\partial o_1}x_4+\frac{\partial L}{\partial o_2}x_5+\frac{\partial L}{\partial o_3}x_7+\frac{\partial L}{\partial o_4}x_8$$

因此，我们理解计算相对于过滤器的损失梯度（即权重）只是输入矩阵和作为过滤器矩阵的（相对于输出的）损失梯度之间的卷积运算。

除了计算过滤器的损失梯度外，我们还需要计算相对于输入的损失梯度。但我们为什么要这么做呢？因为它用于计算前一层中存在的过滤器的梯度。

我们的输入矩阵由 9 个值组成：x_1～x_9，所以我们需要计算相对于所有这 9 个值的损失梯度。让我们回忆一下输出矩阵是如何计算的。

$$o_1=x_1w_1+x_2w_2+x_4w_3+x_5w_4$$

$$o_2=x_2w_1+x_3w_2+x_5w_3+x_6w_4$$

$$o_3=x_4w_1+x_5w_2+x_7w_3+x_8w_4$$

$$o_4=x_5w_1+x_6w_2+x_8w_3+x_9w_4$$

正如你可以见到的那样，x_1 只存在于 o_1 中，因此我们可以单独计算相对于 o_1 的损失梯度，因为其他项为 0。

$$\frac{\partial L}{\partial x_1}=\frac{\partial L}{\partial o_1}\frac{\partial o_1}{\partial x_1}$$

$$\frac{\partial L}{\partial x_1}=\frac{\partial L}{\partial o_1}w_1$$

现在，让我们计算相对于 x_2 的梯度。因为 x_2 只存在于 o_1 和 o_2 中，我们单独计算相对于 o_1 和 o_2 的梯度。

$$\frac{\partial L}{\partial x_2}=\frac{\partial L}{\partial o_1}\frac{\partial o_1}{\partial x_2}+\frac{\partial L}{\partial o_2}\frac{\partial o_2}{\partial x_2}$$

$$\frac{\partial L}{\partial x_2}=\frac{\partial L}{\partial o_1}w_1+\frac{\partial L}{\partial o_2}w_2$$

以一种非常相似的方式，我们计算相对于所有输入的损失梯度，如下所示。

$$\frac{\partial L}{\partial x_3}=\frac{\partial L}{\partial o_3}w_3$$

$$\frac{\partial L}{\partial x_4}=\frac{\partial L}{\partial o_1}w_1+\frac{\partial L}{\partial o_4}w_4$$

$$\frac{\partial L}{\partial x_5}=\frac{\partial L}{\partial o_1}w_1+\frac{\partial L}{\partial o_2}w_2+\frac{\partial L}{\partial o_3}w_3+\frac{\partial L}{\partial o_4}w_4$$

$$\frac{\partial L}{\partial x_6}=\frac{\partial L}{\partial o_2}w_2+\frac{\partial L}{\partial o_4}w_4$$

$$\frac{\partial L}{\partial x_7}=\frac{\partial L}{\partial o_3}w_3$$

$$\frac{\partial L}{\partial x_8}=\frac{\partial L}{\partial o_3}w_3+\frac{\partial L}{\partial o_4}w_4$$

$$\frac{\partial L}{\partial x_9} = \frac{\partial L}{\partial o_4} w_4$$

就像我们用卷积运算表示相对于权重的损失梯度一样，我们在这里也可以这样做吗？事实证明，其答案是肯定的。实际上，可以通过将过滤器矩阵作为输入矩阵和相对于输出矩阵的损失梯度作为过滤器矩阵之间的卷积运算，表示上面的方程，即相对于输入的损失梯度。诀窍在于：我们不直接使用过滤器矩阵，而是将它们顺时针旋转 180°，而且不执行卷积，而是执行完全卷积。我们这样做是为了用卷积运算导出前面的方程。

图 6-23 显示了内核顺时针旋转 180°的样子。

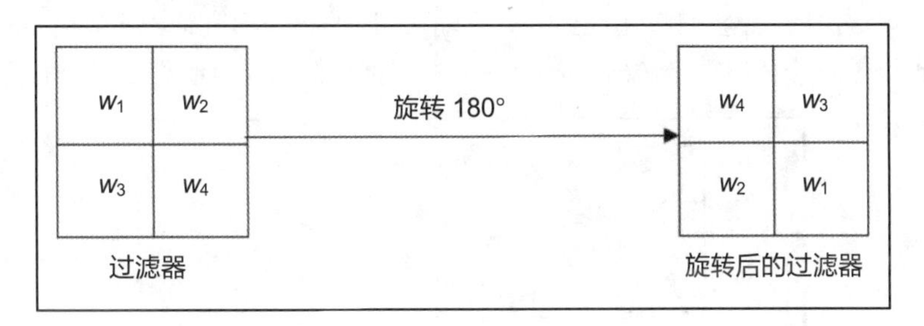

图 6-23

那么什么是完全卷积呢？与卷积运算一样，在完全卷积运算中，我们使用一个过滤器并将其滑动到输入矩阵上，但滑动过滤器的方式与我们之前看到的卷积运算不同。图 6-24 显示了完全卷积运算的工作原理。正如我们可以看到的那样，带阴影的矩阵表示过滤器矩阵，而不带阴影的矩阵表示输入矩阵。我们可以看到过滤器是如何一步一步地在输入矩阵上滑动的。

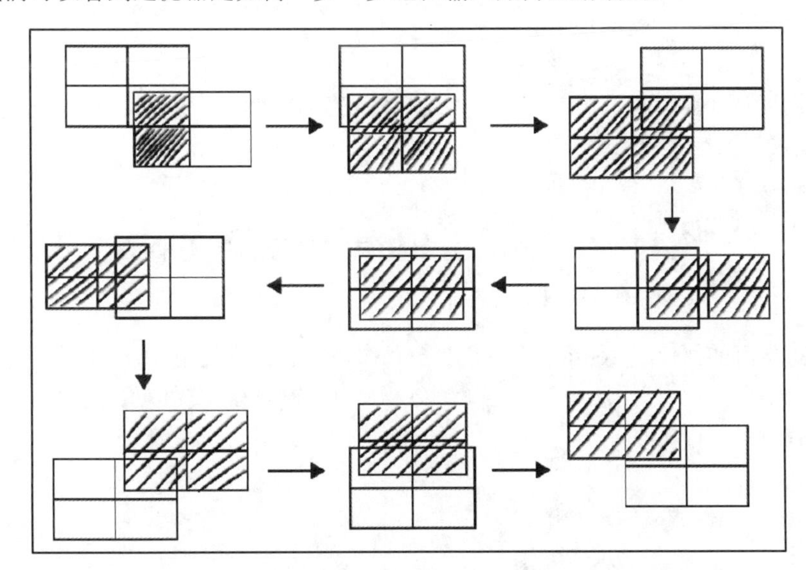

图 6-24

因此，我们可以说，相对于输入矩阵的损失梯度可以通过将过滤器旋转 180° 作为输入矩阵和作为过滤器矩阵的（相对于输出的）损失梯度之间的完全卷积运算进行计算，如图 6-25 所示。

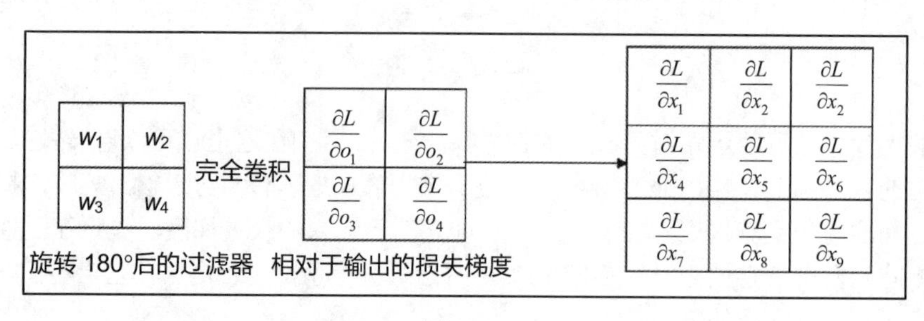

图 6-25

例如，如图 6-26 所示，我们将注意到相对于输入 w_1 的损失梯度是如何通过将过滤器矩阵旋转 180°和作为过滤器矩阵的（相对于输出矩阵的）损失梯度之间的完全卷积运算进行计算的。

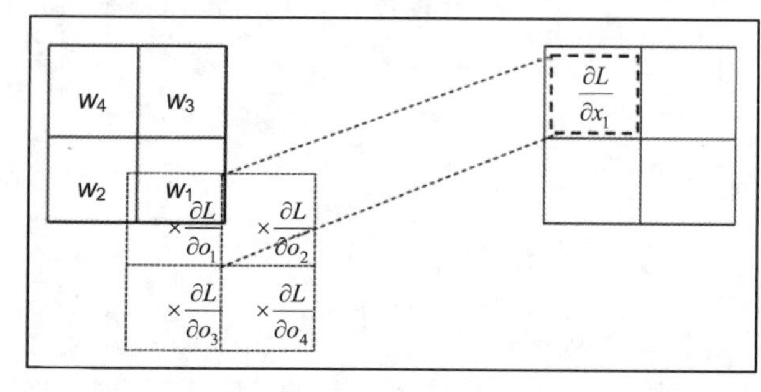

图 6-26

其方程如下所示。

$$\frac{\partial L}{\partial x_1}=\frac{\partial L}{\partial o_1}w_1$$

因此，我们理解计算相对于输入的损失梯度只是完全卷积运算而已。所以，我们可以说反向传播在 CNN 中仅仅是另一种卷积运算。

6.4 在 TensorFlow 中实现 CNN

现在我们将学习如何使用 TensorFlow 构建一个 CNN。我们将使用 MNIST 手写数字数据集，并理解 CNN 如何识别手写数字，还将直观地了解卷积层如何从图像中提取重要特征。

首先，加载所需的程序库。

```
import warnings
warnings.filterwarnings('ignore')

import numpy as np
import tensorflow as tf
from tensorflow.examples.tutorials.mnist import input_data
tf.logging.set_verbosity(tf.logging.ERROR)
```

```
import matplotlib.pyplot as plt
%matplotlib inline
```

加载 MNIST 数据集。

```
mnist=input_data.read_data_sets('data/mnist', one_hot=True)
```

6.4.1 定义辅助函数

现在定义用于初始化权重和偏差的函数，以及用于执行卷积和池化运算的函数。

通过从截断正态分布中提取数据来初始化权重。请记住，权重实际上是在执行卷积运算时使用的一个过滤器矩阵。

```
def initialize_weights(shape):
    return tf.Variable(tf.truncated_normal(shape, stddev=0.1))
```

将偏差初始化为一个常量值，如 0.1。

```
def initialize_bias(shape):
    return tf.Variable(tf.constant(0.1, shape=shape))
```

使用 tf.nn.conv2d()定义一个称为卷积的函数，该函数实际执行卷积运算，即步幅为 1 的过滤器与输入矩阵逐元素相乘，并执行相同填充。我们设置步幅 strides = [1,1,1,1]。步幅的第一个和最后一个值都设置为 1，这意味着我们不想在训练样本和不同的通道之间移动。步幅的第二个值和第三个值也设置为 1，这意味着我们在高度和宽度方向上都将过滤器移动 1 像素。

```
def convolution(x, W):
    return tf.nn.conv2d(x, W, strides=[1,1,1,1], padding='SAME')
```

使用 tf.nn.max_pool()定义一个名为 max_pooling 的函数执行池化操作。我们以 2 的步幅和相同的填充执行最大池化操作，而 ksize 意味着池化窗口形状。

```
def max_pooling(x):
    return tf.nn.max_pool(x, ksize=[1,2,2,1], strides=[1,2,2,1],padding='SAME')
```

为输入和输出定义占位符。

定义输入图像的占位符。

```
X_ = tf.placeholder(tf.float32, [None, 784])
```

定义重塑输入图像的占位符。

```
X = tf.reshape(X_, [-1, 28, 28, 1])
```

定义输出标签的占位符。

```
y = tf.placeholder(tf.float32, [None, 10])
```

6.4.2 定义卷积网络

我们的网络架构由两个卷积层组成。每个卷积层之后是一个池化层，并且我们使用一个完全连接的层，然后是一个输出层，即 conv1–>pooling1–>conv2–>pooling2–>fully connected layer–>output layer。

首先，定义第一个卷积层和池化层。

权重实际上是卷积层中的过滤器。因此，将权重矩阵初始化为[filter_shape[0], filter_shape[1], number_of_input_channel, filter_size]。

使用一个 5×5 的过滤器。由于我们使用灰度图像，输入通道的号将是 1，并且我们设置过滤器大小为 32。因此，第一个卷积层的权重矩阵为[5,5,1,32]。

```
W1 = initialize_weights([5,5,1,32])
```

偏差的形状就是过滤器的大小，它是 32。

```
b1 = initialize_bias([32])
```

使用 ReLU 激活函数执行第一个卷积操作，然后执行最大池化操作。

```
conv1 = tf.nn.relu(convolution(X, W1) + b1)
pool1 = max_pooling(conv1)
```

接下来，定义第二个卷积层和池化层。

当第二个卷积层从第一个卷积层（具有 32 个通道输出）中获取输入时，到第二个卷积层的输入通道的数目变为 32，并且我们使用大小为 64 的 5×5 过滤器。因此，第二个卷积层的权重矩阵变为[5,5,32,64]。

```
W2 = initialize_weights([5,5,32,64])
```

偏差的形状只是过滤器的大小，即 64。

```
b2 = initialize_bias([64])
```

使用 ReLU 激活函数执行第二个卷积操作，然后执行最大池化操作。

```
conv2 = tf.nn.relu(convolution(pool1, W2) + b2)
pool2 = max_pooling(conv2)
```

经过两个卷积和池化层之后，我们需要在将输出馈送到完全连接层之前将其展平。因此，我们将第二个池化层的结果展平，并将其馈送到完全连接层。

展平第二个池化层的结果。

```
flattened = tf.reshape(pool2, [-1, 7*7*64])
```

现在定义完全连接层的权重和偏移。我们知道我们把权重矩阵的形状设为[当前层的神经元数量，下一层的神经元数量]。这是因为输入图像的形状展平后变成 7×7×64，并且我们在隐藏层中使用 1024 个神经元，权重的形状变为[7×7×64，1024]。

```
W_fc = initialize_weights([7*7*64, 1024])
b_fc = initialize_bias([1024])
```

这是一个具有 ReLU 激活的完全连接层。

```
fc_output = tf.nn.relu(tf.matmul(flattened, W_fc) + b_fc)
```

定义输出层。我们在当前层中有 1024 个神经元，由于我们需要预测 10 个类，所以我们在下一层有 10 个神经元，因此权重矩阵的形状变成了[1024 × 10]。

```
W_out = initialize_weights([1024, 10])
b_out = initialize_bias([10])
```

使用 softmax 激活函数计算输出。

```
YHat = tf.nn.softmax(tf.matmul(fc_output, W_out) + b_out)
```

6.4.3 计算损失

使用交叉熵计算损失。我们知道交叉熵损失为

$$\text{cross entropy} = -\sum_i y\log(\hat{y}_i)$$

这里，y 是实际标签，$\hat{y}$ 是预测标签。因此，交叉熵损失实现如下。

```
cross_entropy = -tf.reduce_sum(y*tf.log(YHat))
```

使用 Adam 优化器将损失降至最低。

```
optimizer= tf.train.AdamOptimizer(1e-4).minimize(cross_entropy)
```

计算精度。

```
predicted_digit = tf.argmax(y_hat, 1)
actual_digit = tf.argmax(y, 1)

correct_pred = tf.equal(predicted_digit,actual_digit)
accuracy = tf.reduce_mean(tf.cast(correct_pred, tf.float32))
```

6.4.4 开始训练

启动 TensorFlow 会话并初始化所有变量。

```
sess = tf.Session()
sess.run(tf.global_variables_initializer())
```

为 1000 个 Epoch 训练模型并输出每 100 个 Epoch 的结果。

```
for epoch in range(1000):
    #select some batch of data points according to the batch size (100)
    X_batch, y_batch=mnist.train.next_batch(batch_size=100)
```

```
    #train the network
    loss, acc, _ = sess.run([cross_entropy, accuracy, optimizer],feed_dict={X_:
    X_batch, y: y_batch})

    #print the loss on every 100th epoch
    if epoch%100 == 0:
        print('Epoch: {}, Loss:{} Accuracy: {}'.format(epoch,loss,acc))
```

你将注意到，随着时间的推移（Epoch 的增加），损失将减少，并且精确度将增加。

```
Epoch: 0, Loss:631.2734375 Accuracy: 0.129999995232
Epoch: 100, Loss:28.9199733734 Accuracy: 0.930000007153
Epoch: 200, Loss:18.2174377441 Accuracy: 0.920000016689
Epoch: 300, Loss:21.740688324 Accuracy: 0.930000007153
```

6.4.5 可视化提取的特征

现在我们已经训练了 CNN 模型，可以看到 CNN 提取了哪些特征识别图像。我们已经了解到：每个卷积层都从图像中提取一些重要的特征。我们将看到第一个卷积层提取了哪些特征来识别手写数字。

首先，从训练集中选择一幅图像，如数字 1。

```
plt.imshow(mnist.train.images[7].reshape([28, 28]))
```

输入图像如图 6-27 所示。

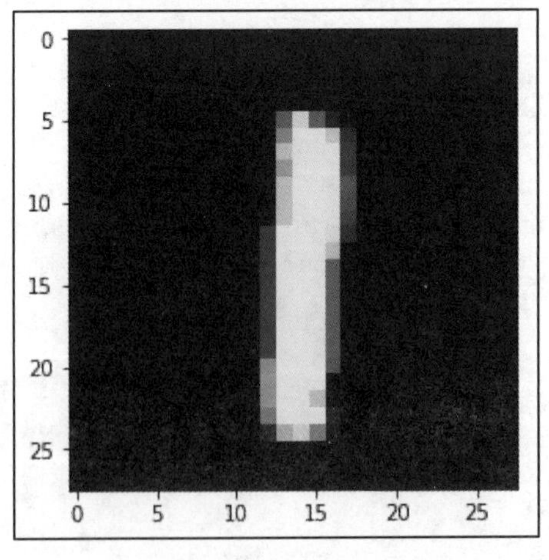

图 6-27

将此图像馈送到第一个卷积层，即 conv1，并获取特征图。

```
image = mnist.train.images[7].reshape([-1, 784])
feature_map = sess.run([conv1], feed_dict={X_: image})[0]
```

绘制特征图。

```
for i in range(32):
    feature = feature_map[:,:,:,i].reshape([28, 28])
    plt.subplot(4,8, i + 1)
    plt.imshow(feature)
    plt.axis('off')
plt.show()
```

正如你在图 6-28 中所看到的那样，第一个卷积层已经学会从给定图像中提取边。

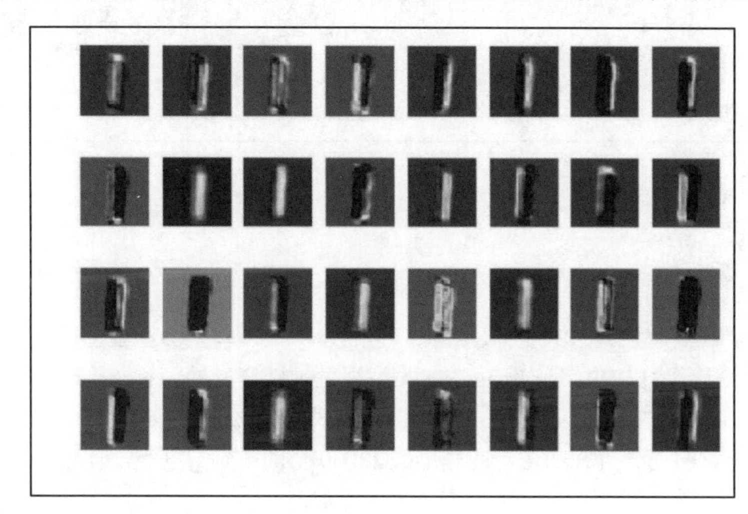

图 6-28

因此，这就是 CNN 如何使用多个卷积层从图像中提取重要特征，并将这些提取的特征提供给一个完全连接的层对该图像进行分类的原理。现在我们已经学习了 CNN 的工作原理，在 6.5 节中，我们将学习几个有趣的 CNN 架构。

6.5 不同类型的 CNN 架构

在本节中，我们将探讨 CNN 架构的不同的有趣类型。当我们说不同类型的 CNN 架构时，基本上是指卷积层和池化层是如何相互堆叠的。此外，我们还将学习要使用多少个卷积层、池化层和完全连接层，以及过滤器的数量和大小等。

6.5.1 LeNet 架构

LeNet 架构是 CNN 的经典架构之一。如图 6-29 所示，该架构非常简单，仅由 7 层组成。在这 7 层中，有 3 个卷积层、两个池化层、一个完全连接层和一个输出层。它使用步幅为 1 的 5×5 卷积，并使用平均池化操作。什么是 5×5 卷积？即我们在用一个 5×5 的过滤器执行卷积运算。

如图 6-29 所示，LeNet 由 3 个卷积层（C1、C3、C5）、两个池化层（S2、S4）、一个完全连接层（F6）和一个输出层（Output）组成，并且每个卷积层后面是一个池化层。

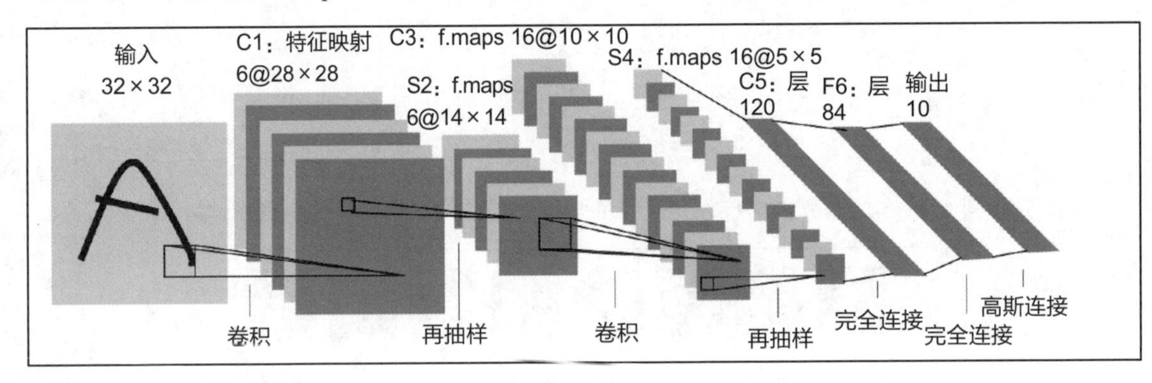

图 6-29

6.5.2 AlexNet 架构

AlexNet 是一个经典而强大的深度学习架构。它通过将错误率从 26%显著降低到 15.3%而赢得了 2012 年 ILSVRC 的冠军。ILSVRC 是 ImageNet 大型视觉识别竞赛的简称，是计算机视觉领域最大的竞赛之一，主要集中在图像分类、定位、目标检测等方面。ImageNet 是一个巨大的数据集，它包含超过 1500 万个带标签的高分辨率图像，具有超过 22000 个的类别。每年，研究人员都会通过创新的架构赢得竞赛。

AlexNet 是由一些先驱科学家设计的，他们包括 Alex Krizhevsky、Geoffrey Hinton 和 Ilya Sutskever。它由 5 个卷积层和 3 个完全连接层组成，如图 6-30 所示。它使用 ReLU 激活函数而不是 tanh 函数，并且在每层之后应用 ReLU。它使用 dropout 处理过拟合，并且在第一个和第二个完全连接层之前执行 dropout。它使用数据增强技术，如图像翻译，并在两个 GTX 580 GPU 上使用批处理随机梯度下降法训练 5～6 天。

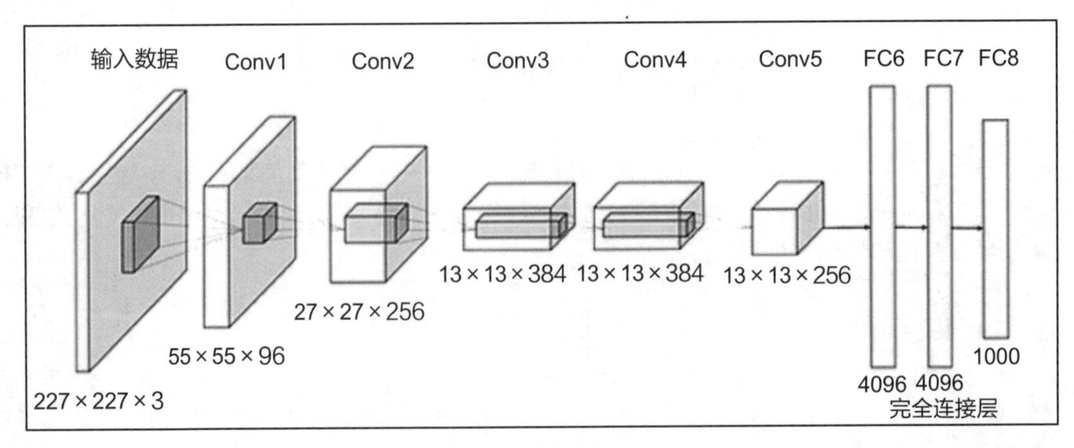

图 6-30

6.5.3 VGGNet 架构

VGGNet 是最常用的 CNN 架构之一。它是由牛津大学的视觉几何小组（VGG）创建的。当它成为 ILSVRC 2014 的亚军时，它开始变得非常流行。它基本上是一个深度卷积网络，广泛应用于目标检测任务。牛津（Oxford）团队向公众提供了网络的权值和结构，因此我们可以直接使用这些权值执行多个计算机视觉任务。它也被广泛用作图像的良好的基线特征提取器。

VGG 的网络架构非常简单。它由几个卷积层和一个池化层组成。它在整个网络中使用 3×3 卷积和 2×2 池化。它被称为 VGG-*n*，其中 *n* 对应于层的个数，不包括池化和 softmax 层。图 6-31 显示了 VGG-16 网络的架构。

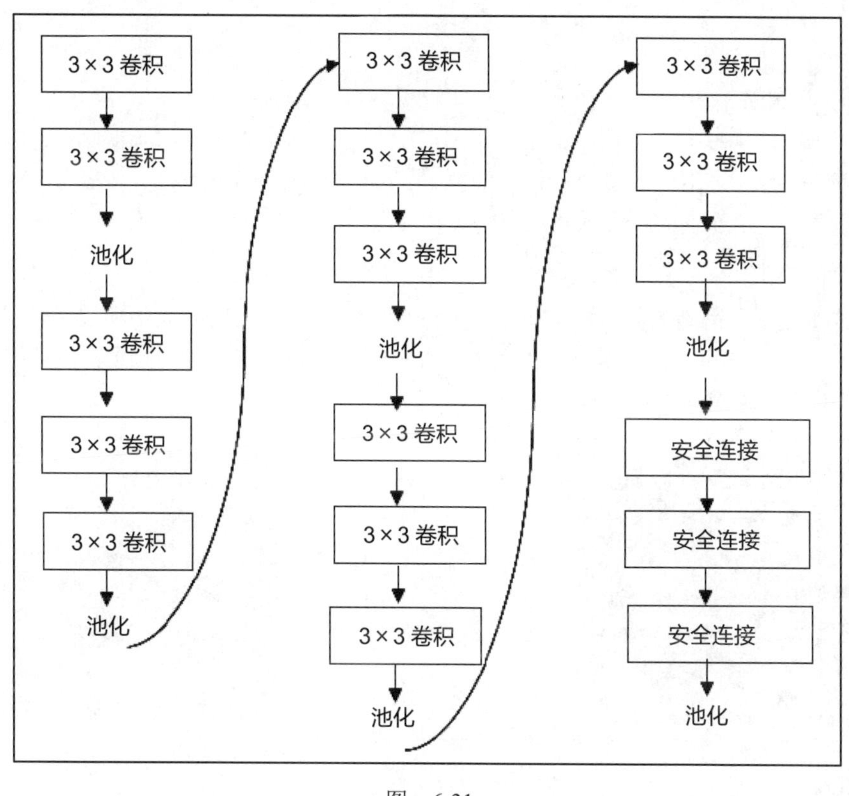

图 6-31

正如你在图 6-32 中所看到的那样，AlexNet 架构的特点是金字塔形，因为最初的层是宽的，后面的层是窄的。你将注意到它由多个卷积层和一个池化层组成。由于池化层减少了空间维度，因此当我们深入网络时，它会缩小网络。

VGGNet 的一个缺点是计算量大，有超过 1.6 亿个参数。

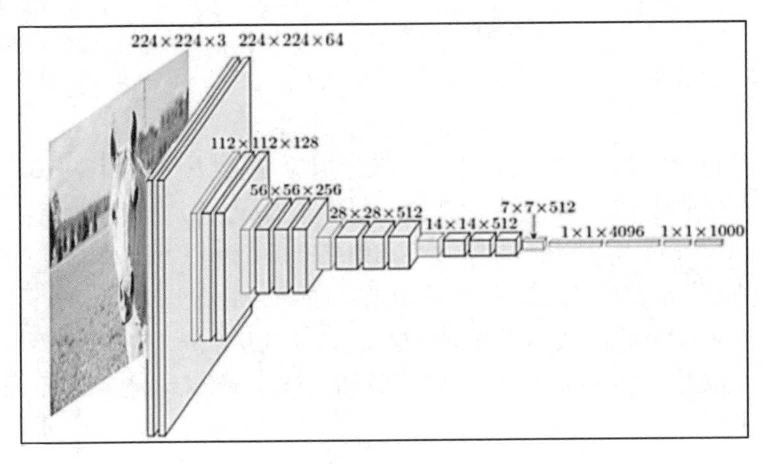

图 6-32

6.5.4 GoogleNet

GoogleNet 也被称为初始网（Inception Net），是 2014 年 ILSVRC 的冠军。它有不同的版本，而且每个版本都是前一个版本的改进版本。我们将逐一探讨每个版本。

1. Inception v1

Inception v1 是这种网络的第一个版本。一幅图像中的对象以不同的大小和位置呈现。例如，如图 6-33 所示，看左侧图像，如你所见，当近距离观看时，鹦鹉占据图像的整个部分；但在右侧图像中，当从远处观看时，鹦鹉占据图像的较小区域。

图 6-33

因此，我们可以说物体（在图 6-33 中，它是一只鹦鹉）可以出现在图像的任何区域。它可以是小的，也可以是大的。它可能占据图像的整个区域，或者只是很小的一部分。我们的网络必须准确识别这个物体。不过这里有什么问题呢？还记得我们是如何学会使用过滤器从图像中提取特征的吗？现在，因为我们感兴趣的对象在每幅图像中的大小和位置不同，所以选择合适的过滤器大小是很困难的。

当物体尺寸较大时，我们可以使用较大尺寸的过滤器，但是当我们必须检测图像的小角落中的物体时，较大尺寸的过滤器就不合适了。由于我们使用一个固定的感受区域，即一个固定的过滤器大小，因此很难识别图像中位置变化很大的物体。我们可以使用深度网络，但它们更容易过拟合。

为了克服这个问题，inception 网络在同一个输入上使用多个不同大小的过滤器，而不是使用一个相同大小的过滤器。一个 inception 网络由 9 个 inception 块相互叠加而成。单个 inception 块如图 6-34 所示。你将注意到：我们对给定的图像执行卷积运算，使用 3 种不同大小的过滤器，即 1×1、3×3 和 5×5。一旦卷积运算由所有这些不同的过滤器执行，就将结果串联起来并将其馈送给下一个 inception 块。

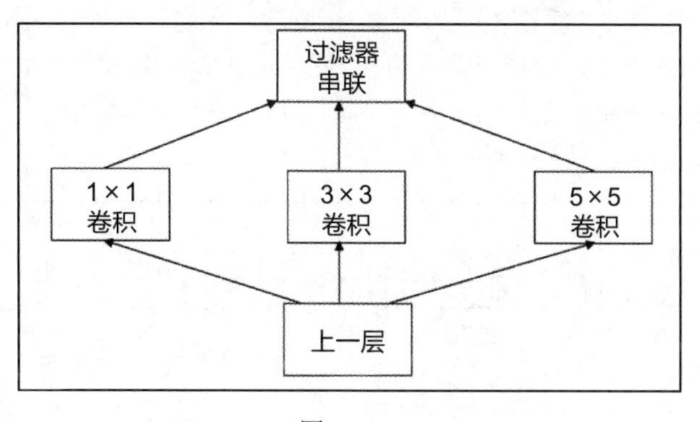

图 6-34

当连接了来自多个过滤器的输出时，连接结果的深度将增加。虽然使用只与输入和输出的形状相匹配的填充，但我们仍然会有不同的深度。由于一个 inception 块的结果是另一个块的输入，因此深度不断增加。因此，为了避免深度的增加，我们只需在 3×3 和 5×5 卷积之前添加 1×1 卷积，如图 6-35 所示。我们还执行最大池化操作，并在最大池化操作之后添加 1×1 卷积。

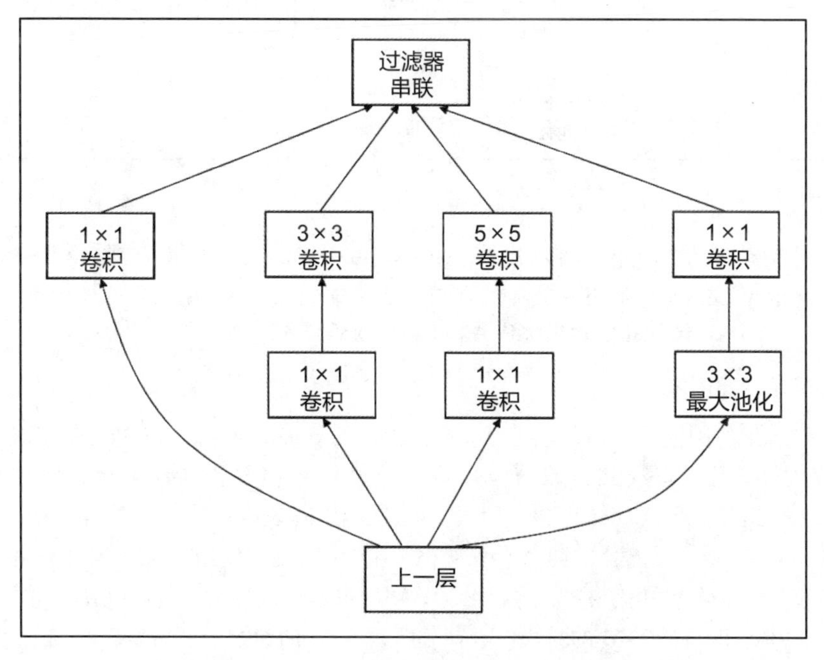

图 6-35

每个 inception 块提取一些特征并将它们馈送至下一个 inception 块。假设我们试图辨认出一只鹦鹉的照片。前几层的 inception 块检测基本特征，而后几层的 inception 块检测高级特征。如我们所见，在卷积网络中，inception 块只提取特征，并不执行任何分类。因此，我们将 inception 块所提取的特征馈送给一个分类器，而该分类器将预测图像是否包含一只鹦鹉。

由于 inception 网络较深，有 9 个 inception 块，这容易出现梯度消失问题。为了避免这种情况，在 inception 块之间引入若干分类器。因为每个 inception 块都学习到了图像的有意义的特征，所以我们也尝试对中间层执行分类并计算损失。如图 6-36 所示，我们有 9 个 inception 块。我们将第三个 inception 块 I_3 的结果馈送到中间分类器，并将第六个 inception 块 I_6 的结果馈送到另一个中间分类器。在最后的 inception 块的末尾还有另一个分类器。这个分类器基本上由平均池化、1×1 卷积和一个带有 softmax 激活函数的线性层组成。

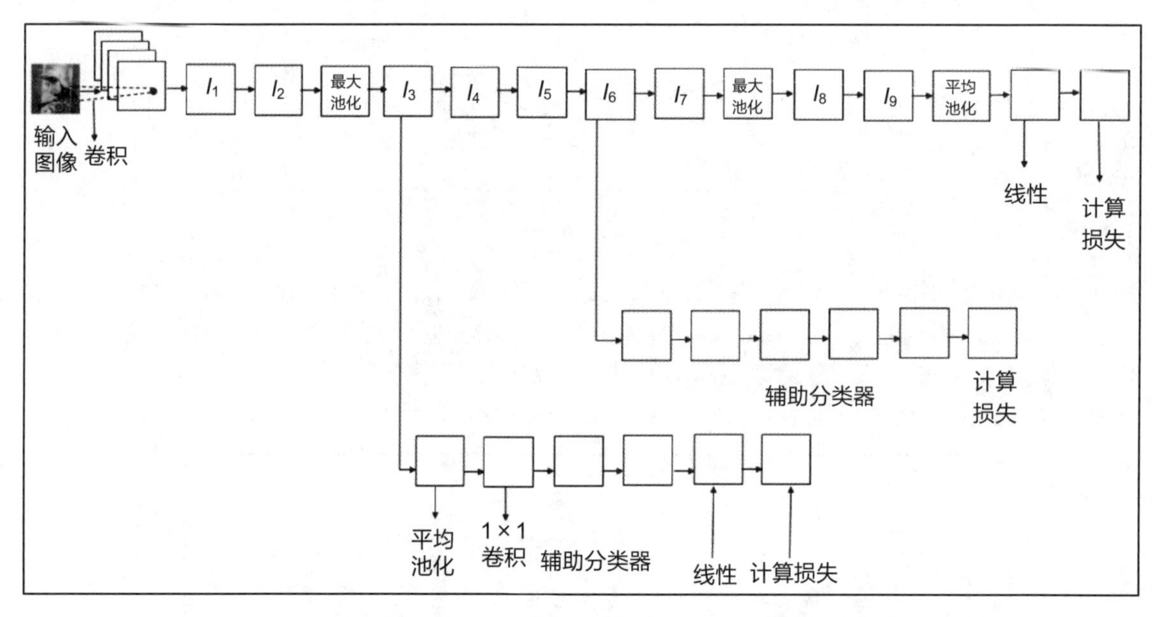

图 6-36

这个中间分类器实际上叫作辅助分类器。因此，inception 网络的最终损失（Loss）是辅助分类器的损失（Auxiliary Loss）和最终分类器的损失（实际损失）（Real Loss）的加权总和，如下所示。

$$\text{Loss} = \text{Real Loss} + 0.3 \times \text{Auxiliary Loss1} + 0.3 \times \text{Auxiliary Loss2}$$

2．Inception v2 和 v3

在本章“进一步的阅读”一节（电子书）中所提到的 Christian Szegedy 所写的 *Going Deeper with Convolutions* 论文中介绍了 Inception v2 和 v3。作者建议利用分解卷积的方法，即将过滤器尺寸较大的卷积层分解为一组过滤器尺寸较小的卷积层。因此，在 inception 块中，具有 5×5 过滤器的卷积层可以被分解为具有 3×3 过滤器的两个卷积层，如图 6-37 所示。使用分解卷积可提高性能和速度。

作者还建议将过滤器尺寸为 $n \times n$ 的卷积层分解为过滤器尺寸为 $1 \times n$ 和 $n \times 1$ 的卷积层堆栈。例如，在图 6-37 中，我们有 3×3 的卷积，现在分解为 1×3 的卷积，然后是 3×1 的卷积，如图 6-38 所示。

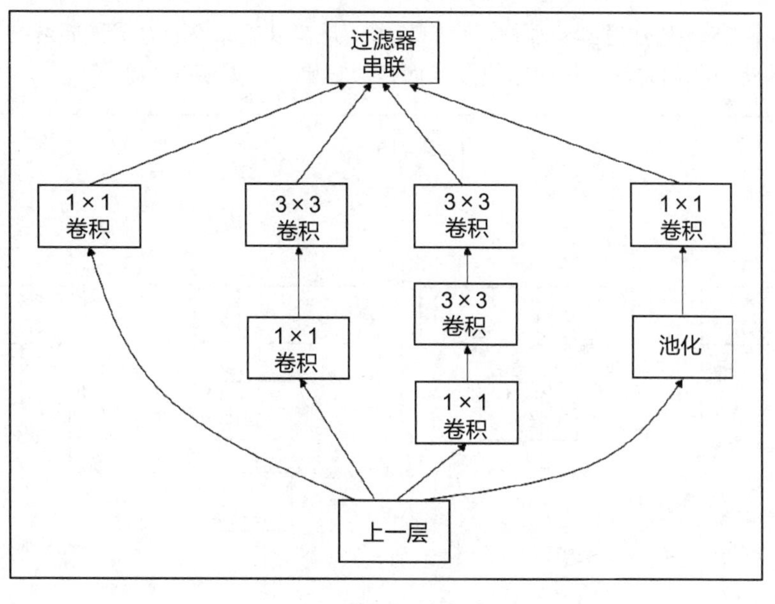
过滤器
串联
1×1
卷积
3×3
卷积
3×3
卷积
1×1
卷积
1×1
卷积
3×3
卷积
池化
1×1
卷积
上一层

图 6-37

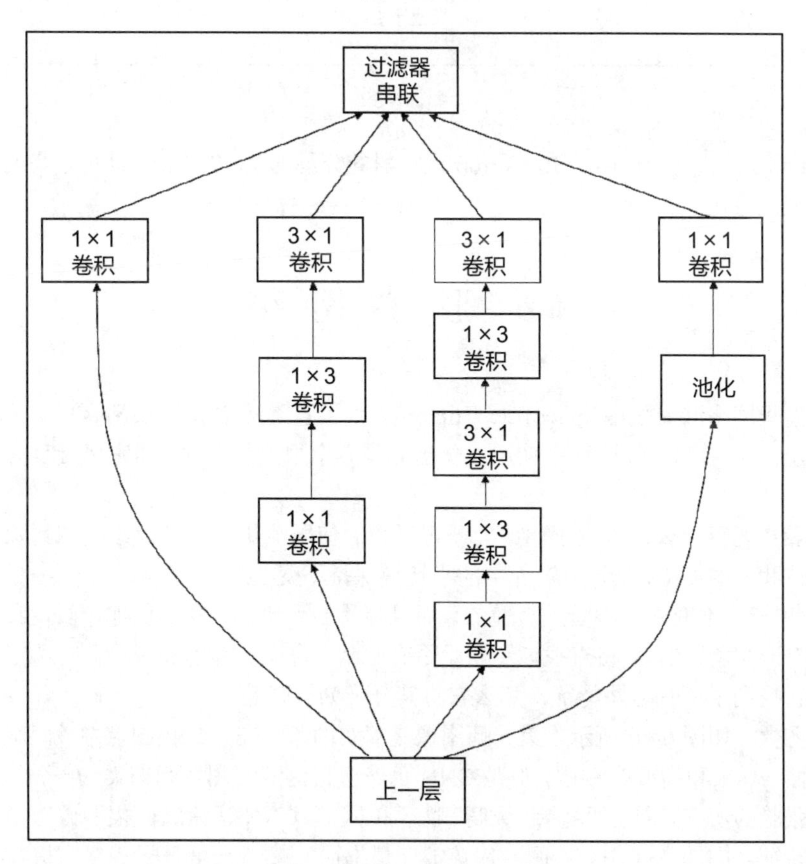
过滤器
串联
1×1
卷积
3×1
卷积
3×1
卷积
1×1
卷积
1×3
卷积
1×3
卷积
池化
3×1
卷积
1×1
卷积
1×3
卷积
1×1
卷积
上一层

图 6-38

正如你在图 6-38 中所注意到的那样，我们基本上是在以更深入的方式扩展网络，而这将导致我们丢失信息。因此，我们并没有让网络更深，而是让它更广，如图 6-39 所示。

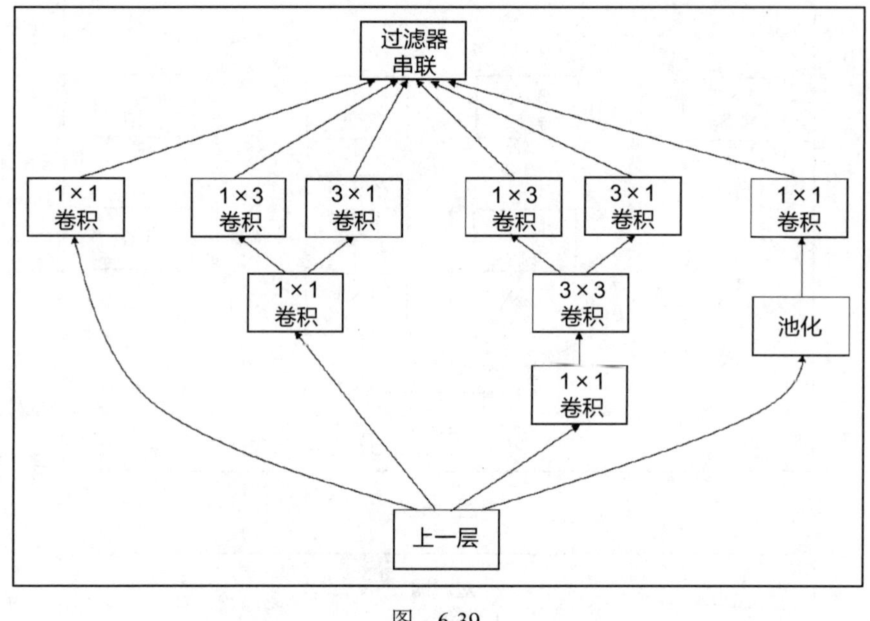

图 6-39

在 Inception v3 中，我们使用带 RMSProp 优化器的分解的 7×7 卷积。此外，我们在辅助分类器中应用了批处理规范化。

6.6 胶囊网络

为了克服卷积网络的局限性，Geoffrey-Hinton 引入了**胶囊网络（CapsNets）**。

Hinton 指出："在卷积神经网络中使用池化运算是一个很大的错误，而它运行良好的事实是一场灾难。"

但是池化操作究竟什么地方出了问题？还记得我们使用池化操作减少维度和删除不需要的信息吗？池化操作使我们的 CNN 表示对输入中的小转换保持不变。

CNN 的这种转换不变性并不总是有益的，而且容易导致错误分类。例如，假设我们需要识别一幅图像中是否有一张脸，CNN 将查找该图像是否有眼睛、鼻子、嘴巴和耳朵。它不在乎它们在哪一个位置。如果它找到了所有这些特征，那么它将其分类为一张脸。

考虑两幅图像，如图 6-40 所示。第一幅图像是真实的脸，在第二幅图像中，眼睛放在左边，一个在另一个上面，耳朵和嘴放在右边。但是 CNN 仍然会将这两幅图片都归类为一张脸，因为这两幅图片都具有一张脸的所有特征，即耳朵、眼睛、嘴巴和鼻子。CNN 认为这两幅图像都由一张脸组成。它不知道每个特征之间的空间关系；眼睛应该放在最上面，接下来是鼻子等。它检查的只是构成面部特征的存在。

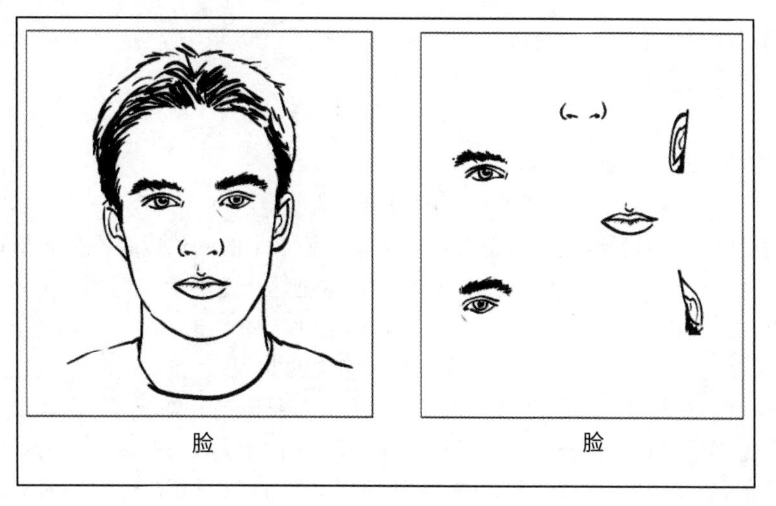

图 6-40

当我们有一个深度网络时，这个问题会变得更糟，因为在深度网络中，特征会变得抽象，而且由于几个池化操作，它的大小也会缩小。

为了克服这一点，Hinton 引入了一种新的网络，称为胶囊网络，它由胶囊而不是神经元组成。与 CNN 一样，胶囊网络通过检查是否存在某些特征对图像进行分类，但除了检测特征外，它还将检查它们之间的空间关系。也就是说，它学习特征的层次结构。以识别一张脸为例，胶囊网络将学习眼睛应该在上面，鼻子应该在中间，然后是嘴巴等。如果图像不遵循此关系，则胶囊网络不会将其分类为人脸，如图 6-41 所示。

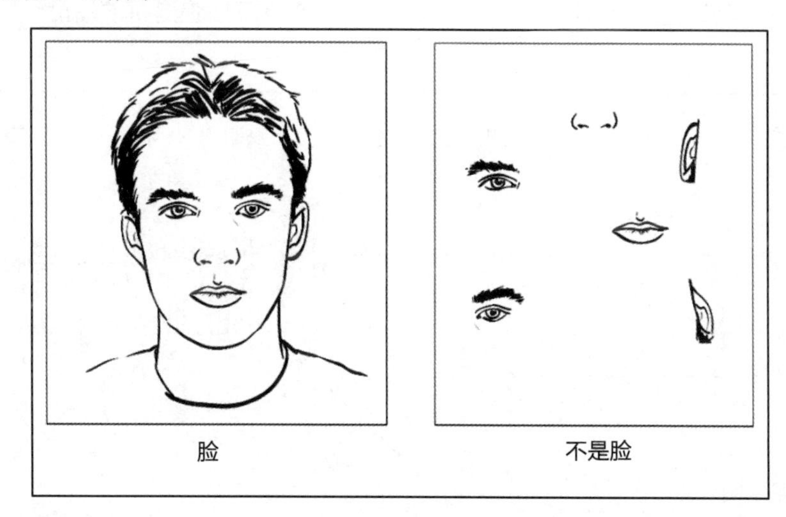

图 6-41

一个胶囊网络是由几个胶囊连接在一起组成的。不过，等一下，那么什么是胶囊呢？

一个胶囊是一组学习检测图像中某个特定特征的神经元，如眼睛。与返回一个标量的神经元不同，胶囊返回一个向量。向量的长度告诉我们一个特定的特征是否存在于给定的位置，并且向量的元素表示特征的属性，如位置、角度等。

假设我们有一个向量 $\boldsymbol{v}$，如下所示。

$$\boldsymbol{v}=[0.3,1.2]$$

向量的长度（length）可以计算如下。

$$\text{length}=\sqrt{(0.3)^2+(1.2)^2}=1.53$$

我们已经知道，向量的长度表示特征存在的概率。但是上面的长度并不代表概率，因为它超过1。所以，我们使用一个叫作挤压函数（squash）的函数把这个值转换成概率（probability）。该挤压函数有一个优点，除了计算概率，它还保留了向量的方向。

$$\text{probability}=\text{squash}(\text{length}(v))$$

就像 CNN 一样，在较低层中的胶囊检测基本特征，包括眼睛、鼻子等，而较高层的胶囊检测高级特征，如整个面部。因此，在较高层中的胶囊从较低层中的胶囊获取输入。为了让更高层的胶囊检测到一张脸，它们不仅要检查鼻子和眼睛等特征的存在，而且还要检查它们的空间关系。

现在我们对什么是胶囊有了基本的了解，我们将更详细地讨论这个问题，看看胶囊网络到底是如何工作的。

6.6.1 理解胶囊网络

假设有两层结构：l 和 $l+1$。l 是下层，并且它有 i 个胶囊；$l+1$ 是上层，并且它有 j 个胶囊。较低层的胶囊将它们的输出发送到较高层的胶囊中。u_i 是下层 l 胶囊的激活函数，v_j 是上层 $l+1$ 胶囊的激活函数。

图 6-42 表示一个胶囊 j，并且正如你所见到的那样，它将下层胶囊 u_i 的输出作为输入并计算其输出 v_j。

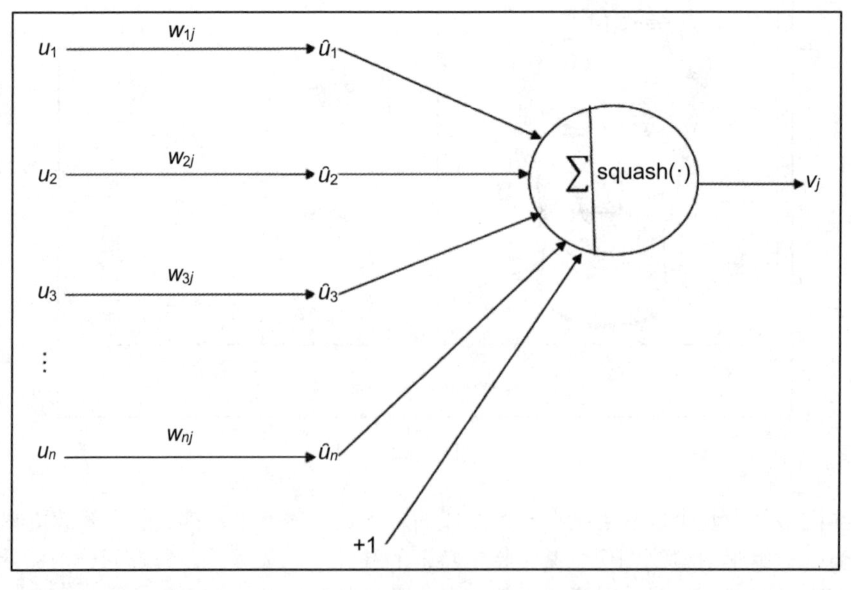

图 6-42

我们将继续学习如何计算 v_j。

6.6.2 计算预测向量

在图 6-42 中，$\boldsymbol{u}_1$、$\boldsymbol{u}_2$ 和 $\boldsymbol{u}_3$ 表示前一个胶囊的输出向量。首先，我们将这些向量乘以权重矩阵，并计算预测向量。

$$\hat{u}_{j|i} = \boldsymbol{W}_{ij} u_i$$

那么我们到底在做什么，什么预测是向量？让我们考虑一个简单的例子。假设胶囊 j 试图预测图像是否有一张脸。我们了解到，较低层的胶囊检测基本特征，并将它们的结果发送给较高层的胶囊。因此，较低层中的胶囊 $\boldsymbol{u}_1$、$\boldsymbol{u}_2$ 和 $\boldsymbol{u}_3$ 检测基本的低级特征，如眼睛、鼻子和嘴巴，并将结果发送给较高层中的胶囊，它检测脸部的胶囊 j。

因此，胶囊 j 将先前的胶囊 $\boldsymbol{u}_1$、$\boldsymbol{u}_2$ 和 $\boldsymbol{u}_3$ 作为输入，并将它们乘以权重矩阵 $\boldsymbol{W}$。

权重矩阵 $\boldsymbol{W}$ 表示低层特征和高层特征之间的空间关系和其他关系。例如，$\boldsymbol{W}_{1j}$ 的权重告诉我们眼睛应该在顶部。$\boldsymbol{W}_{2j}$ 告诉我们鼻子应该在中间。$\boldsymbol{W}_{3j}$ 告诉我们嘴巴应该在底部。请注意，权重矩阵不仅捕获位置（即空间关系），而且还捕获其他关系。

因此，通过将输入乘以权重，我们可以预测人脸的位置。

- $\hat{u}_{j|1} = \boldsymbol{W}_{1j} u_1$ 表示基于眼睛的人脸预测位置。
- $\hat{u}_{j|2} = \boldsymbol{W}_{2j} u_2$ 表示基于鼻子的人脸预测位置。
- $\hat{u}_{j|3} = \boldsymbol{W}_{3j} u_3$ 表示基于嘴的人脸预测位置。

当人脸的所有预测位置都相同，即相互一致时，则可以说图像中包含一张脸。我们使用反向传播学习这些权重。

6.6.3 耦合系数

接下来，我们将预测向量 $\hat{\boldsymbol{u}}_{j|i}$ 乘以耦合系数 c_{ij}。耦合系数存在于任意两个胶囊之间。我们知道较低层的胶囊将它们的输出发送到较高层的胶囊。耦合系数有助于较低层的胶囊理解它必须将其输出发送到较高层的哪个胶囊。

例如，让我们考虑同一个例子，我们试图预测一个图像是否由一张脸组成。c_{ij} 代表 i 和 j 之间的一致性。

c_{1j} 代表眼睛和脸之间的一致性。因为我们知道眼睛在脸上，所以 c_{1j} 值将增加。我们知道，预测向量 $\hat{\boldsymbol{u}}_{j|1}$ 表示基于眼睛的人脸预测位置。**$\hat{\boldsymbol{u}}_{j|1}$ 乘以 c_{1j} 意味着我们增加了眼睛的重要性，因为 c_{1j} 的值很高。**

c_{2j} 代表鼻子和脸之间的一致性。因为我们知道鼻子在脸上，所以 c_{2j} 值将增加。我们知道，预测向量 $\hat{\boldsymbol{u}}_{j|2}$ 表示基于鼻子的人脸预测位置。**$\hat{\boldsymbol{u}}_{j|2}$ 乘以 c_{2j} 意味着我们增加了鼻子的重要性，因为 c_{2j} 的值很高。**

让我们考虑另一个低级特征，如 $\boldsymbol{u}_4$，它检测手指。现在，c_{4j} 代表手指和脸之间的一致性，其值将是低的。将 $\hat{\boldsymbol{u}}_{j|4}$ 乘以 c_{4j} 意味着我们正在降低手指的重要性，因为 c_{4j} 的值很低。

但是这些耦合系数是如何学习的呢？与权重不同的是，耦合系数是在前向传播中学习的，并且它们是使用一种称为动态路由的算法学习的，我们将在 6.6.5 小节中讨论。

将 $\hat{\boldsymbol{u}}_{j|i}$ 乘以 c_{ij} 之后，把它们加起来，计算如下。

$$\vec{s}_j = \hat{\boldsymbol{u}}_{j|1}c_{1j} + \hat{\boldsymbol{u}}_{j|2}c_{2j} + \hat{\boldsymbol{u}}_{j|3}c_{3j}$$

因此，可以把方程式写为

$$\vec{s}_j = \sum_i \hat{\boldsymbol{u}}_{j|i}c_{ij}$$

6.6.4 挤压函数

我们一开始说胶囊 j 试图检测图像中的人脸。因此，我们需要将 $\vec{s}_j$ 转化为概率，以得到图像中存在人脸的概率。

除了计算概率之外，我们还需要保持向量的方向，所以我们使用了一个称为挤压函数的激活函数，具体表示为

$$\vec{v}_j = \frac{\left\|\vec{s}_j\right\|^2}{1+\left\|\vec{s}_j\right\|^2}\frac{\vec{s}_j}{\left\|\vec{s}_j\right\|}$$

现在，$\vec{v}_j$（也称为活动向量）给出了一个给定图像中存在人脸的概率。

6.6.5 动态路由算法

本小节我们将学习动态路由算法是如何计算耦合系数的。引入一个新变量 b_{ij}，它只是一个临时变量，并且与耦合系数 c_{ij} 相同。首先，将 b_{ij} 初始化为 0。它意味着较低层 l 中的胶囊 i 与较高层 $l+1$ 中的胶囊 j 之间的耦合系数为 0。

设 $\vec{b}_i$ 是 b_{ij} 的向量表示。给定预测向量 $\hat{\boldsymbol{u}}_{j|i}$，对于一些 n 次迭代，我们执行以下操作。

（1）对于层 l 中的所有胶囊 i，计算如下。

$$c_i = \text{softmax}(\vec{b}_i)$$

（2）对于层 $l+1$ 中的所有胶囊 j，计算如下。

$$\vec{s}_j = \sum_i \hat{\boldsymbol{u}}_{j|i}c_{ij}$$

$$\vec{v}_j = \frac{\left\|\vec{s}_j\right\|^2}{1+\left\|\vec{s}_j\right\|^2}\frac{\vec{s}_j}{\left\|\vec{s}_j\right\|}$$

（3）对于 l 层中的所有胶囊 i 和 j 中的所有胶囊，b_{ij} 的计算如下。

$$b_{ij} = b_{ij} + \hat{\boldsymbol{u}}_{j|i} \cdot \vec{v}_j$$

以上的方程式必须注意。那就是我们更新耦合系数的地方。点积 $\hat{\boldsymbol{u}}_{j|i} \cdot \vec{v}_j$ 表示较低层胶囊的预测向量 $\hat{\boldsymbol{u}}_{j|i}$ 和较高层胶囊的输出向量 $\vec{v}_j$ 之间的点积。如果点积高，b_{ij} 将增加各自的耦合系数 c_{ij}，这使得 $\hat{\boldsymbol{u}}_{j|i} \cdot \vec{v}_j$ 值更大。

6.6.6 胶囊网络的架构

假设我们的网络正在尝试预测手写数字。我们知道前几层的胶囊检测基本特征，后几层的胶囊检测数字。所以，让我们把前几层的胶囊称为**基本胶囊（Primary Capsules）**，把后几层的胶囊称为**数字胶囊（Digit Capsules）**。

胶囊网络的结构如图 6-43 所示。

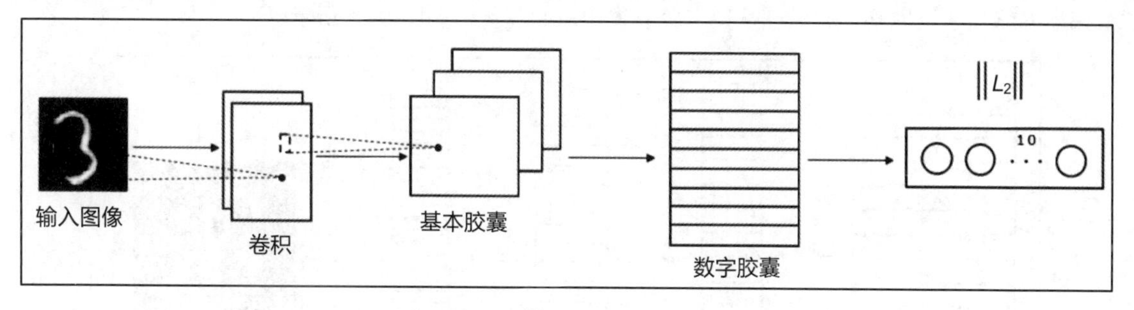

图 6-43

在图 6-43 中，我们可以观察到如下过程。

（1）获取输入图像并将其输入到标准卷积层，并且将该结果称为卷积输入。

（2）将卷积输入馈送到基本胶囊层，就得到了基本胶囊。

（3）使用动态路由算法计算以基本胶囊作为输入的数字胶囊。

（4）数字胶囊由 10 行组成，每行代表预测数字的概率。即，第 1 行表示输入数字为 0 的概率，第 2 行表示输入数字 1 的概率，以此类推。

（5）由于输入图像是前一个图像中的数字 3，因此第 4 行（表示数字 3 的概率）在数字胶囊中会很高。

6.6.7 损失函数

现在我们将探讨胶囊网络的损失函数。损失函数是称为边际损失和重构损失的两个损失函数的加权和。

1. 边际损失

我们了解到，胶囊返回一个向量，而一个向量的长度表示特征存在的概率。假设我们的网络试图识别一幅图像中的手写数字。为了检测给定图像中的多个数字，我们对每个数字胶囊 k 使用边际损失 L_k，如下所示。

$$L_k = T_k \max(0, m^+ - \|v_k\|)^2 + \lambda(1-T_k)\max(0, \|v_k\| - m^-)^2$$

在这里，方程中各项的描述如下。

- $T_k = 1$，如果类 k 的数字存在。

- m 是边距，m^+设置为 0.9，并且 m^-设置为 0.1。
- λ 防止初始学习收缩所有数字胶囊的向量长度，通常设置为 0.5。

总的边际损失（Margin Loss）是所有类 k 损失的总和，如下所示。

$$\text{Margin Loss} = \sum_k T_k$$

2. 重构损失

为了确保网络学习到胶囊中的重要特征，我们使用重构损失函数。这意味着我们使用一个称为解码器网络的 3 层网络，它试图从数字胶囊重构原始图像，如图 6-44 所示。

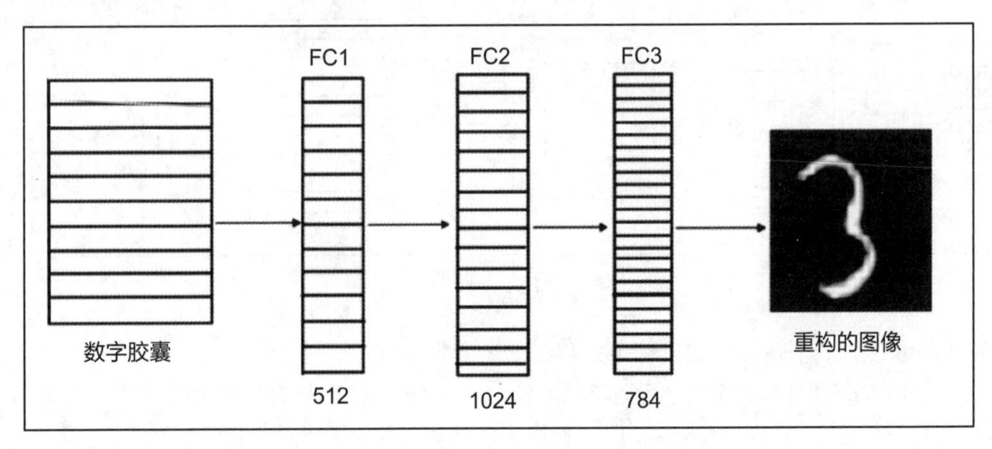

图 6-44

重构损失（Reconstruction Loss）以重构图像（Reconstructed Image）和原始图像（Original Image）之间的平方差给出，如下所示。

$$\text{Reconstruction Loss}=(\text{Reconstructed Image}-\text{Original Image})^2$$

最终损失如下。

$$\text{Loss}=\text{Margin Loss}+\text{alpha} \times \text{Reconstruction Loss}$$

这里，alpha 是一个正则化项，因为我们不希望重构损失比边缘损失有更多的优先级。因此，用 alpha 乘以重构损失以缩小其重要性，而它通常设置为 0.0005。

6.7 在 TensorFlow 中构建胶囊网络

现在我们将学习如何在 TensorFlow 中实现胶囊网络。我们将使用 MNIST 数据集来学习胶囊网络如何识别手写图像。

导入所需的程序库。

```
import warnings
warnings.filterwarnings('ignore')
```

```
import numpy as np
import tensorflow as tf

from tensorflow.examples.tutorials.mnist import input_data
tf.logging.set_verbosity(tf.logging.ERROR)
```

加载 MNIST 数据集。

```
mnist=input_data.read_data_sets("data/mnist",one_hot=True)
```

6.7.1 定义挤压函数

我们了解到，挤压函数将向量的长度转换为概率，其表达式如下。

$$\vec{v}_j = \frac{\left\|\vec{s}_j\right\|^2}{1+\left\|\vec{s}_j\right\|^2}\frac{\vec{s}_j}{\left\|\vec{s}_j\right\|}$$

挤压函数 squash()可定义如下。

```
def squash(sj):
    sj_norm = tf.reduce_sum(tf.square(sj), -2, keep_dims=True)
    scalar_factor = sj_norm / (1 + sj_norm) / tf.sqrt(sj_norm  + epsilon)

    vj = scalar_factor * sj

    return vj
```

6.7.2 定义动态路由算法

现在我们来看看动态路由算法是如何实现的。我们使用与我们在动态路由算法中学习到的相同符号的变量名，这样我们就可以很容易地遵循那些步骤。我们将逐步查看函数中的每一行。你还可以在 GitHub 上查看其完整代码。

首先，定义一个名为 dynamic_routing 的函数，它将前面的胶囊 u_i、耦合系数 b_{ij} 和路由迭代次数 num_routing 作为输入，如下所示。

```
def dynamic_routing(ui, bij, num_routing=10):
```

通过从随机正态分布中提取来初始化 w_{ij} 权重，并用常量值初始化偏差 biases。

```
wij = tf.get_variable('Weight', shape=(1, 1152, 160, 8, 1),
dtype=tf.float32, initializer=tf.random_normal_initializer(0.01))

biases = tf.get_variable('bias', shape=(1, 1, 10, 16, 1))
```

定义基本胶囊 u_i（tf.tile 复制该张量 n 次）。

```
ui = tf.tile(ui, [1, 1, 160, 1, 1])
```

计算预测向量 $\hat{\boldsymbol{u}}_{j|i} = W_{ij}\boldsymbol{u}_i$。

```
u_hat = tf.reduce_sum(wij * ui, axis=3, keep_dims=True)
```

重塑预测向量。

```
u_hat = tf.reshape(u_hat, shape=[-1, 1152, 10, 16, 1])
```

停止预测向量中的梯度计算。

```
u_hat_stopped=tf.stop_gradient(u_hat, name='stop_gradient')
```

对多个路由迭代执行动态路由，如下所示。

```
for r in range(num_routing):
    with tf.variable_scope('iter_' + str(r)):
    #step 1
    cij = tf.nn.softmax(bij, dim=2)
    #step 2
    if r == num_routing - 1:
        sj = tf.multiply(cij, u_hat)
        sj = tf.reduce_sum(sj, axis=1, keep_dims=True) + biases
        vj = squash(sj)
    elif r < num_routing - 1:
        sj = tf.multiply(cij, u_hat_stopped)
        sj = tf.reduce_sum(sj, axis=1, keep_dims=True) + biases
        vj = squash(sj)
        vj_tiled = tf.tile(vj, [1, 1152, 1, 1, 1])
        coupling_coeff = tf.reduce_sum(u_hat_stopped * vj_tiled,axis=3, keep_dims=True)
        #step 3
        bij += coupling_coeff

return vj
```


6.7.3 计算基本胶囊和数字胶囊

现在我们将计算提取基本特征的基本胶囊和识别数字的数字胶囊。

启动 TensorFlow 的 Graph。

```
graph = tf.Graph()
with graph.as_default() as g:
```

定义输入和输出的占位符。

```
x = tf.placeholder(tf.float32, [batch_size, 784])
y = tf.placeholder(tf.float32, [batch_size,10])
x_image = tf.reshape(x, [-1,28,28,1])
```

执行卷积运算并获得卷积输入。

```
with tf.name_scope('convolutional_input'):
    input_data = tf.contrib.layers.conv2d(inputs=x_image, num_outputs=256,
kernel_size=9, padding='valid')
```

计算提取基本特征（如边）的基本胶囊。首先，使用卷积运算计算胶囊。

```
capsules = []

for i in range(8):
with tf.name_scope('capsules_' + str(i)):
#convolution operation
output = tf.contrib.layers.conv2d(inputs=input_data,
num_outputs=32,kernel_size=9, stride=2, padding='valid')
#reshape the output
output = tf.reshape(output, [batch_size, -1, 1, 1])
#store the output which is capsule in the capsules list
capsules.append(output)
```

连接所有胶囊并形成基本胶囊，压缩基本胶囊，并得到概率。

```
primary_capsule = tf.concat(capsules, axis=2)
```

将挤压函数应用于基本胶囊并获得概率。

```
primary_capsule = squash(primary_capsule)
```

使用动态路由算法计算数字胶囊。

```
with tf.name_scope('dynamic_routing'):
    #reshape the primary capsule
    outputs = tf.reshape(primary_capsule, shape=(batch_size, -1, 1,
    primary_capsule.shape[-2].value, 1))

    #initialize bij with 0s
    bij = tf.constant(np.zeros([1,primary_capsule.shape[1].value, 10, 1, 1],
    dtype=np.float32))

    #compute the digit capsules using dynamic routing algorithm which takes
    #the reshaped primary capsules and bij as inputs and returns the activity vector
    digit_capsules = dynamic_routing(outputs, bij)
digit_capsules = tf.squeeze(digit_capsules, axis=1)
```

6.7.4 屏蔽数字胶囊

为什么要屏蔽数字胶囊？我们了解到：为了确保网络已经学习到重要的特征，我们使用了一个称为解码器网络的 3 层网络，它试图从数字胶囊中重构原始图像。如果解码器能够成功地从数字胶囊中重构图像，则意味着网络已经学习到图像的重要特征；否则，网络没有学习到图像的正确特征。

数字胶囊包含所有数字的活动向量。但是解码器只想重构给定的输入数字（输入图像）。因此，我们屏蔽掉除了正确的数字之外的所有数字的活动向量。然后使用这个屏蔽数字胶囊重构给定的输入图像。

```
with graph.as_default() as g:
    with tf.variable_scope('Masking'):
        #select the activity vector of given input image using the actual label y
        and mask out others
        masked_v = tf.multiply(tf.squeeze(digit_capsules), tf.reshape(y, (-1, 10,
        1)))
```

6.7.5 定义解码器

定义用于重构图像的解码器网络。它由 3 个完全连接层组成，如下所示。

```
with tf.name_scope('Decoder'):
    #masked digit capsule
    v_j = tf.reshape(masked_v, shape=(batch_size, -1))

    #first fully connected layer
    fc1 = tf.contrib.layers.fully_connected(v_j, num_outputs=512)

    #second fully connected layer
    fc2 = tf.contrib.layers.fully_connected(fc1, num_outputs=1024)

    #reconstructed image
    reconstructed_image = tf.contrib.layers.fully_connected(fc2, num_outputs=784,
    activation_fn=tf.sigmoid)
```

6.7.6 计算模型的精度

现在开始计算模型的精度。

```
with graph.as_default() as g:
    with tf.variable_scope('accuracy'):
```

计算数字胶囊中每个活动向量的长度。

```
v_length = tf.sqrt(tf.reduce_sum(tf.square(digit_capsules), axis=2,
keep_dims=True) + epsilon)
```

对长度应用 softmax 激活函数并获得概率。

```
softmax_v = tf.nn.softmax(v_length, dim=1)
```

选择概率最大的下标，这将为我们提供预测数字。

```
argmax_idx = tf.to_int32(tf.argmax(softmax_v, axis=1))
predicted_digit = tf.reshape(argmax_idx, shape=(batch_size, ))
```

计算精度。

```
actual_digit = tf.to_int32(tf.argmax(y, axis=1))

correct_pred = tf.equal(predicted_digit,actual_digit)
accuracy = tf.reduce_mean(tf.cast(correct_pred, tf.float32))
```

6.7.7 计算损失

如我们所知，我们计算了两种类型的损失：边际损失和重构损失。

1. 边际损失

我们知道边际损失的计算公式如下。

$$L_k = T_k \max(0, m^+ - \|v_k\|)^2 + \lambda(1 - T_k)\max(0, \|v_k\| - m^-)^2$$

计算左侧最大值和右侧最大值。

```
max_left = tf.square(tf.maximum(0.,0.9 - v_length))
max_right = tf.square(tf.maximum(0., v_length - 0.1))
```

将 T_k 设置为 y。

```
T_k = y

lambda_ = 0.5
L_k = T_k * max_left + lambda_ * (1 - T_k) * max_right
```

计算边际损失总额。

```
margin_loss = tf.reduce_mean(tf.reduce_sum(L_k, axis=1))
```

2. 重构损失

使用以下代码重构并获取原始图像。

```
original_image = tf.reshape(x, shape=(batch_size, -1))
```

计算重构图像和原始图像之间的平方差的平均值。

```
squared = tf.square(reconstructed_image - original_image)
```

计算重构损失。

```
reconstruction_loss = tf.reduce_mean(squared)
```

3. 总损失

定义总损失，即边际损失和重构损失的加权和。

```
alpha = 0.0005
total_loss = margin_loss + alpha * reconstruction_loss
```

使用 Adam 优化器优化损失。

```
optimizer = tf.train.AdamOptimizer(0.0001)
train_op = optimizer.minimize(total_loss)
```

6.7.8 训练胶囊网络

设置 Epoch 数和步数。

```
num_epochs = 100
num_steps = int(len(mnist.train.images)/batch_size)
```

现在开启 TensorFlow 会话并执行培训。

```
with tf.Session(graph=graph) as sess:

    init_op = tf.global_variables_initializer()
    sess.run(init_op)

    for epoch in range(num_epochs):
        for iteration in range(num_steps):
            batch_data, batch_labels = mnist.train.next_batch(batch_size)
            feed_dict = {x : batch_data, y : batch_labels}
            _, loss, acc = sess.run([train_op, total_loss, accuracy],
            feed_dict=feed_dict)
            if iteration%10 == 0:
                print('Epoch: {}, iteration:{}, Loss:{}
                Accuracy:{}'.format(epoch,iteration,loss,acc))
```

你可以看到在各次迭代中损失是怎样减少的。

```
Epoch: 0, iteration:0, Loss:0.55281829834 Accuracy: 0.0399999991059
Epoch: 0, iteration:10, Loss:0.541650533676 Accuracy: 0.20000000298
Epoch: 0, iteration:20, Loss:0.233602654934 Accuracy: 0.40000007153
```

这样，我们就已经一步一步地学习了胶囊网络的工作原理，以及如何在 TensorFlow 中构建胶囊网络。

6.8 总　结

本章我们首先理解了什么是 CNN。我们学习了 CNN 的不同层，如卷积层和池化层，那是从图像中提取重要特征并将其馈送到完全连接层的地方，也是将提取的特征分类的地方。通过对手写数字进行分类，利用 TensorFlow，我们可视化了从卷积层提取的特征。

随后，我们学习了 CNN 的几种架构，包括 LeNet、AlexNet、VGGNet 和 GoogleNet。在本章的最后，我们研究了胶囊网络，这一网络克服了卷积网络的缺点。我们了解了胶囊网络是如何使用动态路由算法对图像进行分类的。

在第 7 章中，我们将研究用于学习文本表示的各种算法。

6.9 问　　题

让我们试着回答以下问题，来评估我们对 CNN 知识的理解。

（1）CNN 的不同层次是什么？

（2）如何定义步幅？

（3）为什么需要填充？

（4）如何定义池化？不同类型的池化操作有哪些？

（5）什么是 VGGNet 的架构？

（6）什么是 inception 网络中的分解卷积？

（7）胶囊网络与 CNN 有何不同？

（8）如何定义挤压函数？

第 7 章

学习文本表示

神经网络只需要数字输入。因此，当我们有文本数据时，我们需要将它们转换成数字或向量表示，并将其输入网络。将输入文本转换为数字形式有多种方法。一些流行的方法包括 Term Frequency-Inverse Document Frequency（TF-IDF）、Bag of Words（BOW）等。然而，这些方法并不能捕捉单词的语义。这意味着这些方法将无法理解单词的含义。

本章中，我们将学习一种称为 word2vec 的算法，它将文本输入转换为有意义的向量。它们学习给定输入文本中每个单词的语义向量表示。我们将从理解 word2vec 模型和两种不同类型的 word2vec 模型——continuous bag-of-words（CBOW）和 skip-gram 模型开始这一章。紧接着，将学习如何使用 gensim 库构建 word2vec 模型，以及如何在 TensorBoard 中可视化高维单词嵌入。

接下来，我们将学习用于学习文档表示的 doc2vec 模型。我们将了解 doc2vec 中两种不同的方法——段落向量分布式内存模型（Paragraph Vector-Distributed Memory Model，PV-DM）和段落向量分布式字包（Paragraph Vector-Distributed Bag of Words，PV-DBOW）。我们还将看到如何使用 doc2vec 执行文档分类。在本章的最后，我们将学习跳跃思维算法和快速思维算法——它们用于学习句子表示。

在本章中，我们将学习以下内容。

- word2vec 模型
- 使用 gensim 构建 word2vec 模型
- 在 TensorBoard 中可视化单词嵌入
- doc2vec 模型
- 使用 doc2vec 查找相似文档
- 跳跃思维算法
- 快速思维算法

7.1 理解 word2vec 模型

word2vec 是生成单词嵌入的最流行和最广泛使用的模型之一。什么是单词嵌入？单词嵌入是单词在向量空间中的向量表示。由 word2vec 模型生成的嵌入捕获一个单词的语法和语义。一个单词具有一个有意义的向量表示有助于神经网络更好地理解这个单词。

例如，让我们考虑以下文本：*Archie used to live in New York, he then moved to Santa Clara. He loves apples and strawberries.*（阿奇以前曾住在纽约，后来搬到了圣克拉拉。他喜欢苹果和草莓。）

word2vec 模型为上面文本中的每个单词生成向量表示。如果我们在嵌入空间中投影并可视化向量，我们可以看到所有相似的单词是如何紧密地绘制在一起的。正如你在图 7-1 中看到的那样，苹果（apples）和草莓（strawberries）这两个词被画得很近，而纽约（New York）和圣克拉拉（Santa Clara）这两个词被画得很近。它们被绘制在一起，因为 word2vec 模型已经了解到苹果（apples）和草莓（strawberries）是类似的实体，即水果；而纽约（New York）和圣克拉拉（Santa Clara）是相似的实体，即城市；因此它们的向量（嵌入）彼此相似，这就是它们之间距离较小的原因所在。

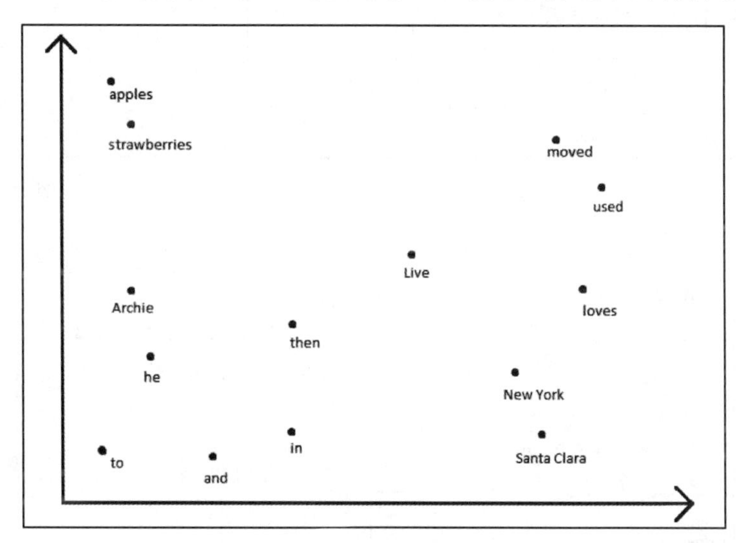

图 7-1

因此，通过 word2vec 模型，我们可以学习一个单词的有意义向量表示，这有助于神经网络理解单词的含义。良好地表达一个单词在各种任务中都有用。因为我们的网络能够理解单词的上下文和句法含义，所以这将扩展到各种用例，如文本摘要、情感分析、文本生成等。

但是 word2vec 模型又是如何学习单词嵌入的呢？有两种类型的 word2vec 模型用于学习单词的嵌入。

- CBOW 模型。
- skip-gram 模型。

我们将深入探讨并了解以上每个模型如何学习一个单词的向量表示。

7.1.1 理解 CBOW 模型

假设我们有一个带有输入层、隐藏层和输出层的神经网络。这个网络的目标是根据它周围的单词来预测一个单词。试图预测的词叫作**目标单词（Target Word）**，围绕目标单词的词叫作**上下文单词（Context Words）**。

使用多少上下文单词预测目标单词？使用一个大小为 n 的窗口来选择上下文单词。如果窗口大小为 2，则使用目标单词前面的两个词和后面的两个词作为上下文单词。

让我们考虑一下这个句子：*The sun rises in the east*（太阳从东方升起），其目标单词是 rises（升起）。如果我们将窗口大小设置为 2，那么我们将单词 the 和 sun（前面的两个单词）以及 in 和 the（后面的两个单词）作为上下文单词，如图 7-2 所示。

所以该网络的输入是上下文单词，而输出是目标单词。如何将这些输入馈送进该网络？神经网络只接收数字输入，我们不能直接将原始上下文单词作为输入馈送进网络中。因此，我们使用一位有效编码技术将给定句子中的所有单词转换为数字形式，如图 7-3 所示。

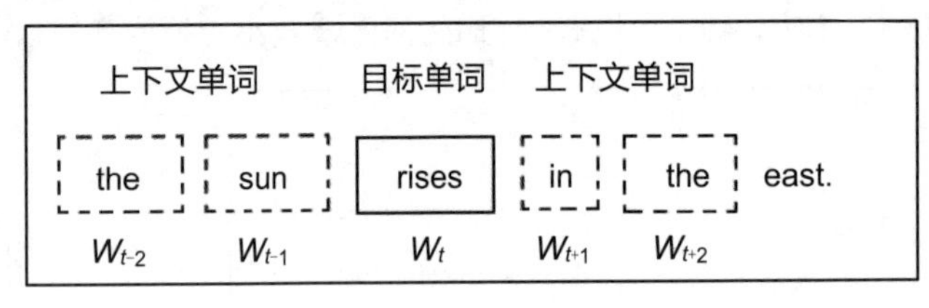

图 7-2

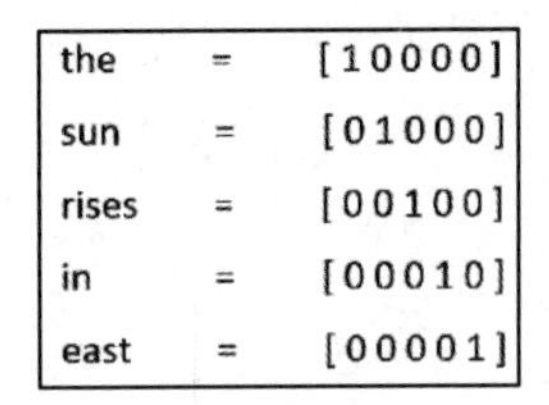

图 7-3

CBOW 模型的架构如图 7-4 所示。正如你所看到的那样，我们将上下文单词 the、sun、in 和 the 作为网络的输入，而它预测的目标单词 rises 作为输出。

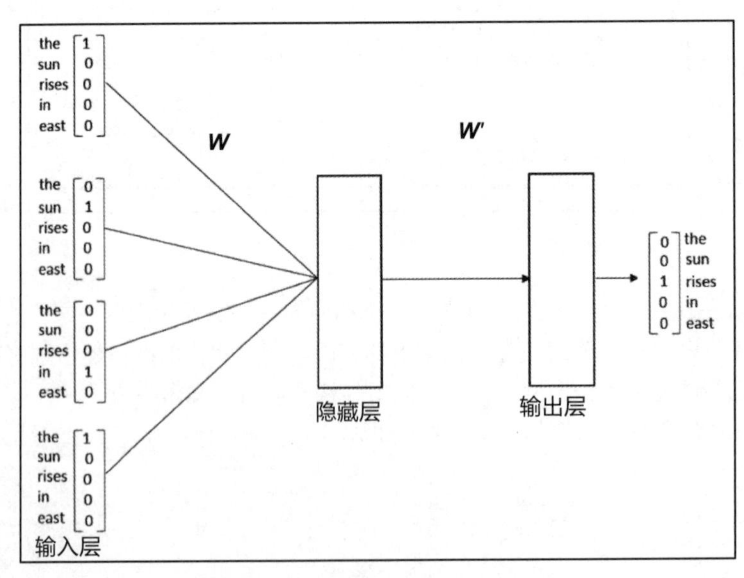

图 7-4

在初始迭代中，网络不能正确预测目标单词。但是经过一系列的迭代，它学会了用梯度下降法预测正确的目标单词。利用梯度下降法对网络权值进行更新，找到最优权值，从而预测出正确的目标单词。

如图 7-4 所示，因为我们有一个输入层、一个隐藏层和一个输出层，所以我们将有两个权重。

- 输入层到隐藏层权重 $\boldsymbol{W}$。
- 隐藏层到输出层权重 $\boldsymbol{W}'$。

在训练过程中，网络将尝试为这两组权重寻找最优值，以便预测正确的目标单词。

结果表明，输入层到隐藏层 $\boldsymbol{W}$ 之间的最优权重形成了单词的向量表示。它们基本上构成了词语的语义。因此，在训练之后，我们只需移除输出层，并在输入层和隐藏层之间获取权重，然后将它们分配给那些相应的单词。

训练之后，如果我们看 $\boldsymbol{W}$ 矩阵，它表示每个单词的嵌入。因此，单词 sun 的嵌入是 [0.0,0.3,0.3,0.6,0.1]，如图 7-5 所示。

$$\boldsymbol{W} = \begin{array}{c} \text{the} \\ \text{sun} \\ \text{rises} \\ \text{in} \\ \text{east} \end{array} \begin{bmatrix} 0.01 & 0.02 & 0.1 & 0.5 & 0.37 \\ 0.0 & 0.3 & 0.3 & 0.6 & 0.1 \\ 0.4 & 0.34 & 0.11 & 0.61 & 0.43 \\ 0.1 & 0.11 & 0.1 & 0.17 & 0.369 \\ 0.33 & 0.4 & 0.3 & 0.17 & 0.1 \end{bmatrix}$$

图 7-5

因此，CBOW 模型学习用给定的上下文单词预测目标单词。它学习使用梯度下降法预测正确的目标单词。在训练过程中，通过梯度下降法更新网络的权值，找到最优权值，从而预测出正确的目标单词。输入层和隐藏层之间的最优权重构成单词的向量表示。因此，在训练之后，我们只需将输入层和隐藏层之间的权重作为向量赋予相对应的单词。

既然对 CBOW 模型有了直观的理解，我们将详细讨论并从数学上学习如何准确地计算单词嵌入。

我们了解到，输入层和隐藏层之间的权重基本上形成了单词的向量表示。但是 CBOW 模型究竟是如何预测目标单词的呢？它又是如何使用反向传播学习最佳权重的呢？让我们在下一小节中进一步研究这些问题。

7.1.2 具有单个上下文单词的 CBOW

我们了解到，在 CBOW 模型中，尝试在给定上下文单词的情况下预测目标单词，因此它将 C 个上下文单词作为输入，并返回一个目标单词作为输出。在单一上下文单词的 CBOW 模型中，我们只有一个上下文单词，即 $C=1$。因此，网络只接收一个上下文单词作为输入，并返回一个目标单词作为输出。

在继续之前，首先让我们熟悉一下符号。在我们的语料库中所有独特的单词都被称为**词汇表**（**Vocabulary**）。考虑到我们在 7.1.1 小节中看到的例子，在那个句子中有 5 个独特的单词：the、sun、rises、in 和 east。这 5 个单词是我们的词汇表。

用 V 表示词汇表的大小（即单词个数），N 表示隐藏层中的神经元个数。我们了解到，我们有一个输入层、一个隐藏层和一个输出层。

- 输入层用 $X=\{x_1,x_2,x_3,\cdots,x_k,\cdots,x_V\}$ 表示。当我们说 x_k 时，它代表词汇表中的第 k 个输入词。
- 隐藏层用 $h=\{h_1,h_2,h_3,\cdots,h_i,\cdots,h_N\}$ 表示。当我们说 h_i 时，它代表隐藏层中的第 i 个神经元。
- 输出层用 $y=\{y_1,y_2,y_3,\cdots,y_j,\cdots,y_V\}$ 表示。当我们说 y_j 时，它代表词汇表中的第 j 个输出词。

输入层到隐藏层权重 $\boldsymbol{W}$ 的维数为 $V\times N$（即词汇表的大小×隐藏层中的神经元数量），并且输出层到隐藏层权重 $\boldsymbol{W}'$的维数为 $N\times V$（即隐藏层中的神经元数量×词汇表的大小）。矩阵元素表示如下。

- W_{ki} 表示输入层的节点 x_k 和隐藏层的节点 h_i 之间的矩阵中的元素；
- W_{ij} 表示隐藏层的节点 h_i 和输出层的节点 y_j 之间的矩阵中的元素。

图 7-6 将有助于我们更清晰地了解这些符号。

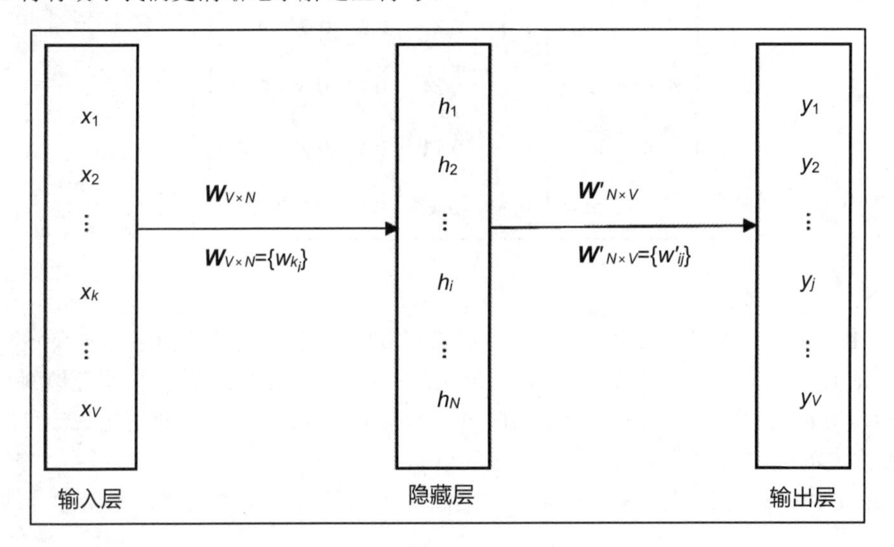

图 7-6

7.1.3 前向传播

为了预测给定上下文单词的目标单词，我们需要执行前向传播。

首先，将输入 X 与隐藏层权重 $\boldsymbol{W}$ 的输入相乘：

$$h = X\boldsymbol{W}^{\mathrm{T}}$$

我们知道每个输入字都是一位有效编码，所以当我们用 X 乘以 $\boldsymbol{W}$ 时，基本上得到 $\boldsymbol{W}$ 到 h 的第 k 行。因此，可以直接写成如下方程式：

$$h = \boldsymbol{W}_{(k,.)}$$

$W_{(k,.)}$ 意味着输入字的向量表示。让我们用 Z_{w_I} 表示输入单词 w_I 的向量表示。所以，上面的方程可以写成

$$h = Z_{w_I} \tag{7-1}$$

现在我们在隐藏层 h 中，并且我们有另一组权重，这是隐藏层到输出层的权重 W'。我们知道在词汇表中有 V 个单词，并且需要计算每个单词成为目标单词的概率。

用 u_j 表示词汇表中第 j 个单词作为目标单词的分数。通过将隐藏层 h 的值与隐藏层到输出层的权重 W'相乘计算得分（分数）u_j。因为要计算单词 j 的分数，所以将隐藏层 h 与矩阵 W'_{ij} 的第 j 列相乘：

$$u_j = W_{ij}'^{\mathrm{T}} \cdot h$$

权重矩阵 W'_{ij} 的第 j 列基本上表示单词 j 的向量表示。用 $Z'_{w_j^{\mathrm{T}}}$ 来表示第 j 列单词的向量表示。因此，上面的方程可以写成

$$u_j = Z'_{w_j^{\mathrm{T}}} \cdot h \tag{7-2}$$

将式（7-1）代入式（7-2）中，可以写出

$$u_j = Z'_{w_j^{\mathrm{T}}} \cdot Z_{w_i}$$

你能推断出上面的等式是什么意思吗？可以说是计算输入上下文单词表示 Z_{w_i} 和词汇表中第 j 个单词表示 $Z'_{w_j^{\mathrm{T}}}$ 之间的点积。

计算任意两个向量之间的点积有助于我们理解它们有多相似。因此，计算 Z_{w_i} 和 $Z'_{w_j^{\mathrm{T}}}$ 之间的点积可以告诉我们词汇表中的第 j 个单词与输入上下文单词有多相似。因此，当第 j 个单词在词汇表中的得分 u_j 很高时，就意味着第 j 个单词与给定的输入单词相似，即它是目标单词。类似地，当第 j 个单词在词汇表中的得分 u_j 很低时，就意味着第 j 个单词与给定的输入单词不相似，即它不是目标单词。

因此，u_j 基本上给了我们一个单词 j 作为目标单词的分数。但是我们没有把 u_j 作为原始分数，而是把它们转换成概率。softmax 函数的值限制在 0～1 之间，所以可以使用 softmax 函数将 u_j 转换为概率。

可以按如下形式写出输出：

$$y_j = \frac{\exp(u_j)}{\sum_{j'=1}^{V} \exp(u'_j)} \tag{7-3}$$

在这里，y_i 告诉我们给定一个输入上下文单词，单词 j 到目标单词的概率。我们计算在词汇表中所有单词的概率，并选择概率较高的单词作为目标单词。

我们的目标函数是什么？也就是说，我们如何计算损失？

我们的目标是找到正确的目标词。假设 y_j^* 表示正确目标词的概率。因此，我们需要最大化这个概率。

$$\max y_j^*$$

不是最大化这个原始概率，而是最大化对数概率。

$$\max \log(y_j)^*$$

但是为什么要最大化对数概率而不是原始概率呢？因为机器在表示一个分数的浮点上有局限性，当将许多概率相乘时，它将导致一个无穷小的值。因此，为了避免这种情况，我们使用对数概率，这将确保数值的稳定性。

现在我们有了一个最大化目标，需要将其转化为一个最小化目标，这样就可以应用我们最喜欢的梯度下降算法最小化目标函数。怎样才能把最大化目标变成最小化目标呢？可以简单地添加上负号。所以我们的目标函数是

$$\max -\log(y_j^*)$$

损失函数为

$$L = -\log(y_j^*) \tag{7-4}$$

将式（7-3）代入式（7-4），可以得到

$$L = -\log\left(\frac{\exp(u_j^*)}{\sum_{j'=1}^{V}\exp(u'_j)}\right)$$

根据对数商规则，log(*a*/*b*)=log(*a*) – log(*b*)，可以将上面的公式改写成

$$L = -(\log(\exp u_{j^*}) - \log(\sum_{j'=1}^{V}\exp u'_j))$$

$$= -\log(\exp u_{j^*}) + \log(\sum_{j'=1}^{V}\exp u'_j)$$

log 和 exp 可以互相抵消，所以可以在第一项中取消 log 和 exp，最终的损失函数变成

$$L = -u_{j^*} + \log(\sum_{j'=1}^{V}\exp u'_j)$$

7.1.4 反向传播

我们使用梯度下降算法最小化损失函数。因此，我们对网络进行反向传播，计算损失函数相对于权重值的梯度，并更新权重值。我们有两组权重，输入层到隐藏层权重 $\boldsymbol{W}$ 和隐藏层到输出层权重 $\boldsymbol{W}'$。计算相对于这两个权重的损失梯度，并根据权重更新规则进行更新。

$$\boldsymbol{W} = \boldsymbol{W} - \alpha\frac{\partial L}{\partial \boldsymbol{W}}$$

$$\boldsymbol{W}' = \boldsymbol{W}' - \alpha\frac{\partial L}{\partial \boldsymbol{W}'}$$

为了更好地理解反向传播，让我们回顾一下前向传播中涉及的步骤。

$$h = X\boldsymbol{W}^{\mathrm{T}}$$

$$u_j = \boldsymbol{W}_{ij}'^{\mathrm{T}} \cdot h$$

$$L = -u_{j^*} + \log\left(\sum_{j'=1}^{V}\exp u'_j\right)$$

首先，计算相对于隐藏层到输出层 $\boldsymbol{W}'$ 的损失梯度。我们不能直接从 L 计算相对于 $\boldsymbol{W}'$ 的损失梯

度 L，因为损失函数 L 中没有 $\boldsymbol{W}'$项，所以我们应用链式法则。

$$\frac{\partial L}{\partial \boldsymbol{W}'_{ij}}=\frac{\partial L}{\partial u_j}\cdot\frac{\partial u_j}{\partial \boldsymbol{W}'_{ij}}$$

📖注释：

请参考前向传播方程，以理解如何计算导数。

第一项的导数如下。

$$\frac{\partial L}{\partial u_j}=e_j \tag{7-5}$$

这里，e_j 是误差项，它是实际单词和预测单词之间的差。

现在，来计算第二项的导数。

因为 $u_j=\boldsymbol{W}'^{\mathrm{T}}_{ij}\cdot h$，所以第二项的导数如下。

$$\frac{\partial u_j}{\partial \boldsymbol{W}'_{ij}}=h$$

因此，损失 L 相对于 $\boldsymbol{W}'$的梯度如下所示。

$$\frac{\partial L}{\partial \boldsymbol{W}'_{ij}}=e_j\cdot h$$

现在，计算相对于输入层到隐藏层权重 $\boldsymbol{W}$ 的梯度。不能直接从 L（的公式中）计算导数，因为 L（的公式）中没有 $\boldsymbol{W}$ 项，所以应用链式法则如下。

$$\frac{\partial L}{\partial \boldsymbol{W}_{ki}}=\frac{\partial L}{\partial h_i}\cdot\frac{\partial h_i}{\partial \boldsymbol{W}_{ki}}$$

为了计算上面方程中第一项的导数，再次应用链式法则，因为不能直接从 L（的公式中）计算 L 相对于 h_i 的导数：

$$\frac{\partial L}{\partial h_i}=\sum_{j=1}^{V}\frac{\partial L}{\partial u_j}\cdot\frac{\partial u_j}{\partial h_i}$$

从式（7-5），可以得出

$$\frac{\partial L}{\partial h_i}=\sum_{j=1}^{V}e_j\cdot\frac{\partial u_j}{\partial h_i}$$

因为 $u_j=\boldsymbol{W}'^{\mathrm{T}}_{ij}\cdot h$，将其代入以上的方程，可以得到

$$\frac{\partial L}{\partial h_i}=\sum_{j=1}^{V}e_j\cdot\boldsymbol{W}'_{ij}$$

不用总和，可以将以上方程写成

$$\frac{\partial L}{\partial h_i}=LH^{\mathrm{T}}$$

LH^{T} 表示词汇表中所有单词的输出向量（权重乘以它们的预测误差）之和。

现在来计算第二项的导数。

因为 $h=XH^{\mathrm{T}}$，所以第二项的导数如下。

$$\frac{\partial h_i}{\partial \boldsymbol{W}_{ki}} = \boldsymbol{X}$$

因此，损失 L 相对于 W 的梯度如下所示。

$$\frac{\partial L}{\partial \boldsymbol{W}_{ki}} = LH^{\mathrm{T}} \cdot X$$

因此，权重更新方程变成如下形式：

$$\boldsymbol{W} = \boldsymbol{W} - \alpha LH^{\mathrm{T}} \cdot X$$

$$\boldsymbol{W}' = \boldsymbol{W}' - \alpha e_j \cdot h$$

我们使用上面的方程更新网络的权重值，并在训练期间获得最佳权重值。对隐藏层权重的最佳输入成为词汇表中单词的向量表示。

Single_context_CBOW 的 Python 程序代码如下。

```
def Single_context_CBOW(x, label, W1, W2, loss):

    #forward propagation
    h = np.dot(W1.T, x)
    u = np.dot(W2.T, h)
    y_pred = softmax(u)

    #error
    e = -label + y_pred

    #backward propagation
    dW2 = np.outer(h, e)
    dW1 = np.outer(x, np.dot(W2.T, e))

    #update weights
    W1 = W1 - lr * dW1
    W2 = W2 - lr * dW2

    #loss function
    loss += -float(u[label == 1]) + np.log(np.sum(np.exp(u)))

    return W1, W2, loss
```

7.1.5 具有多个上下文单词的 CBOW

我们已经理解了 CBOW 模型以单个单词作为上下文的工作方式，本小节我们将看到当将多个单词作为上下文单词时这一模型将如何工作。以多个输入单词作为上下文的 CBOW 架构如图 7-7 所示。

以多个单词作为上下文和以单个单词作为上下文之间没有太大的区别。主要区别在于，以多个上下文单词作为输入时，取所有输入上下文单词的平均值。也就是说，作为第一步，我们前向传播网络，并通过将输入 X 和权重 $\boldsymbol{W}$ 相乘计算 h 的值（正如我们在 7.1.2 小节中看到的那样）。

$$h = XH^{\mathrm{T}}$$

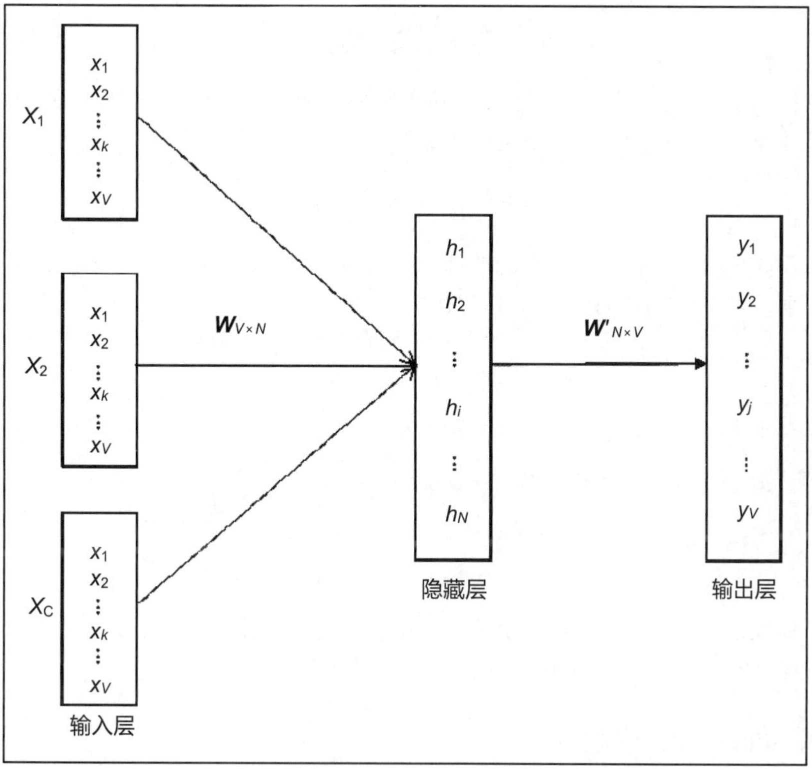

图 7-7

但是，在这里，由于有多个上下文单词，我们将有多个输入（即 $X_1, X_2,\cdots,X_C$），其中 C 是上下文单词的数量，而我们只需取它们的平均值并乘以权重矩阵，如下所示。

$$h = \frac{X_1 + X_2 + \cdots + X_C}{C}\boldsymbol{W}^{\mathrm{T}}$$

$$h = \frac{1}{C}(X_1\boldsymbol{W}^{\mathrm{T}} + X_2\boldsymbol{W}^{\mathrm{T}} + \cdots + X_C\boldsymbol{W}^{\mathrm{T}})$$

与我们在 7.1.2 小节中所学到的类似，$X_1\boldsymbol{W}^{\mathrm{T}}$ 表示输入上下文单词 w_1 的向量表示。$X_2\boldsymbol{W}^{\mathrm{T}}$ 表示输入单词 w_2 的向量表示，以此类推。

我们用 Z_{w_1} 表示输入上下文单词 w_1，用 Z_{w_2} 表示输入上下文单词 w_2，以此类推。因此，可以将上面的等式改写为

$$h = \frac{1}{C}(Z_{w_1} + Z_{w_2} + \cdots + Z_{w_c}^{\mathrm{T}}) \tag{7-6}$$

这里，C 表示上下文单词的数量。

计算 u_j 的值与我们在 7.1.4 小节中看到的相同。

$$u_j = Z'_{w_j^{\mathrm{T}}} \cdot h \tag{7-7}$$

这里，$Z'_{w_j^{\mathrm{T}}}$ 表示词汇表中第 j 个单词的向量表示。

将式（7-6）代入式（7-7）中，可以得到

$$u_j = Z'^{\mathrm{T}}_{w_j} \cdot \frac{1}{C}(Z_{w_1} + Z_{w_2} + \cdots + Z^{\mathrm{T}}_{w_c})$$

上面的方程式给出了 j 个单词之间在词汇中的相似性和给定输入上下文单词的平均表示形式。

其损失函数与我们在单个单词上下文中所看到的相同，如下所示。

$$L = -u_{j^*} + \log\left(\sum_{j'=1}^{V} \exp u'_j\right)$$

现在，在反向传播中存在一个小小的差别。在反向传播中，计算梯度并根据权重更新规则更新权重。回想一下，在 7.1.4 小节中，我们是这样更新权重的：

$$\boldsymbol{W} = \boldsymbol{W} - \alpha L H^{\mathrm{T}} \cdot X$$

$$\boldsymbol{W}' = \boldsymbol{W}' - \alpha e_j \cdot h$$

因为这里有多个上下文单词作为输入，所以在计算 $\boldsymbol{W}$ 时取上下文单词的平均值。

$$\boldsymbol{W} = \boldsymbol{W} - \alpha L H^{\mathrm{T}} \cdot \frac{X_1 + X_2 + \cdots + X_C}{C}$$

计算 W' 与我们在上一小节中看到的相同。

$$\boldsymbol{W}' = \boldsymbol{W}' - \alpha e_j \cdot h$$

因此，简单地说，在多单词语境（上下文）中，我们只需要取多个上下文输入单词的平均值，然后像在 CBOW 的单个单词上下文中一样构建模型即可。

7.1.6 理解 skip-gram 模型

现在，让我们看看另一种有趣的 word2vec 模型，该模型称为 skip-gram。skip-gram 只是 CBOW 模型的反转。也就是说，在 skip-gram 模型中，我们试图在给定目标单词作为输入的情况下预测上下文单词。如图 7-8 所示，我们注意到目标词为 rises，我们需要预测上下文单词 the、sun、in 和 the。

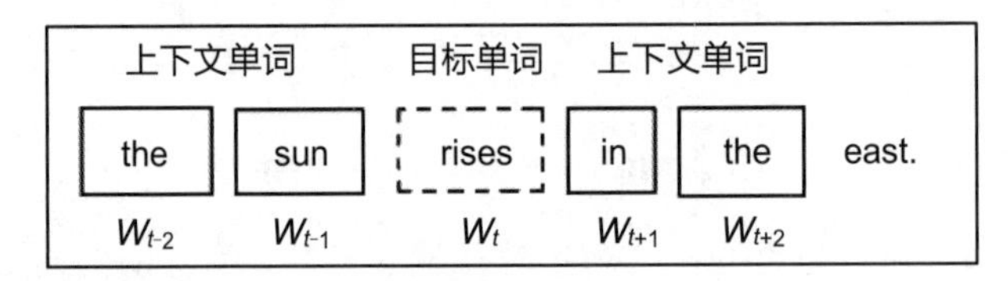

图 7-8

与 CBOW 模型类似，我们使用窗口大小确定需要预测多少上下文单词。skip-gram 模型的架构如图 7-9 所示。

正如我们可以看到的那样，它以单个目标单词作为输入，并尝试预测多个上下文单词。

在 skip-gram 模型中，我们试图根据目标单词预测若干个上下文单词。因此，它将一个目标单词作为输入，并返回 C 个上下文单词作为输出。因此，在训练 skip-gram 模型来预测上下文单词之后，输入层到隐藏层之间的权重 $\boldsymbol{W}$ 就变成了单词的向量表示，就像在 CBOW 模型中所看到的那样。

既然已经对 skip-gram 模型有了基本的理解，那就进一步深入研究一下细节并学习它是如何工作的吧。

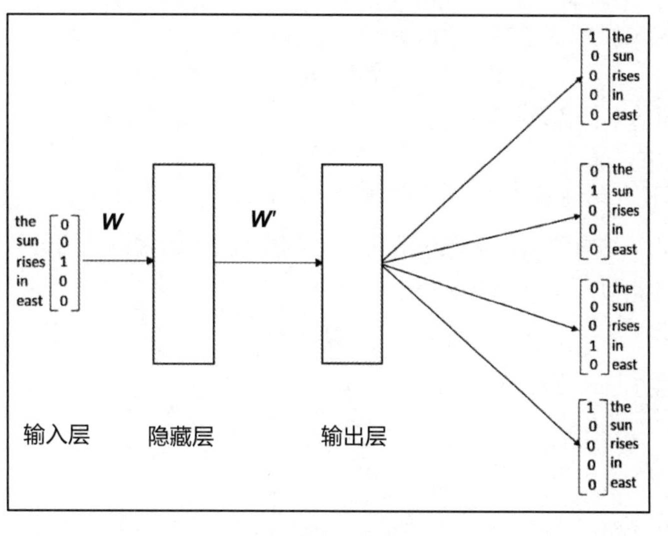

图 7-9

7.1.7 skip-gram 中的前向传播

首先，我们将理解前向传播如何在 skip-gram 模型中工作。让我们使用 CBOW 模型中使用的相同符号。skip-gram 模型的架构如图 7-10 所示。如你所见，我们只将一个目标单词作为 X 输入，而它将返回 C 个上下文单词作为输出 Y。

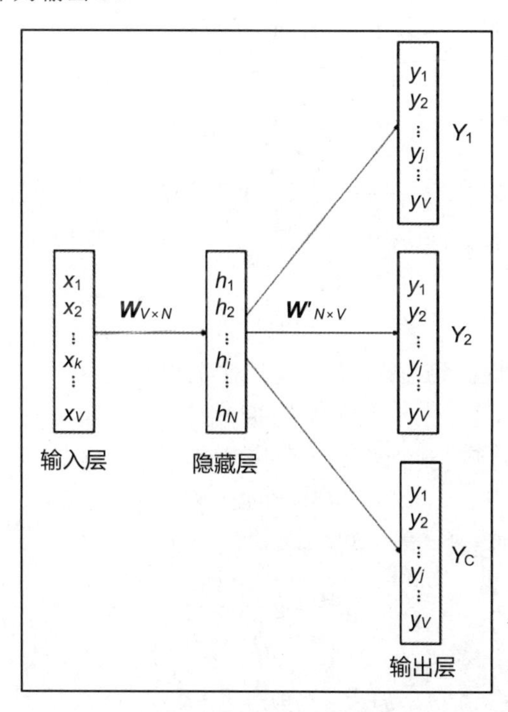

图 7-10

与我们在 CBOW（在 7.1.3 小节）中所看到的类似，首先将输入 X 乘以输入层到隐藏层的权重 $\boldsymbol{W}$：

$$h = X\boldsymbol{W}^{\mathrm{T}}$$

可以直接将上面的方程式改写为

$$h = Z_{w_I}$$

这里，Z_{w_I} 表示输入单词 w_I 的向量表示。

接下来，计算 u_j，这意味着词汇表中的第 j 个单词和输入的目标单词之间的相似度。与我们在 CBOW 模型中看到的相似，u_j 可以表示为

$$u_j = \boldsymbol{W}_{ij}'^{\mathrm{T}} \cdot h$$

可以直接将上述方程式改写为

$$u_j = Z'_{w_j^{\mathrm{T}}} \cdot h$$

这里，$Z'_{w_j^{\mathrm{T}}}$ 表示单词 j 的向量表示。

但是，与 CBOW 模型不同的是：在 CBOW 模型中我们只预测了一个目标词，而这里我们预测的是 C 个上下文单词。所以，可以把上面的方程改写为

$$u_{c,j} = Z'_{w_j^{\mathrm{T}}} \cdot h,\ c = 1, 2, 3, \cdots, C$$

因此，$u_{c,j}$ 表示词汇表中第 j 个单词的分数为上下文单词 C，也就是：

- $u_{1,j}$ 表示单词 j 作为第一个上下文单词的分数。
- $u_{2,j}$ 表示单词 j 作为第二个上下文单词的分数。
- $u_{3,j}$ 表示单词 j 作为第三个上下文单词的分数。

因为想把分数转换成概率，所以应用 softmax 函数并计算 $y_{c,j}$：

$$y_{c,j} = \frac{\exp(u_{c,j})}{\sum_{j'=1}^{V} \exp(u_{j'})} \tag{7-8}$$

在这里，$y_{c,j}$ 表示词汇表中的第 j 个单词成为上下文单词 C 的可能性。

现在，来看看如何计算损失函数。用 $y_{c,j}^*$ 表示上下文单词正确的概率。所以，需要最大化这个概率。

$$\max y_{c,j}^*$$

不是最大化原始概率，取而代之的是最大化其对数的概率。

$$\max \log(y_{c,j}^*)$$

与我们在 CBOW 模型中所看到的类似，通过添加负号将其转换为最小化目标函数。

$$\min -\log(y_{c,j}^*)$$

将式（7-8）代入以上方程式，可以得到：

$$L = -\log \frac{\exp(u_{c,j^*})}{\sum_{j'=1}^{V} \exp(u_{j'})}$$

因为有 C 个上下文单词，所以按如下方程取概率之和的乘积。

$$L=-\log\prod_{c=1}^{C}\frac{\exp(u_{c,j^*})}{\sum_{j'=1}^{V}\exp(u_{j'})}$$

所以，根据对数法则，重写上面的方程，最终损失函数变为

$$L=-\sum_{c=1}^{C}u_{c,j^*}+C\cdot\log\sum_{j'=1}^{V}\exp(u_{j'})$$

看看 CBOW 和 skip-gram 模型的损失函数。你或许会注意到 CBOW 损失函数和 skip-gram 损失函数之间的唯一区别是添加了上下文单词（个数）C。

7.1.8　skip-gram 中的反向传播

我们使用梯度下降算法最小化损失函数。因此，我们对网络进行反向传播，计算损失函数相对于权重值的梯度，并根据权值更新规则更新权值。

首先，计算相对于隐藏层到输出层 $\boldsymbol{W}'$的损耗梯度。我们不能直接从 L 中计算损失相对于 $\boldsymbol{W}'$的导数，因为 L 中没有 $\boldsymbol{W}'$项，所以应用链式法则，如下所示。这与我们在 CBOW 模型中看到的基本相同，只是这里我们将所有上下文单词累加起来。

$$\frac{\partial L}{\partial \boldsymbol{W}'_{ij}}=\sum_{c=1}^{C}\frac{\partial L}{\partial u_{c,j}}\cdot\frac{\partial u_{c,j}}{\partial \boldsymbol{W}'_{ij}}$$

首先，计算第一项。

$$\frac{\partial L}{\partial u_j}=e_{c,j}$$

$e_{c,j}$ 是误差项，它是实际单词和预测单词之间的差。为了简单起见，可以将所有上下文单词的总和写成

$$\mathrm{EI}_J=\sum_{c=1}^{C}e_{c,j}$$

所以，可以说

$$\frac{\partial L}{\partial u_j}=\mathrm{EI}_j$$

现在，来计算第二项。因为 $u_j=\boldsymbol{W}_{ij}'^{\mathrm{T}}\cdot h$，所以可以写

$$\frac{\partial u_j}{\partial \boldsymbol{W}'_{ij}}=h$$

因此，损失 L 相对于 W'的梯度如下所示。

$$\frac{\partial L}{\partial \boldsymbol{W}'_{ij}}=\mathrm{EI}_j\cdot h$$

现在，计算相对于输入层到隐藏层权重 W 的损失梯度。它很简单，与我们在 CBOW 模型中看到的完全相同。

$$\frac{\partial L}{\partial \boldsymbol{W}_{ki}}=\frac{\partial L}{\partial h_i}\cdot\frac{\partial h_i}{\partial \boldsymbol{W}_{ki}}$$

因此，损失 L 相对于 W 的梯度如下所示。

$$\frac{\partial L}{\partial \boldsymbol{W}_{ki}} = LH^{\mathrm{T}} \cdot X$$

计算梯度之后，将权重 $\boldsymbol{W}$ 和 $\boldsymbol{W}'$ 更新为

$$\boldsymbol{W}' = \boldsymbol{W}' - \alpha \mathrm{EI}_j \cdot h$$

$$\boldsymbol{W} = \boldsymbol{W} - \alpha LH^{\mathrm{T}} \cdot X$$

因此，在训练网络的同时，使用上面的方程更新网络的权重值并获得最优权重值。输入层到隐藏层之间的最佳权重 $\boldsymbol{W}$ 成为词汇表中单词的向量表示。

7.1.9 各种训练策略

现在，我们将研究不同的训练策略，这些策略可以优化和提高 word2vec 模型的效率。

1. 分层 softmax

在 CBOW 和 skip-gram 模型中，都使用了 softmax 函数计算一个单词出现的概率。但是使用 softmax 函数计算概率在计算上的代价是昂贵的。例如，我们正在构建一个 CBOW 模型，计算词汇表中的第 j 个单词成为目标词的概率为

$$y_i = \frac{\exp(u_j)}{\sum_{j'=1}^{V} \exp(u'_j)}$$

如果你看上面的方程式，我们基本上是用词汇表中所有单词 u'_j 的指数来驱动 u_j 的指数。复杂度是 $O(V)$，其中 V 是词汇表的大小。当我们训练 word2vec 模型的词汇表包含数百万个单词时，它的计算开销肯定会很高。因此，为了解决这个问题，我们没有使用 softmax 函数，而是使用分层 softmax 函数。

分层 softmax 函数使用了一个 Huffman 二叉搜索树，这大大降低了复杂度到 $O(\log_2 V)$。在分层 softmax 中，将输出层替换为二叉搜索树，如图 7-11 所示。

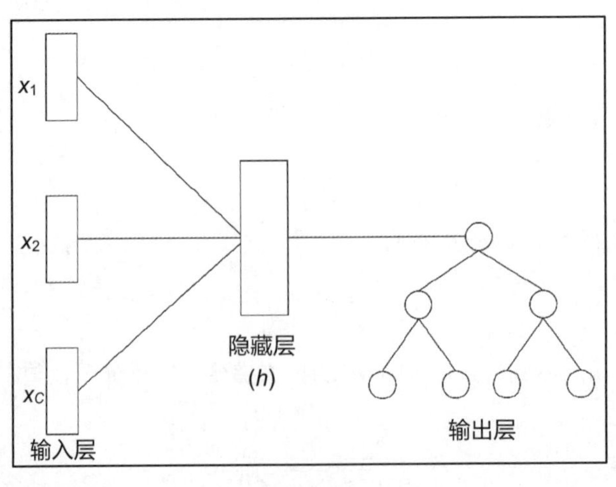

图 7-11

树中的每个叶节点表示词汇表中的一个单词，并且所有中间节点表示其子节点的相对概率。

在给定一个上下文单词的情况下，怎样计算目标词的概率呢？我们只是通过决定是左转（left）还是右转（right）来遍历这棵树。如图 7-12 所示，给定上下文单词 C，单词 flew 成为目标单词的概率计算为沿路径概率的乘积：

$$p(\text{flew} \mid c) = p_{n_0}(\text{left} \mid c) p_{n_1}(\text{right} \mid c)$$

$$p(\text{flew} \mid c) = 0.6 \times 0.8 = 0.48$$

目标单词的概率如图 7-12 所示。

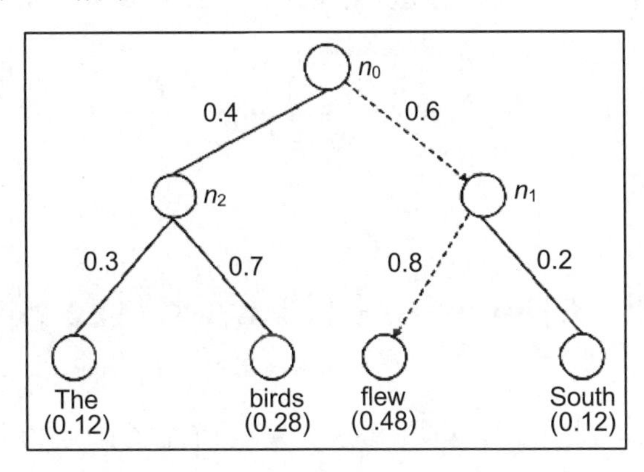

图 7-12

但是如何计算这些概率呢？每个节点 n 都有一个与其相关联的嵌入（如 v_n'）。为了计算节点的概率，我们将节点的嵌入 v_n' 乘以隐藏层值 h，然后应用 sigmoid 函数。例如，给定上下文单词 C，节点 n 右转的概率计算为

$$p(\text{right} \mid n, c) = \sigma(v_n' \cdot h)$$

一旦我们计算了右转的概率，就可以简单地从 1 中减去右转的概率计算左转的概率。

$$p(\text{left} \mid n, c) = 1 - p(\text{right} \mid n, c)$$

如果我们求所有叶节点的概率之和，那么它等于 1，这意味着我们的树已经标准化了，而要找到一个单词的概率，我们只需要计算 $\log_2$ 个节点。

2．否定采样

假设我们正在构建一个 CBOW 模型，并且我们有一个句子 *birds are flying in the sky*（鸟儿在天空中飞翔）。令上下文单词为 birds、are、in，而目标单词为 flying。

每次网络预测到错误的目标词时，都需要更新网络的权重。所以，除了单词 *flying* 之外，如果一个不同的单词被预测为目标单词，那么就要更新网络。

但这只是一小部分词汇。考虑到在词汇表中有数百万个单词的情况。在这种情况下，我们需要执行大量的权重更新，直到网络预测出正确的目标词。这既耗时也不是一种有效的方法。因此，我们没有这样做，而是将正确的目标词标记为肯定类，并从词汇表中抽取一些单词，将其标记为否定类。

我们在这里主要做的是将多项式类问题转化为二元分类问题（也就是说，模型不是试图预测目标单词，而是对给定的词是否为目标单词进行分类）。

该词被选为否定样本的概率如下所示（其中 frequency 为出现频率）。

$$p(w_i) = \frac{\text{frequency}(w_i)^{3/4}}{\sum_{j=0}^{n} \text{frequency}(w_j)^{3/4}}$$

3. 对常用词进行二次采样

在我们的语料库中，会有一些词出现的频率非常高，如 *the*、*is* 等，还有一些词出现的频率很低。为了在这两者之间保持平衡，我们使用了二次采样技术。因此，用概率 p 去除掉频繁出现超过某个阈值的单词，它可以表示为

$$p(w_i) = 1 - \sqrt{\frac{t}{f(w_i)}}$$

这里，t 是阈值，$f(w_i)$ 是单词 i 的频率。

7.2 用 gensim 构建 word2vec 模型

现在我们已经理解了 word2vec 模型的工作原理，让我们看看如何使用 gensim 库构建 word2vec 模型。gensim 是一个流行的科学软件包，广泛用于建立向量空间模型。该软件包可通过 pip 安装。因此，我们可以在终端中输入以下命令安装 gensim 库。

```
pip install -U gensim
```

现在我们已经安装了 gensim，我们将看到如何使用它构建 word2vec 模型。你可以从 GitHub 网站上下载本节中使用的数据集以及完整的（提供了逐步解释的）代码。

首先，导入必要的代码库。

```
import warnings
warnings.filterwarnings(action='ignore')

#data processing
import pandas as pd
import re
from nltk.corpus import stopwords
stopWords = stopwords.words('english')

#modelling
from gensim.models import Word2Vec
from gensim.models import Phrases
from gensim.models.phrases import Phraser
```

7.2.1 加载数据集

加载数据集。

```
data = pd.read_csv('data/text.csv',header=None)
```

让我们看看我们的数据。

```
data.head()
```

上面的代码生成如图 7-13 所示的输出。

	0
0	room kind clean strong smell dogs. generally a...
1	stayed crown plaza april april . staff friendl...
2	booked hotel hotwire lowest price could find. ...
3	stayed husband sons way alaska cruise. loved h...
4	girlfriends stayed celebrate th birthdays. pla...

图　7-13

7.2.2　数据集的预处理和准备

定义用于预处理数据集的函数。

```
def pre_process(text):
    # convert to lowercase
    text = str(text).lower()
    # remove all special characters and keep only alpha numeric characters and spaces
    text = re.sub(r'[^A-Za-z0-9\s.]',r'',text)
    #remove new lines
    text = re.sub(r'\n',r' ',text)
    # remove stop words
    text = " ".join([word for word in text.split() if word not in stopWords])
    return text
```

可以通过运行以下代码查看预处理文本的外观。

```
pre_process(data[0][50])
```

得到的输出如下。

```
'agree fancy. everything needed. breakfast pool hot tub nice shuttle airport
later checkout time. noise issue tough sleep through. awhile forget noisy door
nearby noisy guests.  complained management later email credit compd us amount
requested would return.'
```

预处理整个数据集。

```
data[0] = data[0].map(lambda x: pre_process(x))
```

genism 库需要以列表的形式输入。

```
text = [ [word1, word2, word3], [word1, word2, word3] ]
```

数据中的每行都包含一组句子。因此，我们将它们按“.”拆分，并将它们转换为一个列表。

```
data[0][1].split('.')[:5]
```

上面的代码生成以下输出。

```
['stayed crown plaza april april',
'staff friendly attentive',
'elevators tiny',
'food restaurant delicious priced little high side',
'course washington dc']
```

因此，现在我们有一个列表中的数据，但是需要把它们转换成一个列表。所以，现在我们又把它按空格进行拆分。也就是说，首先，将数据按“.”（逗点）拆分，然后按“ ”（空格）拆分，这样就可以在一个列表的列表中获取我们的数据。

```
corpus = []
for line in data[0][1].split('.'):
    words = [x for x in line.split()]
    corpus.append(words)
```

你可以看到，我们以列表的列表形式提供输入。

```
corpus[:2]

[['stayed', 'crown', 'plaza', 'april', 'april'], ['staff',
'friendly','attentive']]
```

将数据集中的整个文本转换为一个列表的列表。

```
data = data[0].map(lambda x: x.split('.'))

corpus = []
for i in (range(len(data))):
    for line in data[i]:
        words = [x for x in line.split()]
        corpus.append(words)

print corpus[:2]
```

如下所示，我们成功地将数据集中的整个文本转换为了一个列表的列表。

```
[['room', 'kind', 'clean', 'strong', 'smell', 'dogs'],
['generally', 'average', 'ok', 'overnight', 'stay', 'youre', 'fussy']]
```

现在，我们的问题是：我们的语料库只包含一元分词，因此当我们用一个二元分词（如 san

francisco）作为输入时它不会给我们结果。

所以我们使用 gensim 的短语函数，它收集所有出现在一起的单词，并在它们之间添加下划线。因此，现在 san francisco 变成了 san_francisco。

我们将 min_count 参数设置为 25，这意味着要忽略所有小于 min_count 的单词和二元分词。

```
phrases = Phrases(sentences=corpus,min_count=25,threshold=50)
bigram = Phraser(phrases)

for index,sentence in enumerate(corpus):
    corpus[index] = bigram[sentence]
```

正如你所看见的那样，现在，在我们的语料库中，所有的二元分词中都已经添加了一个下划线。

```
corpus[111]

[u'connected', u'rivercenter', u'mall', u'downtown', u'san_antonio']
```

从语料库中再检查一个值，看看如何为二元分词中添加下划线。

```
corpus[9]

[u'course', u'washington_dc']
```

7.2.3 构建模型

现在让我们构建我们的模型。首先定义模型所需要的一些重要超参数。

- 参数 size 表示向量的大小，即向量的维数，表示一个单词。size 可以根据我们的数据集大小来选择。如果我们的数据集非常小，那么可以将大小设置为一个小值，但是如果我们有一个非常大的数据集，那么可以将大小设置为 300。在我们的例子中，将大小设置为 100。
- 参数 window_size 表示目标单词与其相邻单词之间应考虑的距离。超过目标单词 window_size 的单词将不被考虑用于学习。通常，首选较小的 window_size。
- 参数 min_count 表示单词的最小频率。如果某个单词的出现次数小于 min_count，可以忽略该单词。
- 参数 workers 指定训练模型所需的工作线程数。
- 设置 sg=1 意味着我们使用 skip-gram 模型进行训练，但是如果设置 sg=0，则意味着我们使用 CBOW 模型进行训练。

使用以下代码定义所有超参数。

```
size = 100
window_size = 2
epochs = 100
min_count = 2
workers = 4
sg = 1
```

使用 gensim 的 Word2Vec()函数训练模型。

```
model = Word2Vec(corpus, sg=1,window=window_size,size=size,
min_count=min_count,workers=workers,iter=epochs)
```

一旦我们成功地训练了模型，就要保存它们。保存和加载模型非常简单，可以分别使用 save()和 load()函数。

```
model.save('model/word2vec.model')
```

还可以使用以下代码加载已经保存的 word2vec 模型。

```
model = Word2Vec.load('model/word2vec.model')
```

7.2.4 评估嵌入

现在让我们评估一下我们的模型学到了什么，以及我们的模型对文本语义的理解程度。genism 库提供了 most_similar（最相似）函数，它为我们提供了与给定单词相关的最相似单词。

正如你在以下代码中所看到的，以 san_diego（圣地亚哥）为输入，我们得到了所有其他最相似的相关城市名称。

```
model.most_similar('san_diego')

[(u'san_antonio', 0.8147615790367126),
(u'indianapolis', 0.7657858729362488),
(u'austin', 0.7620342969894409),
(u'memphis', 0.7541092038154602),
(u'phoenix', 0.7481759786605835),
(u'seattle', 0.7471771240234375),
(u'dallas', 0.7407466769218445),
(u'san_francisco', 0.7373261451721191),
(u'la', 0.7354192137718201),
(u'boston', 0.7213659286499023)]
```

还可以对向量进行算术运算，以检查向量的精度，如下所示。

```
model.most_similar(positive=['woman', 'king'], negative=['man'], topn=1)
[(u'queen', 0.7255150675773621)]
```

还可以在给定的一组单词中找到不匹配的单词。例如，在下面的名为 text 的列表中，除了单词 holiday 之外，所有其他单词都是城市名称。因为 word2vec 已经理解了这个差异，所以它返回单词 holiday 作为与列表中其他单词不匹配的单词。

```
text = ['los_angeles','indianapolis', 'holiday', 'san_antonio','new_york']
model.doesnt_match(text)
'holiday'
```

7.3 在 TensorBoard 中可视化嵌入单词

在 7.2 节中，我们学习了如何使用 gensim 构建 word2vec 模型生成单词嵌入。现在，我们将看到如何使用 TensorBoard 可视化这些嵌入。可视化单词嵌入有助于我们理解投影空间，也有助于我们更容易地验证嵌入。TensorBoard 为我们提供了一个内置的可视化工具——嵌入投影仪，它用于交互式地可视化和分析高维数据，如单词嵌入。我们将学习如何使用 TensorBoard 的投影仪一步一步地可视化单词嵌入。

导入所需的库。

```
import warnings
warnings.filterwarnings(action='ignore')

import tensorflow as tf
from tensorflow.contrib.tensorboard.plugins import projector
tf.logging.set_verbosity(tf.logging.ERROR)

import numpy as np
import genism
import os
```

加载保存的模型。

```
file_name = "model/word2vec.model"
model = gensim.models.keyedvectors.KeyedVectors.load(file_name)
```

加载模型之后，会将模型中的单词个数保存到 max_size 变量中。

```
max_size = len(model.wv.vocab)-1
```

单词向量的维数是 $V \times N$，因此，我们以形状为 max_size（即词汇表大小）和模型的第一层大小（即隐藏层中的神经元的数量）初始化一个名为 w2v 的矩阵。

```
w2v = np.zeros((max_size,model.layer1_size))
```

现在，创建一个名为 metadata.tsv 的新文件，将模型中的所有单词保存在这个文件中，并将每个单词的嵌入存储在 w2v 矩阵中。

```
if not os.path.exists('projections'):
    os.makedirs('projections')
with open("projections/metadata.tsv", 'w+') as file_metadata:
    for i, word in enumerate(model.wv.index2word[:max_size]):
        #store the embeddings of the word
        w2v[i] = model.wv[word]
        #write the word to a file
```

```
        file_metadata.write(word + '\n')
```

接下来，初始化 TensorFlow 会话。

```
sess = tf.InteractiveSession()
```

初始化名为 embedding 的 TensorFlow 变量，该变量包含单词的嵌入。

```
with tf.device("/cpu:0"):
    embedding = tf.Variable(w2v, trainable=False, name='embedding')
```

初始化所有变量。

```
tf.global_variables_initializer().run()
```

为 saver 类创建一个对象，它实际上用于保存和恢复变量，以及从检查点恢复变量。

```
saver = tf.train.Saver()
```

使用 FileWriter 可以将摘要和事件保存到事件文件中。

```
writer = tf.summary.FileWriter('projections', sess.graph)
```

现在，初始化投影仪并添加嵌入。

```
config = projector.ProjectorConfig()
embed = config.embeddings.add()
```

接下来，将 tensor_name 指定为 embedding，并将 metadata_path 指定为 metadata.tsv 文件（在这个文件中存有我们的单词）。

```
embed.tensor_name = 'embedding'
embed.metadata_path = 'metadata.tsv'
```

最后，保存模型。

```
projector.visualize_embeddings(writer, config)
saver.save(sess, 'projections/model.ckpt', global_step=max_size)
```

现在，打开终端并输入以下命令以打开 Tensorboard。

```
tensorboard --logdir=projections --port=8000
```

一旦 TensorBoard 打开之后，转到 PROJECTOR（投影仪）选项卡，可以看到输出，如图 7-14 所示。正如你所注意到的那样，当我们输入单词 delighted（高兴）时，可以看到所有相关的单词，如 pleasant（愉快）、surprise（惊喜）以及更多类似的单词，与之相邻。

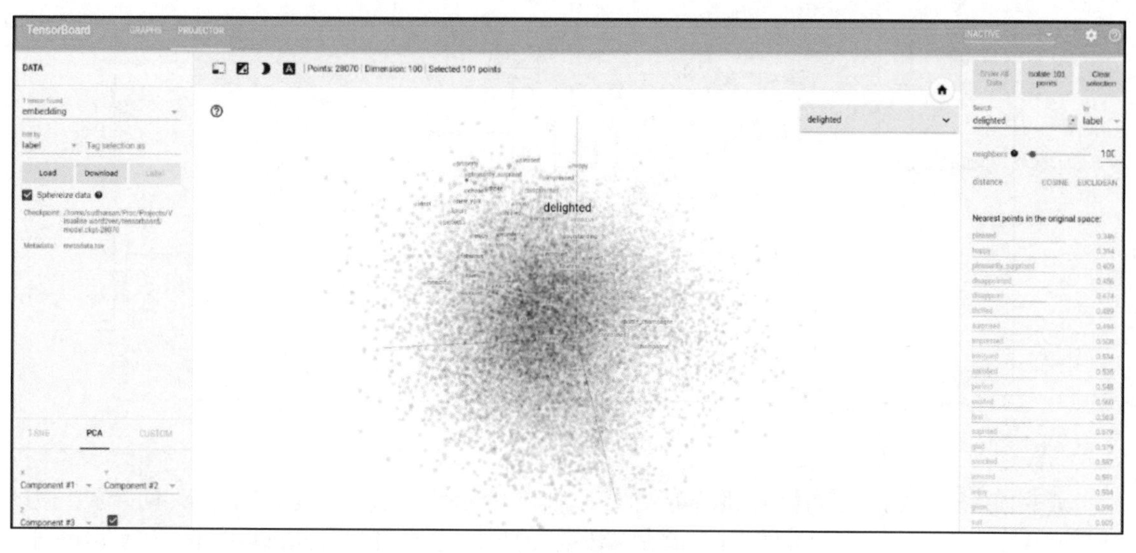

图 7-14

7.4 doc2vec

到目前为止，我们已经看到了如何生成单词的嵌入。但是我们如何为文档生成嵌入呢？一种简单的方法是为文档中的每个单词计算一个单词向量并取其平均值。Mikilow 和 Le 提出了一种新的生成文档嵌入的方法，而不是仅仅取单词嵌入的平均值。他们介绍了两种新方法，称为 PV-DM（分布式内存模型）和 PV-DBOW（分布式词包模型）。这两种方法都只是添加了一个新的向量，该向量称为 **paragraph id（段落标识）**。让我们看看这两种方法到底是如何工作的。

7.4.1 段落向量——PV-DM

PV-DM 类似于 CBOW 模型，在该模型中，我们尝试在给定上下文单词的情况下预测目标单词。在 PV-DM 中，除了单词向量外，还引入了一个向量，称为段落向量。顾名思义，段落向量学习整个段落的向量表示，并捕获段落的主题。

如图 7-15 所示，每个段落映射到一个唯一向量，每个单词也映射到一个唯一向量。因此，为了预测目标单词，将单词向量和段落向量通过串联或平均的方式进行组合。

但话说回来，段落向量在预测目标单词时是如何有用的呢？段落向量到底有什么用？我们知道试图基于上下文单词来预测目标单词。上下文单词的长度是固定的，并且它们在段落的滑动窗口中进行采样。除了上下文单词，还利用了段落向量来预测目标单词。因为段落向量包含有关段落主题的信息，所以它们包含上下文单词不具备的含义。也就是说，上下文单词只包含关于特定单词的信息，而段落向量包含关于整个段落的信息。因此，我们可以将段落向量看作一个新词，它与上下文单词一起用于预测目标单词。

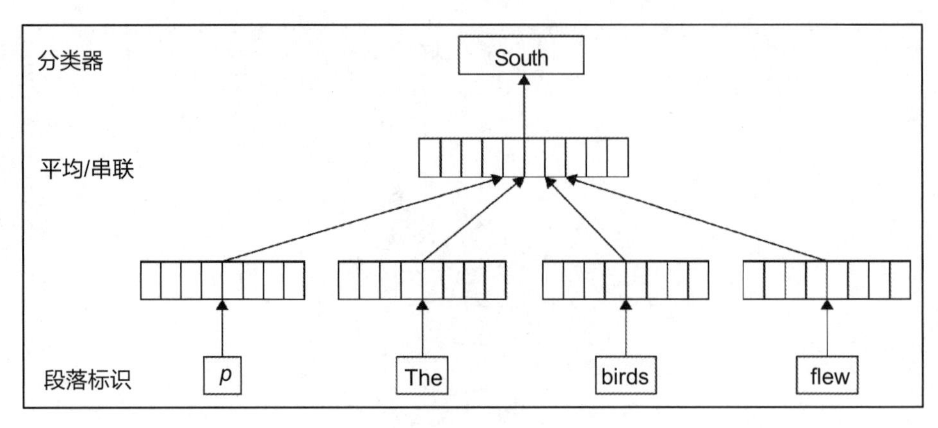

图 7-15

段落向量对于从同一段落中抽取的所有上下文单词都是相同的，并且不在段落之间共享。假设我们有 3 个段落：p_1、p_2 和 p_3。如果上下文是从段落 p_1 中取样的，那么 p_1 向量将用于预测目标单词。如果上下文是从段落 p_2 中取样，则使用 p_2 向量。因此，段落向量不在段落之间共享。但是，单词向量在所有段落中共享。也就是说，单词 *sun* 的向量在所有段落中都是相同的。我们称模型为段落向量的分布式内存模型，因为段落向量作为一个内存来保存当前上下文单词中丢失的信息。

因此，使用随机梯度下降法学习段落向量和单词向量。在每次迭代中，我们从一个随机段落中抽取上下文单词，尝试预测目标单词，计算误差，并更新参数。在训练之后，段落向量捕获段落（文档）的嵌入。

7.4.2 段落向量——PV-DBOW

PV-DBOW 类似于 skip-gram 模型，在该模型中我们尝试基于目标单词预测上下文单词，如图 7-16 所示。

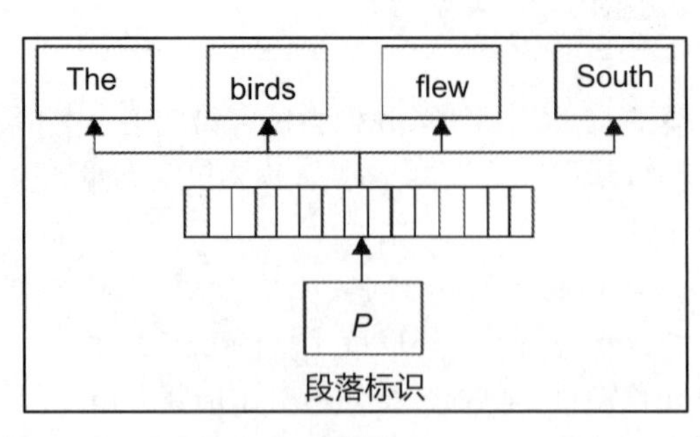

图 7-16

与以前的方法不同，这里我们不尝试预测下一个单词。取而代之，我们使用段落向量对文档中的单词进行分类。但是它们是怎样工作的呢？我们训练模型以理解单词是否属于某个段落。对一组单词进行采样，然后将其输入分类器，分类器告诉我们这些单词是否属于某个特定的段落，而以这样的方式，就可以学习段落向量。

7.4.3 使用 doc2vec 查找相似文档

现在，我们将看到如何使用 doc2vec 执行文档分类。在本小节中，我们将使用 20 news_dataset 数据集。它由 20 个不同新闻类别的 20000 份文档组成。我们将只使用 4 个类别：Electronics、Politics、Science 和 Sports（电子、政治、科学和体育）。因此，在这 4 个类别下各有 1000 份文档。使用一个前缀 category_重命名文档。例如，所有 Science（科学）文档都重新命名为 science_1、science_2，以此类推。重命名之后，将所有文档合并到一个文件夹中。合并的数据以及完整的代码可以在 GitHub 上找到，它们是 Jupyter Notebook 格式。

现在，训练 doc2vec 模型分类并找出这些文档之间的相似之处。

首先导入所有必要的库。

```
import warnings
warnings.filterwarnings('ignore')

import os
import gensim
from gensim.models.doc2vec import TaggedDocument

from nltk import RegexpTokenizer
from nltk.corpus import stopwords

tokenizer = RegexpTokenizer(r'\w+')
stopWords = set(stopwords.words('english'))
```

加载所有文档，并将文档名称保存在 docLabels 列表中，而将文档内容保存在名为 data 的列表中。

```
docLabels = []
docLabels = [f for f in os.listdir('data/news_dataset') if
f.endswith('.txt')]

data = []
for doc in docLabels:
    data.append(open('data/news_dataset/'+doc).read())
```

可以在 docLabels 列表中看到所有文档的名称。

```
docLabels[:5]

['Electronics_827.txt',
'Electronics_848.txt',
'Science829.txt',
'Politics_38.txt',
'Politics_688.txt']
```

定义一个名为 DocIterator 的类，它充当迭代器来运行所有文档。

```
class DocIterator(object):
    def __init__(self, doc_list, labels_list):
        self.labels_list = labels_list
        self.doc_list = doc_list

    def __iter__(self):
        for idx, doc in enumerate(self.doc_list):
            yield TaggedDocument(words=doc.split(), tags=
            [self.labels_list[idx]])
```

创建一个名为 it 的对象，它属于 DocIterator 类。

```
it = DocIterator(data, docLabels)
```

现在，让我们建立模型。首先，定义模型的一些重要超参数。

- 参数 size 表示嵌入的大小。
- 参数 alpha 表示学习速率。
- 参数 min_alpha 意味着学习速率 alpha 在训练期间将衰减到 min_alpha。
- 设置 dm=1 意味着使用 PV-DM 模型进行训练；如果设置 dm=0，则意味着使用 PV-DBOW 模型进行训练。
- 参数 min_count 表示单词的最小频率。如果某个单词的出现次数小于 min_count，可以简单地忽略该单词。

这些超参数定义如下。

```
size = 100
alpha = 0.025
min_alpha = 0.025
dm = 1
min_count = 1
```

现在使用 gensim.models.Doc2Vec()类定义这个模型。

```
model = gensim.models.Doc2Vec(size=size, min_count=min_count, alpha=alpha,
min_alpha=min_alpha, dm=dm)
model.build_vocab(it)
```

训练该模型。

```
for epoch in range(100):
    model.train(it,total_examples=120)
    model.alpha -= 0.002
    model.min_alpha = model.alpha
```

训练结束之后，可以使用保存函数保存该模型。

```
model.save('model/doc2vec.model')
```

可以使用 load()函数加载所保存的模型。

```
d2v_model = gensim.models.doc2vec.Doc2Vec.load('model/doc2vec.model')
```

现在，让我们评估一下模型的性能。下面的代码显示，当输入 Sports_1.txt 文档作为输入时，它将输出所有相关文档以及相应的分数。

```
d2v_model.docvecs.most_similar('Sports_1.txt')

[('Sports_957.txt', 0.719024658203125),
('Sports_694.txt', 0.6904895305633545),
('Sports_836.txt', 0.6636477708816528),
('Sports_869.txt', 0.657712459564209),
('Sports_123.txt', 0.6526877880096436),
('Sports_4.txt', 0.6499642729759216),
('Sports_749.txt', 0.6472041606903076),
('Sports_369.txt', 0.6408025026321411),
('Sports_167.txt', 0.6392412781715393),
('Sports_104.txt', 0.6284008026123047)]
```

7.5 理解 skip-thoughts 算法

skip-thoughts 是一种流行的无监督学习算法，用于学习句子嵌入。我们可以把 skip-thoughts 看作是 skip-gram 模型的一个类比。我们了解到：在 skip-gram 模型中，我们试图预测给定目标单词的上下文单词；而在 skip-thoughts 算法中，我们试图预测给定目标句的上下文句子。换言之，可以说 skip-gram 用于学习单词级向量，而 skip-thoughts 用于学习句子级向量。

skip-thoughts 算法非常简单。它由编码器-解码器架构组成。编码器的角色是将句子映射为一个向量，而解码器的角色是生成周围的句子，即给定输入句子的上一句和下一句。如图 7-17 所示，skip-thoughts 算法架构由一个编码器和两个解码器（称为上一解码器和下一解码器）组成。

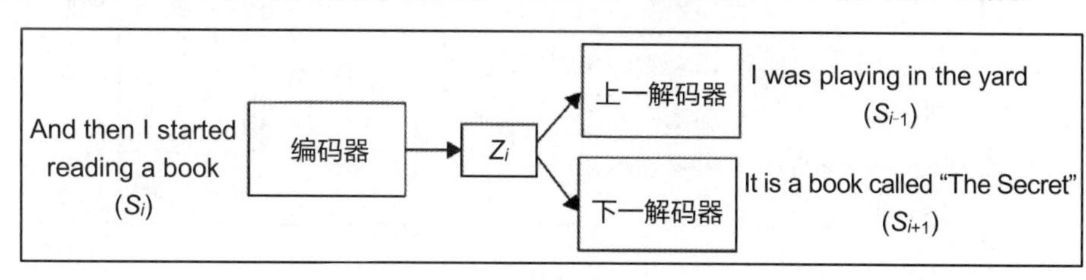

图 7-17

接下来讨论编码器和解码器的工作。

- **编码器（Encoder）**：编码器按顺序接收句子中的单词并生成嵌入。假设我们有一个句子列表。$S=\{s_1,s_2,s_3,\cdots,s_n\}$。$w_i^t$ 表示句子 s_i 中的第 t 个单词，而 z_i^t 表示其单词嵌入。所以编码器的隐藏状态被解释为一个句子表示。

- **解码器（Decoder）**：有两个解码器，它们分别称为上一解码器和下一解码器。顾名思义，上一解码器用来生成前一个句子，下一解码器用来生成下一个句子。假设我们有一个句子 s_i，它的嵌入是 z_i。两个解码器都将嵌入 z_i 作为输入，上一解码器尝试生成上一个句子 s_{i-1}，而下一解码器尝试生成下一个句子 s_{i+1}。

因此，通过最小化上一解码器和下一解码器的重构误差来训练模型。因为当解码器重构/生成正确的前一句和后一句时，意味着有一个有意义的句子嵌入 z_i。将重构误差发送给编码器，这样编码器就可以优化嵌入并向解码器发送更好的表示。一旦训练了模型，就使用我们的编码器来生成一个新句子的嵌入。

7.6 句子嵌入的 quick-thoughts

quick-thoughts 是另一个有趣的学习句子嵌入算法。在 skip-thoughts 中，我们看到了如何使用编码器-解码器架构来学习句子嵌入。在 quick-thoughts 中，我们试图学习给定的句子是否与候选句子相关。因此，我们不使用解码器，而是使用分类器学习给定的输入句子是否与候选句子相关。

设 s 为输入句，而 S_{cand} 为候选句集，它包含与给定输入句 s 相关的有效上下文和无效上下文句子。令 s_{cand} 为 S_{cand} 的任何候选句子（下标 cand 表示“候选”）。

我们使用两个编码函数：f 和 g。这两个函数的角色是学习嵌入，即分别学习给定句子 s 和候选句 s_{cand} 的向量表示。

一旦这两个函数生成嵌入，就使用分类器 c，它返回每个候选句子与给定输入句子相关的概率。如图 7-18 所示，第二个候选句子 s_{cand2} 的概率很高，因为它与给定的输入句子 s 相关。

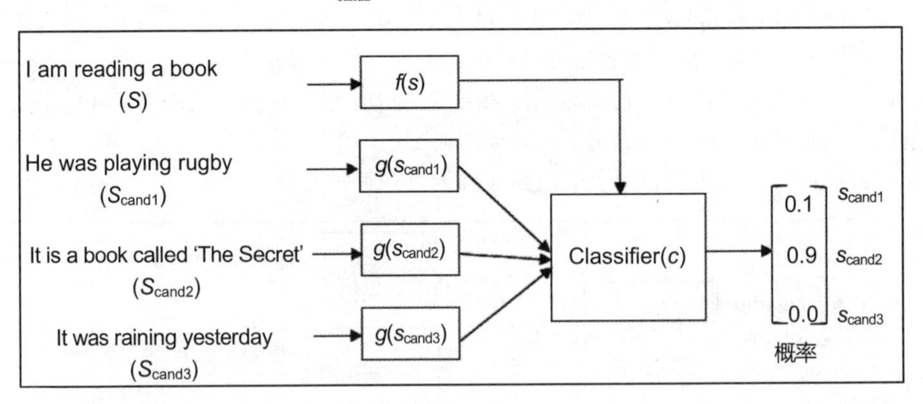

图 7-18

因此，s_{cand} 是正确句子的概率，即 s_{cand} 与给定输入句子 s 相关的概率，这一概率的计算公式如下所示。

$$p(s_{\text{cand}} \mid s, S_{\text{cand}}) = \frac{\exp[c(f(s), g(s_{\text{cand}}))]}{\sum_{s' \in S_{\text{cand}}} \exp[c(g(s), g(s'))]}$$

在以上公式中，c 是一个分类器。

该分类器的目的是识别与给定输入句子 s 相关的有效上下文句子。因此，我们的成本函数最大化从给定的输入句子 s 找到正确上下文句子的概率。如果它正确地对句子进行分类，那么就意味着我们的编码器学习了更好的句子表示。

7.7 总　　结

本章我们首先理解了单词嵌入，并且研究了两种不同类型的 word2vec 模型，它们分别称为 CBOW（在这里我们尝试预测给定上下文单词的目标单词）和 skip-gram（在这里我们尝试预测给定目标单词的上下文单词）。

然后，我们学习了在 word2vec 中的各种训练策略。我们研究了分层 softmax，用一个 Huffman 二叉树替换网络的输出层，并将复杂性降低到 $O(\log_2 V)$。我们还学习了否定采样和二次采样频繁单词的方法。然后，我们理解了如何使用 gensim 库构建 word2vec 模型，以及如何在 TensorBoard 中投影高维单词嵌入以可视化它们。接下来，我们研究了 doc2vec 模型如何与两种 doc2vec 模型（PV-DM 和 PV-DBOW）协同工作。随后，我们学习了 skip-thoughts 算法；在该算法中，通过预测给定句子的前一句和后一句来学习句子的嵌入；并在本章末尾探讨了 quick-thoughts 算法。

在第 8 章中，我们将学习生成模型以及如何使用生成模型生成图像。

7.8 问　　题

通过回答以下问题来评估我们新获得的知识。

（1）skip-gram 模型和 CBOW 模型有什么区别？

（2）CBOW 模型的损失函数是什么？

（3）否定采样需要什么？

（4）如何定义 PV-DM？

（5）编码器和解码器在 skip-thoughts 算法中的作用是什么？

（6）什么是 quick-thoughts 算法？

读书笔记

3

第 3 部分 高级深度学习算法

在这一部分，我们将详细探讨高级深度学习算法，并了解如何使用 TensorFlow 实现它们。我们将学习生成对抗网络和自动编码器。我们将探讨它们的类型和应用。

这一部分将包括以下各章。

- 第 8 章　使用 GAN 生成图像
- 第 9 章　了解更多关于 GAN 的信息
- 第 10 章　使用自动编码器重构输入
- 第 11 章　探索少量样本学习算法

第 8 章

使用 GAN 生成图像

到目前为止，我们已经学习了判别模型，它学习区分不同的类。也就是说，给定一个输入，它告诉我们它们属于哪个类。例如，为了预测一封电子邮件是垃圾邮件还是正常邮件，该模型学习最能区分垃圾邮件和正常邮件两类邮件的决策边界，当收到一封新邮件时，它们可以告诉我们新邮件属于哪一类。

在本章中，我们将学习一个学习类分布（即类的特征）的生成模型，而不是学习决策边界。顾名思义，通过生成模型，我们可以生成与训练集中的数据点相似的新数据点。

我们将从详细理解判别模型和生成模型之间的区别开始这一章。然后，将深入研究一种最常用的生成算法，称为生成对抗网络（Generative Adversarial Network，GAN）。我们将理解 GAN 是如何工作的，以及如何使用它们来生成新的数据点。接下来，将探索 GAN 的架构，并学习其损失函数。稍后，将看到如何在 TensorFlow 中实现通过 GAN 生成手写数字。

我们还将仔细研究深度卷积生成对抗网络（Deep Convolutional Generative Adversarial Network，DCGAN），该网络通过在其架构中使用卷积网络作为普通 GAN 的一个小扩展。随后，将探讨最小二乘 GAN（Least Squares GAN，LSGAN），它采用最小二乘损失来产生更好的图像质量。

在本章的最后，我们将掌握沃瑟斯坦 GAN（Wasserstein GAN，WGAN）的诀窍，它在 GAN 的损失函数中使用 Wasserstein 度量获得更好的结果。

在本章中，我们将学习以下内容。

- 生成模型与判别模型的区别
- GAN
- GAN 的架构
- 在 TensorFlow 中构建 GAN
- DCGAN
- 用 DCGAN 生成 CIFAR 图像
- 最小二乘 GAN
- 沃瑟斯坦 GAN

8.1 判别模型与生成模型的区别

在给定数据点的情况下，判别模型通过学习以最优方式划分类的决策边界，将数据点分类为各自的类。生成模型也可以对给定的数据点进行分类，但是它们不是学习决策边界，而是学习每个类的特征。

例如，让我们考虑图像分类任务，以预测给定图像是苹果还是橙子。如图 8-1 所示，为了在苹果和橙子之间进行分类，判别模型学习区分苹果和橙子类的最优决策边界，而生成模型通过学习苹果和橙子类的特征来学习它们的分布。

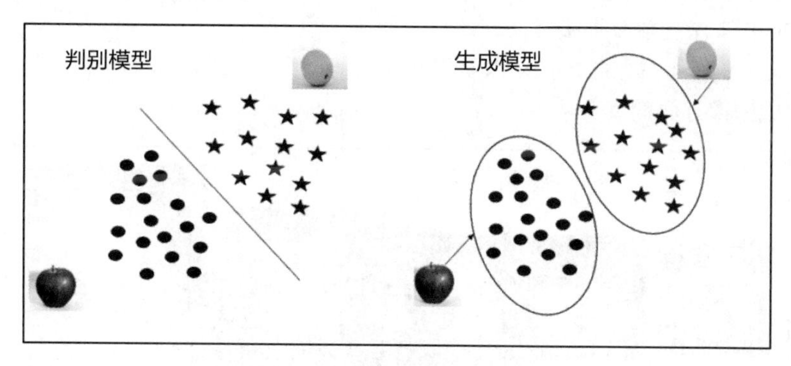

图 8-1

简单地说，判别模型学习如何找到以最优方式划分类的决策边界，而生成模型学习每个类的特征。

判别模型根据输入 $p(y \mid x)$预测标签，而生成模型学习共同的概率分布 $p(x, y)$。判别模型的例子包括逻辑回归（Logistic Regression）、**支持向量机（Support Vector Machine，SVM）**等，其中我们可以直接从训练集估计 $p(y \mid x)$。生成模型的例子包括**马尔可夫随机场（Markov Random Fields）和简单贝叶斯（Naive Bayes）**，首先我们估计 $p(x \mid y)$以确定 $p(y \mid x)$，如图 8-2 所示。

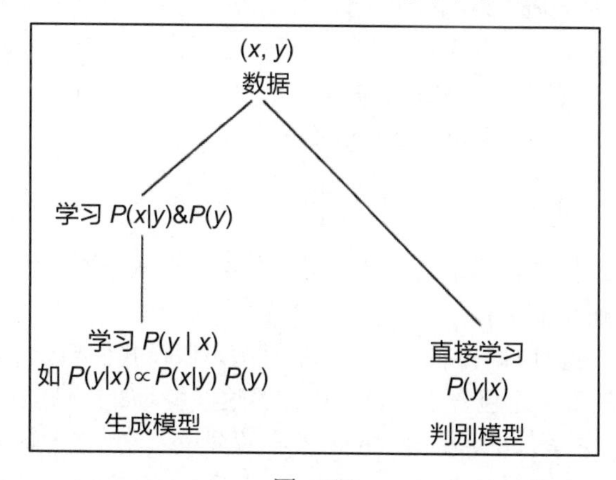

图 8-2

8.2 向 GAN 打个招呼

2014 年，Ian J Goodfellow、Jean Pouget-Abadie、Mehdi Mirza、Bing Xu、David Warde-Farley、Sherjil Ozair、Aaron Courville 和 Yoshua Bengio 在他们的论文 *Generative Adversarial Networks* 中首次介绍了 GAN。

GAN 被广泛用于生成新的数据点。它们可以应用于任何类型的数据集，但通常用于生成图像。GAN 的一些应用包括生成真实的人脸、将灰度图像转换为彩色图像、将文本描述转换为真实的图像等。

Yann LeCun 对 GAN 表达了以下的看法——

“这是近 20 年来深度学习中最酷的想法。”

近几年来，GAN 变化得如此之快，以至于现在它们已经可以生成非常逼真的图像了。图 8-3 显示了 GAN 在生成图像方面的演变。

图 8-3

已经对学习 GAN 感到很兴奋了吗？现在，我们来看看它们到底是怎样工作的。在继续之前，先考虑一个简单的类比。假设你是一名警察，你的任务是发现假币，而造假者的作用是制造假币、欺骗警察。

造假者不断试图制造假币，其方式非常现实，以至于无法与真币区分开来。但警方必须确认这些钱是真还是假。所以，造假者和警察基本上是玩一个双玩家游戏，其中一个试图打败另一个。GAN 的工作原理与此非常相似。它们由两个重要组成部分所组成。

- 生成器。
- 鉴别器。

你可以把生成器看作造假者，而鉴别器则类似于警察。也就是说，生成器的作用是制造假币，鉴别器的作用是鉴别假币还是真币。

不必细说，首先，我们将对 GAN 有一个基本的理解。假设我们想让 GAN 生成手写数字，可以怎么做呢？首先，我们将获取一个包含手写数字集合的数据集，如 MNIST 数据集。生成器学习图像在数据集中的分布。因此，它学习在训练集中手写数字的分布。一旦它了解了数据集中图像的分布，并且我们将随机噪声输入生成器（见图 8-4），它将基于所学的分布将随机噪声转换成一个新的手写数字，这类似于训练集中的数字。

噪声 生成器 图像

图　8-4

鉴别器的目标是执行分类任务。给定一幅图像，它将其分为真或假，即图像是来自训练集还是由生成器所生成的，如图 8-5 所示。

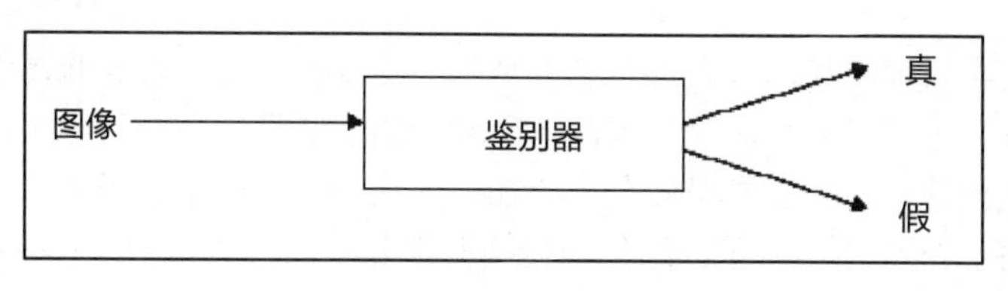

图　8-5

GAN 的生成器组件基本上是一个生成模型，鉴别器组件基本上是一个判别模型。因此，生成器学习类的分布，而鉴别器学习类的决策边界。

如图 8-6 所示，向生成器输入一个随机噪声，然后它将这个随机噪声转换成一个新的图像，它与训练集中的图像相似，但与训练集中的图像不完全相同。由生成器生成的图像称为假图像，而训练集中的图像称为真图像。将真假图像都输入鉴别器，鉴别器告诉我们它们的结果。如果图像为假，则返回 0；如果图像为真，则返回 1。

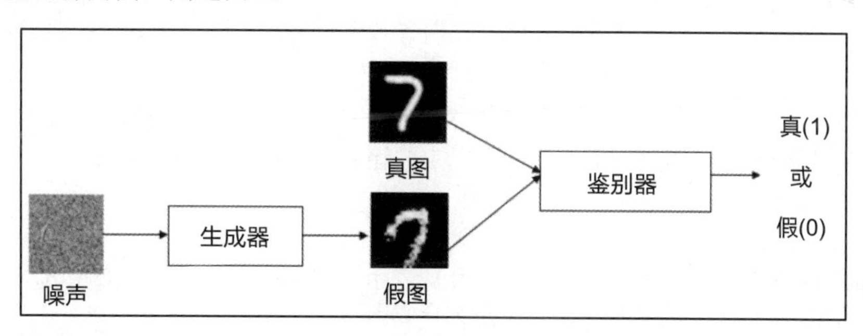

图　8-6

既然我们已经基本上理解了生成器和鉴别器，下面将详细研究其中的每个组件。

8.2.1　分解生成器

一个 GAN 生成器的部件就是一个生成模型。当我们说生成模型时，有两种类型的生成模型：隐式密度模式和显式密度模型。隐式密度模型不使用任何显式密度函数来学习概率分布，而显式密度模型，顾名思义，使用显式密度函数。GAN 属于第一类。也就是说，它们是隐式密度模型。让我们详细研究并理解 GAN 是如何成为隐式密度模型的。

假设我们有一个生成器 G。它基本上是一个由 θ_g 参数化的神经网络。生成器网络的作用是生成新图像。它们是怎么做到的？生成器的输入应该是什么？

我们从正态分布或均匀分布 p_z 中抽取一个随机噪声 z。将这个随机噪声 z 作为输入馈送到生成器，然后它将这个噪声转换成图像。

$$G(z;\theta_g)$$

令人惊讶，不是吗？生成器又是如何将一个随机噪声转换为一幅真实图像的呢？

假设我们有一个包含人脸集合的数据集，而我们希望生成器生成一张新的人脸。首先，生成器通过学习训练集中图像的概率分布学习人脸的所有特征。一旦生成器学习到正确的概率分布，它就可以生成全新的人脸。

但是生成器如何学习训练集的分布呢？也就是说，生成器如何学习人脸图像在训练集中的分布？

生成器只不过是一个神经网络而已。因此，所发生的事情是神经网络隐式地学习了训练集中图像的分布，我们把这个分布称为生成器分布 p_g。在第一次迭代中，生成器生成一幅真正有噪声的图像。但是经过一系列的迭代，它学习了训练集的精确概率分布，并通过调整 θ_g 参数生成正确的图像。

注释：

需要注意的是，我们没有使用均匀分布 p_z 学习训练集的分布。它只用于对随机噪声进行采样，我们将此随机噪声作为输入馈送到生成器。生成器网络隐式地学习训练集的分布，我们称这个分布为生成器分布 p_g，这就是为什么我们称生成器网络为隐式密度模型。

8.2.2 分解鉴别器

顾名思义，鉴别器是一种判别模型。假设我们有一个鉴别器 D，它也是一个神经网络，并且由 θ_d 参数化。

鉴别器的目的是区分两个类。也就是说，给定一个图像 x，它必须识别该图像是来自真实分布还是虚假分布（生成器分布）。即鉴别器必须识别给定的输入图像是来自训练集还是由生成器生成的假图像。

$$D(x;\theta_d)$$

我们把训练集的分布称为真实数据分布，用 p_r 表示。我们知道生成器分布由 p_g 表示。

因此，鉴别器 D 实质上试图区分图像 x 是来自 p_r 还是来自 p_g。

8.2.3 它们是怎么学习的

到目前为止，我们仅仅研究了生成器和鉴别器的作用，但是它们究竟是如何学习的呢？生成器如何学习生成新的真实图像，以及鉴别器如何学习正确判别图像？

我们知道，生成器的目标是以这样的方式生成图像以欺骗鉴别器，使其相信生成的图像来自一个真实的分布。

在第一次迭代中，生成器生成一幅噪声图像。当我们把这幅图像输入鉴别器时，鉴别器可以很容易地检测到这幅图像来自一个生成器分布。生成器将此视为一种损失并尝试改进自己，因为它的目标是愚弄鉴别器。也就是说，如果生成器知道鉴别器很容易地将生成的图像检测为假图像，则意味着它没有生成与训练集中的图像相似的图像。这意味着它还没有学习到训练集的概率分布。

因此，生成器调整它的参数，以便学习训练集的正确概率分布。因为生成器是一个神经网络，我们只需通过反向传播更新网络的参数。一旦它学习了真实图像的概率分布，就可以生成与训练集中图像相似的图像。

好吧，那鉴别器呢？它又是如何学习的？正如我们知道的那样，鉴别器的作用是辨别真假图像。

如果鉴别器错误地将生成的图像分类，即，如果鉴别器将假图像分类为真图像，则意味着鉴别器尚未学会区分真图像和假图像。因此，通过反向传播更新鉴别器网络的参数，使鉴别器学会对真假图像进行分类。

也就是说，生成器试图通过学习真实的数据分布 p_r 来欺骗鉴别器，鉴别器试图找出图像是来自真实的还是虚假的分布。现在的问题是鉴于生成器和鉴别器都在相互竞争，我们什么时候才能停止训练网络？

GAN 的目标是生成与训练集中的图像相似的图像。假设我们要生成一张人脸，就要学习图像在训练集中的分布情况，并生成新的人脸。因此，对于一个生成器，我们需要找到最佳的鉴别器。这是什么意思呢？

我们知道：生成器分布用 p_g 表示，真实数据分布用 p_r 表示。如果生成器完全了解真实数据分布，则 $p_g = p_r$，如图 8-7 所示。

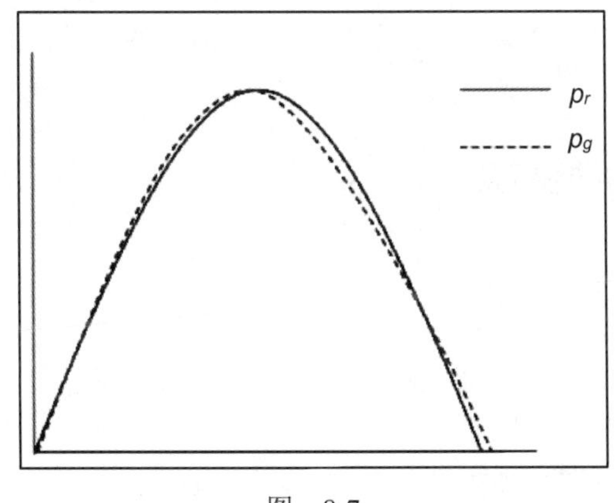

图 8-7

当 $p_g = p_r$ 时，鉴别器无法区分输入图像是真分布还是假分布，因此它返回 0.5 作为概率，因为当两个分布相同时鉴别器会混淆。

因此，对于一个生成器，最佳鉴别器可给出

$$D(x) = \frac{p_r(x)}{p_r(x) + p_g(x)} = \frac{1}{2}$$

因此，当鉴别器对任何一个图像只返回 0.5 的概率时，可以说生成器已经学会了训练集中图像的分布，并成功地欺骗了鉴别器。

8.2.4 GAN 的架构

GAN 的架构如图 8-8 所示。

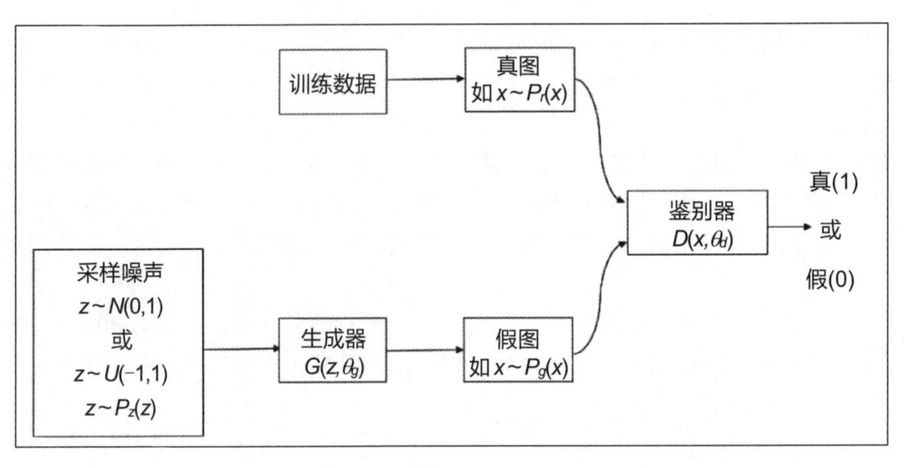

图 8-8

如图 8-8 所示，生成器 G 通过从均匀分布采样或正态分布采样将随机噪声 z 作为输入，并通过隐式学习训练集的分布生成假图像。

从真实数据分布 $x \sim p_r(x)$ 和虚假数据分布 $x \sim p_g(x)$ 中抽取一幅图像 x，并将其输入鉴别器 D。将真假图像输入鉴别器，并且鉴别器执行二值分类任务。也就是说，当图像为假时返回 0，当图像为真时返回 1。

8.2.5 揭开损失函数的神秘面纱

现在我们来研究 GAN 的损失函数。在继续之前，让我们回顾一下符号。

- 作为生成器输入的噪声用 z 表示。
- 来自采样噪声 z 的均匀分布或正态分布用 p_z 表示。
- 输入图像由 x 表示。
- 真实数据分布或训练集的分布用 p_r 表示。
- 虚假数据分布或生成器的分布用 p_g 表示。

当我们写 $x \sim p_r(x)$ 时，它意味着图像 x 是从真实分布 p_r 中采样的；类似地，$x \sim p_g(x)$ 表示从生成器分布 p_g 中采样的图像；$z \sim p_z(z)$ 表示生成器输入 z 是从均匀分布 p_z 中采样的。

我们了解到，生成器和鉴别器都是神经网络，并且它们都通过反向传播更新参数。我们现在需要找到最佳的生成器参数 θ_g 和鉴别器参数 θ_d。

8.2.6 鉴别器损失

现在我们来看看鉴别器的损失函数。我们知道鉴别器的目标是对图像进行真假分类。让我们用 D 表示鉴别器。

鉴别器的损失函数如下所示。

$$\max_{d} L(D,G) = E_{x \sim p_r(x)}[\log D(x;\theta_d)] + E_{x \sim p_z(z)}[\log(1 - D(G(z;\theta_g);\theta_d))]$$

这意味着什么？让我们逐一理解每一个术语。

1. 第一项

让我们看看第一项。

$$E_{x\sim p_r}\log D(x)$$

这里，$x \sim p_r(x)$意味着从真实的数据分布p_r中采样输入x，因此x是一幅真实的图像。

$D(x)$表示将输入图像x馈送到鉴别器D，并且鉴别器将返回输入图像x成为真实图像的概率。当x是从真实数据分布p_r中采样时，我们知道x是一幅真实的图像。所以，我们需要最大化$D(x)$的概率。

$$\max D(x)$$

但是，我们没有最大化原始概率，而是最大化对数概率；正如我们在第7章中所学到的，可以写出以下表达式：

$$\max \log D(x)$$

所以，最后的方程式为

$$\max E_{x\sim p_r(x)}[\log D(x)]$$

$\mathbb{E}_{x\sim p_r(x)}[\log D(x)]$表示从真实数据分布中采样的输入图像的对数可能性为真的期望值。

2. 第二项

现在，让我们来看第二项。

$$E_{z\sim p_z(z)}[\log(1-D(G(z)))]$$

这里，$z \sim p_z(z)$表示我们是从均匀分布p_z中采样随机噪声z的。$G(z)$表示生成器G将随机噪声z作为输入，并基于其隐式学习的分布p_g返回一幅假图像。

$D(G(z))$意味着将生成器生成的假图像馈送到鉴别器D，而它将返回这个假输入图像为真图像的概率。

如果从1中减去$D(G(z))$，那么它将返回假输入图像为假图像的概率。

$$1-D(G(z))$$

因为我们知道这不是一幅真实的图像，所以鉴别器将最大限度地提高这种可能性。也就是说，鉴别器将被分类为假图像的概率最大化，因此我们写出

$$\max 1-D(G(z))$$

我们不是最大化原始概率，取而代之的是最大化对数概率。

$$\max \log(1-D(G(z)))$$

$E_{z\sim p_z(z)}[\log(1-D(G(z)))]$表示由生成器生成的输入图像的对数可能性为假的期望值。

3. 最后一项

结合前面两项，鉴别器的损失函数如下所示。

$$\max_d L(D,G) = E_{x\sim p_r(x)}[\log D(x;\theta_d)] + E_{z\sim p_z(z)}[\log(1-D(G(z;\theta_g);\theta_d))]$$

这里，θ_g和θ_d分别是生成器和鉴别器网络的参数。因此，鉴别器的目标是找到正确的θ_d，以便能够正确地对图像进行分类。

8.2.7 生成器损失

生成器的损失函数为

$$\min_{g} L(D,G)=E_{z\sim p_z(z)}[\log(1-D(G(z;\theta_g);\theta_d))]$$

我们知道生成器的目标是欺骗鉴别器将假图像分类为一幅真图像。

在鉴别器损失部分中，我们看到 $E_{z\sim p_z(z)}[\log(1-D(G(z)))]$ 表示将假输入图像分类为假图像的概率，并且鉴别器将使假图像正确分类为假图像的概率最大化。

但是生成器想要最小化这种可能性。当生成器想要欺骗鉴别器时，它将假输入图像被鉴别器分类为假的概率降至最低。因此，生成器的损失函数可以表示为

$$\min_{g} L(D,G)=E_{z\sim p_z(z)}[\log(1-D(G(z;\theta_g);\theta_d))]$$

8.2.8 总损失

我们刚刚学习了结合生成器和鉴别器这两种损失的损失函数，把最终的损失函数写成

$$\min_{G}\max_{D} L(D,G)=E_{x\sim p_r(x)}[\log D(x)]+E_{z\sim p_z(z)}[\log(1-D(G(z)))]$$

因此，我们的目标函数基本上是一个极小极大的目标函数，即鉴别器的极大值和生成器的极小值，并且通过反向传播对应的网络寻找最优的生成器参数 θ_g 和鉴别器参数 θ_d 。

因此，执行梯度上升，也就是鉴别器的最大化。

$$\nabla_{\theta_d}\frac{1}{m}\sum_{i=1}^{m}[\log D(x^{(i)})+\log(1-D(G(z^{(i)})))]$$

再执行梯度下降，也就是生成器的最小化。

$$\nabla_{\theta_g}\frac{1}{m}\sum_{i=1}^{m}\log(1-D(G(z^{(i)})))$$

然而，优化前面的生成器目标函数并不能正常工作，而且会导致稳定性问题。因此，我们引入了一种新的损失形式，称为**启发式损失（Heuristic Loss）**。

8.2.9 启发式损失

鉴别器的损失函数并没有变化，它可以直接写成

$$\max_{d} L(D,G)=E_{x\sim p_r(x)}[\log D(x;\theta_d)]+E_{z\sim p_z(z)}[\log(1-D(G(z;\theta_g);\theta_d))]$$

现在，让我们看看生成器损失：

$$\max_{g} L(D,G)=E_{z\sim p_z(z)}[\log(1-D(G(z;\theta_g);\theta_d))]$$

能不能把生成器损失函数中的最小化目标变成像鉴别器损失一样的最大化目标？应该怎么做？我们知道 $1-D(G(z))$ 返回假输入图像为假的概率，并且生成器最小化了这个概率。

不用这样做，取而代之，可以写成 $D(G(z))$ 。它意味着假输入图像为真的概率，并且现在生成器

可以最大化这个概率，这意味着生成器最大化了假输入图像被分类为一个真实图像的概率。因此，生成器的损失函数现在变成

$$\max_{g} L(D,G) = E_{z\sim p_z(z)}[\log(D(G(z;\theta_g);\theta_d))]$$

现在我们同时有了以最大化形式表示的鉴别器和生成器的损失函数。

$$\max_{d} L(D,G) = E_{x\sim p_r(x)}[\log D(x;\theta_d)] + E_{z\sim p_z(z)}[\log(1 - D(G(z;\theta_g);\theta_d))]$$

$$\max_{g} L(D,G) = E_{z\sim p_z(z)}[\log(D(G(z;\theta_g);\theta_d))]$$

但是，如果能使损失最小化，那么可以应用我们最喜欢的梯度下降算法，而不是最大化。那么，如何将最大化问题转化为最小化问题呢？可以通过简单地添加一个负号来实现。

因此，鉴别器的最终损失函数如下所示。

$$L^D = -E_{x\sim p_r(x)}[\log D(x)] - E_{z\sim p_z(z)}[\log(1 - D(G(z)))]$$

生成器的最终损失函数如下所示。

$$L^G = -E_{z\sim p_z(z)}[\log(D(G(z)))]$$

8.3 在 TensorFlow 中使用 GAN 生成图像

让我们通过构建 GAN 以在 TensorFlow 中生成手写数字，来加强对 GAN 的理解。

首先，导入所有必需的库。

```
import warnings
warnings.filterwarnings('ignore')

import numpy as np
import tensorflow as tf
from tensorflow.examples.tutorials.mnist import input_data
tf.logging.set_verbosity(tf.logging.ERROR)

import matplotlib.pyplot as plt
%matplotlib inline

tf.reset_default_graph()
```

8.3.1 加载数据集

加载 MNIST 数据集。

```
data = input_data.read_data_sets("data/mnist",one_hot=True)
```

绘制一幅图像。

```
plt.imshow(data.train.images[13].reshape(28,28),cmap="gray")
```

输入图像如图 8-9 所示。

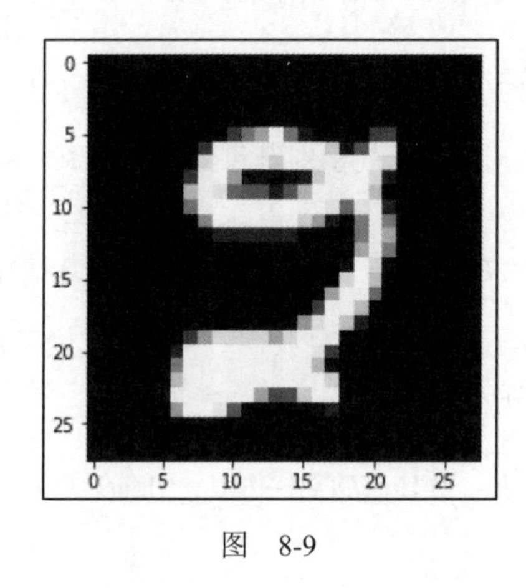

图 8-9

8.3.2 定义生成器

生成器 G 将噪声 z 作为输入并返回一幅图像。我们将该生成器定义为 3 层前馈网络。可以使用 tf.layers.dense()创建一个密集层，而不是从头开始对生成器网络进行编码。它有 3 个参数：输入（inputs）、单位数量（units）和激活函数（activation）。

```
def generator(z,reuse=None):
    with tf.variable_scope('generator',reuse=reuse):
        hidden1 = tf.layers.dense(inputs=z,units=128,activation=tf.nn.leaky_relu)
        hidden2 = tf.layers.dense(inputs=hidden1,units=128,activation=tf.nn.leaky_relu)
        output = tf.layers.dense(inputs=hidden2,units=784,activation=tf.nn.tanh)
        return output
```

8.3.3 定义鉴别器

我们知道鉴别器 D 返回给定图像为真的概率，因此也将鉴别器定义为具有 3 层的前馈网络。

```
def discriminator(X,reuse=None):
    with tf.variable_scope('discriminator',reuse=reuse):
        hidden1 = tf.layers.dense(inputs=X,units=128,activation=tf.nn.leaky_relu)
        hidden2 = tf.layers.dense(inputs=hidden1,units=128,activation=tf.nn.leaky_relu)
        logits = tf.layers.dense(inputs=hidden2,units=1)
        output = tf.sigmoid(logits)
        return logits
```

8.3.4 定义输入占位符

现在为输入 x 和噪声 z 定义占位符。

```
x = tf.placeholder(tf.float32,shape=[None,784])
z = tf.placeholder(tf.float32,shape=[None,100])
```

8.3.5 启动 GAN

将噪声输入生成器，而它将输出假图像 fake $x=G(z)$。

```
fake_x = generator(z)
```

将真实图像输入鉴别器 $D(x)$，并得到真实图像为真的概率。

```
D_logits_real = discriminator(x)
```

类似地，将假图像输入鉴别器 $D(x)$并得到假图像为真的概率。

```
D_logits_fake = discriminator(fake_x,reuse=True)
```

8.3.6 计算损失函数

现在来看看如何计算损失函数。

1. 鉴别器损失

鉴别器损失如下所示。

$$L^D = -E_{x\sim p_r(x)}[\log D(x)] - E_{z\sim p_z(z)}[\log(1-D(G(z)))]$$

首先，我们将实现第一项 $-E_{x\sim p_r(x)}[\log D(x)]$。

第一项 $-E_{x\sim p_r(x)}[\log D(x)]$ 表示从真实数据分布中采样的图像的对数可能为真的期望值。它基本上是二元交叉熵损失。可以使用 TensorFlow 中的 tf.nn.sigmoid_cross_entropy_ with_logits()函数实现二元交叉熵损失。它采用两个参数作为输入，分别是 logits 和 labels，其解释如下。

- logits 输入是网络的 logits，所以它是 D_logits_real。
- labels 输入就是真正的标签。我们了解到鉴别器应该为真图像返回 1，为假图像返回 0。因为我们计算的是从真实数据分布中采样的输入图像的损失，所以真正的标签是 1。

使用 tf.ones_likes()用于将标签设置为 1，而形状与 D_logits_real 相同，也就是 labels = tf.ones_like(D_logits_real)。

然后使用 tf.reduce_mean()求平均值。如果你注意到的话，在损失函数中有一个减号，加上这个减号是为了把损失转换成一个最小化的目标。但是，在下面的代码中没有减号，因为 TensorFlow 优化器只会最小化而不会最大化。因此，不必在实现中添加减号，因为在任何情况下，它都将被 TensorFlow 优化器最小化。

```
D_loss_real = tf.reduce_mean(tf.nn.sigmoid_cross_entropy_with_logits(logits=
D_logits_real, labels=tf.ones_like(D_logits_real)))
```

现在我们来实现第二项：$-E_{z\sim p_z(z)}[\log(1-D(G(z)))]$。

第二项 $-E_{z\sim p_z(z)}[\log(1-D(G(z)))]$ 意味着生成器生成的图像的对数可能为假的期望值。

与第一项类似，可以使用 tf.nn.sigmoid_cross_entropy_with_logits()计算二元交叉熵损失。在这种情况下，以下内容成立。

- logits 是 D_logits_fake。
- 因为是在计算生成器生成的假图像的损失，所以真实（true）标签是 0。

为了将标签设置为 0，我们使用 tf.zeros_like()，其形状与 D_logits_fake 相同。即 labels = tf.zeros_like(D_logits_fake)。

```
D_loss_fake = tf.reduce_mean(tf.nn.sigmoid_cross_entropy_with_logits(logits=
D_logits_fake, labels=tf.zeros_like(D_logits_fake)))
```

现在我们将实现最后的损失。

结合上面的两项，鉴别器的损失函数如下所示。

```
D_loss = D_loss_real + D_loss_fake
```

2. 生成器损失

生成器损失表示为 $L^G = -E_{z \sim p_z(z)}[\log(D(G(z)))]$。

它意味着假图像被归类为真图像的概率。当我们在鉴别器中计算二元交叉熵时，我们使用 tf.nn.sigmoid_cross_entropy_with_logits()计算生成器中的损失。

在此，应牢记以下两点。

- Logits 是 D_logits_fake。
- 因为我们的损失意味着假输入图像被分类为真的概率，所以真实标签是 1。正如我们所了解的，生成器的目标是生成假图像并欺骗鉴别器将假图像分类为一幅真实图像。

为了将标签设置为 1，我们使用 tf.ones_like()，其形状与 D_logits_fake 相同。即 labels = tf.ones_like(D_logits_fake)。

```
G_loss = tf.reduce_mean(tf.nn.sigmoid_cross_entropy_with_logits(logits=
D_logits_fake, labels=tf.ones_like(D_logits_fake)))
```

8.3.7 优化损失

现在我们需要优化生成器和鉴别器。因此，我们收集的鉴别器和生成器参数分别为 θ_D 和 θ_G。

```
training_vars = tf.trainable_variables()
theta_D = [var for var in training_vars if 'dis' in var.name]
theta_G = [var for var in training_vars if 'gen' in var.name]
```

使用 Adam 优化器优化损失。

```
learning_rate = 0.001

D_optimizer = tf.train.AdamOptimizer(learning_rate).minimize(D_loss,var_list =
theta_D)
G_optimizer = tf.train.AdamOptimizer(learning_rate).minimize(G_loss, var_list =
theta_G)
```

8.3.8 开始训练

让我们从定义批的大小和历元数量开始训练。

```
batch_size = 100
num_epochs = 1000
```

初始化所有的变量。

```
init = tf.global_variables_initializer()
```

8.3.9 生成手写数字

启动 TensorFlow 会话并生成手写数字。

```
with tf.Session() as session:
```

初始化所有的变量。

```
session.run(init)
```

对每个历元执行此操作。

```
for epoch in range(num_epochs):
```

选择批次数。

```
num_batches = data.train.num_examples // batch_size
```

对每个批次都执行此操作。

```
for i in range(num_batches):
```

根据批量大小获取批量数据。

```
batch = data.train.next_batch(batch_size)
```

重塑数据。

```
batch_images = batch[0].reshape((batch_size,784))
batch_images = batch_images * 2 - 1
```

采样批次噪声。

```
batch_noise = np.random.uniform(-1,1,size=(batch_size,100))
```

使用输入 x 作为 batch_images（批处理图像），以及噪声 z 作为 batch_noise（批处理噪声）来定义馈入字典。

```
feed_dict = {x: batch_images, z : batch_noise}
```

训练鉴别器和生成器。

```
_ = session.run(D_optimizer,feed_dict = feed_dict)
_ = session.run(G_optimizer,feed_dict = feed_dict)
```

计算鉴别器和生成器的损失。

```
discriminator_loss = D_loss.eval(feed_dict)
generator_loss = G_loss.eval(feed_dict)
```

在每第 100 个历元上将噪声馈送到生成器并生成图像。

```
if epoch%100==0:
print("Epoch: {}, iteration: {}, Discriminator Loss:{},
Generator Loss: {}".format(epoch,i,discriminator_loss,generator_loss))

_fake_x = fake_x.eval(feed_dict)

plt.imshow(_fake_x[0].reshape(28,28))
plt.show()
```

在训练过程中，我们注意到损失是如何减少的，以及 GAN 是如何学习生成图像的，如图 8-10 所示。

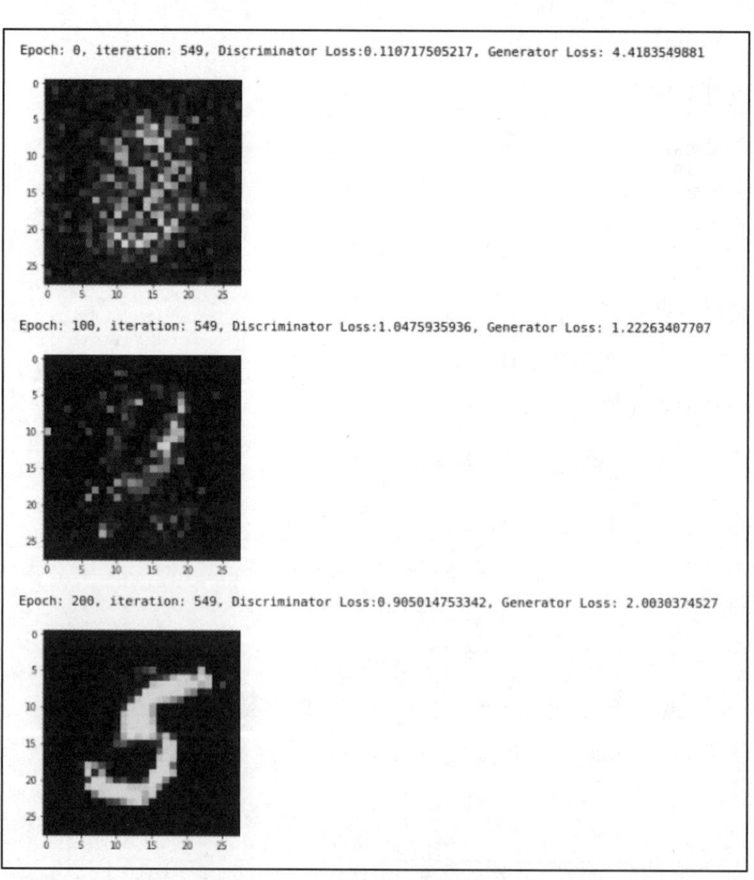

图 8-10

8.4 DCGAN——向GAN添加卷积

我们刚刚学习了GAN的有效性以及它们如何用于生成图像。我们知道GAN有两个组成部分：生成图像的生成器和对生成图像起判断作用的鉴别器。正如你所见到的那样，生成器和鉴别器基本上都是前馈神经网络。可以用卷积网络代替前馈网络吗？

在第6章中，我们已经看到了卷积网络对于基于图像的数据的有效性，以及它们如何以无监督的方式从图像中提取特征。因为在GAN中我们正在生成图像，所以最好使用卷积网络而不是前馈网络。因此，我们引入了一种新型的GAN，称为DCGAN。用convents扩展了GAN的设计。我们基本上用卷积神经网络代替了生成器和鉴别器中的前馈网络。

鉴别器使用卷积层将图像分类为假图像或真图像，而生成器使用卷积转置层生成新图像。接下来详细介绍DCGAN中的生成器和鉴别器与普通GAN的区别。

8.4.1 解卷积生成器

我们知道生成器的作用是通过学习真实的数据分布来生成一个新的图像。在DCGAN中，生成器由卷积转置和具有ReLU激活函数的批规范层组成。

提示：

卷积转置运算也称为解卷积运算或分步卷积。

生成器的输入是噪声z，我们从标准正态分布中提取z，并且它输出一幅与训练数据中的图像大小相同的图像，如64×64×3。

生成器的架构如图8-11所示。

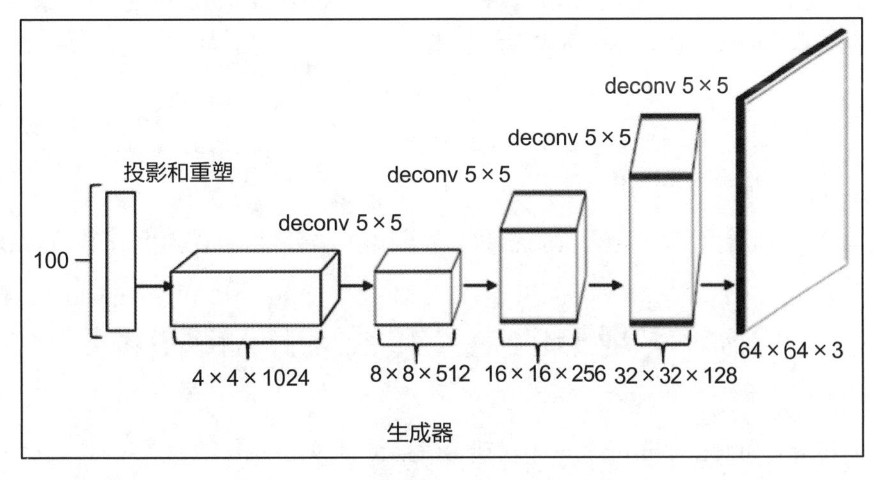

图 8-11

首先，我们将一个 100×1 形状的噪声 z 转换成 4×4×1024，得到宽度、高度和特征图的形状，而它称为**投影和重塑（Project and Reshape）**。接下来，用分步卷积执行一系列卷积运算。除最后一层外，对每层都应用批处理规范化。此外，对每层应用 ReLU 激活函数，但最后一层除外。应用 tanh 激活函数缩放生成的图像使之为-1～1。

8.4.2 卷积鉴别器

现在我们将看到 DCGAN 中鉴别器的架构。我们知道，鉴别器获取图像，并且它告诉我们图像是真图像还是假图像。因此，它基本上是一个二元分类器。鉴别器由一系列具有 Leaky ReLU 激活函数的卷积和批量规范层组成。

鉴别器的架构如图 8-12 所示。

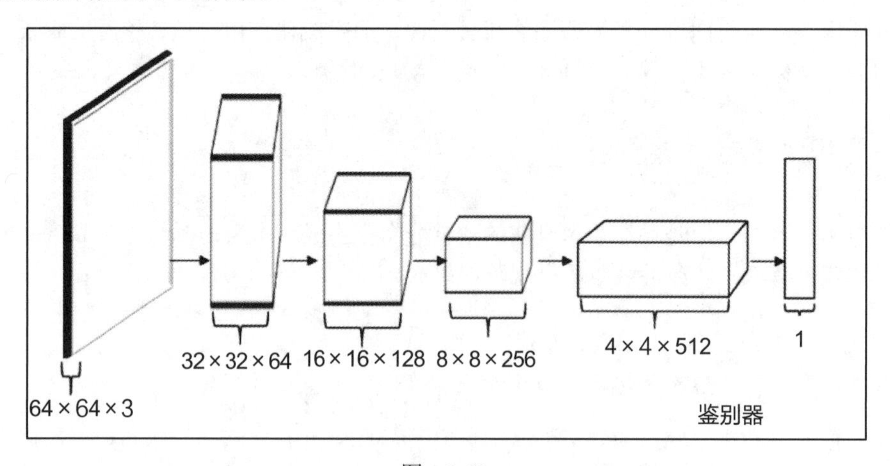

图 8-12

如你所见，它取 64×64×3 的输入图像，并使用一个 Leaky ReLU 激活函数执行一系列卷积运算。我们在除输入层之外的所有层上应用批处理规范化。

注释：

请记住，我们不会在鉴别器和生成器中同时应用最大池化操作。相反，我们应用了一个跨步卷积运算（即使用多步幅的卷积运算）。

简单地说，我们用卷积网络代替了生成器和鉴别器中的前馈网络，从而增强了普通 GAN 的性能。

8.5 实现 DCGAN 生成 CIFAR 图像

现在我们将看到如何在 TensorFlow 中实现 DCGAN 生成 CIFAR 图像。我们将学习如何实现带有来自 **CIFAR（Canadian Institute For Advanced Research，加拿大高级研究所）**-10 数据集的图像的 DCGAN。CIFAR-10 数据集由来自 10 个不同类别的 60000 幅图像组成，包括飞机、汽车、鸟、猫、鹿、狗、青蛙、马、船和卡车（airplanes、cars、birds、cats、deer、dogs、frogs、horses、ships和 trucks）。我们将研究如何使用 DCGAN 生成这样的图像。

首先，导入所需的库。

```
import warnings
warnings.filterwarnings('ignore')

import numpy as np
import tensorflow as tf
from tensorflow.examples.tutorials.mnist import input_data
tf.logging.set_verbosity(tf.logging.ERROR)

from keras.datasets import cifar10

import matplotlib.pyplot as plt
%matplotlib inline
from IPython import display

from scipy.misc import toimage
```

8.5.1 加载数据集

加载 CIFAR-10 数据集。

```
(x_train, y_train), _ = cifar10.load_data()
x_train = x_train.astype('float32')/255.0
```

让我们看看数据集中有什么。定义一个用于绘制图像的辅助函数。

```
def plot_images(X):
    plt.figure(1)
    z = 0
    for i in range(0,4):
        for j in range(0,4):
            plt.subplot2grid((4,4),(i,j))
            plt.imshow(toimage(X[z]))
            z = z + 1
        plt.show()
```

绘制几幅图像。

```
plot_images(x_train[:17])
```

绘制的图像如图 8-13 所示。

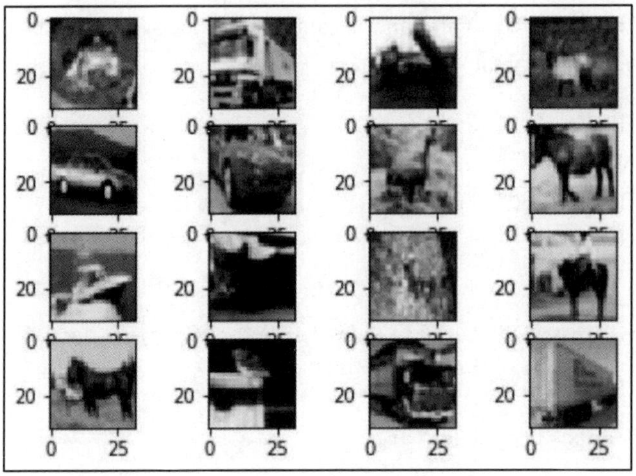

图 8-13

8.5.2 定义鉴别器

我们将鉴别器定义为 3 个卷积层，随后是一个完全连接层的卷积网络。它由一系列具有 Leaky ReLU 激活函数的卷积和批处理规范层组成。我们在除输入层以外的所有层上应用批处理规范化。

```
def discriminator(input_images, reuse=False, is_training=False, alpha=0.1):
    with tf.variable_scope('discriminator', reuse= reuse):
```

带有 Leaky ReLU 激活函数的第一卷积层。

```
layer1 = tf.layers.conv2d(input_images,
                          filters=64,
                          kernel_size=5,
                          strides=2,
                          padding='same',
                          kernel_initializer=kernel_init,
                          name='conv1')

layer1 = tf.nn.leaky_relu(layer1, alpha=0.2, name='leaky_relu1')
```

带有批处理规范化和 Leaky ReLU 激活函数的第二卷积层。

```
layer2 = tf.layers.conv2d(layer1,
                          filters=128,
                          kernel_size=5,
                          strides=2,
                          padding='same',
                          kernel_initializer=kernel_init,
                          name='conv2')
layer2 = tf.layers.batch_normalization(layer2,
training=is_training, name='batch_normalization2')
```

```
layer2 = tf.nn.leaky_relu(layer2, alpha=0.2, name='leaky_relu2')
```

带有批处理规范化和 Leaky ReLU 函数的第三卷积层。

```
layer3 = tf.layers.conv2d(layer2,
                          filters=256,
                          kernel_size=5,
                          strides=1,
                          padding='same',
                          name='conv3')
layer3 = tf.layers.batch_normalization(layer3,
training=is_training, name='batch_normalization3')
layer3 = tf.nn.leaky_relu(layer3, alpha=0.1, name='leaky_relu3')
```

展平最终卷积层的输出。

```
layer3 = tf.reshape(layer3, (-1, layer3.shape[1]*layer3.shape[2]*layer3.shape[3]))
```

定义完全连接层并返回 logits。

```
logits = tf.layers.dense(layer3, 1)
output = tf.sigmoid(logits)
return logits
```

8.5.3 定义生成器

我们了解到，生成器执行转置卷积运算。该生成器由卷积转置和带 ReLU 激活函数的批处理规范层组成。我们对除最后一层以外的每层应用批处理规范化。此外，对每层应用 ReLU 激活函数，但对于最后一层，应用 tanh 激活函数在-1～1 缩放生成的图像。

```
def generator(z, z_dim, batch_size, is_training=False, reuse=False):
    with tf.variable_scope('generator', reuse=reuse):
```

定义第一个完全连接层。

```
input_to_conv = tf.layers.dense(z, 8*8*128)
```

转换输入的形状并应用批处理规范化，随后应用 ReLU 激活函数。

```
layer1 = tf.reshape(input_to_conv, (-1, 8, 8, 128))
layer1 = tf.layers.batch_normalization(layer1,
training=is_training, name='batch_normalization1')
layer1 = tf.nn.relu(layer1, name='relu1')
```

定义第二层，即带有批处理规范化和 ReLU 激活函数的转置卷积层。

```
layer2 = tf.layers.conv2d_transpose(layer1, filters=256,kernel_size=5, strides=
2,padding='same', kernel_initializer=kernel_init, name='deconvolution2')
layer2 = tf.layers.batch_normalization(layer2, training=is_training,
name='batch_normalization2')
layer2 = tf.nn.relu(layer2, name='relu2')
```

定义第三层。

```
layer3 = tf.layers.conv2d_transpose(layer2, filters=256,kernel_size=5, strides=
2,padding='same',kernel_initializer=kernel_init,name='deconvolution3')
layer3 = tf.layers.batch_normalization(layer3,training=is_training,
name='batch_normalization3')
layer3 = tf.nn.relu(layer3, name='relu3')
```

定义第四层。

```
layer4 = tf.layers.conv2d_transpose(layer3, filters=256,kernel_size=5, strides=
1,padding='same',kernel_initializer=kernel_init,name='deconvolution4')
layer4 = tf.layers.batch_normalization(layer4,training=is_training,
name='batch_normalization4')
layer4 = tf.nn.relu(layer4, name='relu4')
```

在最后一层中，不应用批处理规范化，而是使用 tanh 激活函数代替 ReLU。

```
layer5 = tf.layers.conv2d_transpose(layer4, filters=3,kernel_size=7, strides=1,
padding='same',kernel_initializer=kernel_init,name='deconvolution5')
logits = tf.tanh(layer5, name='tanh')
return logits
```

8.5.4 定义输入占位符

为输入定义占位符。

```
image_width = x_train.shape[1]
image_height = x_train.shape[2]
image_channels = x_train.shape[3]
x = tf.placeholder(tf.float32, shape= (None, image_width, image_height,
image_channels), name="d_input")
```

定义学习率和训练布尔值的占位符。

```
learning_rate = tf.placeholder(tf.float32, shape=(), name="learning_rate")
is_training = tf.placeholder(tf.bool, [], name='is_training')
```

定义批量的大小和噪声的维数。

```
batch_size = 100
z_dim = 100
```

定义噪声 z 的占位符。

```
z = tf.random_normal([batch_size, z_dim], mean=0.0, stddev=1.0, name='z')
```

8.5.5 启动 DCGAN

首先，将噪声 z 输入生成器，而它将输出假图像 fake $x=G(z)$。

```
fake_x = generator(z, z_dim, batch_size, is_training=is_training)
```

然后将真实图像馈送到鉴别器 $D(x)$，并得到真实图像为真的概率。

```
D_logit_real = discriminator(x, reuse=False, is_training=is_training)
```

类似地，将假图像馈送到鉴别器 $D(z)$，并得到假图像为真的概率。

```
D_logit_fake = discriminator(fake_x, reuse=True, is_training=is_training)
```

8.5.6 计算损失函数

现在我们来看看如何计算损失函数。

1. 鉴别器损失

鉴别器损失函数与普通的 GAN 相同：

$$L^D = -E_{x\sim p_r(x)}[\log D(x)] - E_{z\sim p_z(z)}[\log(1-D(G(z)))]$$

所以，可以直接写成如下形式。

```
D_loss_real =tf.reduce_mean(tf.nn.sigmoid_cross_entropy_with_logits(logits=
D_logits_real, labels=tf.ones_like(D_logits_real)))
D_loss_fake =tf.reduce_mean(tf.nn.sigmoid_cross_entropy_with_logits(logits=
D_logits_fake, labels=tf.zeros_like(D_logits_fake)))
D_loss = D_loss_real + D_loss_fake
```

2. 生成器损失

生成器损失函数也与普通的 GAN 相同：

$$L^G = -E_{z\sim p_z(z)}[\log(D(G(z)))]$$

可以使用以下代码计算它。

```
G_loss =tf.reduce_mean(tf.nn.sigmoid_cross_entropy_with_logits(logits=
D_logits_fake, labels=tf.ones_like(D_logits_fake)))
```

8.5.7 优化损失

正如我们在普通 GAN 中看到的那样，分别收集鉴别器和生成器的参数，它们分别为 θ_D 和 θ_G。

```
training_vars = tf.trainable_variables()
theta_D = [var for var in training_vars if 'dis' in var.name]
theta_G = [var for var in training_vars if 'gen' in var.name]
```

使用 Adam 优化器优化损失。

```
d_optimizer = tf.train.AdamOptimizer(learning_rate).minimize(D_loss,
var_list=theta_D)
g_optimizer = tf.train.AdamOptimizer(learning_rate).minimize(G_loss,
var_list=theta_G)
```

8.5.8 训练 DCGAN

可以开始训练了。定义批次数、历元和学习速率。

```
num_batches = int(x_train.shape[0] / batch_size)
steps = 0
num_epcohs = 500
lr = 0.00002
```

定义一个用于生成和绘制生成图像的辅助函数。

```
def generate_new_samples(session, n_images, z_dim):
    z = tf.random_normal([1, z_dim], mean=0.0, stddev=1.0)
    is_training = tf.placeholder(tf.bool, [], name='training_bool')
    samples = session.run(generator(z, z_dim, batch_size, is_training,
    reuse=True),feed_dict={is_training: True})
    img = (samples[0] * 255).astype(np.uint8)
    plt.imshow(img)
    plt.show()
```

开始训练。

```
with tf.Session() as session:
```

初始化所有的变量。

```
session.run(tf.global_variables_initializer())
```

对于每个历元都执行如下步骤。

```
for epoch in range(num_epcohs):
    #for each batch
    for i in range(num_batches):
```

定义批处理的开始和结束。

```
start = i * batch_size
end = (i + 1) * batch_size
```

采样一批图像。

```
batch_images = x_train[start:end]
```

每两步训练鉴别器。

```
if(steps % 2 == 0):
    _, discriminator_loss = session.run([d_optimizer,D_loss], feed_dict={x:
    batch_images, is_training:True, learning_rate:lr})
```

训练生成器和鉴别器。

```
_, generator_loss = session.run([g_optimizer,G_loss],
```

```
feed_dict={x: batch_images, is_training:True, learning_rate:lr})
_, discriminator_loss = session.run([d_optimizer,D_loss], feed_dict={x:
batch_images, is_training:True, learning_rate:lr})
```

生成一幅新图像。

```
display.clear_output(wait=True)
generate_new_samples(session, 1, z_dim)
print("Epoch: {}, iteration: {}, Discriminator Loss:{}, Generator Loss:
{}".format(epoch,i,discriminator_loss,generator_loss))
steps += 1
```

在第一次迭代中，DCGAN 将生成原始像素，但在一系列迭代中，它将学习使用以下参数生成真实图像。

```
Epoch: 0, iteration: 0, Discriminator Loss:1.44706475735, Generator Loss:
0.726667642593
```

DCGAN 在第一次迭代中生成如图 8-14 所示的图像。

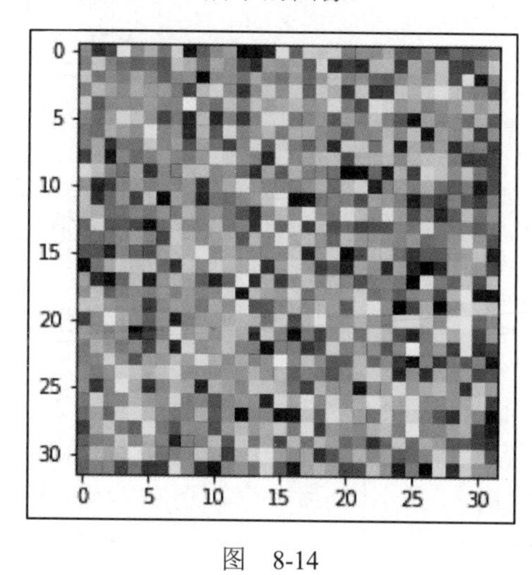

图 8-14

8.6 最小二乘 GAN

我们刚刚学习了如何使用 GAN 生成图像。**最小二乘 GAN（Least Squares GAN，LSGAN）**是 GAN 的另一个简单变体。在这里，我们使用最小二乘误差作为损失函数，而不是 sigmoid 交叉熵损失。使用 LSGAN，可以提高由 GAN 生成的图像的质量。但是可以怎样做呢？为什么普通 GAN 会产生低质量的图像呢？

如果你能回忆起 GAN 的损失函数，当时我们是使用 sigmoid 交叉熵作为损失函数的。该生成器的目标是学习图像在训练集中的分布，即真实数据分布，将其映射到假分布，并从学习到的假分布中生成假样本。因此，GAN 试图将假分布映射成尽可能接近真实的分布。

不过一旦假样本位于决策面正确的一侧，即使假样本远离真实分布，梯度也会消失。这是由于 sigmoid 交叉熵损失造成的。

让我们用图 8-15 来理解这一点。以 sigmoid 交叉熵作为损失函数的普通 GAN 的决策边界如图 8-15 所示，其中假样本用叉号表示，而真实样本用圆圈表示，且用于更新生成器的假样本用星形表示。

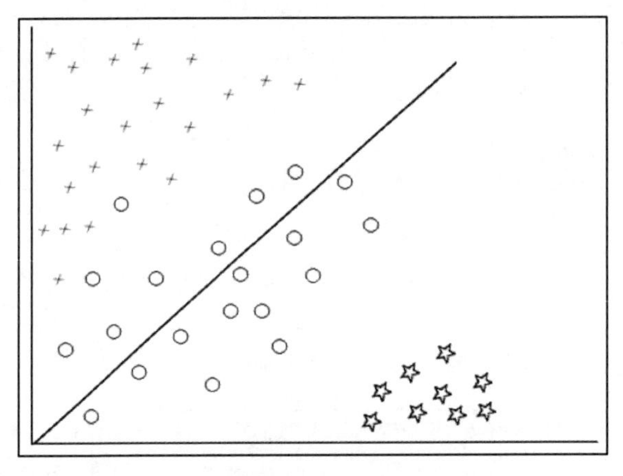

图 8-15

正如你所观察到的那样，一旦生成器生成的假样本（星形）位于决策面的正确一侧，即一旦假样本位于真实样本（圆圈）的一侧，那么即使假样本远离真实分布，梯度也会趋于消失。这是由于 sigmoid 交叉熵损失造成的，因为它不关心假样本是否接近真实样本；它只寻找假样本是否在决策面的正确一侧。这导致了一个问题，即当梯度消失时，即使假样本远离真实数据分布，生成器也无法学习数据集的真实分布。

因此，我们可以把这个具有 sigmoid 交叉熵损失的决策面变成一个最小二乘损失。现在，正如你在图 8-16 中所看到的那样，虽然生成器生成的假样本位于决策面的正确一侧，但在假样本与真实样本分布匹配之前，梯度不会消失。最小二乘损失强制更新将假样本与真样本匹配。

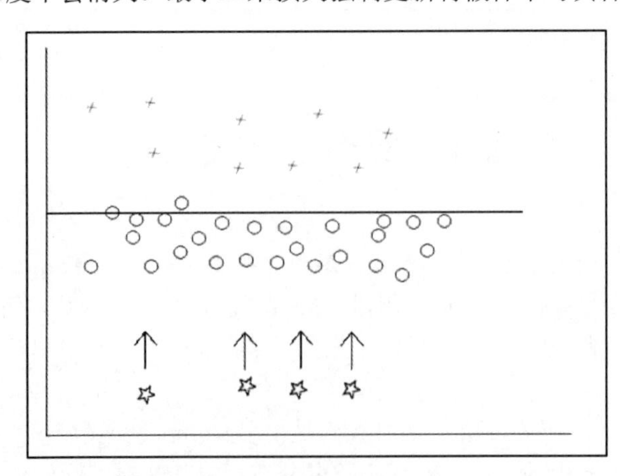

图 8-16

因此，由于我们将假分布与真分布进行匹配，所以使用最小二乘法作为成本函数可以提高图像质量。

简单地说，当假样本来自真实样本（即真实数据分布）时，也就是当假样本位于决策面的正确一侧时，普通 GAN 中的梯度更新就会停止。这是由于 sigmoid 交叉熵损失造成的，因为它不关心假样本是否接近真样本，而只寻找假样本是否在正确的一侧。这就导致了无法很好地学习真实数据分布的问题。因此，我们使用 LSGAN，它使用最小二乘误差作为损失函数，在假样本匹配真实样本之前，即使假样本位于决策边界的正确一侧，梯度更新也不会停止。

8.6.1　损失函数

既然我们已经知道了最小二乘损失函数可以改善生成器的图像质量，那么如何用最小二乘法重写 GAN 损失函数呢？

假设 a 和 b 分别是生成的图像和真实图像的实际标签，那么我们可以根据最小二乘损失来编写鉴别器的损失函数，如下所示。

$$L^D = \frac{1}{2} E_{x \sim p_r(x)}[(D(x) - b)^2] + \frac{1}{2} E_{z \sim p_z(z)}[(D(G(z)) - a)^2]$$

同样，假设 c 是（生成器希望鉴别器相信生成的图像是真实的图像）实际的标签，则标签 c 代表真实图像。那么我们就可以用最小二乘法来表示生成器的损失函数，如下所示。

$$L^G = \frac{1}{2} E_{z \sim p_z(z)}[(D(G(z)) - c)^2]$$

我们将真实图像的标签设置为 1，将假图像的标签设置为 0，因此 b 和 c 变为 1，a 变为 0。因此，最终方程可以如下所示。

（1）鉴别器的损失函数。

$$L^D = \frac{1}{2} E_{x \sim p_r(x)}[(D(x) - 1)^2] + \frac{1}{2} E_{z \sim p_z(z)}[(D(G(z)))^2]$$

（2）生成器的损失函数。

$$L^G = \frac{1}{2} E_{z \sim p_z(z)}[(D(G(z)) - 1)^2]$$

8.6.2　TensorFlow 中的 LSGAN

除了损失函数的变化外，LSGAN 的实现与普通 GAN 相同。因此，我们将不介绍完整的代码，只介绍如何在 TensorFlow 中实现 LSGAN 的损失函数。LSGAN 的完整代码可以在 GitHub 上找到。

现在让我们看看 LSGAN 的损失函数是如何实现的。

1. 鉴别器损失

鉴别器的损失函数如下所示。

$$L^D = \frac{1}{2}E_{x\sim p_r(x)}[(D(x)-1)^2] + \frac{1}{2}E_{z\sim p_z(z)}[(D(G(z)))^2]$$

首先，我们将实现第一项 $\frac{1}{2}E_{x\sim p_{\text{data}}(x)}[(D(x)-1)^2]$。

```
D_loss_real=0.5*tf.reduce_mean(tf.square(D_logits_real-1))
```

现在来实现第二项 $\frac{1}{2}E_{z\sim p_z(z)}[(D(G(z)))^2]$。

```
D_loss_fake = 0.5*tf.reduce_mean(tf.square(D_logits_fake))
```

最终鉴别器损失可写为：

```
D_loss = D_loss_real + D_loss_fake
```

2. 生成器损失

生成器损失函数 $L^G = \frac{1}{2}E_{z\sim p_z(z)}[(D(G(z))-1)^2]$ 如下所示。

```
G_loss = 0.5*tf.reduce_mean(tf.square(D_logits_fake-1))
```

8.7 具有 Wasserstein 距离的 GAN

现在我们将看到另一个非常有趣的 GAN 版本，称为 Wasserstein GAN（WGAN）。它在 GAN 的损失函数中使用了 Wasserstein 距离。首先，让我们理解为什么我们需要一个 Wasserstein 距离度量，以及我们的生成器损失函数有什么问题。

在继续之前，首先让我们简要探讨两种流行的散度度量，它们用于度量两个概率分布之间的相似性。

Kullback-Leibler（KL）散度是确定一个概率分布如何偏离另一个概率分布的最常用的方法之一。假设有两个离散的概率分布 P 和 Q，那么 KL 散度可以表示为

$$D_{\text{KL}}(P\|Q) = \sum_x P(x)\log\left(\frac{P(x)}{Q(x)}\right)$$

当两个分布连续时，KL 散度可以用积分形式表示，如下所示。

$$D_{\text{KL}}(P\|Q) = \int_x P(x)\log\frac{P(x)}{Q(x)}\mathrm{d}x$$

KL 散度不是对称的，这意味着：

$$D_{\text{KL}}(P\|Q) \neq D_{\text{KL}}(Q\|P)$$

Jensen-Shanon（JS）散度是度量两个概率分布相似性的另一种度量方法。但与 KL 散度不同，JS 散度是对称的，可以用以下公式给出。

$$D_{\text{JS}}(P\|Q) = \frac{1}{2}D_{\text{KL}}\left(P\middle\|\frac{P+Q}{2}\right) + \frac{1}{2}D_{\text{KL}}\left(Q\middle\|\frac{P+Q}{2}\right)$$

8.7.1 是否要在 GAN 中最小化 JS 散度

我们知道生成器试图学习真实的数据分布 p_r，以便从学习的分布 p_g 中生成新样本，鉴别器告诉我们图像是来自真实分布还是假分布。

我们还了解到：当 $p_r = p_g$ 时，鉴别器无法告诉我们图像是真实分布还是假分布。它只输出 0.5，因为它不能区分 p_r 和 p_g。

因此，对于生成器，最佳鉴别器可给出

$$D(x)=\frac{p_r(x)}{p_r(x)+p_g(x)}=\frac{1}{2} \tag{8-1}$$

让我们回顾一下鉴别器的损失函数。

$$\max_d L(D,G)=E_{x\sim p_r(x)}[\log D(x;\theta_d)]+E_{z\sim p_z(z)}[\log(1-D(G(z;\theta_g);\theta_d))]$$

可以将它简单地写成

$$L=E_{x\sim p_r}[\log D(x)]+E_{x\sim p_g}[\log 1-D(x)]$$

将式（8-1）代入上面的方程，得到

$$L=E_{x\sim p_r}\left[\log\frac{p_r(x)}{p_r(x)+p_g(x)}\right]+E_{x\sim p_g}\left[\log 1-\frac{p_r(x)}{p_r(x)+p_g(x)}\right]$$

它可通过以下方式求解。

$$\begin{aligned}
L&=E_{x\sim p_r}\left[\log\frac{p_r(x)}{p_r(x)+p_g(x)}\right]+E_{x\sim p_g}\left[\log 1-\frac{p_r(x)}{p_r(x)+p_g(x)}\right]\\
&=E_{x\sim p_r}\left[\log\frac{p_r(x)}{p_r(x)+p_g(x)}\right]+E_{x\sim p_g}\left[\log\frac{p_r(x)+p_g(x)-p_r(x)}{p_r(x)+p_g(x)}\right]\\
&=E_{x\sim p_r}\left[\log\frac{p_r(x)}{p_r(x)+p_g(x)}\right]+E_{x\sim p_g}\left[\log\frac{p_g(x)}{p_r(x)+p_g(x)}\right]\\
&=E_{x\sim p_r}\left[\log\frac{p_r(x)}{2*\frac{1}{2}(p_r(x)+p_g(x))}\right]+E_{x\sim p_g}\left[\log\frac{p_g(x)}{2*\frac{1}{2}(p_r(x)+p_g(x))}\right]\\
&=E_{x\sim p_r}\left[\log\frac{p_r(x)}{\frac{1}{2}(p_r(x)+p_g(x))}\right]-\log 2+E_{x\sim p_g}\left[\log\frac{p_g(x)}{\frac{1}{2}(p_r(x)+p_g(x))}\right]-\log 2\\
&=E_{x\sim p_r}\left[\log\frac{p_r(x)}{p_{\text{average}}(x)}\right]+E_{x\sim p_g}\left[\log\frac{p_g(x)}{p_{\text{average}}(x)}\right]-2\log 2\\
&=2\text{JS}(p_r\mid p_g)-2\log 2
\end{aligned}$$

正如你所看到的那样，我们基本上是最小化 GAN 损失函数中的 JS 散度。因此，最小化 GAN 的损失函数基本上意味着最小化真实数据分布 p_r 和虚假数据分布 p_g 之间的 JS 散度，如图 8-17 所示。

最小化 p_r 和 p_g 之间的 JS 散度表示生成器 G 使它们的分布 p_g 与实际数据分布 p_r 相似。但是 JS 散度存在一个问题。如图 8-18 所示，这两个分布之间没有重叠。当没有重叠或两个分布不共享相同的支撑时，JS 散度将爆炸或返回一个常量值，并且 GAN 无法适当地学习。

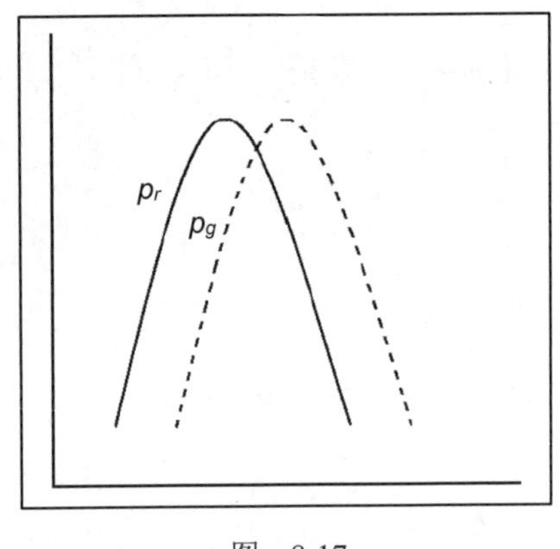

图 8-17

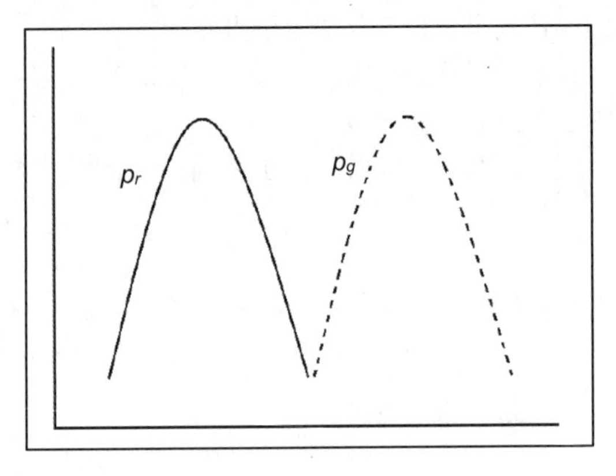

图 8-18

所以，为了避免这种情况，我们需要改变损失函数。我们不是最小化 JS 散度，而是使用了一个新的距离度量，称为 Wasserstein 距离。它告诉我们即使两个分布不共享相同的支撑时，它们是怎样彼此分离的。

8.7.2 什么是 Wasserstein 距离

Wasserstein 距离也称为地球搬运工（EM）距离，是最优运输问题中最流行的距离度量之一。在该问题中，我们需要将物体从一个配置移动到另一个配置。

因此，当我们有两个分布 p_r 和 p_g 时，$W(p_r, p_g)$ 意味着概率分布 p_r 需要多少工作量来匹配概率分布 p_g。

让我们试着理解 EM 距离背后的含义。我们可以把概率分布看作质量的集合。我们的目标是把一个概率分布转换成另一个。将一种分布转换为另一种分布有许多可能的方法，但是 Wasserstein 度量寻求具有最小转换成本的最优和最小的方法。

该转换成本可以用距离乘以质量来表示。

从点 x 移动到点 y 的信息量为 $\gamma(x, y)$，它被称为**运输计划（Transport Plan）**。它告诉我们从 x 到 y 需要传输多少信息，而 x 和 y 之间的距离用 $\|x-y\|$ 表示。

因此，其成本如下。

$$\text{Cost} = \gamma(x, y)\|x-y\|$$

我们有许多个（x, y）对，则所有（x, y）对的期望值如下所示。

$$E_{x,y\sim\gamma}\|x-y\|$$

它意味着从 x 点移动到 y 点的成本。从 x 移动到 y 有很多种方法，但我们只对最优路径感兴趣，即最小成本，因此我们将上面的公式改写为

$$\inf_{\gamma \sim \prod(p_r, p_g)} E_{(x,y)\sim\gamma}[\| x-y \|]$$

这里，inf 表示最小值。$\prod(p_r, p_g)$ 是 p_r 和 p_g 之间所有可能的联合分布的集合。

因此，在 p_r 和 p_g 之间所有可能的联合分布中，我们正在寻找使一个分布看起来像另一个分布所需的最小成本。

我们的最终方程式如下。

$$W(p_r, p_g) = \inf_{\gamma \sim \prod(p_r, p_g)} E_{(x,y)\sim\gamma}[\| x-y \|]$$

然而，计算 Wasserstein 距离并不是一个简单的任务，因为它很难穷尽所有可能的联合分布 $\prod(p_r, p_g)$，并且它会变成另一个优化问题。

为了避免这种情况，我们引入了 **Kantorovich-Rubinstein 对偶**。它将方程转化为一个简单的最大化问题，如下所示。

$$W(p_r, p_g) = \frac{1}{k} \sup_{\|f\|_L \leqslant k} E_{x\sim p_r}[f(x)] - E_{x\sim p_g}[f(x)]$$

但是上面的等式是什么意思呢？我们基本上是在所有 ***k*-Lipschitz 函数**（***k*-Lipschitz Function**）上应用**上确界**（**Supremum**）。那么什么是 Lipschitz 函数，并且什么是上确界呢？让我们在 8.7.3 小节中讨论这个问题。

8.7.3 揭开 *k*-Lipschitz 函数的神秘面纱

Lipschitz 连续函数是一个必须连续且几乎处处可微的函数。所以，对于一个 Lipschitz 连续的函数，函数图像的斜率的绝对值不能大于常数 k。这个常数 k 称为 **Lipschitz 常数**。

$$| f(x_1) - f(x_2) | \leqslant k | x_1 - x_2 |$$

简单地说，当一个函数的导数以某个常数 k 为边界且它从不超过该常数时，我们可以说它是 Lipschitz 连续的。假设 $k=1$，例如，$\sin x$ 是 Lipschitz 连续的，因为它的导数 $\cos x$ 以 1 为边界。类似地，$|x|$是 Lipschitz 连续的，因为它的斜率是-1 或 1。然而，它在 0 处是不可微分的。

那么，让我们回顾一下我们的等式:

$$W(p_r, p_g) = \frac{1}{K} \sup_{\|f\|_L \leqslant k} E_{x\sim p_r}[f(x)] - E_{x\sim p_g}[f(x)]$$

在这里，上确界基本上是下确界的对立面。因此，Lipschitz 函数上的上确界意味着 *k*-Lipschitz 函数上的一个极大值。因此，可以写出

$$W(p_r, p_g) = \max_{w \in W} E_{x\sim p_r}[f_w(x)] - E_{x\sim p_g}[f_w(x)]$$

上面的等式告诉我们：我们基本上是在实际样本的期望值和生成样本的期望值之间寻找一个最大距离。

8.7.4 WGAN 的损失函数

我们为什么要学习所有这一切？我们先前看到损失函数中的 JS 散度有问题，所以我们求助于

Wasserstein 距离。现在，鉴别器的目标不再是判断图像是否来自真实的或虚假的分布，而是试图最大化真实和生成样本之间的距离。我们训练鉴别器学习 Lipschitz 连续函数计算真实和虚假数据分布之间的 Wasserstein 距离。

因此，鉴别器损失如下所示。

$$L^D = W(p_r, p_g) = \max_{w \in W} E_{x \sim p_r}[D_w(x)] - E_{x \sim p_g}[D_w(x)]$$

现在我们需要确保在训练期间函数是 k-Lipschitz 函数。因此，对于每个梯度更新，我们将梯度的权重剪裁在下限和上限之间，如-0.01～0.01。

我们知道鉴别器损失函数为

$$\max_{w \in W} E_{x \sim p_r}[D_w(x)] - E_{x \sim p_g}[D_w(x)]$$

不是最大化，取而代之的是，通过添加负号将其转化为最小化目标。

$$\min_{w \in W} -(E_{x \sim p_r}[D_w(x)] - E_{x \sim p_g}[D_w(x)])$$

$$\min_{w \in W} E_{x \sim p_r}[D_w(x)] + E_{x \sim p_g}[D_w(x)]$$

生成器损失函数和我们在普通 GAN 中学到的一样。

因此，鉴别器的损失函数如下所示。

$$L^D = -E_{x \sim p_r} D_w(x) + E_z D_w(G(z))$$

生成器的损失函数如下所示。

$$L^G = -E_z D_w(G(z))$$

8.7.5 TensorFlow 中的 WGAN

在 TensorFlow 中实现 WGAN 与实现普通 GAN 是一样的，只是 WGAN 的损失函数不同而已，并且我们需要剪裁鉴别器的梯度。我们将只看到如何实现 WGAN 的损失函数以及如何剪裁鉴别器的梯度，而不是看全部的实现代码。

我们知道鉴别器的损失函数如下。

$$L^D = -E_{x \sim p_r} D_w(x) + E_z D_w(G(z))$$

具体实现如下。

```
D_loss = - tf.reduce_mean(D_real) + tf.reduce_mean(D_fake)
```

我们知道生成器的损失函数如下。

$$L^G = -E_z D_w(G(z))$$

具体实现如下。

```
G_loss = -tf.reduce_mean(D_fake)
```

将鉴别器的梯度剪裁如下。

```
clip_D = [p.assign(tf.clip_by_value(p, -0.01, 0.01)) for p in theta_D]
```

8.8 总　　结

本章首先学习了如何理解生成模型和判别模型的区别。了解了判别模型学习如何找到好的决策边界，以最佳的方式将类分开，而生成模型学习每个类的特征。

随后，我们了解了 GAN 的工作原理。它们基本上由两个神经网络组成，而这两个神经网络分别称为生成器和鉴别器。生成器的作用是通过学习真实的数据分布生成一个新的图像，而鉴别器的作用至关重要，它用于判断生成的图像是真实的数据分布还是虚假的数据分布；也就是是告诉我们所生成的图像是真实的图像还是虚假的图像。

接下来，我们学习了 DCGAN，我们基本上用卷积神经网络代替了生成器和鉴别器中的前馈神经网络。鉴别器使用卷积层将图像分类为假图像或真图像，而生成器使用卷积转置层来生成一幅新图像。

然后，我们学习了 LSGAN，它用最小二乘误差损失代替了生成器和鉴别器的损失函数。因为，当我们使用 sigmoid 交叉熵作为损失函数时，一旦假样本位于决策边界的正确一侧，即使它们不接近真实分布，梯度也会消失。因此，我们将交叉熵损失替换为最小二乘误差损失，其中直到假样本匹配真实分布为止梯度都不会消失。它强制梯度更新使假样本与真样本相匹配。

最后，我们学习了另一种有趣的 GAN 类型，称为 Wassetrtain GAN，我们在鉴别器的损失函数中使用了 Wasserstein 距离度量。因为在普通 GAN 中，我们基本上是最小化 JS 散度；而当真实数据和假数据的分布不重叠时，它将是常数或结果为 0。为了克服这个问题，我们在鉴别器的损失函数中使用了 Wasserstein 距离度量。

在第 9 章中，我们将学习其他几种有趣的 GAN 类型，分别为 CGAN、InfoGAN、CycleGAN 和 StackGAN。

8.9 问　　题

通过回答以下问题来评估我们对 GAN 的理解。

（1）生成模型和判别模型有什么区别？

（2）生成器的作用是什么？

（3）鉴别器的作用是什么？

（4）鉴别器和生成器的损失函数是什么？

（5）DCGAN 和普通 GAN 有何不同？

（6）什么是 KL 散度？

（7）如何定义 Wasserstein 距离度量？

（8）什么是 *k*-Lipschitz 连续函数？

读书笔记

第 9 章

了解更多关于 GAN 的信息

我们在第 8 章中学习了什么是生成对抗网络（GAN），以及如何使用不同类型的 GAN 生成图像。

在本章中，我们将揭示各种有趣的不同类型的 GAN。我们已经了解到，GAN 可以用来生成新的图像，但我们无法控制它们生成的图像。例如，如果我们想让 GAN 生成一张具有特定特征的人脸，我们如何将这些信息告诉 GAN？我们不能，因为我们无法控制生成器生成的图像。

为了解决这个问题，我们使用了一种称为条件 GAN（Conditional GAN，CGAN）的新型 GAN，其中我们可以通过指定要生成的内容来调节生成器和鉴别器。我们将首先理解如何使用 CGAN 生成我们感兴趣的图像，然后学习如何使用 TensorFlow 实现 CGAN。

然后我们将了解 InfoGAN，它是 CGAN 的无监督版本。我们将理解什么是 InfoGAN 和它们与 CGAN 的区别，以及如何使用 TensorFlow 实现它们来生成新的图像。

我们还将学习 CycleGAN，这是 GAN 的一种非常有趣的类型。它们试图学习从一个域中的图像分布到另一个域中的图像分布的映射。例如，要将灰度图像转换为彩色图像，我们训练 CycleGAN 学习灰度图像和彩色图像之间的映射，这意味着它们将学习如何从一个域映射到另一个域。最好的部分是与其他架构不同，它们甚至不需要配对数据集。我们将详细研究它们如何准确地学习这些映射及其架构，并将探讨如何实现用 CycleGAN 将真实图片转换为绘画。

在本章的最后，我们将探讨 StackGAN，它可以将文本描述转换成与照片一样逼真的图像。我们将通过更深入地理解它们的详细架构，来了解 StackGAN 是如何做到这一点的。

在本章中，我们将学习以下内容。

- CGAN
- 使用 CGAN 生成特定数字
- InfoGAN
- InfoGAN 的架构
- 使用 TensorFlow 构建 InfoGAN
- CycleGAN
- 使用 CycleGAN 将照片转换成绘画
- StackGAN

9.1 CGAN

我们知道生成器通过学习真实数据分布来生成新的图像，而鉴别器检查生成器生成的图像是来自真实的数据分布还是来自虚假的数据分布。

然而，尽管生成器能够通过学习真实数据分布生成新的有趣的图像，我们却无法控制或影响生成器生成的图像。例如，假设我们的生成器正在生成人脸，我们如何告诉生成器生成具有特定特征的人脸，如一双大眼睛和一只尖鼻子？

我们不能！因为我们无法控制生成器生成的图像。

为了克服这个问题，我们引入了一种称为 CGAN 的 GAN 的小变体，它对生成器和鉴别器都施加了一个条件。这个条件告诉 GAN 我们想要生成器生成什么图像。所以，我们的两个组件——鉴别器和生成器，它们都是在这个条件下工作的。

让我们考虑一个简单的例子。假设我们使用 CGAN 以 MNIST 数据集生成手写数字。假设我们更专注于生成数字 7 而不是其他数字。现在，我们需要把这个条件强加给生成器和鉴别器，该怎么做呢？

生成器将噪声 z 作为输入并生成一幅图像。但是除了 z，我们还传递一个额外的输入 c。这个 c 是一个一位有效编码的类标签。因为我们对生成数字 7 感兴趣，所以我们将第七个下标设置为 1，并将其他所有下标设置为 0，即[0,0,0,0,0,0,0,1,0,0]。

我们将潜在向量和一个一位有效编码的条件变量连接起来，并将其作为输入传递给生成器。然后，生成器开始生成数字 7。

那鉴别器呢？我们知道鉴别器将图像 x 作为输入，并告诉我们该图像是真图像还是假图像。在 CGAN 中，我们想要鉴别器基于条件进行判别，这意味着它必须识别生成的图像是真数字 7 还是假数字 7。因此，在传递输入 x 的同时，我们还通过连接 x 和 c 将条件变量 c 传递给鉴别器。

正如你在图 9-1 所看到的那样，我们将 z 和 c 传递给生成器。

生成器以施加在 c 上的信息为条件。类似地，除了将真假图像传递给鉴别器外，我们还将 c 传递给鉴别器。因此，生成器生成数字 7，鉴别器学习区分真数字 7 和假数字 7。

我们刚刚学习了如何使用 CGAN 生成特定的数字，但是 CGAN 的应用并没有到此为止。假设我们需要生成一个具有特定宽度和高度的数字，我们也可以把这个条件加在 c 上，以使 GAN 产生任何想要的图像。

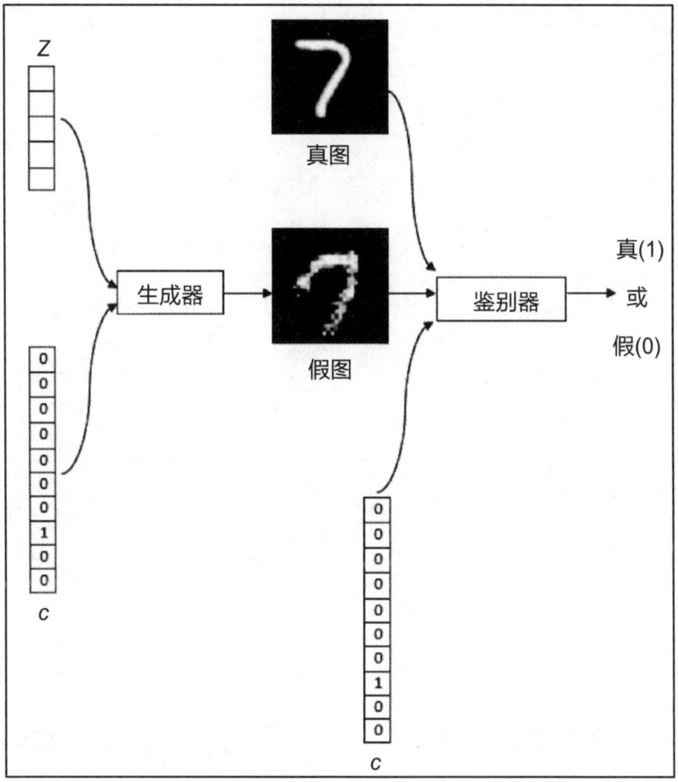

图 9-1

CGAN 的损失函数

正如你可能已经注意到的，普通 GAN 和 CGAN 之间没有太大的区别，除了在 CGAN 中，我们将附加的输入，即条件变量 c，与生成器和鉴别器的输入连接起来。因此，生成器和鉴别器的损失函数都与普通 GAN 相同，不同之处在于它以 c 为条件。

因此，鉴别器的损失函数如下。

$$L^D = -E_{x\sim p_r}[\log D(x \mid c)] - E_{z\sim p(z)}[\log(1 - D(G(z \mid c)))]$$

生成器的损失函数如下。

$$L^G = -E_{z\sim p(z)}[\log D(Z(z \mid c))]$$

CGAN 通过使用梯度下降最小化损失函数进行学习。

9.2 用 CGAN 生成特定的手写数字

我们刚刚学习了 CGAN 的工作原理和 CGAN 的架构。为了加强理解，现在我们将学习如何在 TensorFlow 中实现 CGAN 生成特定手写数字的图像，如数字 7。

首先，加载所需的代码库。

```
import warnings
warnings.filterwarnings('ignore')

import numpy as np
import tensorflow as tf
from tensorflow.examples.tutorials.mnist import input_data
tf.logging.set_verbosity(tf.logging.ERROR)
tf.reset_default_graph()

import matplotlib.pyplot as plt
%matplotlib inline

from IPython import display
```

加载 MNIST 数据集。

```
data = input_data.read_data_sets("data/mnist",one_hot=True)
```

9.2.1 定义生成器

生成器 G 将噪声 z 和条件变量 c 作为输入并返回一幅图像。我们将生成器定义为一个简单的两层前馈网络。

```
def generator(z, c,reuse=False):
    with tf.variable_scope('generator', reuse=reuse):
```

初始化权重。

```
w_init = tf.contrib.layers.xavier_initializer()
```

串接噪声 z 和条件变量 c。

```
inputs = tf.concat([z, c], 1)
```

定义第一层。

```
dense1 = tf.layers.dense(inputs, 128, kernel_initializer=w_init)
relu1 = tf.nn.relu(dense1)
```

定义第二层并使用 tanh 激活函数计算输出。

```
logits = tf.layers.dense(relu1, 784, kernel_initializer=w_init)
output = tf.nn.tanh(logits)

return output
```

9.2.2 定义鉴别器

鉴别器 D 返回概率，也就是说，它将告诉我们给定图像是真实图像的概率。除了输入图像 x 外，它还接收条件变量 c 作为输入。我们还将鉴别器定义为简单的两层前馈网络。

```
def discriminator(x, c, reuse=False):
    with tf.variable_scope('discriminator', reuse=reuse):
```

初始化权重。

```
w_init = tf.contrib.layers.xavier_initializer()
```

串接输入 x 和条件变量 c。

```
inputs = tf.concat([x, c], 1)
```

定义第一层。

```
dense1 = tf.layers.dense(inputs, 128, kernel_initializer=w_init)
relu1 = tf.nn.relu(dense1)
```

定义第二层并使用 sigmoid 激活函数计算输出。

```
logits = tf.layers.dense(relu1, 1, kernel_initializer=w_init)
output = tf.nn.sigmoid(logits)

return output
```

为输入 x、条件变量 c 和噪声 z 定义占位符。

```
x = tf.placeholder(tf.float32, shape=(None, 784))
c = tf.placeholder(tf.float32, shape=(None, 10))
z = tf.placeholder(tf.float32, shape=(None, 100))
```

9.2.3 启动 CGAN

首先，我们将噪声 z 和条件变量 c 输入生成器，而它将输出假图像，也就是 fake $x = G(z|c)$。

```
fake_x = generator(z, c)
```

现在我们把真实的图像 x 和条件变量 c 一起输入鉴别器 $D(x|c)$，并得到它们为真的概率。

```
D_logits_real = discriminator(x,c)
```

类似地，我们将假图 fake_x 和条件变量 c 一起输入鉴别器 $D(z|c)$，并得到它们为真的概率。

```
D_logits_fake = discriminator(fake_x, c, reuse=True)
```

9.2.4 计算损失函数

现在我们来看看如何计算损失函数。它本质上与普通 GAN 相同，只是我们添加了一个条件变量而已。

1. 鉴别器损失

鉴别器的损失函数如下。

$$L^D = -E_{x\sim p_r(x)}[\log D(x \mid c)] - E_{z\sim p_z(z)}[\log(1 - D(G(z \mid c)))]$$

首先，我们将实现第一项，即 $E_{x\sim p_r(x)}[\log D(x \mid c)]$。

```
D_loss_real = tf.reduce_mean(tf.nn.sigmoid_cross_entropy_with_logits(logits=
D_logits_real, labels=tf.ones_like(D_logits_real)))
```

现在实现第二项 $E_{z\sim p_z(z)}[\log(1 - D(G(z \mid c)))]$。

```
D_loss_fake =tf.reduce_mean(tf.nn.sigmoid_cross_entropy_with_logits(logits=
D_logits_fake,labels=tf.zeros_like(D_logits_fake)))
```

最终损失可写为：

```
D_loss = D_loss_real + D_loss_fake
```

2. 生成器损失

生成器的损失函数如下。

$$L^G = -E_{z\sim p_z(z)}[\log(D(Z(z \mid c)))]$$

生成器损失函数可以实现为：

```
G_loss = tf.reduce_mean(tf.nn.sigmoid_cross_entropy_with_logits(logits=
D_logits_fake,labels=tf.ones_like(D_logits_fake)))
```

9.2.5 优化损失

我们需要优化生成器和鉴别器。因此，我们将鉴别器和生成器的参数分别收集为 theta_D 和 theta_G。

```
training_vars = tf.trainable_variables()
theta_D = [var for var in training_vars if
var.name.startswith('discriminator')]
theta_G = [var for var in training_vars if
var.name.startswith('generator')]
```

使用 Adam 优化器优化损失。

```
learning_rate = 0.001
D_optimizer = tf.train.AdamOptimizer(learning_rate, beta1=0.5).minimize(D_loss,
var_list=theta_D)
```

```
G_optimizer = tf.train.AdamOptimizer(learning_rate, beta1=0.5).minimize(G_loss, var_list=theta_G)
```

9.2.6 开始训练 CGAN

启动 TensorFlow 会话并初始化变量。

```
session = tf.InteractiveSession()
tf.global_variables_initializer().run()
```

定义 batch_size。

```
batch_size = 128
```

定义历元数和类数。

```
num_epochs = 500
num_classes = 10
```

定义图像和标签。

```
images = (data.train.images)
labels = data.train.labels
```

下面生成手写数字 7。
我们将生成的数字（标签）设置为 7。

```
label_to_generate = 7
onehot = np.eye(10)
```

设置迭代次数。

```
for epoch in range(num_epochs):
    for i in range(len(images) // batch_size):
```

基于批量大小的样本图像。

```
batch_image=images[i * batch_size:(i + 1) * batch_size]
```

采样条件，即要生成的数字。

```
batch_c = labels[i * batch_size:(i + 1) * batch_size]
```

采样噪声。

```
batch_noise=np.random.normal(0, 1, (batch_size, 100))
```

训练生成器和计算生成器损失。

```
generator_loss, _ = session.run([D_loss, D_optimizer], {x: batch_image, c: batch_c, z: batch_noise})
```

训练鉴别器和计算鉴别器损失。

```
discriminator_loss, _ = session.run([G_loss, G_optimizer], {x: batch_image, c:
batch_c, z: batch_noise})
```

随机采样噪声。

```
noise = np.random.rand(1,100)
```

选择要生成的数字。

```
gen_label = np.array([[label_to_generate]]).reshape(-1)
```

将所选数字转换为一个一位有效编码向量。

```
one_hot_targets = np.eye(num_classes)[gen_label]
```

将噪声和一个一位有效编码向量馈送到生成器并生成假图像。

```
_fake_x = session.run(fake_x, {z: noise, c: one_hot_targets})
_fake_x = _fake_x.reshape(28,28)
```

输出生成器和鉴别器的损失并绘制生成器的图像。

```
print("Epoch: {},Discriminator Loss:{}, Generator Loss:
{}".format(epoch,discriminator_loss,generator_loss))

#plot the generated image
display.clear_output(wait=True)
plt.imshow(_fake_x)
plt.show()
```

正如你在图 9-2 中所看到的那样，生成器现在已学会生成数字 7，而不是随机生成其他的数字。

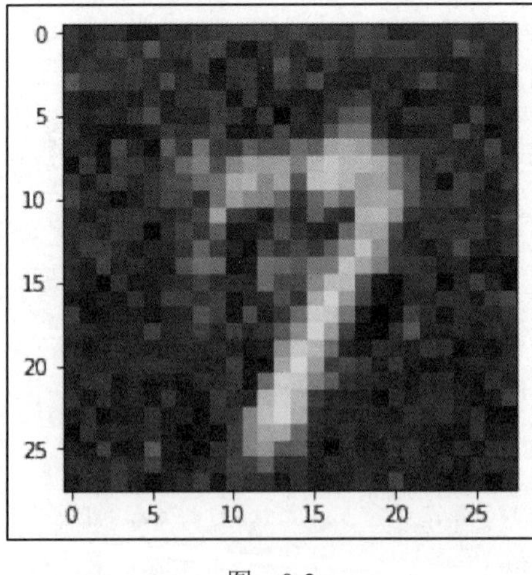

图 9-2

9.3 理解InfoGAN

InfoGAN是CGAN的无监督版本。在CGAN中，我们学习了如何调整生成器和鉴别器以生成我们所需的图像。但是，当数据集中没有标签时，我们怎么能做到这一点呢？假设我们有一个没有标签的MNIST数据集，如何告诉生成器生成我们感兴趣的特定图像？因为数据集没有标签，所以我们甚至不知道数据集中存在的类。

我们知道生成器使用噪声 z 作为输入并生成图像。生成器将图像的所有必要信息封装在 z 中，这称为**纠缠表示（Entangled Representation）**。它基本上是学习图像在 z 中的语义表示。如果我们能解开这个向量，就能发现图像中有趣的特征。

所以，我们将这个 z 分成两部分。

- 常见噪声。
- 代码 c。

这个代码 c 是什么？代码 c 基本上是可解释的分离信息。假设我们有MNIST数据集，那么，代码 $c1$ 表示数字标签，代码 $c2$ 表示宽度，$c3$ 表示数字笔画，以此类推。我们用 c 代表它们。

既然我们有了 z 和 c，如何学习有意义的代码 c？我们能用生成器生成的图像学习有意义的代码吗？假设一个生成器生成7的图像。现在我们可以说代码 $c1$ 是7，因为我们知道 $c1$ 意味着数字标签。

但是既然代码可以表示任何东西，如标签、数字的宽度、笔画、旋转角度等，我们怎么才知道想要什么呢？代码 c 将基于先前的选择进行学习。例如，如果我们为 c 选择一个多项式先验值，那么InfoGAN可能会为 c 指定一个数字标签。例如，指定一个高斯先验值，然后它可能指定一个旋转角度等。也可以有一个以上的先验值。先验值 c 的分布可以是任意的。InfoGAN根据分布赋予不同的属性。在InfoGAN中，代码 c 是基于生成器的输出自动推断出来的。与CGAN不同，在CGAN中我们显式地指定了 c。

简而言之，我们是基于生成器的输出 $G(z,c)$ 来推断 c 的。但究竟是如何推断 c 的呢？我们使用信息论中的一个概念，叫作**互信息（Mutual Information）**。

9.3.1 互信息

两个随机变量之间的互信息告诉我们从一个随机变量到另一个随机变量所能获得的信息量。两个随机变量 x 和 y 之间的互信息可以表示如下。

$$I(x,y)=H(y)-H(y\mid x)$$

它表示 y 的熵和给定 x 的 y 的条件熵之间的差。

代码 c 和生成器输出 $G(z\mid c)$ 之间的互信息告诉我们通过 $G(z\mid c)$ 可以获得多少关于 c 的信息。如果互信息 c 和 $G(z|c)$ 是高的，那么我们可以说知道生成器的输出有助于我们推断 c。但是如果互信息很低，那么我们就不能从生成器的输出推断出 c。我们的目标是最大化互信息。

代码 c 和生成器输出 $G(z\mid c)$ 之间的互信息可给出如下。

$$I(c,G(z,c)) = H(c) - H(c \mid G(z,c))$$

让我们看看以上这个公式的元素。

- $H(c)$ 是代码 c 的熵。
- $H(c \mid G(z,c))$ 是给定生成器输出 $G(z \mid c)$ 的代码 c 的条件熵。

但问题是，我们如何计算 $H(c \mid G(z,c))$？因为要计算这个值，我们需要知道后验概率 $p(c \mid G(z,c))$，然而我们还不知道。所以，我们用辅助分布 $Q(c \mid x)$ 来估计后验概率。

$$I(c,G(z,c)) = H(c) - H(c \mid G(z,c))$$

假设 $x = G(z,c)$，那么我们可以推导出互信息，如下所示。

$$\begin{aligned}
I(c,x) &= H(c) - E_x H(c \mid x) \\
&= H(c) + E_x E_{c|x} \log p(c \mid x) \\
&= H(c) + E_x E_{c|x} \log \frac{p(c \mid x) q(c \mid x)}{q(c \mid x)} \\
&= H(c) + E_x E_{c|x} \log q(c \mid x) + E_x E_{c|x} \log \frac{p(c \mid x)}{q(c \mid x)} \\
&= H(c) + E_x E_{c|x} \log q(c \mid x) + E_x \mathrm{KL}[p(c \mid x) \mid q(c \mid x)] \\
&\geqslant H(c) + E_x E_{c|x} \log q(c \mid x)
\end{aligned}$$

因此，我们可以说

$$I(c,G(z,c)) = E_{c \sim P(c),\, x \sim G(z,c)} H(c) + \log Q(c \mid x)$$

为最大化互信息，$I(c,G(z,c))$ 基本上意味着在给定生成输出的情况下，我们正在最大化关于 c 的知识，也就是说，通过另一个变量了解一个变量。

9.3.2 InfoGAN 架构

这到底是怎么回事？我们为什么要这样做？简单来说，我们将生成器的输入分成两部分：z 和 c。因为 z 和 c 都用于生成图像，所以它们捕获了图像的语义。代码 c 给出了关于图像的可解释的分离信息，所以我们试着找到给定生成器输出 c。然而，我们不容易做到这一点，因为我们不知道后验概率 $p(c \mid G(z,c))$，所以我们使用辅助分布 $Q(c \mid x)$ 学习 c。

这个辅助分布基本上是另一个神经网络；我们称这个网络为 Q 网络。Q 网络的作用是预测给定的生成器图像 x 的 c 的可能性，并由 $Q(c \mid x)$ 给出。

首先，我们从先验概率 $p(c)$中抽样 c，然后将 c 和 z 连接起来，并将它们馈送给生成器。接下来，将 $G(z \mid c)$给出的生成器结果输入到鉴别器。我们知道鉴别器的作用是输出给定图像为真的概率。因此，它获取生成器生成的图像并返回其概率。此外，Q 网络获取生成的图像并返回给定生成图像的 c 的估计。

鉴别器 D 和 Q 网络都获取生成器图像并返回输出，因此它们都共享一些层。因为它们共享一些层，所以我们将 Q 网络连接到鉴别器，如图 9-3 所示。

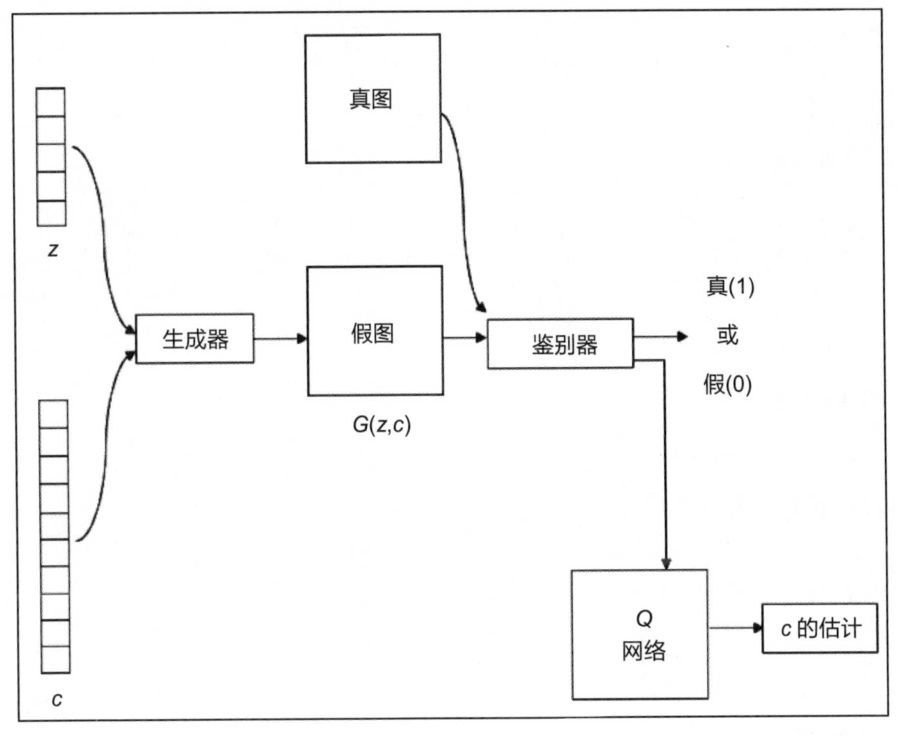

图 9-3

因此，鉴别器返回两个输出。

- 图像为真的概率。
- c 的估计，它是给定生成器图像的 c 的概率。

我们在损失函数中加入互信息项。

因此，鉴别器的损失函数如下。

$$L^D = -E_{x \sim p_r} \log D(x) - E_{z,c} \log(1 - D(G(z,c))) - \lambda I(c, G(z,c))$$

生成器的损失函数如下。

$$L^G = -E_{z,c} \log D(G(z,c)) - \lambda I(c, G(z,c))$$

上面的两个方程都表示在最大化互信息的同时最小化GAN的损失。还对InfoGAN感到困惑吗？别担心！通过在 TensorFlow 中实现 InfoGAN，我们将逐步更好地了解 InfoGAN。

9.4 在 TensorFlow 中构建 InfoGAN

通过在 TensorFlow 中一步一步地实现 InfoGAN，我们将更好地理解 InfoGAN。我们将使用 MNIST 数据集并学习 InfoGAN 如何基于生成器输出自动推断代码 c。我们构建了一个 Info-DCGAN，也就是说，我们在生成器和鉴别器中使用卷积层，而不是普通的神经网络。

首先，导入所有必需的库。

```
import warnings
warnings.filterwarnings('ignore')

import numpy as np
import tensorflow as tf

from tensorflow.examples.tutorials.mnist import input_data
tf.logging.set_verbosity(tf.logging.ERROR)

import matplotlib.pyplot as plt
%matplotlib inline
```

加载 MNIST 数据集。

```
data = input_data.read_data_sets("data/mnist",one_hot=True)
```

定义 Leaky ReLU 激活函数。

```
def lrelu(X, leak=0.2):
    f1 = 0.5 * (1 + leak)
    f2 = 0.5 * (1 - leak)
    return f1 * X + f2 * tf.abs(X)
```

9.4.1 定义生成器

生成器 G 将噪声 z 和变量 c 作为输入并返回一幅图像。我们没有在生成器中使用完全连接层，而是使用解卷积网络，就像我们研究 DCGAN 时一样。

```
def generator(c, z,reuse=None):
```

首先，串接噪声 z 和变量 c。

```
input_combined = tf.concat([c, z], axis=1)
```

定义第一层，这是一个具有批处理规范化和 ReLU 激活函数的完全连接层。

```
fuly_connected1 = tf.layers.dense(input_combined, 1024)
batch_norm1 = tf.layers.batch_normalization(fuly_connected1, training=is_train)
relu1 = tf.nn.relu(batch_norm1)
```

定义第二层，它也与批处理规范化和 ReLU 激活函数完全相连。

```
fully_connected2 = tf.layers.dense(relu1, 7 * 7 * 128)
batch_norm2 = tf.layers.batch_normalization(fully_connected2, training=is_train)
relu2 = tf.nn.relu(batch_norm2)
```

展平第二层的结果。

```
relu_flat = tf.reshape(relu2, [batch_size, 7, 7, 128])
```

第三层包括解卷积，即转置卷积操作，然后是批处理规范化和 ReLU 激活函数。

```
deconv1 = tf.layers.conv2d_transpose(relu_flat,
                                     filters=64,
                                     kernel_size=4,
                                     strides=2,
                                     padding='same',
                                     activation=None)
batch_norm3 = tf.layers.batch_normalization(deconv1, training=is_train)
relu3 = tf.nn.relu(batch_norm3)
```

第四层是另一个转置卷积运算。

```
deconv2 = tf.layers.conv2d_transpose(relu3,
                                     filters=1,
                                     kernel_size=4,
                                     strides=2,
                                     padding='same',
                                     activation=None)
```

对第四层的结果应用 sigmoid 函数，得到输出。

```
output = tf.nn.sigmoid(deconv2)

return output
```

9.4.2 定义鉴别器

我们了解到：鉴别器 D 和 Q 网络都获取生成器图像并返回输出，因此它们都共享一些层。因为它们都共享一些层，所以我们将 Q 网络连接到鉴别器，正如我们在 InfoGAN 的架构中所了解到的那样。正如我们在 DCGAN 的鉴别器中了解到的那样，我们没有在鉴别器中使用完全连接层，而是使用卷积网络。

```
def discriminator(x,reuse=None):
```

定义第一层，该层执行卷积操作，然后执行 Leaky ReLU 激活。

```
conv1 = tf.layers.conv2d(x,
                         filters=64,
                         kernel_size=4,
                         strides=2,
                         padding='same',
kernel_initializer=tf.contrib.layers.xavier_initializer(),activation=None)
lrelu1 = lrelu(conv1, 0.2)
```

在第二层中执行卷积运算，然后进行批处理规范化和 Leaky ReLU 激活。

```
conv2 = tf.layers.conv2d(lrelu1,
                         filters=128,
                         kernel_size=4,
                         strides=2,
```

```
                        padding='same',
    kernel_initializer=tf.contrib.layers.xavier_initializer(),activation=None)
batch_norm2 = tf.layers.batch_normalization(conv2, training=is_train)
lrelu2 = lrelu(batch_norm2, 0.2)
```

展平第二层的结果。

```
lrelu2_flat = tf.reshape(lrelu2, [batch_size, -1])
```

将展平的结果馈送到完全连接的层，该层是第三层，随后是批处理规范化和 Leaky ReLU 激活函数。

```
full_connected = tf.layers.dense(lrelu2_flat,
                                  units=1024,
                                  activation=None)
batch_norm_3 = tf.layers.batch_normalization(full_connected, training=is_train)
lrelu3 = lrelu(batch_norm_3, 0.2)
```

计算鉴别器输出。

```
d_logits = tf.layers.dense(lrelu3, units=1, activation=None)
```

根据我们的了解，我们把 Q 网络连接到鉴别器上。定义以鉴别器的最后一层作为输入的 Q 网络的第一层。

```
full_connected_2 = tf.layers.dense(lrelu3,
                                    units=128,
                                    activation=None)

batch_norm_4 = tf.layers.batch_normalization(full_connected_2, training=is_train)
lrelu4 = lrelu(batch_norm_4, 0.2)
```

定义 Q 网络的第二层。

```
q_net_latent = tf.layers.dense(lrelu4,
                               units=74,
                               activation=None)
```

估算 c。

```
q_latents_categoricals_raw = q_net_latent[:,0:10]
c_estimates = tf.nn.softmax(q_latents_categoricals_raw, dim=1)
```

返回鉴别器 logits 和估计的 c 值作为输出。

```
return d_logits, c_estimates
```

9.4.3 定义输入占位符

现在为输入 x、噪声 z 和代码 c 定义占位符。

```
batch_size = 64
```

```
input_shape = [batch_size, 28,28,1]

x = tf.placeholder(tf.float32, input_shape)
z = tf.placeholder(tf.float32, [batch_size, 64])
c = tf.placeholder(tf.float32, [batch_size, 10])

is_train = tf.placeholder(tf.bool)
```

9.4.4 启动 GAN

首先，我们将噪声 z 和代码 c 输入生成器，而生成器将根据方程 fake $x = G(z,c)$输出假图像。

```
fake_x = generator(c, z)
```

现在我们把真实的图像 x 输入到鉴别器 $D(x)$，并得到图像是真实的概率。同时，还得到了真实图像 c 的估计值。

```
D_logits_real, c_posterior_real = discriminator(x)
```

类似地，将假图像馈送到鉴别器，并且得到图像为真的概率以及假图像的估计值。

```
D_logits_fake, c_posterior_fake = discriminator(fake_x,reuse=True)
```

9.4.5 计算损失函数

现在我们来看看如何计算损失函数。

1. 鉴别器损失

鉴别器的损失函数如下。

$$L^D = -E_{x \sim p_r(x)}[\log D(x)] - E_{z \sim p_z(z)}[\log(1 - D(G(z)))]$$

因为 InfoGAN 的鉴别器损失函数与 CGAN 相同，所以实现鉴别器损失与 CGAN 相同。

```
#real loss
D_loss_real = tf.reduce_mean(tf.nn.sigmoid_cross_entropy_with_logits(logits=
D_logits_real, labels=tf.ones(dtype=tf.float32, shape=[batch_size, 1])))

#fake loss
D_loss_fake =tf.reduce_mean(tf.nn.sigmoid_cross_entropy_with_logits(logits=
D_logits_fake, labels=tf.zeros(dtype=tf.float32, shape=[batch_size, 1])))

#final discriminator loss
D_loss = D_loss_real + D_loss_fake
```

2. 损失器损失

生成器的损失函数如下。

$$L^G = -E_{z \sim p_z(z)}[\log(D(G(z)))]$$

生成器的损失计算如下。

```
G_loss = tf.reduce_mean(tf.nn.sigmoid_cross_entropy_with_logits(logits=
D_logits_fake, labels=tf.ones(dtype=tf.float32, shape=[batch_size, 1])))
```

3. 互信息

我们从鉴别器和生成器损失中减去互信息。因此，鉴别器和生成器的最终损失函数如下所示。

$$L^D = L^D - \lambda I(c, G(z,c))$$

$$L^G = L^G - \lambda I(c, G(z,c))$$

互信息可计算如下。

$$I(c, G(z,c)) = E_{c \sim P(c), x \sim G(z,c)} H(c) + \log Q(c \mid X)$$

首先为 c 定义一个先验值。

```
c_prior=0.10*tf.ones(dtype=tf.float32, shape=[batch_size, 10])
```

c 的熵表示为 $H(c)$。我们知道这个熵计算为 $H(c) = -\sum_i p(c) \log p(c)$。

```
entropy_of_c = tf.reduce_mean(-tf.reduce_sum(c *
tf.log(tf.clip_by_value(c_prior, 1e-12, 1.0)),axis=-1))
```

给定 x 时 c 的条件熵为 $\log Q(c \mid X)$。该条件熵的代码如下。

```
log_q_c_given_x = tf.reduce_mean(tf.reduce_sum(c *
tf.log(tf.clip_by_value(c_posterior_fake, 1e-12, 1.0)), axis=-1))
```

互信息以 $I(c, G(z,c)) = H(c) + \log Q(c \mid X)$ 表示。

```
mutual_information = entropy_of_c + log_q_c_given_x
```

鉴别器和生成器的最终损失计算如下。

```
D_loss = D_loss - mutual_information
G_loss = G_loss - mutual_information
```

9.4.6 优化损失

现在我们需要优化生成器和鉴别器。因此，我们将鉴别器和生成器的参数分别收集为 θ_D 和 θ_G。

```
training_vars = tf.trainable_variables()
theta_D=[var for var in training_vars if 'discriminator' in var.name]
theta_G = [var for var in training_vars if 'generator' in var.name]
```

使用 Adam 优化器优化损失。

```
learning_rate = 0.001
D_optimizer =
tf.train.AdamOptimizer(learning_rate).minimize(D_loss,var_list = theta_D)
G_optimizer = tf.train.AdamOptimizer(learning_rate).minimize(G_loss, var_list =
theta_G)
```

9.4.7 开始训练

定义批大小和历元数，并初始化所有 TensorFlow 变量。

```
num_epochs = 100
session = tf.InteractiveSession()
session.run(tf.global_variables_initializer())
```

定义用于可视化结果的辅助函数。

```
def plot(c, x):
    c_ = np.argmax(c, 1)
    sort_indices = np.argsort(c_, 0)
    x_reshape = np.reshape(x[sort_indices], [batch_size, 28, 28])
    x_reshape = np.reshape(np.expand_dims(x_reshape, axis=0), [4, (batch_size
    // 4), 28, 28])
    values = []
    for i in range(0,4):
        row = np.concatenate([x_reshape[i,j,:,:] for j in
        range(0,(batch_size // 4))], axis=1)
        values.append(row)
    return np.concatenate(values, axis=0)
```

9.4.8 生成手写数字

开始训练并生成图像。对于每 100 次迭代，输出生成器生成的图像。

```
onehot = np.eye(10)
for epoch in range(num_epochs):
    for i in range(0, data.train.num_examples // batch_size):
```

采样图像。

```
x_batch, _ = data.train.next_batch(batch_size)
x_batch = np.reshape(x_batch, (batch_size, 28, 28, 1))
```

采样 c 的值。

```
c_ = np.random.randint(low=0, high=10, size=(batch_size,))
c_one_hot = onehot[c_]
```

采样噪声 z。

```
z_batch = np.random.uniform(low=-1.0, high=1.0, size=(batch_size,64))
```

优化生成器和鉴别器的损失。

```
feed_dict={x: x_batch, c: c_one_hot, z: z_batch, is_train: True}
_ = session.run(D_optimizer, feed_dict=feed_dict)
```

```
_ = session.run(G_optimizer, feed_dict=feed_dict)
```

输出每 100 次迭代的生成器图像。

```
if i % 100 == 0:
discriminator_loss = D_loss.eval(feed_dict)
generator_loss = G_loss.eval(feed_dict)
_fake_x = fake_x.eval(feed_dict)

print("Epoch: {}, iteration: {}, Discriminator Loss:{},Generator Loss:
{}".format(epoch,i,discriminator_loss,generator_loss))
plt.imshow(plot(c_one_hot, _fake_x))
plt.show()
```

如图 9-4 所示，我们可以看到生成器在每次迭代中是如何进化的，并生成更好的数字。

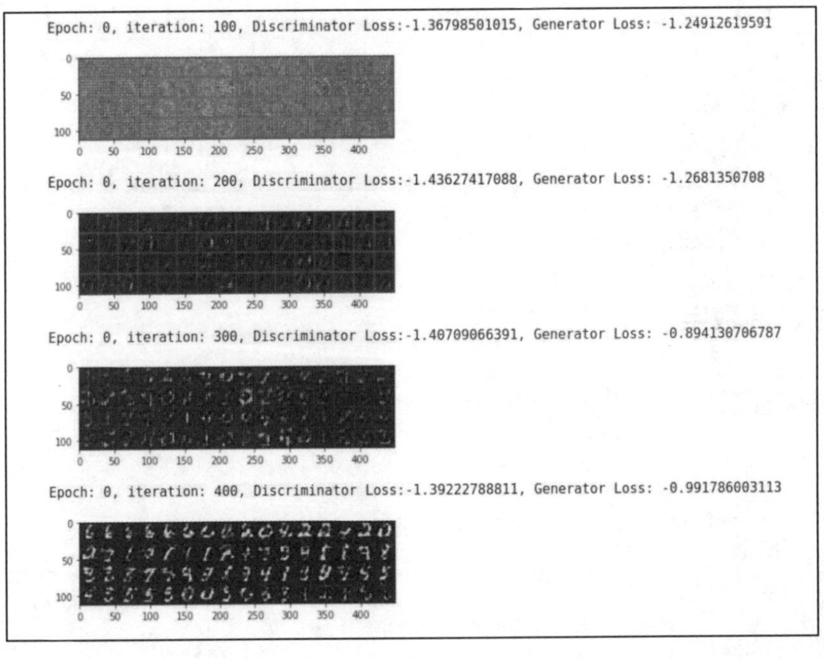

图 9-4

9.5 使用 CycleGAN 转换图像

我们已经学习了几种类型的 GAN，并且它们的应用是无穷无尽的。我们已经看到了生成器如何学习真实数据的分布并生成新的真实样本。现在将看到一个真正不同的和非常创新类型的 GAN，称为 CycleGAN。

与其他 GAN 不同，CycleGAN 将数据从一个域映射到另一个域，这意味着在这里我们尝试学习从一个域的图像分布到另一个域的图像分布的映射。简单地说，我们将图像从一个域转换到另一个域。

这是什么意思？假设我们要将灰度图像转换为彩色图像。灰度图像是一个域，而彩色图像是另一个域。CycleGAN 学习这两个域之间的映射，并在它们之间进行转换。这意味着给定一个灰度图像，CycleGAN 会将这幅图像转换为彩色图像。

CycleGAN 的应用非常广泛，如将真实照片转换为艺术图片、季节转换、照片增强等。如图 9-5 所示，你可以看到 CycleGAN 如何在不同域之间转换图像。

图 9-5

但是 CycleGAN 有什么特别之处呢？这就是它们的能力——它们可以在没有任何配对范例的情况下，将图像从一个域转换到另一个域。假设我们正在将照片（源）转换为绘画（目标）。在一个普通的图像到图像的转换过程中，如何做到这一点？我们通过收集一些照片和它们对应的绘画来准备训练数据，如图 9-6 所示。

为每个用例收集这些成对的数据点是一项昂贵的任务，而且我们可能没有太多的记录或数据对。这就是 CycleGAN 的最大优势所在。它不需要成对对齐的数据。要从照片转换成绘画，我们只需要一堆照片和一堆绘画。它们不必相互映射或对齐。

如图 9-7 所示，我们在一列中有一些照片，并在另一列中有一些绘画。正如你所见到的那样，它们没有配对，它们是完全不同的图像。

图 9-6

图 9-7

因此，要将图像从任何源域转换到目标域，我们只需要两个域中的一组图像，而不必配对。现在让我们看看它们是如何工作的，以及它们是如何学习源域和目标域之间的映射的。

不同于其他 GAN，CycleGAN 由两个生成器和两个鉴别器组成。我们用 x 表示源域中的图像，用 y 表示目标域中的图像。我们需要学习 x 和 y 之间的映射。

假设我们正在学习将一幅真实的图片 x 转换为一幅绘画 y，如图 9-8 所示。

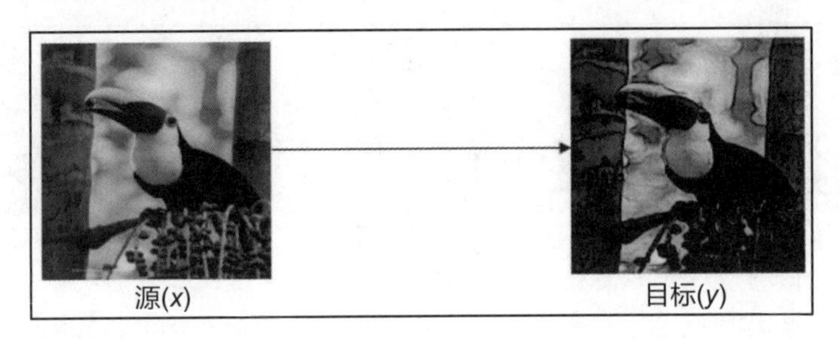

图 9-8

9.5.1 生成器的作用

我们有两个生成器，即 G 和 F。G 的作用是学习从 x 到 y 的映射。如前所述，G 的作用是学会将照片转换成绘画，如图 9-9 所示。

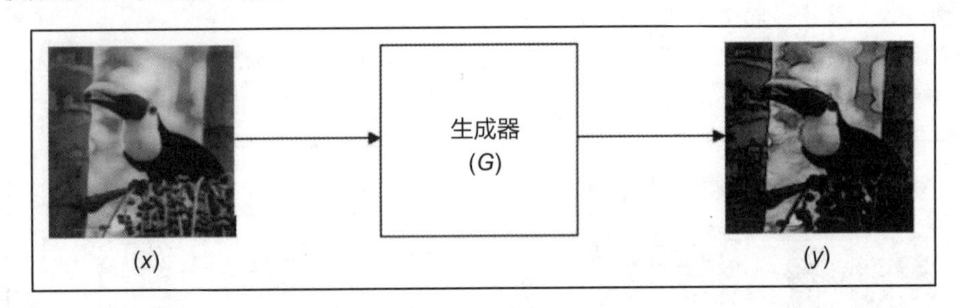

图 9-9

它试图生成假目标图像，这意味着它将源图像 x 作为输入，并生成假的目标图像 y。

$$y = G(x)$$

生成器 F 的作用是学习从 y 到 x 的映射，并学习从绘画到一幅真实图片的转换，如图 9-10 所示。

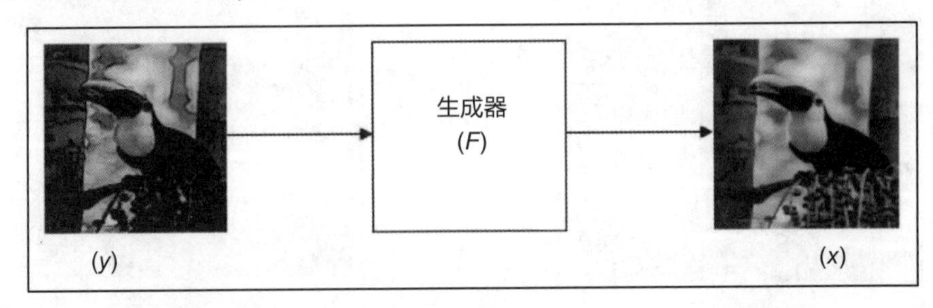

图 9-10

它试图生成一幅假的源图像，这意味着它将一幅目标图像 y 作为输入，并生成一幅假的源图像 x。

$$x = F(y)$$

9.5.2 鉴别器的作用

与生成器类似，我们有两个鉴别器，即 D_x 和 D_y。鉴别器 D_x 的角色是判别真实源图像 x 和假源图像 $F(y)$。假源图像是由生成器 F 生成的。

给鉴别器 D_x 一幅图像，它返回该图像是真实源图像的概率：

$$\log D_x(x) + \log(1 - D_x(F(y)))$$

图 9-11 显示了鉴别器 D_x，正如你所观察到的那样，它将真实源图像 x 和由生成器 F 生成的假源图像作为输入，并返回该图像为真实源图像的概率。

鉴别器 D_y 的作用是判别真实目标图像 y 和假目标图像 $G(x)$。我们知道，假目标图像是由生成器 G 生成的。给定一幅图像馈送给鉴别器 D_y，它返回该图像是真实目标图像的概率：

$$\log D_y(y) + \log(1 - D_y(G(x)))$$

图 9-12 显示了鉴别器 D_y，正如你所观测到的那样，它将真实目标图像 y 和生成器生成的假目标图像 G 作为输入，并返回该图像为真实目标图像的概率。

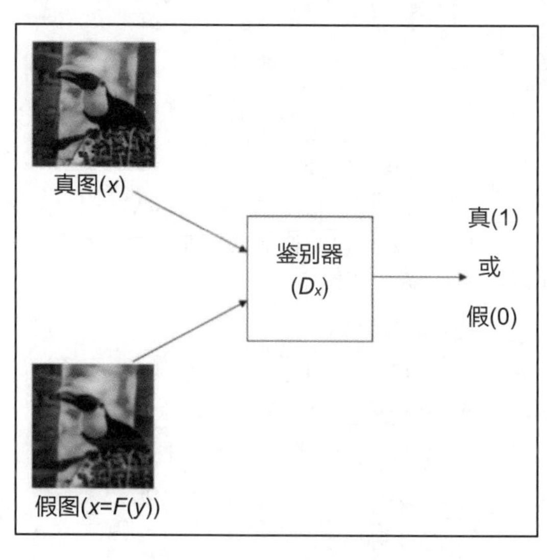

图 9-11

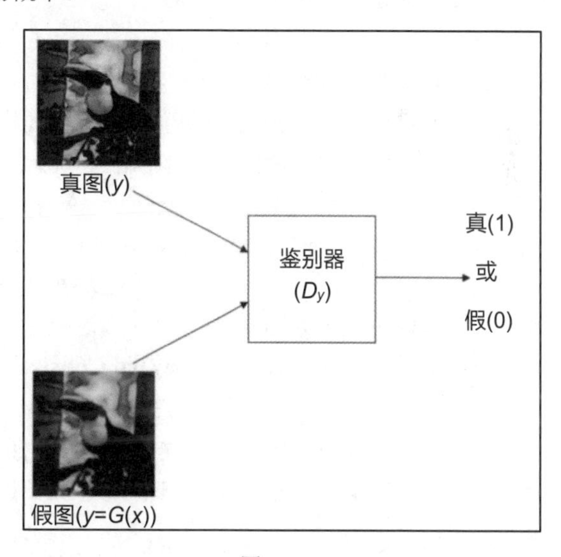

图 9-12

9.5.3 损失函数

在 CycleGAN 中，有两个生成器和两个鉴别器。生成器学习将图像从一个域转换到另一个域，而鉴别器尝试判别已转换的图像。

因此，鉴别器 D_x 的损失函数可以表示为

$$L^{D_x} = -E_{x \sim p_r(x)}[\log D_x(x)] - E_{y \sim p_r(y)} \log(1 - D_x(F(y)))$$

类似地，鉴别器 D_y 的损失函数可以表示为

$$L^{D_y} = -E_{y\sim p_r(y)}[\log D_y(y)] - E_{x\sim p_r(x)} \log(1-D_y(G(x)))$$

生成器 G 的损失函数可以表示为

$$L^G = -E_{x\sim p_r(x)}[\log D_y(G(x))]$$

生成器 F 的损失函数可以表示为

$$L^F = -E_{y\sim p_r(y)}[\log D_x(F(y))]$$

归纳以上全部内容，最终损失函数可以写为

$$L^{\text{Gan}} = L^{D_x} + L^{D_y} + L^G + L^F$$

9.5.4 循环一致性损失

仅仅是竞争对手的损失并不能保证图像的正确映射。例如，生成器可以将源域中的图像映射到目标域中，可以匹配目标分布的图像的随机排列。

因此，为了避免这种情况，我们引入了一个额外的损失，称为**循环一致性损失（Cycle Consistent Loss）**。它强制生成器 G 和 F 保持循环一致。

让我们回忆一下生成器的功能。

- 生成器 G：将 x 转换为 y。
- 生成器 F：将 y 转换为 x。

我们知道生成器 G 获取源图像 x 并将其转换为假目标图像 y。现在如果我们把生成的假目标图像 y 馈送到生成器 F，它必须返回原始的源图像 x。令人困惑，对不对？

请看图 9-13，我们有一个源图像 x。首先，我们将这个图像输入到生成器 G，它返回假目标图像。现在我们取这个假目标图像 y，并将其输入到生成器 F，它必须返回原始源图像。

$$x \to G(x) \to F(G(x)) \to x$$

上述步骤可表示为图 9-13。

这称为**前向一致性损失（Forward Consistency Loss）**，并且可以表示为

$$L^{\text{forward}} = E_{x\sim p_r(x)}[\| F(G(x)) - x \|]$$

同样，我们可以指定后向一致性损失，如图 9-14 所示。假设有一个原始的目标图像 y。我们把这个 y 输入鉴别器 F，它返回假源图像 x。现在我们将这个假源图像 x 输入生成器 G，它必须返回原始目标图像 y：

$$y \to F(y) \to F(G(y)) \to y$$

上述步骤可表示为图 9-14。

后向一致性损失（Backward Consisteny Loss）可以表示为

$$L^{\text{backward}} = E_{y\sim p_r(y)}[\| G(F(y)) - y \|]$$

因此，加上前后一致性损失，我们可以将循环一致性损失写为

$$L^{\text{cycle}} = L^{\text{forward}} + L^{\text{backward}}$$

$$L^{\text{cycle}} = E_{x\sim p_r(x)}[\| F(G(x)) - x \|] + E_{y\sim p_r(y)}[\| G(F(y)) - y \|]$$

我们希望生成器循环一致，所以，我们用循环一致性损失乘以它们的损失。因此，最终损失函

数可以表示为

$$L = L^{D_x} + L^{D_y} + \lambda L^{\text{cycle}}(L^G + L^F)$$

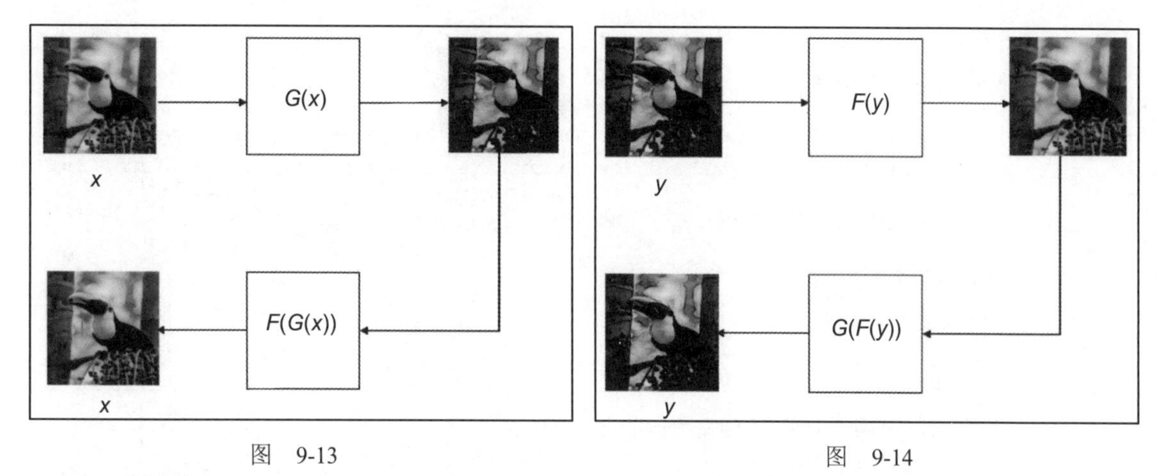

图 9-13　　　　图 9-14

9.5.5　使用 CycleGAN 将照片转换为绘画

现在我们将学习如何在 TensorFlow 中实现 CycleGAN。我们将看到如何使用 CycleGAN 将图片转换为绘画，如图 9-15 所示。

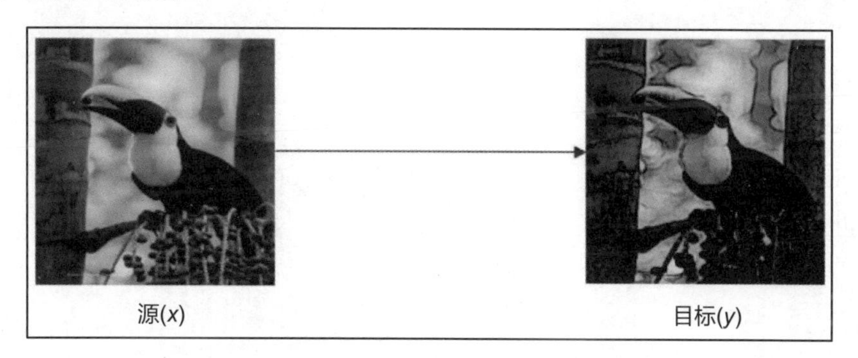

图 9-15

本小节中使用的数据集可以通过本书附赠资源获取下载链接进行下载。下载完数据集后，解压归档文件，它将包含 4 个含有训练和测试图像的文件夹：trainA、trainB、testA 和 testB。

文件夹 trainA 由一些莫奈绘画组成，文件夹 trainB 由一些照片组成。因为我们要将照片（x）映射到绘画（y），由照片组成的文件夹 trainB 将是我们的源图像 x，而由绘画组成的 trainA 将是我们的目标图像 y。

带有一步步解释的 CycleGAN 完整代码可以在 GitHub 上的 Jupyter Notebook 中找到。

在这里我们将只介绍如何在 TensorFlow 中实现 CycleGAN，并将源图像映射到目标域，而不是介绍整个实现代码。你还可以在 GitHub 上查看完整的代码。

定义 CycleGAN 类。

```
class CycleGAN:
    def __init__(self):
```

定义输入和输出的占位符。

```
self.X = tf.placeholder("float", shape=[batchsize, image_height, image_width, 3])
self.Y = tf.placeholder("float", shape=[batchsize, image_height, image_width, 3])
```

定义将 x 映射到 y 的生成器 G。

```
G = generator("G")
```

定义将 y 映射到 x 的生成器 F。

```
F = generator("F")
```

定义鉴别器 D_x，它用于判别真实源图像和假源图像：

```
self.Dx = discriminator("Dx")
```

定义鉴别器 D_y，它用于判别真实目标图像和假目标图像。

```
self.Dy = discriminator("Dy")
```

生成伪造的源图像。

```
self.fake_X = F(self.Y)
```

生成伪造的目标图像。

```
self.fake_Y = G(self.X)
```

获取 logits。

```
#真实源图像 logits
self.Dx_logits_real = self.Dx(self.X)

#假源图像 logits
self.Dx_logits_fake = self.Dx(self.fake_X, True)

#真实目标图像 logits
self.Dy_logits_fake = self.Dy(self.fake_Y, True)

#假目标图像 logits
self.Dy_logits_real = self.Dy(self.Y)
```

我们知道循环一致性损失为

$$L^{\text{cycle}} = E_{x \sim p_r(x)}[\| F(G(x)) - x \|] + E_{y \sim p_r(y)}[\| G(F(y)) - y \|]$$

通过如下代码实现循环一致性损失。

```
self.cycle_loss = tf.reduce_mean(tf.abs(F(self.fake_Y, True) - self.X)) +
```

```
tf.reduce_mean(tf.abs(G(self.fake_X, True) - self.Y))
```

定义两个鉴别器的损失，即 D_x 和 D_y。

可以使用 Wasserstein 距离将鉴别器的损失函数改写为

$$L^{D_x} = -E_{x \sim p_r} D_x(x) + E_z D_x(F(y))$$

$$L^{D_y} = -E_{x \sim p_r} D_y(y) + E_z D_y(G(x))$$

因此，两个鉴别器的损失实现如下。

```
self.Dx_loss = -tf.reduce_mean(self.Dx_logits_real) +
tf.reduce_mean(self.Dx_logits_fake)
self.Dy_loss = -tf.reduce_mean(self.Dy_logits_real) +
tf.reduce_mean(self.Dy_logits_fake)
```

定义两个生成器 G 和 F 的损失。可以使用 Wasserstein 距离将生成器的损失函数改写为

$$L^G = -E_{x \sim p_r(x)} D_y(G(x))$$

$$L^F = -E_{y \sim p_r(y)} D_x(F(y))$$

因此，将两个生成器的损失乘以循环一致性损失，cycle_loss 实现如下。

```
self.G_loss = -tf.reduce_mean(self.Dy_logits_fake) + 10. * self.cycle_loss
self.F_loss = -tf.reduce_mean(self.Dx_logits_fake) + 10. * self.cycle_loss
```

使用 Adam 优化器优化鉴别器和生成器。

```
#optimize the discriminator
self.Dx_optimizer = tf.train.AdamOptimizer(2e-4, beta1=0., beta2=0.9).minimize
(self.Dx_loss, var_list=[self.Dx.var])
self.Dy_optimizer = tf.train.AdamOptimizer(2e-4, beta1=0., beta2=0.9).minimize
(self.Dy_loss, var_list=[self.Dy.var])

#optimize the generator
self.G_optimizer = tf.train.AdamOptimizer(2e-4, beta1=0., beta2=0.9).minimize
(self.G_loss, var_list=[G.var])
self.F_optimizer = tf.train.AdamOptimizer(2e-4, beta1=0., beta2=0.9).minimize
(self.F_loss, var_list=[F.var])
```

一旦开始训练模型，就可以看到鉴别器和生成器的损失在迭代过程中是如何减少的。

```
Epoch: 0, iteration: 0, Dx Loss: -0.6229429245, Dy Loss: -2.42867970467, G
Loss: 1385.33557129, F Loss: 1383.81530762, Cycle Loss: 138.448059082

Epoch: 0, iteration: 50, Dx Loss: -6.46077537537, Dy Loss: -7.29514217377,
G Loss: 629.768066406, F Loss: 615.080932617, Cycle Loss: 62.6807098389

Epoch: 1, iteration: 100, Dx Loss: -16.5891685486, Dy Loss: -16.0576553345,
G Loss: 645.53137207, F Loss: 649.854919434, Cycle Loss: 63.9096908569
```

9.6 StackGAN

现在我们将看到一种最有趣和迷人的 GAN，称为 StackGAN。如果说 StackGAN 可以基于文本描述生成照片级真实感的图像，你能相信吗？它能做到。给定文本描述，StackGAN 就可以生成一幅真实的图像。

让我们先来了解画家是如何画一幅图像的。在第一阶段，画家绘制原始形状，并创建一个基本轮廓，以形成图像的初始版本。在下一阶段，他们将通过使图像更真实、更具吸引力来加强图像。

StackGAN 以类似的方式工作。它将生成图像的过程分为两个阶段。就像画家绘画一样，在第一阶段，它们生成一个基本的轮廓、原始的形状，并创建一个低分辨率的图像版本；在第二阶段，它通过使第一阶段生成的图像更逼真增强图像，然后将其转换成高分辨率的图像。

但是 StackGAN 是怎么做到的呢？

它使用两个 GAN，每个阶段一个。第一阶段的 GAN 生成基本图像并发送给下一阶段的 GAN，下一阶段的 GAN 将基本低分辨率图像转换为适当的高分辨率图像。图 9-16 显示了 StackGAN 如何基于文本描述在每个阶段生成图像。

图 9-16

正如你可以看到的那样，在第一阶段，有一个低分辨率版本的图像，但在第二阶段，我们有良好的清晰度的高分辨率图像。但是，StackGAN 是怎么做到的呢？当我们学习条件 GAN 时，我们可以通过条件 GAN 生成我们想要的图像，还记得吗？

我们只是在两个阶段都使用它们。在第一阶段，我们的网络是基于文本描述的。通过此文本描述，它们生成图像的基本版本。在第二阶段，我们的网络是基于第一阶段生成的图像和文本描述进行调整。

但是为什么要在第二阶段必须再次以文本描述为条件呢？因为在第一阶段中，我们忽略了文本描述中指定的一些细节以创建图像的基本版本。因此，在第二阶段，再次以文字描述为条件来修正缺失的信息，同时也使生成的图像更真实。

由于这种仅基于文本生成图片的能力，它被用于许多应用程序。例如，在娱乐产业中，它被大量用于基于描述创建框架，并且它也可以用于生成漫画等。

9.6.1 StackGAN 的架构

既然我们已经对 StackGAN 的工作原理有了基本的理解，我们将更仔细地研究它们的架构，并且看看它们是如何从文本中生成图片的。

StackGAN 的完整架构如图 9-17 所示。

我们将逐一查看其中的每个组件。

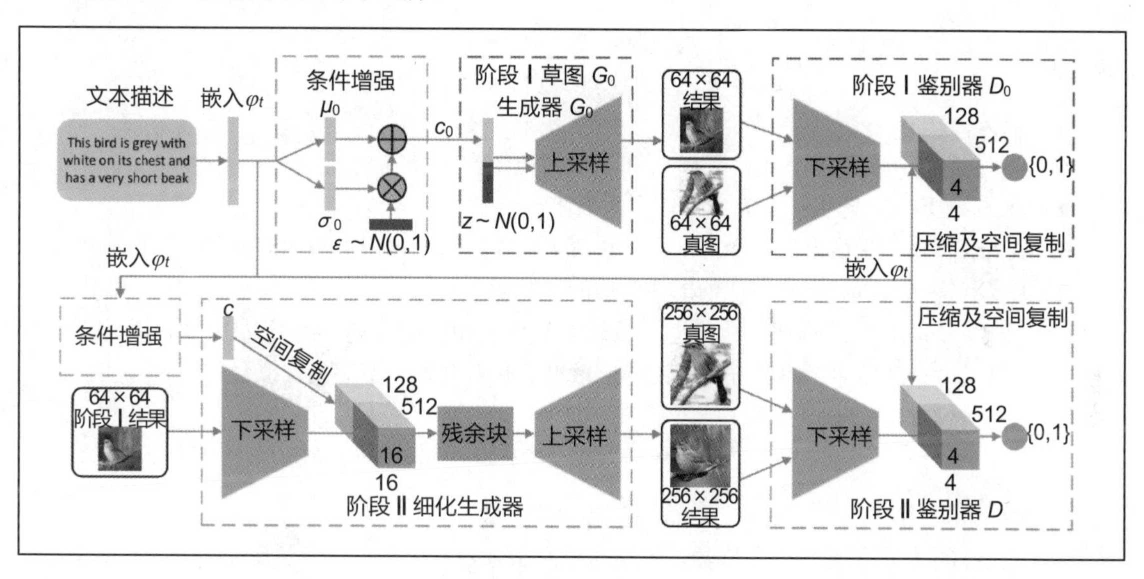

图 9-17

9.6.2 条件增强

我们有一个文本描述作为 GAN 的输入。基于这些描述，它必须生成图像。但是它如何理解文本的意思以生成一幅图片呢？

首先，使用一个编码器将该文本转换为一个嵌入。我们用 φ_t 表示这个文本。我们能创造 φ_t 的变体吗？通过创建文本嵌入的变体 φ_t，我们可以有额外的训练对，并且我们还可以增加对小扰动的稳健性。

设 $\mu(\varphi_t)$ 为均值，并且 $\Sigma(\varphi_t)$ 为文本嵌入的对角协方差矩阵。现在我们从独立的高斯分布 $N(\mu(\varphi_t),\Sigma(\varphi_t))$ 中随机抽取一个附加的条件变量 $\hat{c}$。它帮助我们创建文本描述及其含义的变体。相同的文本可以用不同的方式书写，所以通过条件变量 $\hat{c}$，我们可以将不同版本的文本映射到图像。

因此，一旦我们有了文本描述，我们将使用编码器提取它们的嵌入，然后计算它们的均值和协方差。然后，从文本嵌入的高斯分布 φ_t 中抽取样本 $\hat{c}$ 。

9.6.3 第一阶段

好的，现在我们有一个文本嵌入 φ_t，还有一个条件变量 $\hat{c}$ 。我们将看到如何使用它来生成图像的基本版本。

1. 生成器

生成器的目标是通过学习真实的数据分布来生成一幅假图像。首先，我们从高斯分布中采样噪声并创建 z。然后，将 z 与条件变量 $\hat{c}$ 拼接起来，并将其作为一个输入馈送给生成器，而生成器输出图像的基本版本。

生成器的损失函数如下。

$$L_{G_0} = E_{z \sim p_z, t \sim p_r}[\log(1 - D_0(G_0(z, \hat{c}_0), \varphi_t))]$$

让我们检查一下这个公式。

- $z \sim p_z$ 表示从假数据分布中采样 z，即噪声先验值。
- $t \sim p_r$ 表示从实际数据分布中抽取文本描述 t。
- $G_0(z, \hat{c}_0)$ 表示生成器接收噪声，而条件变量返回图像。我们把生成的图像输入鉴别器。
- $1 - D_0(G_0(z, \hat{c}_0), \varphi_t)$ 表示生成的图像为假的对数概率。

除了这个损失之外，还添加了一个正则化项 $\lambda D_{KL}(N(\mu_0(\varphi_t), \Sigma_0(\varphi_t)) \| N(0, I))$ 到损失函数中，这意味着标准高斯分布和条件高斯分布之间的 KL 散度。它有助于模型避免过拟合。

因此，生成器的最终损失函数为

$$L_{G_0} = E_{z \sim p_z, t \sim p_r}[\log(1 - D_0(G_0(z, \hat{c}_0), \varphi_t))] + \lambda D_{KL}(N(\mu_0(\varphi_t), \Sigma_0(\varphi_t)) \| N(0, I))$$

2. 鉴别器

现在我们将生成的图像输入鉴别器，鉴别器返回图像为真的概率。鉴别器的损失函数如下。

$$L_{D_0} = E_{(I_0, t) \sim p_r}[\log D_0(I_0, \varphi_t)] + E_{z \sim p_z, t \sim p_r}[\log(1 - D_0(G_0(z, \hat{c}_0), \varphi_t))]$$

这里：

- $D_0(I_0, \varphi_t)$ 表示真实图像 I_0，它以文本描述 φ_t 为条件。
- $G_0(z, \hat{c}_0)$ 表示生成的假图像。

9.6.4 第二阶段

我们已经学习了如何在第一阶段生成图像的基本版本。现在，在第二阶段，我们修复第一阶段生成的图像的缺陷，生成一幅更逼真的图像版本。我们用前一阶段生成的图像和文本嵌入来调节我们的网络。

1. 生成器

第二阶段的生成器没有将噪声作为输入，而是将前一阶段生成的图像作为输入，并以文本描述为条件。

这里，$s_0 \sim p_{G_0}$ 意味着从 p_{G_0} 中采样 s_0。这基本上意味着我们正在对第一阶段生成的图像进行采样。

$t \sim p_r$ 意味着我们正在从给定的真实数据分布 p_r 中采样文本。

那么可以给出生成器的损失函数：

$$L_G = E_{s_0 \sim p_{G_0}, t \sim p_r}[\log(1 - D(G(s_0, \hat{c}), \varphi_t))]$$

与正则化项一起，生成器的损失函数变为

$$L_G = E_{s_0 \sim p_{G_0}, t \sim p_r}[\log(1 - D(G(s_0, \hat{c}), \varphi_t))] + \lambda D_{KL}(N(\mu(\varphi_t), \Sigma(\varphi_t)) \| N(0, I))$$

2. 鉴别器

鉴别器的目的是告诉我们图像是真实分布还是生成分布。因此，鉴别器的损失函数如下。

$$L_D = E_{(I,t) \sim p_r}[\log D(I, \varphi_t)] + E_{s_0 \sim p_{G_0}, t \sim p_r}[\log(1 - D(G(s_0, \hat{c}), \varphi_t))]$$

9.7 总　　结

本章我们首先学习了条件 GAN，然后学习了如何使用它们生成我们感兴趣的图像。

稍后，又学习了 InfoGAN，其中代码 c 是基于生成的输出自动推断出来的，与 CGAN 不同，在 CGAN 中我们显式地指定 c。为了推断 c，我们需要找到后验概率 $p(c \mid G(z,c))$，这是我们无法得到的。所以，我们使用一个辅助分布。我们使用互信息最大化互信息 $I(c, G(z,c))$，从而在给定生成器输出的情况下最大化我们对 c 的了解。

然后，我们学习了 CycleGAN，它将数据从一个域映射到另一个域。我们尝试学习从照片域的图像分布到绘画域的图像分布的映射。最后，我们理解了 StackGAN 如何从文本描述中生成照片级真实感的图像。

在第 10 章中，我们将学习自动编码器及其类型。

9.8 问　　题

回答以下问题以衡量你从本章中学到了多少。

（1）CGAN 和普通 GAN 有何不同？

（2）InfoGAN 中的代码 c 是什么？

（3）什么是互信息？

（4）为什么在 InfoGAN 中需要辅助分布？

（5）什么是循环一致性损失？

（6）生成器在 CycleGAN 中扮演了什么角色？

（7）StackGAN 如何将文本描述转换为图片？

读书笔记

第10章

使用自动编码器重构输入

自动编码器（Autoencoders）是一种无监督学习算法。与其他算法不同，自动编码器学习重构输入，也就是说，自动编码器接收输入，并学习将其作为输出重新产生输入。本章我们首先理解什么是自动编码器以及它们如何准确地重构输入，然后，将学习自动编码器如何重构 MNIST 图像。

接下来，我们将学习自动编码器的不同变体；首先，学习卷积自动编码器（Convolutional Autoencoders，CAEs），它使用卷积层；然后，学习去噪自动编码器（Denoising Autoencoders，DAEs）如何学习去除输入中的噪声。在此之后，我们将了解稀疏自动编码器，以及它们如何学习稀疏输入。在本章的最后，我们将学习一种有趣的自动编码器生成类型，称为变分自动编码器（Variational Autoencoders）。我们将了解变分自动编码器如何学习生成新的输入，以及它们与其他自动编码器的区别。

在本章中，我们将学习以下内容。

- 自动编码器和它们的架构
- 使用自动编码器重构 MNIST 图像
- 卷积自动编码器
- 构建卷积自动编码器
- 去噪自动编码器
- 使用去噪自动编码器去除图像中的噪声
- 稀疏自动编码器
- 压缩自动编码器
- 变分自动编码器

10.1 什么是自动编码器

自动编码器是一种有趣的无监督学习算法。与其他神经网络不同，自动编码器的目标是重构给定的输入；即自动编码器的输出与输入相同。它有两个重要的组成部分，分别称为**编码器**（**Encoder**）和**解码器**（**Decoder**）。

编码器的作用是通过学习输入的潜在表示对输入进行编码，而解码器的作用是从编码器产生的潜在表示重构输入。潜在表示也称为**瓶颈**（**Bottleneck**）或**代码**（**Code**）。如图 10-1 所示，将一幅图像作为输入传递给自动编码器，编码器获取该图像并学习图像的潜在表示，解码器获取潜在表示并尝试重构图像。

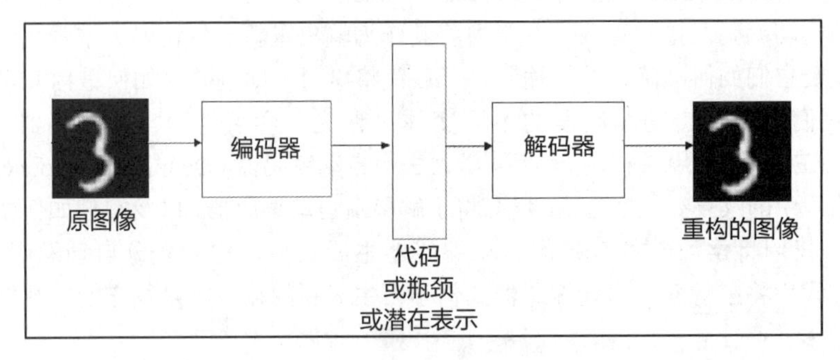

图 10-1

图 10-2 显示了一个具有两层的简单普通自动编码器。你可能已经注意到，它由输入层、隐藏层和输出层组成。首先，我们将输入馈送到输入层，然后编码器学习输入的表示并将其映射到瓶颈。解码器根据瓶颈重构输入。

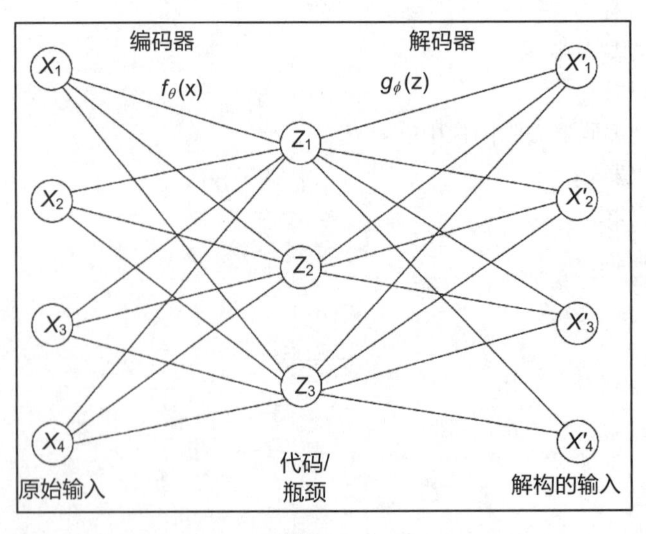

图 10-2

你可能好奇这有什么用。为什么需要对输入进行编码和解码？为什么要重构输入？因为有各种各样的应用，如降维、数据压缩、图像去噪声等。

因为自动编码器重构输入，所以输入层和输出层中的节点数始终相同。假设我们有一个包含100个输入特征的数据集，并且有一个神经网络，其输入层是100个单位，隐藏层是50个单位，而输出层是100个单位。当我们将数据集馈送给自动编码器时，编码器试图学习数据集中的重要特征，并将特征数减少到50个，以形成瓶颈。瓶颈包含数据的表示，即数据的嵌入，并且只包含必要的信息。然后，将瓶颈馈送给解码器重构原始输入。如果解码器成功地重构了原始输入，则意味着编码器已经成功地学习了给定输入的编码或表示。也就是说，编码器通过捕获必要的信息，成功地将100个特征的数据集编码或压缩成只有50个特征的表示。

因此，基本上编码器试图学习在不丢失有用信息的情况下如何降低数据的维数。我们可以认为自动编码器类似于**主成分分析（Principal Component Analysis，PCA）**等降维技术。在主成分分析中，我们使用线性变换将数据投影到低维，并去除不需要的特征。PCA 与自动编码器的区别在于，PCA 采用线性变换降维，而自动编码器采用非线性变换降维。

除降维之外，自动编码器还广泛应用于图像、音频等领域的去噪声。我们知道，自动编码器中的编码器仅通过学习必要的信息来降低数据集的维数，并形成瓶颈或代码。因此，当噪声图像作为输入馈送到自动编码器时，编码器仅学习图像的必要信息并形成瓶颈。因为编码器只学习表示图像的重要和必要的信息，所以它学习到噪声是不需要的信息，并从瓶颈中去除噪声的表示。

因此，现在我们将有一个瓶颈，即没有任何噪声信息的图像表示。当编码器的这种图像表示（即瓶颈）被馈送到解码器时，解码器从编码器产生的编码重构输入图像。因为编码没有噪声，所以重构的图像将不包含任何噪声。

简而言之，自动编码器将高维数据映射到低层表示。这种低层次的数据表示被称为潜在表示或瓶颈，它只能表示输入的有意义的和重要的特征。

因为自动编码器的角色是重构它的输入，所以我们使用重构误差作为损失函数，这意味着我们试图理解有多少输入是由解码器正确重构的。因此，我们可以使用均方误差损失作为损失函数来量化自动编码器的性能。

既然我们已经理解了什么是自动编码器，我们将在下一小节中探讨自动编码器的架构。

10.1.1 理解自动编码器的架构

正如我们刚刚学习到的那样，自动编码器由两个重要组件组成：编码器 $f_\theta(\cdot)$ 和解码器 $g_\phi(\cdot)$ 。让我们来仔细看看其中的每一个。

（1）编码器：编码器 $f(\cdot)$ 学习输入并返回输入的潜在表示。假设我们有一个输入 x。当我们将输入馈送到编码器时，它返回一个低维的潜在输入表示，称为代码或瓶颈 z。我们用 θ 表示编码器的参数。

$$z = f_\theta(x)$$
$$z = \sigma(\theta x + b)$$

（2）解码器：解码器 $g(\cdot)$ 尝试使用编码器的输出（即代码 z）作为输入来重构原始输入 x。重构图像用 x' 表示，我们用 ϕ 表示解码器的参数。

$$x' = g_\phi(z)$$

$$x' = \sigma(\phi z + b)$$

我们需要分别学习编码器和解码器的最佳参数 θ 和 ϕ，以使重构损失最小化。我们可以将损失函数定义为实际输入和重构输入之间的均方误差：

$$L(\theta,\ \phi) = \frac{1}{n}\sum_{i=1}^{n}(x_i - g_\phi(f_\theta(x_i)))^2$$

这里，n 是训练样本数。

当潜在表示的维数小于输入的维数时，则称为**欠完备自动编码器**（**Undercomplete Autoencoder**）。因为维数较少，所以欠完备自动编码器试图学习并保留输入的唯一有用的区别和重要特征，并删除其余的特征。当潜在表示的维数大于或等于输入的维数时，自动编码器只复制输入，而不学习任何有用的特征，而这种类型的自动编码器称为**过完备自动编码器**（**Overcomplete Autoencoders**）。

欠完备和过完备自动编码器如图 10-3 所示。欠完备自动编码器的隐藏层（代码）神经元数少于输入层神经元数；而过完备自动编码器的隐藏层（代码）神经元数大于输入层的单元数。

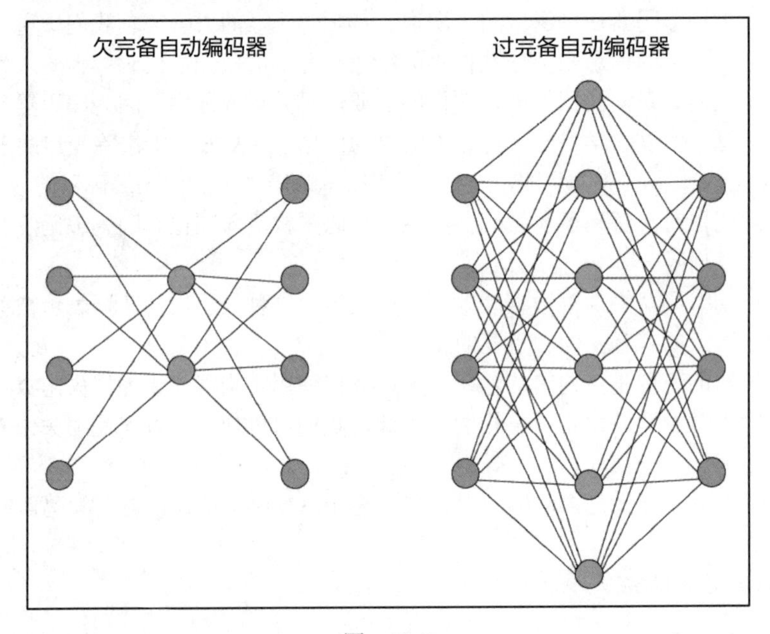

图　10-3

因此，通过限制隐藏层（代码）中的神经元，我们可以学习输入的有用表示。自动编码器也可以有任意数量的隐藏层。具有多个隐藏层的自动编码器称为**多层自动编码器**（**Multilayer Autoencoders**）或**深度自动编码器**（**Deep Autoencoders**）。到目前为止，我们已经学习的只是普通或浅显的自动编码器。

10.1.2　使用自动编码器重构 MNIST 图像

现在我们将学习自动编码器如何使用 MNIST 数据集重构手写数字。首先，导入必要的代码库。

```
import warnings
warnings.filterwarnings('ignore')

import numpy as np
import tensorflow as tf

from tensorflow.keras.models import Model
from tensorflow.keras.layers import Input, Dense
tf.logging.set_verbosity(tf.logging.ERROR)

#plotting
import matplotlib.pyplot as plt
%matplotlib inline

#dataset
from tensorflow.keras.datasets import mnist
```

10.1.3 准备数据集

加载 MNIST 数据集。因为我们正在重构给定的输入，所以不需要标签。因此，只需加载 x_train 进行训练，并加载 x_test 进行测试。

```
(x_train, _), (x_test, _) = mnist.load_data()
```

通过除以最大像素值（255）规范化数据。

```
x_train = x_train.astype('float32') / 255
x_test = x_test.astype('float32') / 255
```

输出数据集的形状。

```
print(x_train.shape, x_test.shape)
((60000, 28, 28), (10000, 28, 28))
```

将图像重塑为二维阵列。

```
x_train = x_train.reshape((len(x_train), np.prod(x_train.shape[1:])))
x_test = x_test.reshape((len(x_test), np.prod(x_test.shape[1:])))
```

现在，数据的形状应该如下。

```
print(x_train.shape, x_test.shape)
((60000, 784), (10000, 784))
```


10.1.4 定义编码器

现在我们定义编码器层，它将图像作为输入并返回编码。
定义编码的大小。

```
encoding_dim = 32
```

定义输入的占位符。

```
input_image = Input(shape=(784,))
```

定义接收 input_image 并返回编码的编码器。

```
encoder = Dense(encoding_dim, activation='relu')(input_image)
```

10.1.5 定义解码器

让我们定义解码器，它从编码器获取编码值并返回重构的图像。

```
decoder = Dense(784, activation='sigmoid')(encoder)
```

10.1.6 建立模型

既然我们定义了编码器和解码器，接下来我们定义模型，该模型将图像作为输入，并返回解码器的输出，即重构图像。

```
model = Model(inputs=input_image, outputs=decoder)
```

让我们看一下这个模型的摘要。

```
model.summary()

Layer (type)               Output Shape          Param #
=================================================================
input_1 (InputLayer)       (None,    784)        0
dense (Dense)              (None,    32)         25120
dense_1 (Dense)            (None,    784)        25872
=================================================================
Total params: 50,992
Trainable params: 50,992
Non-trainable params: 0
```

将 loss（损失）作为二进制交叉熵编译该模型，并使用 Adadelta 优化器最小化损失。

```
model.compile(optimizer='adadelta', loss='binary_crossentropy')
```

现在来训练模型。

通常，我们以 model.fit(x,y)来训练该模型，其中 x 是输入，而 y 是标签。但是由于自动编码器重构了它们的输入，所以模型的输入和输出应该是相同的。因此，在这里，我们以 model.fit(x_train, x_train)训练该模型。

```
model.fit(x_train, x_train, epochs=50, batch_size=256, shuffle=True,
validation_data=(x_test, x_test))
```

10.1.7 重构图像

既然我们已经训练了模型，我们看到了该模型是如何重构测试集的图像的。将测试图像馈送入模型，并得到重构图像。

```
reconstructed_images = model.predict(x_test)
```

10.1.8 绘制重构图像

首先，绘制实际图像，即输入图像。

```
n = 7
plt.figure(figsize=(20, 4))

for i in range(n):
    ax = plt.subplot(1, n, i+1)
    plt.imshow(x_test[i].reshape(28, 28))
    plt.gray()
    ax.get_xaxis().set_visible(False)
    ax.get_yaxis().set_visible(False)

plt.show()
```

实际图像的绘图如图 10-4 所示。

图 10-4

绘制重构图像。

```
n = 7
plt.figure(figsize=(20, 4))

for i in range(n):
     ax = plt.subplot(2, n, i + n + 1)
     plt.imshow(reconstructed_images[i].reshape(28, 28))
     plt.gray()
     ax.get_xaxis().set_visible(False)
     ax.get_yaxis().set_visible(False)

plt.show()
```

图 10-5 显示的是重构图像。

图 10-5

正如你所看到的这样，自动编码器已经学习了输入图像的更好表示，并重新构建了这些图像。

10.2 卷积自动编码器

在 10.1 节中，我们刚刚学习了什么是自动编码器。我们学习了一个普通的自动编码器，它基本上是一个隐藏层的前馈浅层网络。我们可以把它们当作卷积网络，而不是把它们当作前馈网络吗？因为我们知道卷积网络擅长分类和识别图像（如果在自动编码器中使用卷积层而不是前馈层），所以当输入是图像时，它将学习更好地重构输入。

这里介绍一种新型的自动编码器，称为 CAE，它使用一个卷积网络，而不是一个普通的神经网络。在普通自动编码器中，编码器和解码器基本上是一个前馈网络。但在 CAE 中，它们基本上是卷积网络。这意味着编码器由卷积层组成，解码器由转置卷积层组成，而不是前馈网络。CAE 如图 10-6 所示。

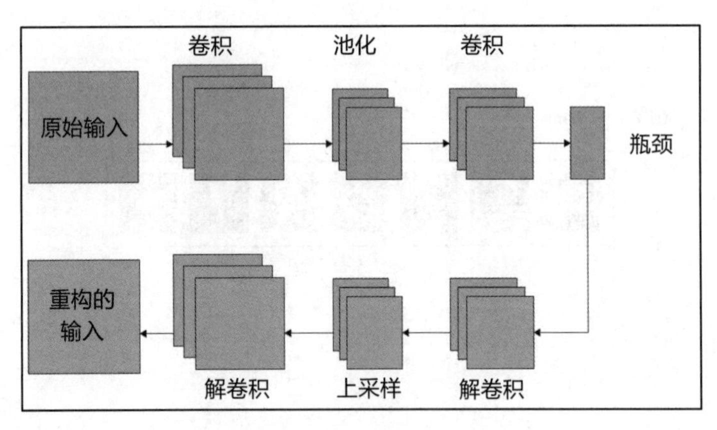

图 10-6

如图 10-6 所示，将输入图像发送到由卷积层组成的编码器，卷积层执行卷积运算并从图像中提取重要特征。然后执行最大池化只保留图像的重要特征。以类似的方式，我们执行了几个卷积和最大池化操作，并获得了一个潜在的图像表示，称为瓶颈。

接下来，我们将瓶颈馈送到由解卷积层组成的解码器，而解卷积层执行解卷积操作并尝试从瓶颈重构图像。它包括几个解卷积和提升采样操作来重构原始图像。

因此，这就是 CAE 如何使用编码器中的卷积层和解码器中的转置卷积层来重构图像。

10.2.1 构建一个卷积自动编码器

正如我们在 10.1 节中学过的如何实现自动编码器一样，实现 CAE 也是一样的，但唯一的区别是我们在编码器和解码器中使用卷积层，而不是前馈网络。我们将使用相同的 MNIST 数据集，利用 CAE 重构图像。

导入库。

```
import warnings
warnings.filterwarnings('ignore')

#modelling
from tensorflow.keras.models import Model
from tensorflow.keras.layers import Input, Dense, Conv2D, MaxPooling2D,
UpSampling2D
from tensorflow.keras import backend as K

#plotting
import matplotlib.pyplot as plt
%matplotlib inline

#dataset
from keras.datasets import mnist
import numpy as np
```

读取并重塑数据集。

```
(x_train, _), (x_test, _) = mnist.load_data()

# Normalize the dataset
x_train = x_train.astype('float32') / 255.
x_test = x_test.astype('float32') / 255.

# reshape
x_train = np.reshape(x_train, (len(x_train), 28, 28, 1))
x_test = np.reshape(x_test, (len(x_test), 28, 28, 1))
```

定义输入图像的形状。

```
input_image = Input(shape=(28, 28, 1))
```

10.2.2 定义编码器

现在，让我们定义编码器。不像普通的自动编码器中使用前馈网络那样，这里我们使用卷积网络。因此，我们的编码器由 3 个卷积层组成，然后是一个最大池化层和 Relu 激活函数。

定义第一个卷积层，然后是最大池化操作。

```
x = Conv2D(16, (3, 3), activation='relu', padding='same')(input_image)
x = MaxPooling2D((2, 2), padding='same')(x)
```

定义第二个卷积和最大池化层。

```
x = Conv2D(8, (3, 3), activation='relu', padding='same')(x)
x = MaxPooling2D((2, 2), padding='same')(x)
```

定义最终卷积和最大池化层。

```
x = Conv2D(8, (3, 3), activation='relu', padding='same')(x)
encoder = MaxPooling2D((2, 2), padding='same')(x)
```

10.2.3 定义解码器

现在，定义解码器。在解码器中，我们执行 3 层解卷积操作，即对编码器创建的编码进行提升采样并重构原始图像。

定义第一个卷积层，然后再进行提升采样。

```
x = Conv2D(8, (3, 3), activation='relu', padding='same')(encoder)
x = UpSampling2D((2, 2))(x)
```

使用提升采样定义第二个卷积层。

```
x = Conv2D(8, (3, 3), activation='relu', padding='same')(x)
x = UpSampling2D((2, 2))(x)
```

使用提升采样定义最终卷积层。

```
x = Conv2D(16, (3, 3), activation='relu')(x)
x = UpSampling2D((2, 2))(x)
decoded = Conv2D(1, (3, 3), activation='sigmoid', padding='same')(x)
```

10.2.4 建立模型

定义获取输入图像并返回解码器生成的图像（即重构图像）的模型。

```
model = Model(input_image, decoder)
```

将损失作为二进制交叉熵来编译模型，并使用 Adadelta 作为优化器。

```
model.compile(optimizer='adadelta', loss='binary_crossentropy')
```

训练模型。

```
model.fit(x_train, x_train, epochs=50,batch_size=128, shuffle=True, validation_data=
(x_test, x_test))
```

10.2.5 重构图像

使用训练的模型重构图像。

```
reconstructed_images = model.predict(x_test)
```

首先，绘制输入图像。

```
n = 7
plt.figure(figsize=(20, 4))

for i in range(n):
    ax = plt.subplot(1, n, i+1)
    plt.imshow(x_test[i].reshape(28, 28))
    plt.gray()
    ax.get_xaxis().set_visible(False)
    ax.get_yaxis().set_visible(False)

plt.show()
```

输入图像的绘图如图 10-7 所示。

图 10-7

现在，绘制重构图像。

```
n = 7
plt.figure(figsize=(20, 4))

for i in range(n):
    ax = plt.subplot(2, n, i + n + 1)
    plt.imshow(reconstructed_images[i].reshape(28, 28))
    plt.gray()
    ax.get_xaxis().set_visible(False)
    ax.get_yaxis().set_visible(False)

plt.show()
```

重构图像的绘图如图 10-8 所示。

图 10-8

10.3 探索去噪自动编码器

DAE 是自动编码器的另一个小变种，主要用于去除图像、音频和其他输入中的噪声。因此，当我们将损坏的输入馈送给 DAE 时，它将学习重构原始的未损坏输入。现在我们学习 DAE 如何消除噪声。

在 DAE 中，我们不是将原始输入馈送到自动编码器，而是通过添加一些随机噪声来损坏输入，并馈送损坏的输入。我们知道编码器通过只保留重要信息来学习输入的表示，并将压缩表示映射到瓶颈。当损坏的输入被发送到编码器时，在学习输入编码器的表示期间，编码器将学习噪声是不需要的信息并移除它的表示。因此，编码器通过只保留必要的信息来学习没有噪声的输入的紧凑表示，并将所学习的表示映射到瓶颈。

现在解码器试图用编码器学习的表示来重构图像，这就是瓶颈。由于该表示不包含任何噪声，所以解码器在没有噪声的情况下重构输入。DAE 就是这样从输入中消除噪声的。

图 10-9 显示了一个典型的 DAE 结构。首先，我们通过添加一些噪声来损坏输入，并将损坏的输入馈送到编码器，编码器学习没有噪声的输入的表示，而解码器使用编码器学习的表示来重构未损坏的输入。

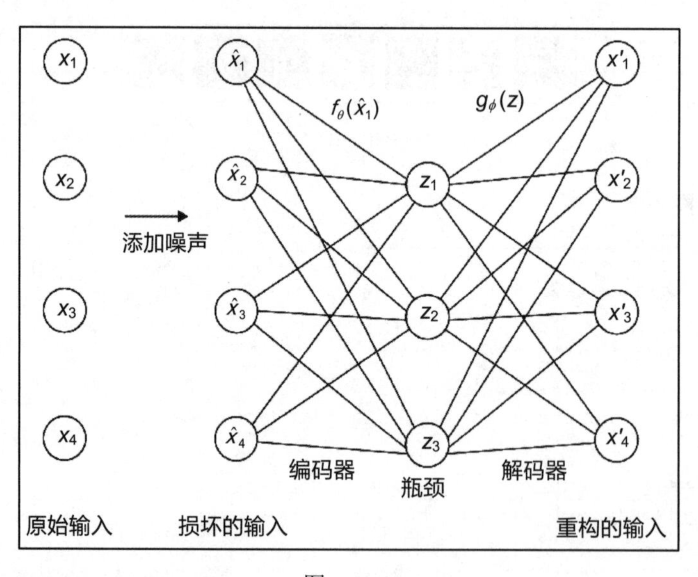

图 10-9

从数学上讲，这可以表示如下。

假设我们有一个图像 x，并给图像添加上噪声（noise），得到 $\hat{x}$，它是损坏的图像。

$$\hat{x} = x + \text{noise}$$

现在将此损坏的图像馈送给编码器。

$$z = f_\theta(\hat{x})$$

$$z = \sigma(\hat{x}\theta + b)$$

解码器尝试重构实际的图像。

$$x' = g_\phi(z)$$

$$x' = \sigma(\phi z + b)$$

使用 DAE 对图像去噪声

在本小节中，我们将学习如何使用 DAE 对图像进行去噪声。我们使用 CAE 对图像进行去噪声处理。DAE 的代码与 CAE 相同，但是这里我们在输入中使用了噪声图像。我们将只看到相应的更改，而不是查看整个代码。其完整的代码可以在 GitHub 上找到。

设置噪声系数。

```
noise_factor = 1
```

为训练和测试图像添加噪声。

```
x_train_noisy = x_train + noise_factor * np.random.normal(loc=0.0, scale=1.0,
size=x_train.shape)
x_test_noisy = x_test + noise_factor * np.random.normal(loc=0.0, scale=1.0,
size=x_test.shape)
```

将训练和测试集设置为0～1。

```
x_train_noisy = np.clip(x_train_noisy, 0., 1.)
x_test_noisy = np.clip(x_test_noisy, 0., 1.)
```

训练模型。因为我们希望模型学习去除图像中的噪声，所以模型的输入是有噪声的图像，即 x_train_noisy；而输出是去除噪声的图像，即 x_train。

```
model.fit(x_train_noisy, x_train, epochs=50,batch_size=128, shuffle=True,
validation_data=(x_test_noisy, x_test))
```

使用我们的训练模型重构图像。

```
reconstructed_images = model.predict(x_test_noisy)
```

首先，绘制输入图像，即损坏的图像。

```
n = 7
plt.figure(figsize=(20, 4))

for i in range(n):
    ax = plt.subplot(1, n, i+1)
    plt.imshow(x_test_noisy[i].reshape(28, 28))
    plt.gray()
    ax.get_xaxis().set_visible(False)
    ax.get_yaxis().set_visible(False)
```

```
plt.show()
```

输入噪声图像的绘图如图 10-10 所示。

图 10-10

现在，通过模型绘制重构的图像。

```
n = 7
plt.figure(figsize=(20, 4))

for i in range(n):
    ax = plt.subplot(2, n, i + n + 1)
    plt.imshow(reconstructed_images[i].reshape(28, 28))
    plt.gray()
    ax.get_xaxis().set_visible(False)
    ax.get_yaxis().set_visible(False)

plt.show()
```

正如你可以看到的那样（见图 10-11），我们的模型已经学会了从图像中去除噪声。

图 10-11

10.4 理解稀疏自动编码器

我们知道自动编码器学习重构输入。但当我们将隐藏层节点数设置为大于输入层节点数时，它将学习一个不利于识别的识别函数，因为它只是完全复制输入。

在隐藏层中有更多的节点有助于我们学习稳健的潜在表示。但是当隐藏层中有更多的节点时，自动编码器会试图完全模拟输入，从而使训练数据过拟合。为了解决过拟合问题，我们在损失函数中引入了一个新的约束，称为**稀疏约束（Sparsity Constraint）**或**稀疏惩罚（Sparsity Penalty）**。具有稀疏约束的损失函数可以表示如下。

$$L = \| X - X' \|_2^2 + \beta \text{ Sparse penalty}$$

第一项 $\| X - X' \|_2^2$ 表示原始输入 X 和重构输入 X' 之间的重构误差。第二项意味着稀疏约束。现在，我们将探讨这种稀疏约束如何缓解过拟合的问题。

利用稀疏约束，我们只激活隐藏层上的特定神经元，而不是激活所有神经元。在输入的基础上，我们激活和停用特定的神经元，使神经元在被激活时学会从输入中提取重要的特征。由于具有稀疏约束，自动编码器将不完整地把输入复制到输出，而且还可以学习稳定的潜在表示。

如图 10-12 所示，稀疏自动编码器在隐藏层中的单元比输入层中的单元多。但是，只有隐藏层中的少数神经元被激活。无阴影的神经元代表当前激活的神经元。

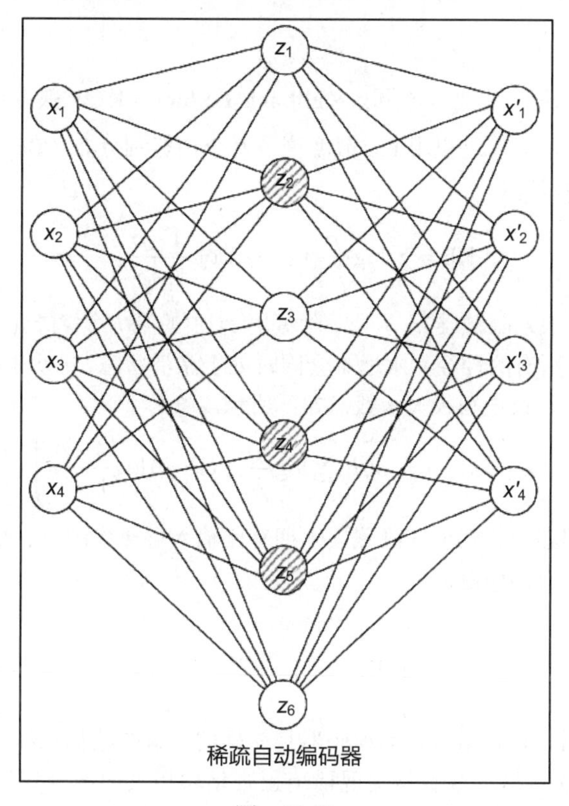

图 10-12

神经元激活时返回 1，没有激活时返回 0。在稀疏自动编码器中，我们将隐藏层中的大多数神经元设置为非激活。我们知道 sigmoid 激活函数将值压缩到 0～1。因此，当我们使用 sigmoid 激活函数时，我们试图保持神经元的值接近于 0。

我们通常试图保持隐藏层中每个神经元的平均激活值接近 0，如 0.05，但不等于 0，这个值叫作 ρ，这是稀疏参数。通常将 ρ 的值设置为 0.05。

首先，计算神经元的平均激活。

整个训练集中隐藏层 h 中第 j 个神经元的平均激活可计算如下。

$$\hat{\rho}_j = \frac{1}{n}\sum_{i=1}^{n}[a_j^{(h)}(x^{(i)})]$$

在这里，以下说法是成立的。

- $\hat{\rho}_j$ 表示隐藏层 h 中第 j 个神经元的平均激活。
- n 是训练样本数。

- a_j 是隐藏层 h 中第 j 个神经元的激活。
- $x^{(i)}$是第 i 个训练样本。
- $a_j x^{(i)}$ 表示对于第 i 个训练样本，在隐藏层 h 中的第 j 个神经元被激活。

我们试图保持神经元的平均激活值 $\hat{\rho}$ 接近 ρ 。也就是说，我们试图将神经元的平均激活值保持在 0.05。

$$\hat{\rho} \approx \rho$$

因此，我们约束 $\hat{\rho}_j$ 的值，它与 ρ 不同。**Kullback-Leibler（KL）**散度被广泛用于测量这两个概率分布之间的差异。所以，这里用 KL 散度测量两个**伯努利分布（Bernoulli Distributions）**，即平均 ρ 和平均 $\hat{\rho}_j$ 之间的差异。

$$\mathrm{KL} = \sum_{j=1}^{l^{(h)}} \log \frac{\rho}{\hat{\rho}_j} + (1-\rho)\log \frac{1-\rho}{1-\hat{\rho}_j} \tag{10-1}$$

在上面的方程中，$l^{(h)}$表示隐藏层 h，j 表示隐藏层 $l^{(h)}$中的第 j 个神经元。上面的方程表示稀疏约束。因此，在稀疏约束下，所有的神经元永远不会同时处于激活状态，平均来说，它们被设置为 0.05。

现在我们可以用稀疏约束重写损失函数，如下所示。

$$L = \| X - \hat{X} \|_2^2 + \beta \left(\sum_{j=1}^{l^{(h)}} \log \frac{\rho}{\hat{\rho}_j} + (1-\rho)\log \frac{1-\rho}{1-\hat{\rho}_j} \right)$$

因此，稀疏自动编码器允许我们在隐藏层中拥有比输入层更多的节点数，同时借助于损失函数中的稀疏约束来减少过拟合的问题。

构建稀疏自动编码器

构建稀疏自动编码器与构建常规自动编码器是一样的，只是我们在编码器和解码器中使用了稀疏正则化项，因此我们在这里只查看与实现稀疏正则化项相关的部分代码。完整的代码和解释在 Github 上可以找到。

以下是定义稀疏正则化项的代码。

```
def sparse_regularizer(activation_matrix):
```

将 ρ 值设置为 0.05。

```
rho = 0.05
```

计算 $\hat{\rho}_j$，即平均激活值。

```
rho_hat = K.mean(activation_matrix)
```

根据式（10-1）计算平均 ρ 和平均 $\hat{\rho}_j$ 之间的 KL 散度。

```
KL_divergence = K.sum(rho*(K.log(rho/rho_hat)) + (1-rho)*(K.log(1- rho/1-rho_hat)))
```

求 KL 散度值之和。

```
sum = K.sum(KL_divergence)
```

将 sum（总和）乘以 beta 并返回结果。

```
return beta * sum
```

稀疏正则化项的整个函数如下所示。

```
def sparse_regularizer(activation_matrix):
    p = 0.01
    beta = 3
    p_hat = K.mean(activation_matrix)
    KL_divergence = p*(K.log(p/p_hat)) + (1-p)*(K.log(1-p/1-p_hat))
    sum = K.sum(KL_divergence)
    return beta * sum
```

10.5 学习使用压缩自动编码器

与稀疏自动编码器一样，**压缩自动编码器（Contractive Autoencoders）**在自动编码器的损失函数中加入了一个新的正则化项。它们试图使我们的编码对训练数据中的微小变化不那么敏感。因此，使用压缩自动编码器，编码对训练数据集中存在的噪声等小扰动变得更加稳健。现在我们在损失函数中引入一个称为**正则化项（Regularizer）**或**惩罚项（Penalty Term）**的新项。它有助于惩罚对输入过于敏感的表示。

损失函数在数学上可以表示为

$$L = \| X - X' \|_2^2 + \lambda \| J_f(X) \|_F^2$$

第一项表示重构误差第二项表示惩罚项或正则化项，它基本上是 **Jacobian 矩阵**的 **Frobenius 范数**。

矩阵的 Frobenius 范数也称为 **Hilbert-Schmidt 范数**，定义为矩阵元素绝对平方和的平方根。由向量值函数的偏导数组成的矩阵称为 **Jacobian 矩阵**。

因此，计算 Jacobian 矩阵的 Frobenius 范数意味着惩罚项是隐藏层相对于输入的所有偏导数的平方和，具体如下。

$$\| J_f(X) \|_F^2 = \sum_{ij} \left(\frac{\partial h_j(X)}{\partial X_i} \right)^2$$

计算隐藏层相对于输入的偏导数类似于计算损失梯度。假设我们使用的是 sigmoid 激活函数，那么隐藏层相对于输入的偏导数如下所示。

$$\| J_f(X) \|_F^2 = \sum_j [h_j(1-h_j)]^2 \sum_i (\boldsymbol{W}_{ji}^{\mathrm{T}})^2$$

在损失函数中加入惩罚项有助于降低模型对输入变化的敏感性，并使我们的模型对异常值具有更强的稳定性。因此，压缩自动编码器降低了模型对训练数据中微小变化的敏感性。

构建压缩自动编码器

构建压缩自动编码器与构建自动编码器一样，只是我们在模型中使用了压缩损失正则化项，因此我们将只查看与实现压缩损失相关的部分代码，而不是查看整个代码。

现在让我们看看如何在 Python 中定义损失函数。

定义均方损失。

```
MSE = K.mean(K.square(actual - predicted), axis=1)
```

从编码器层中获取权重和转置权重。

```
weights = K.variable(value=model.get_layer('encoder_layer').get_weights()[0])
weights = K.transpose(weights)
```

获取编码器层的输出。

```
h = model.get_layer('encoder_layer').output
```

定义惩罚项。

```
penalty_term = K.sum(((h * (1 - h))**2) * K.sum(weights**2, axis=1), axis=1)
```

最终损失为均方误差与惩罚项之和再乘以 lambda。

```
Loss = MSE + (lambda * penalty_term)
```

压缩损失的完整代码如下。

```
def contractive_loss(y_pred, y_true):
    lamda = 1e-4
    MSE = K.mean(K.square(y_true - y_pred), axis=1)
    weights = K.variable(value=model.get_layer('encoder_layer').get_weights()[0])
    weights = K.transpose(weights)
    h = model.get_layer('encoder_layer').output
    penalty_term = K.sum(((h * (1 - h))**2) * K.sum(weights**2, axis=1), axis=1)
    Loss = MSE + (lambda * penalty_term)
    return Loss
```

10.6 剖析变分自动编码器

现在我们将看到另一种非常有趣的自动编码器，称为**变分自动编码器**（**Variational Autoencoders，VAE**）。与其他自动编码器不同，VAE 是生成模型，这意味着它可以像 GAN 一样学习生成新数据。

假设我们有一个包含许多人面部图像的数据集。当我们用这个数据集训练我们的变分自动编码器时，它学习生成在数据集中看不到的新的真实人脸。由于 VAE 的生成性质而有着各种各样的应用，其中一些应用包括生成图像、歌词等。但是，是什么使 VAE 具有生成的能力，并且它与其他自动编码器有何不同？接下来我们将学习这些内容。

正如我们在讨论 GAN 时所学到的，要使模型具有生成能力，就必须了解输入的分布。例如，假设我们有一个由手写数字组成的数据集，如 MNIST 数据集。现在，为了生成新的手写数字，我们的模型必须学习数字在给定数据集中的分布。学习数据集中数字的分布有助于 VAE 学习有用的属性，如数字宽度、笔画、高度等。一旦模型在其分布中编码了这个属性，那么它就可以通过从学习的分布中采样来生成新的手写数字。

假设我们有一个人脸数据集，那么学习人脸在数据集中的分布，有助于我们学习各种属性，如性别、面部表情、头发颜色等。一旦模型在其分布中学习并编码这些属性，那么它就可以通过从学习的分布中采样来生成新的人脸。

因此，在 VAE 中，我们不是将编码器的编码直接映射到潜在向量（瓶颈），而是将编码映射到一个分布；通常，它是一个高斯分布。我们从这个分布中抽取一个潜在的向量，并将其馈送给解码器，然后解码器学习重构图像。如图 10-13 所示，编码器将其编码映射到一个分布，我们从该分布中采样一个潜在向量，并将其馈送到解码器以重构图像。

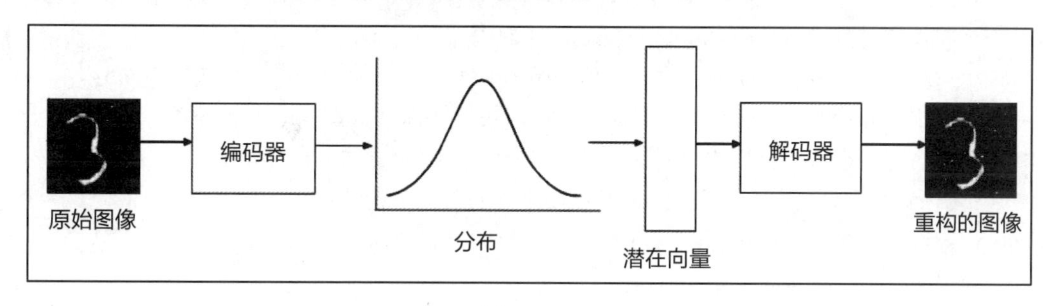

图 10-13

高斯分布可以通过其均值和协方差矩阵进行参数化。因此，我们可以令编码器生成它的编码，并将其映射到一个近似遵循高斯分布的平均向量和标准偏差向量。现在，从这个分布中，我们对一个潜在向量进行采样，并将其输入解码器，然后解码器重构图像，如图 10-14 所示。

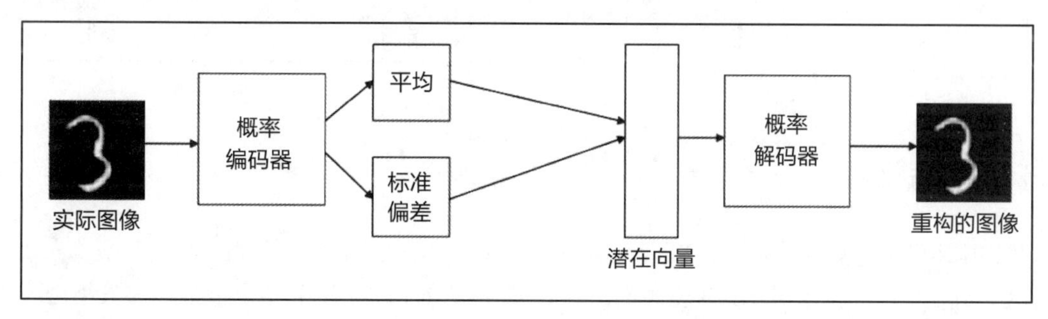

图 10-14

简而言之，编码器学习给定输入的期望属性，并将其编码为分布。我们从这个分布中抽取一个潜在向量，并将该潜在向量作为输入馈送给解码器，然后解码器生成从编码器的分布中学习的图像。

在 VAE 中，编码器又称为**识别模型**（**Recognition Model**），而解码器又称为**生成模型**（**Generative**

Model)。现在我们已经对 VAE 有了直观的理解，下面我们将深入学习 VAE 的工作原理。

10.6.1 变分推理

在继续之前，让我们先熟悉一下符号。

- 用 $p_\theta(x)$ 表示输入数据集的分布，其中 θ 表示将在训练期间学习的网络参数。
- 用 z 表示潜在变量，它通过从分布中采样来编码输入的所有属性。
- $p(x,z)$ 表示输入 x 与它们的属性 z 的联合分布。
- $p(z)$ 代表潜在变量的分布。

利用贝叶斯定理，可以得出

$$p_\theta(x)=\int p_\theta(z\mid x)p(x)\mathrm{d}z$$

上面的方程式帮助我们计算输入数据集的概率分布。但是问题在于计算 $p_\theta(z\mid x)$，因为计算 $p_\theta(z\mid x)$ 是一个很难解决的问题。因此，我们需要找到一个简单的方法来估计 $p_\theta(z\mid x)$。在这里，我们引入一个叫作**变分推理（Variational Inference）**的概念。

我们不是直接推断 $p_\theta(z\mid x)$ 的分布，而是使用另一个分布近似它们，如高斯分布 $q_\phi(z\mid x)$。也就是说，我们使用 $q_\phi(z\mid x)$（它基本上是由 ϕ 参数化的神经网络）估计 $p_\theta(z\mid x)$ 的值。

- $q(z\mid x)$ 是概率编码器，也就是说，它们创建一个给定 x 的潜在向量 z。
- $p(x\mid z)$ 是概率解码器，即在给定潜在向量 z 的情况下构造输入 x。

图 10-15 有助于你很好地理解符号以及我们目前所看到的内容。

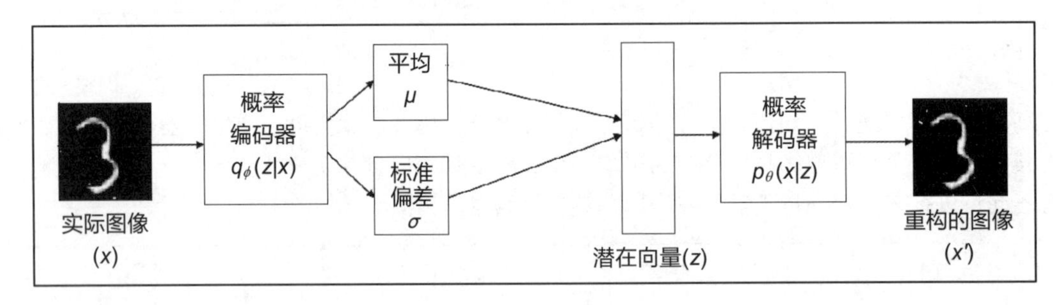

图 10-15

10.6.2 损失函数

我们刚刚学习了如何用 $q_\phi(z\mid x)$ 近似 $p_\theta(z\mid x)$。因此，$q_\phi(z\mid x)$ 的估计值应该接近 $p_\theta(z\mid x)$，因为这两个都是分布，我们使用 KL 散度测量 $q_\phi(z\mid x)$ 如何从 $p_\theta(z\mid x)$ 散开，并且我们需要最小化散度。

$q_\phi(z\mid x)$ 和 $p_\theta(z\mid x)$ 之间的 KL 散度如下所示。

$$D_{\mathrm{KL}}(q_\phi(z\mid x)\parallel p_\theta(z\mid x))=E_{z\sim q}[\log q_\phi(z\mid x)-\log p_\theta(z\mid x)]$$

因为 $p_\theta(z\mid x)=\dfrac{p_\theta(x\mid z)p_\theta(z)}{p_\theta(x)}$，把它代入上面的方程，可以得到

$$D_{\mathrm{KL}}(q_\phi(z|x)\|p_\theta(z|x))=E_{z\sim q}\left[\log q_\phi(z|x)-\log\left(\frac{p_\theta(x|z)p_\theta(z)}{p_\theta(x)}\right)\right]$$

由于 log(*a*/*b*) = log(*a*) – log(*b*)，所以可以重写上面的等式。

$$D_{\mathrm{KL}}(q_\phi(z|x)\|p_\theta(z|x))=E_{z\sim q}[\log q_\phi(z|x)-(\log(p_\theta(x|z)p_\theta(z))-\log p_\theta(x))]$$
$$=E_{z\sim q}[\log q_\phi(z|x)-\log(p_\theta(x|z)p_\theta(z))+\log p_\theta(x)]$$

将 $p_\theta(x)$ 取在期望值之外，因为它不依赖于 $z\sim q$ 。

$$D_{\mathrm{KL}}(q_\phi(z|x)\|p_\theta(z|x))=E_{z\sim q}[\log q_\phi(z|x)-\log(p_\theta(x|z)p_\theta(z))]+\log p_\theta(x)$$

由于 log(*ab*)=log(*a*)+log(*b*)，所以可以重写上面的等式。

$$D_{\mathrm{KL}}(q_\phi(z|x)\|p_\theta(z|x))=E_{z\sim q}[\log q_\phi(z|x)-(\log p_\theta(x|z)+\log p_\theta(z))]+\log p_\theta(x)$$
$$D_{\mathrm{KL}}(q_\phi(z|x)\|p_\theta(z|x))=E_{z\sim q}[\log q_\phi(z|x)-\log p_\theta(x|z)-\log p_\theta(z)]+\log p_\theta(x) \quad (10\text{-}2)$$

$q_\phi(z|x)$ 和 $p_\theta(z)$ 之间的 KL 散度可以表示为

$$D_{\mathrm{KL}}(q_\phi(z|x)\|p_\theta(z))=E_{z\sim q}[\log q_\phi(z|x)-\log p_\theta(z)] \quad (10\text{-}3)$$

将式（10-3）代入式（10-2）中，可以得出

$$D_{\mathrm{KL}}(q_\phi(z|x)\|p_\theta(z|x))=E_{z\sim q}[\log p_\theta(x|z)]-D_{\mathrm{KL}}(q_\phi(z|x)\|p_\theta(z))+\log p_\theta(x)$$

重新排列方程式的左右两侧，可以写出

$$E_{z\sim q}[\log p_\theta(x|z)]-D_{\mathrm{KL}}(q_\phi(z|x)\|p_\theta(z))=\log p_\theta(x)-D_{\mathrm{KL}}(q_\phi(z|x)\|p_\theta(z|x))$$

重新排列这些项，最终方程式如下。

$$\log p_\theta(x)-D_{\mathrm{KL}}(q_\phi(z|x)\|p_\theta(z|x))=E_{z\sim q}[\log p_\theta(x|z)]-D_{\mathrm{KL}}(q_\phi(z|x)\|p_\theta(z))$$

上面的等式意味着什么？

方程的左侧也称为**变分下界（Variational Lower Bound）**或**证据下界（Evidence Lower Bound，ELBO）**。左边中的第一项 $p_\theta(x)$ 表示输入 x 的分布，我们要使其最大化，而 $-D_{\mathrm{KL}}(q_\phi(z|x)\|p_\theta(z|x))$ 表示估计分布和实际分布之间的 KL 散度。

损失函数可写为

$$L=\log(p_\theta(x))-D_{\mathrm{KL}}(q_\phi(z|x)\|p_\theta(z|x))$$

在这个方程式中，你将注意到以下两点。

- $\log(p_\theta(x))$ 表示我们正在最大化输入的分布，我们可以通过简单地添加一个负号将最大化问题转化为最小化问题，因此我们可以写 $-\log(p_\theta(x))$ 。
- $-D_{\mathrm{KL}}(q_\phi(z|x)\|p_\theta(z|x))$ 表示我们正在最大化估计分布和实际分布之间的 KL 散度，但是我们想要最小化它们，所以我们可以写 $+D_{KL}(q_\phi(z|x)\|p_\theta(z|x))$ 来最小化其 KL 散度。

因此，我们的损失函数如下。

$$L=-\log(p_\theta(x))+D_{\mathrm{KL}}(q_\phi(z|x)\|p_\theta(z|x))$$
$$L=-E_{z\sim Q}[\log p_\theta(x|z)]+D_{\mathrm{KL}}(q_\phi(z|x)\|p_\theta(z|x))$$

如果你仔细观察这个方程，$E_{z\sim Q}[\log p_\theta(x|z)]$ 基本上意味着输入的重构，也就是说，解码器接收潜在向量 z 并重构输入 x。

因此，最终的损失函数是重构损失和 KL 散度之和。

$$L=-E_{z\sim Q}[\log p_\theta(x|z)]+D_{\mathrm{KL}}(q_\phi(z|x)\|p_\theta(z|x))$$

KL 散度值简化为

$$D_{\mathrm{KL}}(q_{\phi}(z \mid x) \| p_{\theta}(z \mid x))=-\frac{1}{2} \sum_{k=1}^{K}\{1+\log \sigma_{k}^{2}-\mu_{k}^{2}-\sigma_{k}^{2}\}$$

因此，最小化上面的损失函数意味着我们最小化重构损失，同时最小化估计分布和实际分布之间的 KL 散度。

10.6.3 重新参数化技巧

我们在通过梯度下降训练 VAE 时遇到了一个问题。请记住，我们正在执行采样操作以生成一个潜在向量。因为采样操作是不可微分的，所以我们不能计算梯度。也就是说，当反向传播网络最小化误差时，我们不能计算采样操作的梯度，如图 10-16 所示。

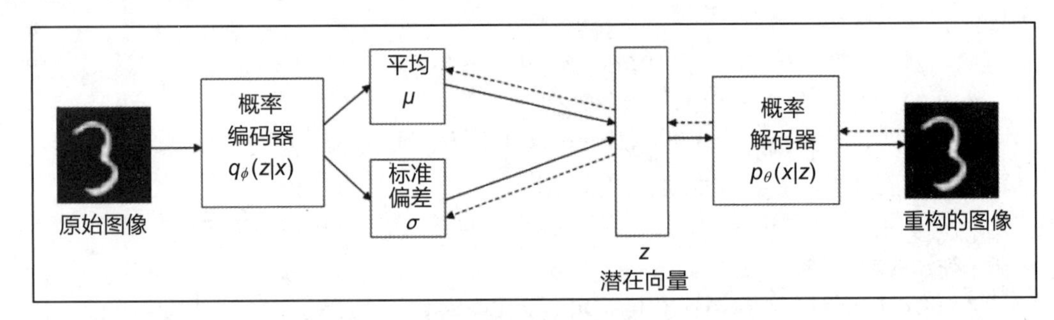

图 10-16

为了解决这个问题，我们引入了一个新的技巧，叫作**重新参数化技巧（Reparameterization Trick）**。我们引入了一个称为 ε 的新参数，该参数是从一个单位高斯随机采样得到的，如下所示。

$$\varepsilon \in N(0,1)$$

现在可以将潜在向量 z 重写为

$$z=\mu+\sigma \odot \varepsilon$$

重新参数化技巧如图 10-17 所示。

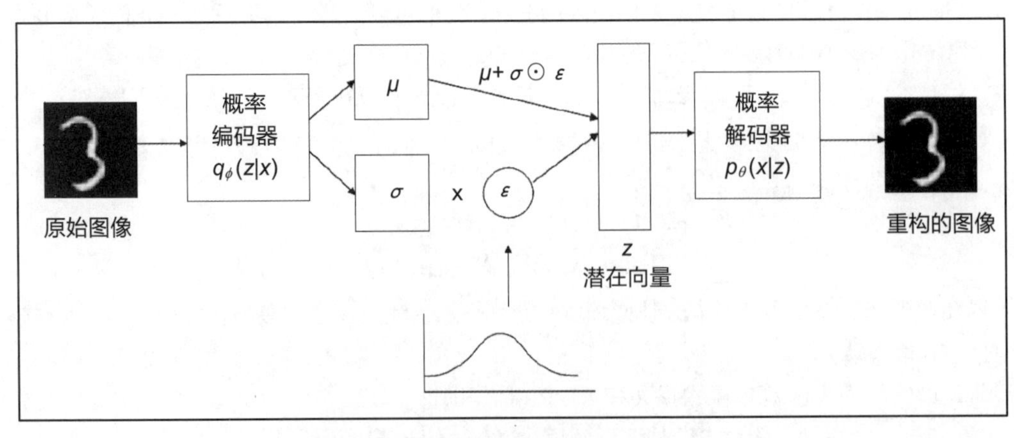

图 10-17

因此，利用重新参数化技巧，我们可以通过梯度下降算法来训练 VAE。

10.6.4 使用 VAE 生成图像

现在我们已经理解了 VAE 模型的工作原理，在随后的内容中，我们将学习如何使用 VAE 生成图像。

导入所需的库。

```
import warnings
warnings.filterwarnings('ignore')

import numpy as np
import matplotlib.pyplot as plt
from scipy.stats import norm

from tensorflow.keras.layers import Input, Dense, Lambda
from tensorflow.keras.models import Model
from tensorflow.keras import backend as K
from tensorflow.keras import metrics
from tensorflow.keras.datasets import mnist

import tensorflow as tf
tf.logging.set_verbosity(tf.logging.ERROR)
```

10.6.5 准备数据集

加载 MNIST 数据集。

```
(x_train, _), (x_test, _) = mnist.load_data()
```

规范化数据集。

```
x_train = x_train.astype('float32') / 255.
x_test = x_test.astype('float32') / 255.
```

重塑数据集。

```
x_train = x_train.reshape((len(x_train), np.prod(x_train.shape[1:])))
x_test = x_test.reshape((len(x_test), np.prod(x_test.shape[1:])))
```

现在我们来定义一些重要参数。

```
batch_size = 100
original_dim = 784
latent_dim = 2
intermediate_dim = 256
epochs = 50
epsilon_std = 1.0
```

10.6.6 定义编码器

定义输出。

```
x = Input(shape=(original_dim,))
```

编码器隐藏层。

```
h = Dense(intermediate_dim, activation='relu')(x)
```

计算平均值和方差。

```
z_mean = Dense(latent_dim)(h)
z_log_var = Dense(latent_dim)(h)
```

10.6.7 定义采样操作

使用重新参数化技巧定义采样操作，即从编码器的分布中采样潜在向量。

```
def sampling(args):
    z_mean, z_log_var = args
    epsilon = K.random_normal(shape=(K.shape(z_mean)[0], latent_dim), mean=0.,
    stddev=epsilon_std)
    return z_mean + K.exp(z_log_var / 2) * epsilon
```

从均值和方差中抽取潜在向量 z。

```
z = Lambda(sampling, output_shape=(latent_dim,))([z_mean, z_log_var])
```

10.6.8 定义解码器

用两层定义解码器。

```
decoder_hidden = Dense(intermediate_dim, activation='relu')
decoder_reconstruct = Dense(original_dim, activation='sigmoid')
```

使用解码器重构图像，解码器将潜在向量 z 作为输入并返回重构图像。

```
decoded = decoder_hidden(z)
reconstructed = decoder_reconstruct(decoded)
```


10.6.9 建立模型

建立模型。

```
vae = Model(x, reconstructed)
```

定义重构损失。

```
Reconstruction_loss = original_dim * metrics.binary_crossentropy(x, reconstructed)
```

定义 KL 散度。

```
kl_divergence_loss = - 0.5 * K.sum(1 + z_log_var - K.square(z_mean) -
K.exp(z_log_var), axis=-1)
```

定义总损失。

```
total_loss = K.mean(Reconstruction_loss + kl_divergence_loss)
```

添加损失并编译模型。

```
vae.add_loss(total_loss)
vae.compile(optimizer='rmsprop')
vae.summary()
```

训练模型。

```
vae.fit(x_train,
        shuffle=True,
        epochs=epochs,
        batch_size=batch_size,
        verbose=2,
        validation_data=(x_test, None))
```

10.6.10 定义生成器

从学习的分布定义生成器样本并生成一幅图像。

```
decoder_input = Input(shape=(latent_dim,))
_decoded = decoder_hidden(decoder_input)

_reconstructed = decoder_reconstruct(_decoded)
generator = Model(decoder_input, _reconstructed)
```

10.6.11 绘制生成的图像

现在绘制生成器生成的图像。

```
n = 7
digit_size = 28
figure = np.zeros((digit_size * n, digit_size * n))

grid_x = norm.ppf(np.linspace(0.05, 0.95, n))
grid_y = norm.ppf(np.linspace(0.05, 0.95, n))

for i, yi in enumerate(grid_x):
```

```
    for j, xi in enumerate(grid_y):
        z_sample = np.array([[xi, yi]])
        x_decoded = generator.predict(z_sample)
        digit = x_decoded[0].reshape(digit_size, digit_size)
        figure[i * digit_size: (i + 1) * digit_size,
        j * digit_size: (j + 1) * digit_size] = digit

plt.figure(figsize=(4, 4), dpi=100)
plt.imshow(figure, cmap='Greys_r')
plt.show()
```

生成器生成的图像如图 10-18 所示。

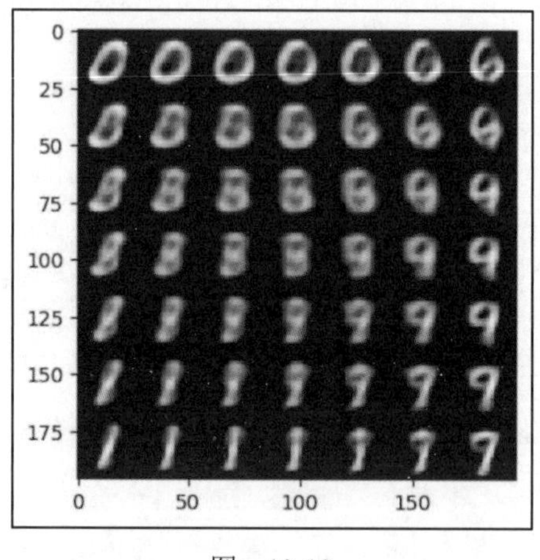

图 10-18

10.7 总 结

本章首先学习了什么是自动编码器，以及如何使用自动编码器重构它们自己的输入。我们探讨了卷积自动编码器，其中我们使用卷积层和解卷积层分别进行编码和解码，而不是使用前馈网络。接下来，我们学习了稀疏自动编码器，它只激活某些神经元。然后，我们学习了另一种正则化自动编码器，称为压缩自动编码器。在本章的最后，我们学习了 VAE，它是一种生成式自动编码器模型。

在第 11 章中，我们将学习如何使用少量样本学习算法，从较少的数据点进行学习。

10.8 问 题

通过回答以下问题来检查我们对自动编码器的知识。

（1）什么是自动编码器？

（2）自动编码器的目标功能是什么？
（3）卷积自动编码器与普通自动编码器有何不同？
（4）什么是去噪自动编码器？
（5）怎样计算神经元的平均激活值？
（6）如何定义压缩自动编码器的损失函数？
（7）什么是 Frobenius 范数和 Jacobian 矩阵？

第 11 章

探索少量样本学习算法

祝贺你！我们已经到了最后一章。我们已经走过了漫长的学习之路。我们首先学习了什么是神经网络，以及如何使用它们来识别手写数字，然后探讨了如何用梯度下降算法训练神经网络。还学习了递归神经网络如何用于连续任务，以及卷积神经网络如何用于图像识别。接下来，我们研究了如何使用单词嵌入算法来理解正文的语义，熟悉了几种不同类型的生成对抗网络和自动编码器。

到目前为止，我们已经了解到：当我们有一个相当大的数据集时，深度学习算法表现得非常好。但是，当我们没有大量的数据点可供学习时，如何处理这种情况呢？对于大多数用例，我们可能无法获得大的数据集。在这种情况下，我们可以使用少量样本学习算法，这不需要庞大的数据集来学习。在本章中，我们将了解少量样本学习算法是如何从数量较少的数据点学习的，并探讨不同类型的少量样本学习算法。首先，我们将研究一种流行的称为暹罗网络（Siamese Network）的少量样本学习算法。然后，我们将直观地学习其他一些少量样本学习算法，如原型网络、关系网络和匹配网络。

在本章中，我们将学习以下内容。

- 少量样本学习算法
- 暹罗网络
- 暹罗网络的架构
- 原型网络
- 关系网络
- 匹配网络

11.1　什么是少量样本学习

从少量的数据点学习称为**少量样本学习（Few-Shot Learning）**或 ***k*-shot 学习（*k*-Shot Learning）**，其中 k 指定数据集中每个类中的数据点数量。

假设我们正在执行图像分类任务。假设我们有两个类：苹果和橙子，我们试图将给定的图像分类为苹果或橙子。当我们的训练集中只有一个苹果和一个橙子图像时，我们称之为 one-shot 学习；也就是说，每个类只从一个数据点学习。例如，如果我们分别有 11 幅苹果和橙子的图片，那么这就是所谓的 11 个样本学习。所以，*k*-shot 学习中的 k 表示我们每个类拥有的数据点的数量。

也有零样本学习，在这里每个类中都没有任何数据点。在没有数据点的情况下如何学习？在这种情况下，我们将没有数据点，但我们将有关于每个类的元信息，并且我们将从元信息中学习。

因为我们的数据集中有两个类，即苹果和橙子，所以我们可以称之为双向 *k*-shot 学习（Two-Way *k*-Shot Learning）。因此，在 *n*-way *k*-shot 学习中，*n*-way 表示我们在数据集中拥有的类的数量，*k*-shot 表示我们在每个类中拥有的数据点的数量。

我们需要的模型从少量的数据点学习。为了达到这个目的，我们用同样的方法训练它们；也就是说，我们在非常少的数据点上训练模型。假设我们有一个数据集 D。我们从数据集中的每个类中抽取一些数据点，称之为**支持集（Support Set）**。类似地，从每个类中抽取一些不同的数据点，并将其称为**查询集（Query Set）**。

我们用支持集训练模型，用查询集测试模型。我们以一种片段的方式训练模型，即在每一片段中，从数据集 D 中抽取一些数据点，准备支持集和查询集，并在支持集上训练和在查询集上测试。

11.2　暹 罗 网 络

暹罗网络（Siamese Network）是一种特殊类型的神经网络，是最简单和最流行的 one-shot 学习算法之一。正如我们在 11.1 节中所学到的，one-shot 学习是一种技术，在这种技术中，我们每类只学习一个训练示例。所以，暹罗网络主要用于我们没有很多数据点的应用中。

例如，假设我们想为我们的机构建立一个人脸识别模型，假设有大约 500 人在机构中工作。如果我们想从头开始使用卷积神经网络建立人脸识别模型，那么我们需要这 500 个人的许多图像，以训练网络并获得良好的准确度。但是，很显然，我们不会为所有这 500 个人提供很多图像，因此，除非我们有足够的数据点，否则使用 CNN 或任何深度学习算法建立模型都是不可行的。因此，在这种情况下，我们可以求助于一个复杂的 one-shot 学习算法，如暹罗网络，它可以从较少的数据点学习。

但暹罗网络是如何运作的呢？暹罗网络由两个对称的神经网络组成，它们具有相同的权值和架构，最后都使用一个能量函数 E 将它们连接在一起。暹罗网络的目的，是学习这两种输入是相似的还是不相似的。

假设有两个图像，即 X_1 和 X_2，并且我们想学习这两个图像是相似的还是不相似的。如图 11-1 所示，我们将**图像 X_1** 馈送到**网络 *A***，将**图像 X_2** 馈送到**网络 *B***。这两个网络的角色都是为输入图像生成嵌入（特征向量）。所以，我们可以使用任何能给我们嵌入的网络。因为我们的输入是一幅图像，所以我们可以使用卷积网络来生成嵌入。也就是说，用于提取特征。请记住，CNN 在这里的作用只是提取特征，而不是分类。

我们知道这些网络应该具有相同的权重和架构，如果**网络 *A*** 是 3 层 CNN，那么**网络 *B*** 也应该是 3 层 CNN，并且我们必须对这两个网络使用相同的权重集。因此，**网络 *A*** 和**网络 *B*** 将分别为输入图像 X_1 和 X_2 提供嵌入。然后，我们将这些嵌入输入到能量函数中，如图 11-1 所示，能量函数告诉我们两幅输入图像有多相似。能量函数基本上是任何相似性度量，如欧氏距离和余弦相似性。

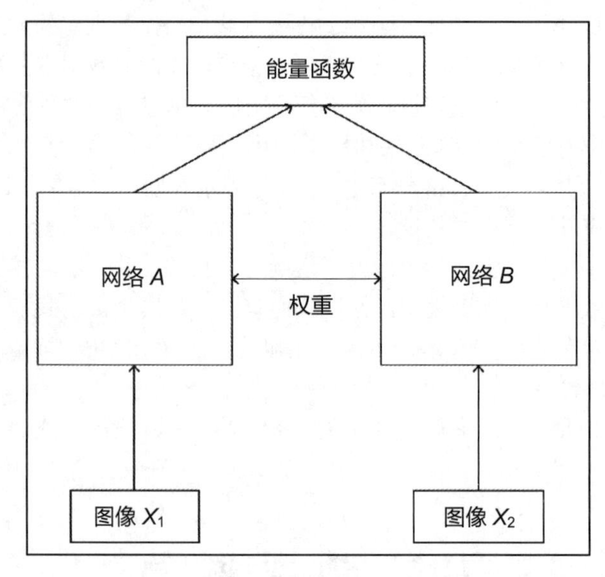

图 11-1

暹罗网络不仅用于人脸识别，而且也广泛应用于我们没有太多数据点的应用和需要学习两个输入之间相似性的任务中。暹罗网络的应用包括签名验证、相似问题检索和目标追踪。我们将在 11.3 节详细研究暹罗网络。

11.3 暹罗网络架构

既然我们已经对暹罗网络有了基本的了解，我们将详细探讨它们。暹罗网络的架构如图 11-2 所示。

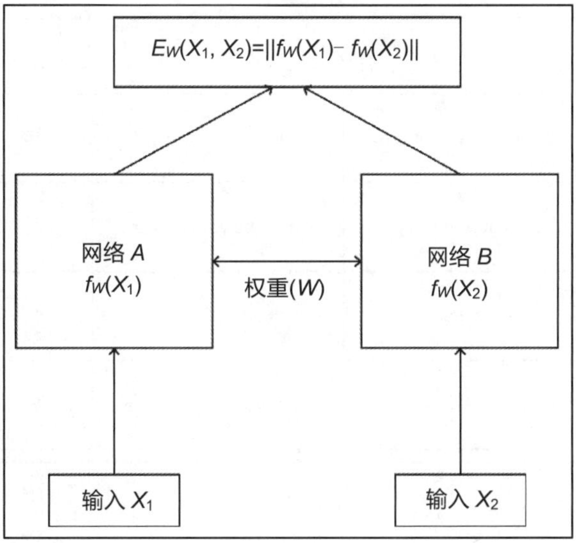

$E_W(X_1, X_2)$=||$f_W(X_1)$− $f_W(X_2)$||

网络 *A*
$f_W(X_1)$

权重(*W*)

网络 *B*
$f_W(X_2)$

输入 X_1

输入 X_2

图 11-2

正如你在图 11-2 中所看到的那样，暹罗网络由两个相同的网络组成，两个网络共享相同的权重和架构。假设我们有两个输入 X_1 和 X_2。我们将输入 X_1 馈送到**网络 *A***，即 $f_W(X_1)$，并且将输入 X_2 馈送到**网络 *B***，即 $f_W(X_2)$。

如你所见，这两个网络都具有相同的权重 W，它们将为我们的输入 X_1 和 X_2 生成嵌入。然后，我们将这些嵌入馈送到能量函数 E 中，这将给出两个输入之间的相似性。它可以表示为

$$E_W(X_1,X_2) = \| f_W(X_1) - f_W(X_2) \|$$

假设我们使用欧氏距离作为能量函数；那么如果 X_1 和 X_2 相似，E 的值就会很小。如果输入值不相似，E 的值就会很大。

假设有句子 1 和句子 2，我们把句子 1 输入**网络 *A***，把句子 2 输入**网络 *B***。假设我们的**网络 *A*** 和**网络 *B*** 都是**长短时记忆**网络，并且它们共享相同的权重，**网络 *A*** 和**网络 *B*** 将分别生成句子 1 和句子 2 的嵌入。

然后，我们将这些嵌入馈送到能量函数中，从而得到两句话之间的相似性分数。但是我们怎样才能训练暹罗网络呢？数据应该是怎样的？特征和标签是什么？我们的目标函数是什么？

暹罗网络的输入应该对偶 (X_1, X_2)，以及它们的二元标签为 $Y \in (0,1)$，说明输入对是真实的对（相同）还是假的对（不同）。正如你在图 11-3 中看到的那样，我们的句子是成对的，并且标签表示句子对是真（1）还是假（0）。

那么，暹罗网络的损失函数是什么？

因为暹罗网络的目标不是执行分类任务，而是理解两个输入值之间的相似性，所以我们使用对比损失函数（Contrastive Loss）。它可以表示为

$$\text{Contrastive Loss} = Y(E)^2 + (1-Y)\max(\text{margin} - E, 0)^2$$

句子对		标签
She is a beautiful girl	She is a gorgeous girl	1
Birds fly in the sky	What are you doing ?	0
I love Paris	I adore Paris	1
He just arrived	I am watching a movie	0

图 11-3

在上面的等式中，Y 的值是真标签，如果两个输入值相似，则为 1；如果两个输入值不相似，则为 0。E 是能量函数，它可以是任何距离度量。margin 项用于保持约束，即当两个输入值不同，并且它们的距离大于一个 margin（数量）时，则它们不会产生损失。

11.4 原型网络

原型网络是另一种简单、高效、流行的学习算法。像暹罗网络一样，它试图学习度量空间来进行分类。

原型网络的基本思想是创建每个类的一个原型表示，并基于类原型与查询点之间的距离对查询点（新点）进行分类。

假设我们有一个由狮子、大象和狗的图像组成的支持集，如图 11-4 所示。

我们有 3 个类（狮子、大象和狗）。现在我们需要为这 3 个类中的每个类创建一个原型表示。如何构建这 3 个类的原型？首先，我们将使用一些嵌入函数学习每个数据点的嵌入。嵌入函数 $f_{\phi}()$ 可能是任何可以用来提取特征的函数。因为我们的输入是一幅图像，所以可以使用卷积网络作为嵌入函数，它将从输入图像中提取特征，如图 11-5 所示。

一旦我们了解了每个数据点的嵌入，就取每个类中数据点的平均嵌入，并形成类原型，如图 11-6 所示。因此，类原型基本上是类中数据点的平均嵌入。

类似地，当一个新的数据点出现时，也就是说，一个想要预测标签的查询点，我们将使用用来创建类原型的相同嵌入函数为这个新数据点生成嵌入（见图 11-7），也就是说，使用卷积网络为查询点生成嵌入。

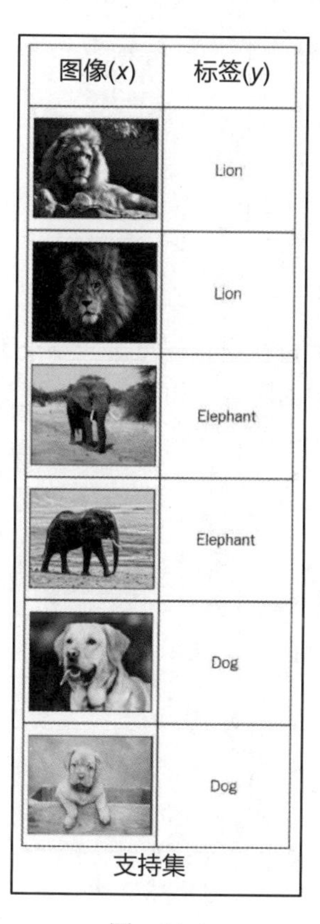

图像(x)
标签(y)
Lion
Lion
Elephant
Elephant
Dog
Dog
支持集

图 11-4

图像(xi)
标签(yi)
fϕ(xi)
嵌入
Lion
Lion
Elephant
Elephant
Dog
Dog
0.3 0.7 0.8
0.5 0.1 0.01
0.7 0.3 0.1
0.8 0.5 0.3
0.3 ... 0.8
0.6 ... 0.7
0.8 ... ...
... ... 0.5
0.1 ... ...
0.8 ... 0.6
0.9 ... 0.8
0.9 ... 0.7
支持集

图 11-5

图像(xi)
标签(yi)
fϕ(xi)
嵌入
Lion
Lion
Elephant
Elephant
Dog
Dog
0.3 0.7 0.8
0.5 0.1 0.01
0.7 0.3 0.1
0.8 0.5 0.5
0.3 ... 0.8
0.6 ... 0.7
0.8 ... ...
... ... 0.5
0.1 ... ...
0.8 ... 0.5
0.9 ... 0.8
0.9 ... 0.7
平均
0.5 0.7 0.45
0.65 0.3 0.25
狮子类的原型
平均
0.55 ... 0.8
0.6 ... 0.6
大象类的原型
平均
0.5 ... 0.8
0.55 ... 0.6
狗类的原型
支持集

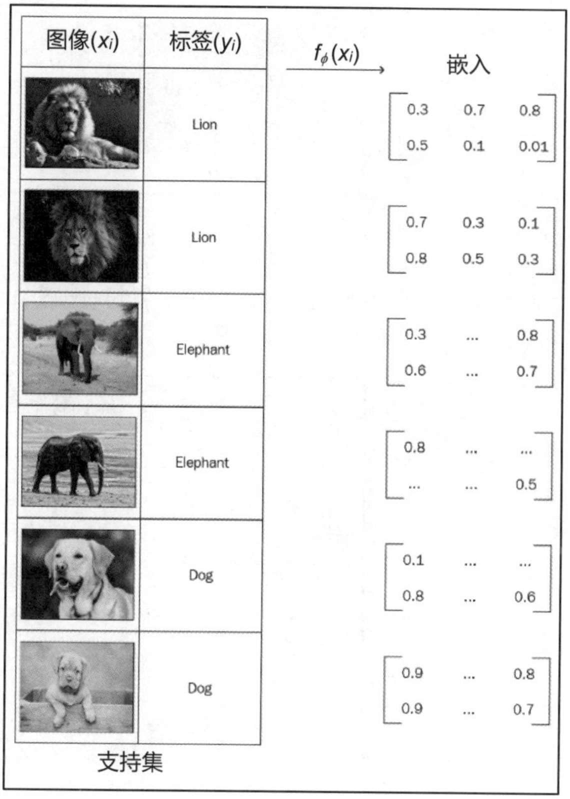

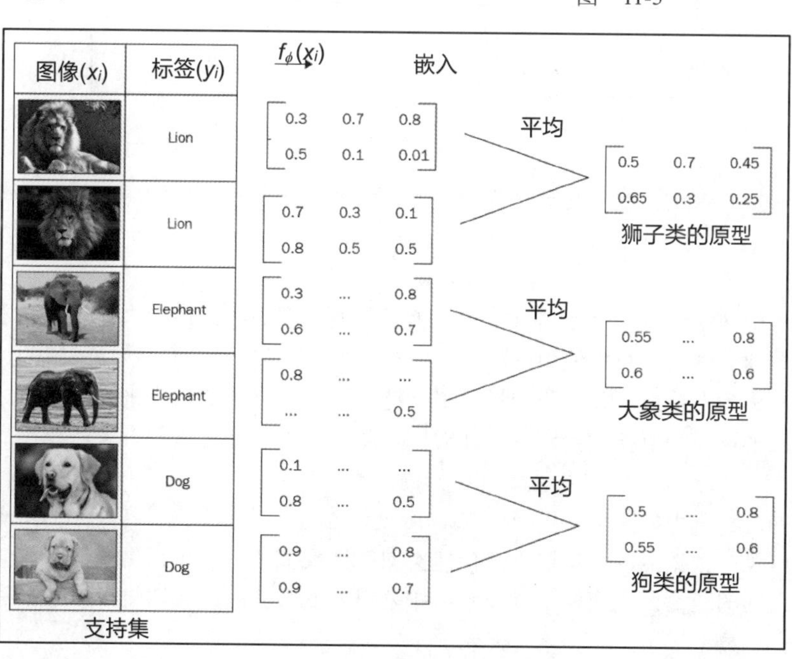

图 11-6

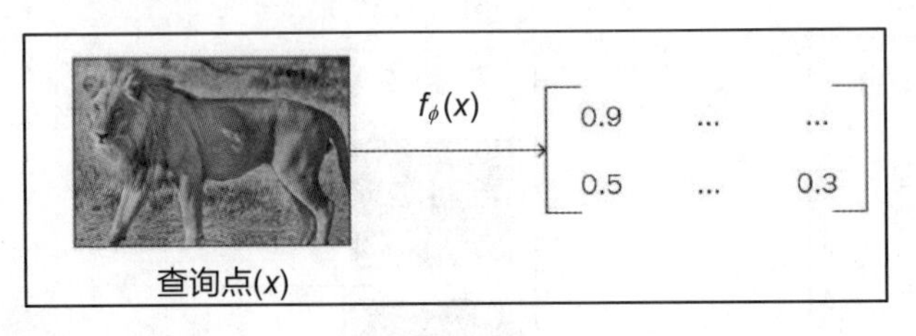

图 11-7

一旦有了查询点的嵌入，就比较类原型和查询点嵌入之间的距离，以找出查询点属于哪个类。我们可以使用欧氏距离作为距离度量，来寻找类原型和查询点嵌入之间的距离，如图 11-8 所示。

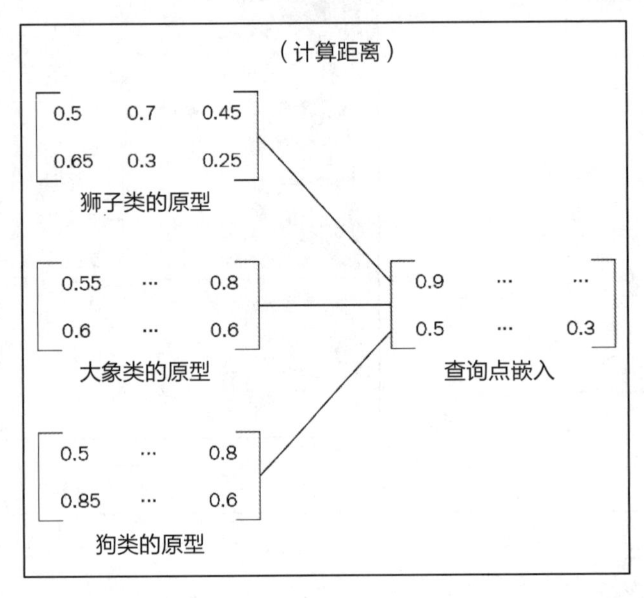

图 11-8

在找到类原型和查询点嵌入之间的距离之后，我们将 softmax 激活函数应用于该距离并得到概率。因为我们有 3 个类，即狮子、大象和狗，我们将得到 3 个概率。具有高概率的类将是查询点的类。

因为我们希望网络只从几个数据点学习，也就是说，因为我们希望执行几个样本学习，所以我们以同样的方式训练网络。我们使用片段训练，对于每个片段，我们从数据集中的每个类中随机抽取几个数据点，称为支持集，并且我们只使用支持集而不是整个数据集来训练网络。类似地，我们从数据集中随机抽取一个点作为查询点，并尝试预测它的类。通过这种方式，我们的网络学习如何从数据点学习。

原型网络的总体流程如图 11-9 所示。如你所见，首先，我们将为支持集中的所有数据点生成嵌入，并通过获取类中数据点的平均嵌入来构建类原型。我们还为查询点生成嵌入。然后计算类原型和查询点嵌入之间的距离。我们使用欧氏距离作为距离度量。然后我们将 softmax 激活函数应用到这个距离，并得到概率。

正如你可以在图 11-9 中所看到的那样，因为我们的查询点是狮子（Lion），狮子的概率最高，为 0.9。

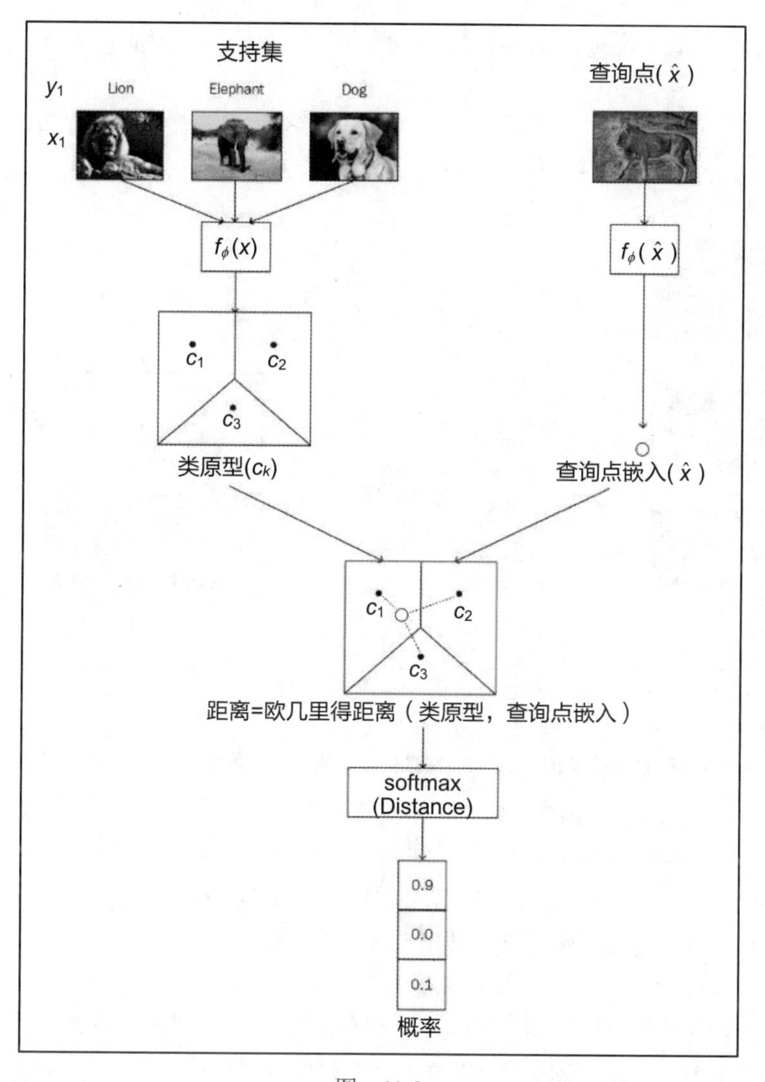

图 11-9

原型网络不仅可用于 one-shot/few-shot 学习，还可用于 zero-shot 学习。考虑这样一种情况：我们没有每个类的数据点，但是我们有包含每个类的高级描述的元信息。

在这种情况下，我们学习每个类的元信息嵌入，以形成类原型，然后用这个类原型进行分类。

11.5 关系网络

关系网络由两个重要的函数组成：嵌入函数（用 f_φ 表示）和关系函数（用 g_ϕ 表示）。嵌入函数用于从输入中提取特征。如果我们的输入是一幅图像，那么我们可以使用卷积网络作为嵌入函数，它将为我们提供图像的特征向量/嵌入。如果我们的输入是文本，那么我们可以使用 LSTM 网络获得文本的嵌入。假设我们有一个包含 3 个类的支持集，{Lion（狮子），Elephant（大象），Dog（狗）}，如图 11-10 所示。

假设我们有一个查询图像 x_j，如图 11-11 所示，并且我们要预测这个查询图像的类。

图像(x_i)	标签(y_i)
	Lion
	Elephant
	Dog

支持集

图 11-10

图 11-11

首先，从支持集中获取每个图像 x_i，并将其传递到嵌入函数 $f_\varphi(x_i)$ 中，以提取特征。因为我们的支持集有图像，所以我们可以使用卷积网络作为嵌入函数学习嵌入。嵌入函数将给出支持集中每个数据点的特征向量。类似地，我们通过将查询图像 x_j 传递给嵌入函数 $f_\varphi(x_j)$ 学习它的嵌入。

一旦我们得到了支持集 $f_\varphi(x_i)$ 和查询集 $f_\varphi(x_j)$ 的特征向量，我们就使用一些操作符 Z 来组合它们。这里，Z 可以是任意组合运算符。我们使用串接作为运算符来组合支持集和查询集的特征向量。

$$Z(f_\varphi(x_i), f_\varphi(x_j))$$

如图 11-12 所示，我们将组合支持集 $f_\varphi(x_i)$ 和查询集 $f_\varphi(x_j)$ 的特征向量。但这样组合有什么用呢？它将帮助我们理解支持集中图像的特征向量与查询图像的特征向量之间的关系。

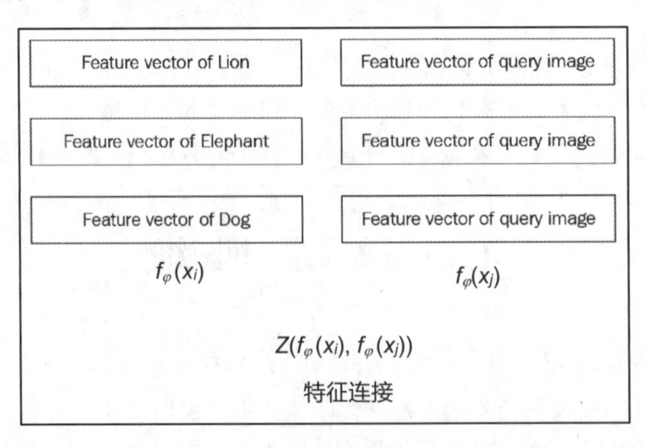

图 11-12

在我们的例子中，它将帮助我们理解狮子的特征向量如何与查询图像的特征向量相关、大象的特征向量如何与查询图像的特征向量相关、狗的特征向量如何与查询图像的特征向量相关。

但我们如何衡量这种关联性呢？这就是为什么我们用关系函数 g_ϕ。我们将这些组合的特征向量传递到关系函数，该关系函数将生成 0～1 的关系得分，以表示支持集 x_i 中样本与查询集 x_j 中的样本之间的相似性。

下面的公式显示了我们如何计算关系网络中的关系得分 r_{ij}。

$$r_{ij} = g_\phi(Z(f_\varphi(x_i), f_\varphi(x_j)))$$

这里，r_{ij} 意味着代表支持集中的每个类与查询图像之间的相似性的关系分数。因为我们在支持集中有 3 个类，并在查询集中有一幅图像，所以我们将有 3 个分数指示支持集中的 3 个类与查询图像的相似程度。

关系网络在 one-shot 学习设置中的整体表示如图 11-13 所示。

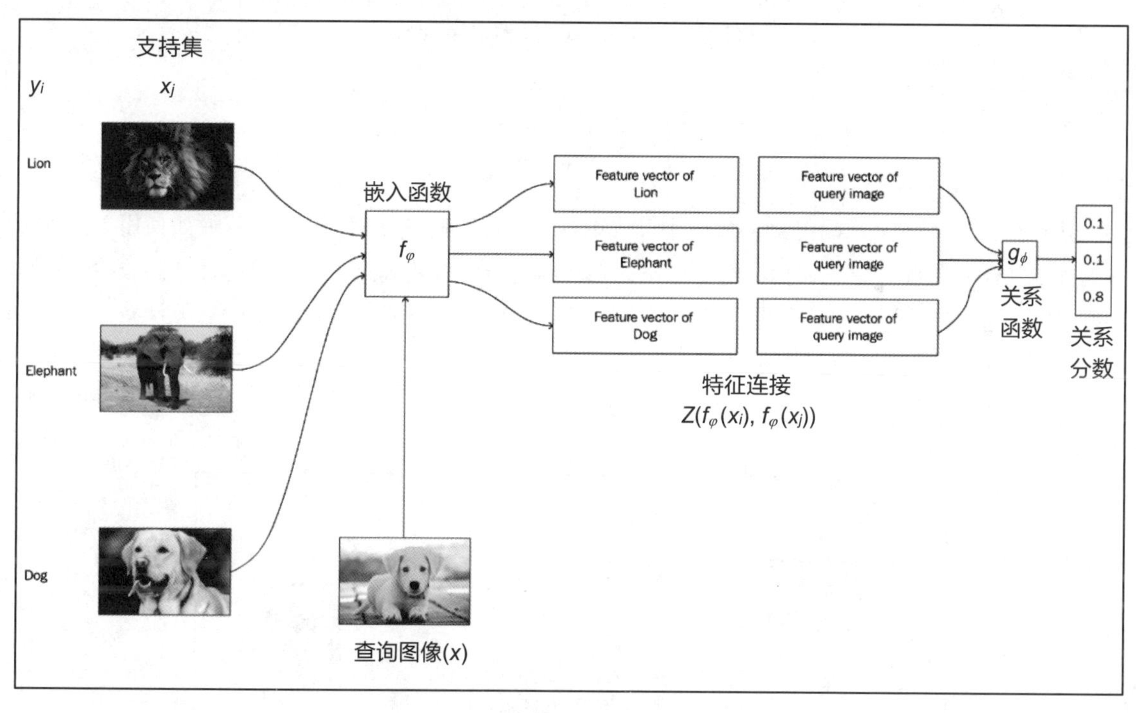

图 11-13

11.6 匹配网络

匹配网络是由谷歌的 DeepMind 发布的另一种简单高效的 one-shot 学习算法。它甚至可以为数据集中未观察到的类生成标签。假设我们有一个支持集 S，包含 K 个例子，如 $(x_1, y_1), (x_2, y_2), \cdots, (x_k, y_k)$。当给定一个查询点（新的未观察到的例子）$\hat{x}$ 时，匹配网络通过将其与支持集进行比较，来预测 $\hat{x}$ 的类。

我们可以将其定义为 $p(\hat{y}|\hat{x},S)$，其中 p 是参数化神经网络，$\hat{y}$ 是查询点 $\hat{x}$ 的预测类，S 是支持集。$p(\hat{y}|\hat{x},S)$ 将返回 $\hat{x}$ 属于支持集中每个类的概率，然后我们选择 $\hat{x}$ 的类作为概率最高的类。但是，这是如何工作的呢？这个概率是如何计算的？现在让我们看看。查询点 $\hat{x}$ 的类 $\hat{y}$ 可以预测如下。

$$\hat{y}=\sum_{i=1}^{k}a(\hat{x},x_i)y_i$$

让我们来解释一下以上这个等式。这里 x_i 和 y_i 是支持集的输入和标签。$\hat{x}$ 是查询输入，也就是我们要预测标签的输入。另外，a 是 $\hat{x}$ 和 x_i 之间的注意力机制。但是我们如何执行注意力机制呢？在这里，我们使用一个简单的注意力机制，即 $\hat{x}$ 和 x_i 之间的余弦距离上的 softmax。

$$a(\hat{x},x_i)=\mathrm{softmax}(\cos(\hat{x},x_i))$$

我们不能直接计算原始输入 $\hat{x}$ 和 x_i 之间的余弦距离。因此，首先，我们将学习它们的嵌入，并计算嵌入之间的余弦距离。我们使用两种不同的嵌入，f 和 g，分别学习 $\hat{x}$ 和 x_i 的嵌入。下面我们将学习这两个嵌入函数 f 和 g 如何准确地学习嵌入。因此，我们可以改写关注矩阵的方程：

$$a(\hat{x},x_i)=\mathrm{softmax}(\cos(f(\hat{x}),g(x_i))$$

将上面的等式改写为

$$a(\hat{x},x_i)=\frac{\mathrm{e}^{\cos(f(\hat{x}),g(x_i))}}{\sum_{j=1}^{k}\mathrm{e}^{\cos(f(\hat{x}),g(x_j))}}$$

在计算关注矩阵 $a(\hat{x},x_i)$ 之后，我们将关注矩阵与支持集标签 y_i 相乘。但是我们如何用关注矩阵来增加支持集标签呢？首先，我们将支持集标签转换为一位有效编码的值，然后将它们与关注矩阵相乘，结果是：得到查询点 $\hat{x}$ 属于支持集中每个类的概率，然后应用 argmax 并选择 $\hat{y}$ 作为具有最大概率值的一个。

仍然不清楚匹配网络？请看图 11-14，你可以看到我们的支持集中有 3 个类（Lion、Elephant 和 Dog），我们有一个新的查询图像 $\hat{x}$。

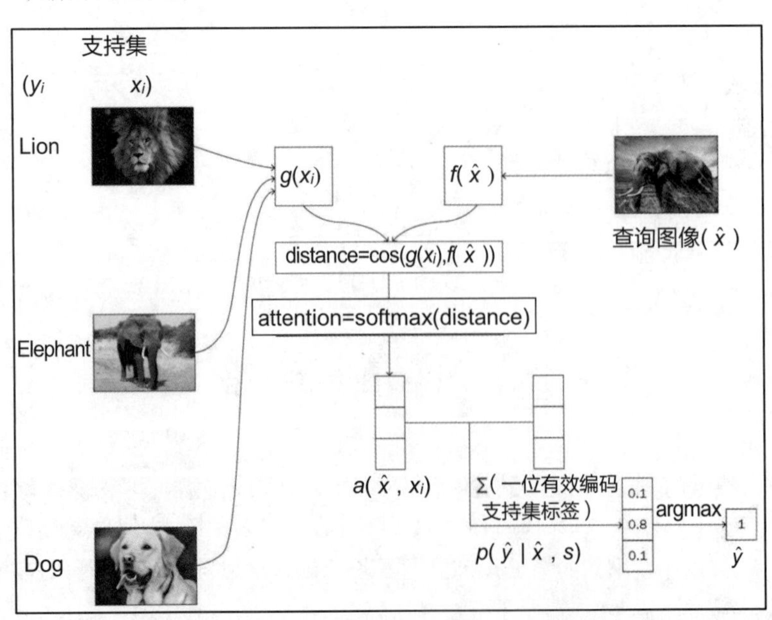

图 11-14

首先，我们将支持集馈送给嵌入函数 g，将查询图像馈送给嵌入函数 f，并且学习它们的嵌入和计算它们之间的余弦距离，然后在此余弦距离上应用 softmax 关注。然后我们将关注矩阵与一位有效编码的支持集标签相乘并得到概率。接下来，选择 $\hat{y}$ 作为概率最大的一个。如图 11-14 所示，查询集图像是一头大象，我们在下标 1 处的概率很高，因此我们将 $\hat{y}$ 的类预测为 1（大象）。

我们已经知道：我们使用两个嵌入函数 f 和 g，分别学习 $\hat{x}$ 和 x_i 的嵌入。现在我们来看看这两个函数是如何学习嵌入的。

11.6.1 支持集嵌入函数

我们使用双向 LSTM 作为嵌入函数 g 来学习支持集的嵌入，嵌入函数 g 可以定义如下。

```
def g(self, x_i):
    forward_cell = rnn.BasicLSTMCell(32)
    backward_cell = rnn.BasicLSTMCell(32)
    outputs, state_forward, state_backward =
    rnn.static_bidirectional_rnn(forward_cell, backward_cell, x_i, dtype=tf.float32)
    return tf.add(tf.stack(x_i), tf.stack(outputs))
```

11.6.2 查询集嵌入函数

我们使用嵌入函数 f 学习查询点 $\hat{x}$ 的嵌入，使用 LSTM 作为编码函数。除了将 $\hat{x}$ 作为输入之外，还将传递支持集嵌入的嵌入，即 $g(x)$，并且我们将传递另一个名为 K 的参数，该参数定义了处理步骤的数量。让我们看看如何一步一步地计算查询集嵌入。首先，初始化 LSTM 单元。

```
cell = rnn.BasicLSTMCell(64)
prev_state = cell.zero_state(self.batch_size, tf.float32)
```

然后，对于处理步骤的数量，执行以下操作。

```
for step in xrange(self.processing_steps):
```

通过将查询集 $\hat{x}$ 馈送给 LSTM 单元，来计算其嵌入。

```
output, state = cell(XHat, prev_state)
h_k = tf.add(output, XHat)
```

现在，对支持集嵌入执行 softmax 关注，即 g_embedings。它帮助我们避免不需要的元素。

```
content_based_attention = tf.nn.softmax(tf.multiply(prev_state[1],
g_embedding))
r_k = tf.reduce_sum(tf.multiply(content_based_attention, g_embedding), axis=0)
```

更新 previous_state（以前的状态），并对多个处理步骤 K 重复这些步骤。

```
prev_state = rnn.LSTMStateTuple(state[0], tf.add(h_k, r_k))
```

计算 f_embeddings 的完整代码如下。

```
def f(self, XHat, g_embedding):
cell = rnn.BasicLSTMCell(64)
prev_state = cell.zero_state(self.batch_size, tf.float32)

for step in xrange(self.processing_steps):
    output, state = cell(XHat, prev_state)
    h_k = tf.add(output, XHat)

    content_based_attention = tf.nn.softmax(tf.multiply(prev_state[1], g_embedding))
    r_k = tf.reduce_sum(tf.multiply(content_based_attention, g_embedding), axis=0)

    prev_state = rnn.LSTMStateTuple(state[0], tf.add(h_k, r_k))

return output
```

11.6.3 匹配网络的架构

匹配网络的整体流程如图 11-15 所示，而它与我们已经看到的图像不同。你可以看到如何分别通过嵌入函数 g 和 f 计算支持集 x_i 和查询集 $\hat{x}$ 。

正如你所见到的那样，嵌入函数 f 将查询集和支持集嵌入作为输入。

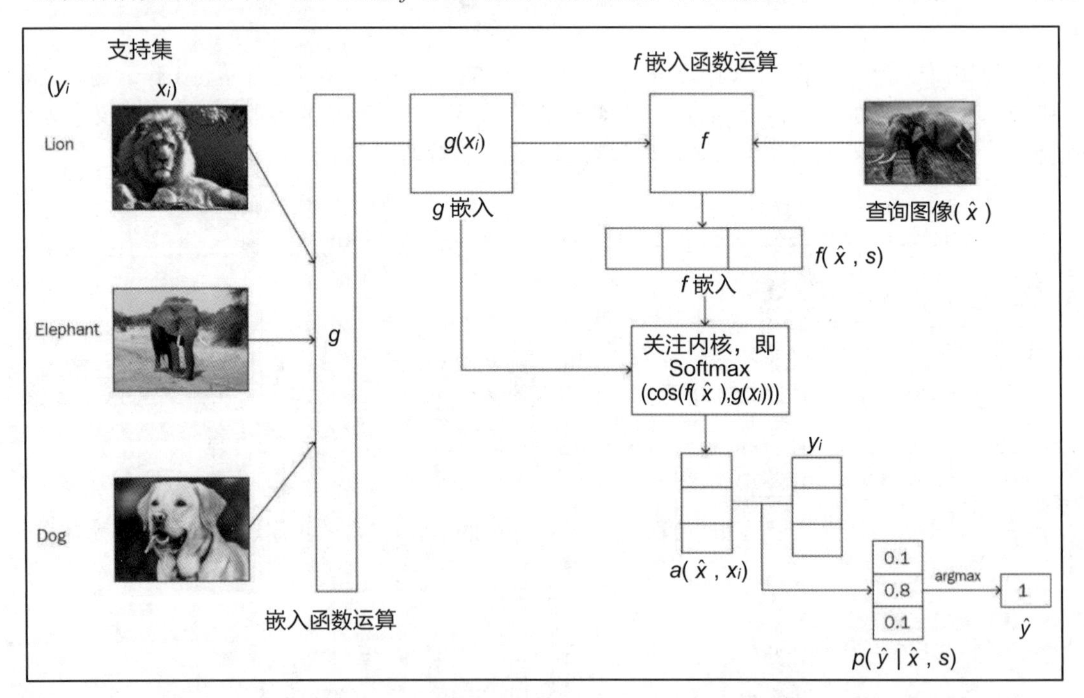

图 11-15

再次祝贺你学习了所有重要且流行的深度学习算法！深度学习是人工智能的一个有趣且非常流行的领域，它已经彻底改变了世界。现在你已经读完了这本书，可以开始探索深度学习的各种进展，并开始尝试各种项目了。要学习，并且要深入地学习！

11.7 总　　结

本章我们首先了解了什么是少量样本学习算法。我们了解到，在 *n*-way *k*-shot 学习中，*n*-way 表示我们在数据集中拥有的类的数量，而 *k*-shot 表示我们在每个类中拥有的数据点的数量；支持集和查询集等价于训练集和测试集。然后我们探索了暹罗网络，学习了暹罗网络如何使用相同的网络来学习两个输入的相似性。

接下来，我们学习了原型网络，它创建每个类的原型表示，并基于类原型和查询点之间的距离对查询点（一个新点）进行分类。我们还学习了关系网络如何使用两种不同的函数嵌入和关系函数来分类图像。

在本章的最后，我们学习了匹配网络，以及如何使用支持集和查询集的不同嵌入函数对图像进行分类。

深度学习是人工智能领域最有趣的分支之一。既然你已经理解了各种深度学习算法，就可以开始构建深度学习模型，并创建有趣的应用程序，同时也可以为深度学习研究作出贡献。

11.8 问　　题

通过回答以下问题来评估从本章所获得的知识。

（1）什么是少量样本学习？

（2）什么是支持集和查询集？

（3）如何定义暹罗网络？

（4）如何定义能量函数？

（5）暹罗网络的损失函数是什么？

（6）原型网络是如何工作的？

（7）在关系网络中有哪些不同类型的函数？

问题参考答案

第 1 章　深度学习简介

（1）机器学习的成功依赖于正确的特征集。特征工程在机器学习中扮演着至关重要的角色。如果我们手动设计正确的特征集来预测某个结果，那么机器学习算法可以很好地执行，但是找到和设计正确的特征集并不是一件容易的事情。利用深度学习，我们不必手动制作这样的特征集。因为深度人工神经网络采用了多层结构，它们能够独立地学习数据的复杂内在特征和多层次的抽象表示。

（2）“深度”表示人工神经网络的结构。人工神经网络由 n 个层组成，可以执行任何计算。我们可以建立一个多层的神经网络，每一层负责学习数据中错综复杂的模式。由于计算技术的进步，我们甚至可以建立一个有几百或几千层深的网络。因为人工神经网络使用深层进行学习，所以我们称之为深度（深层）学习；而当人工神经网络使用深层进行学习时，我们称之为深度网络。

（3）利用激活函数将非线性引入神经网络。

（4）当我们向 ReLU 函数提供任何负输入时，它会将它们转换为零。所有负值都为零的突出点是一个称为濒死的 ReLU 问题。

（5）从输入层到输出层预测输出的整个移动过程称为**前向传播（Forward Propagation）**。在这种传播过程中，输入在每层上乘以它们各自的权重，并在其上应用激活函数。

（6）将网络从输出层反向传播到输入层，并用梯度下降法更新网络权值，使损失最小化的整个过程称为**反向传播（Backpropagation）**。

（7）梯度检测用于调试梯度下降算法和验证我们有一个正确的实现。

第 2 章　了解 TensorFlow

（1）TensorFlow 中的每个计算都用一个计算图来表示。它由若干个节点和边所组成，其中节点是数学运算，如加法、乘法等，边是张量。计算图在优化资源方面非常有效，并且它也促进了分布式计算。

（2）只会创建一个计算图，其中包含对节点和对其边的张量上的操作，为了执行该图，我们使用了一个 TensorFlow 会话。

（3）可以使用 tf.Session()创建一个 TensorFlow 会话，它将分配内存用于存储变量的当前值。

（4）变量是用来存储值的容器。变量将被用作计算图中其他几个操作的输入。我们可以把占位符看作变量，在这里我们只定义类型和维度，而不指定值。占位符的值将在运行时提供。我们使用占位符将数据提供给计算图。占位符没有值。

（5）TensorBoard 是 TensorFlow 的可视化工具，可用于可视化计算图形。它还可以用来绘制各种定量指标和若干个中间计算的结果。当我们训练一个真正深度的神经网络时，当我们必须调试模型时，它会变得难以理解。因为我们可以在 TensorBoard 中将计算图可视化，所以可以方便地理解、调试和优化这些复杂的模型。它还支持共享。

（6）作用域用于降低复杂性，并通过将相关节点分组在一起，帮助我们更好地理解模型。拥有一个名称作用域有助于我们在图中对类似的操作进行分组。当我们构建一个复杂的体系结构时，它很有用。可以使用 tf.name_scope()创建作用域。

（7）TensorFlow 中的**急迫执行（Eager Execution）**更像 Python，它允许快速原型化。与每次执行任何操作都需要构造一个图的图模式不同，急迫执行遵循命令式编程方式，在该方式中，任何操作都可以立即执行，而不必创建图，就像我们在 Python 中所做的那样。

第 3 章 梯度下降和它的变体

（1）与梯度下降法不同，在 SGD 中，为了更新参数，我们不必遍历训练集中的所有数据点。相反，我们只是遍历单个数据点。也就是说，与梯度下降法不同，我们不必在迭代训练集中的所有数据点之后等待更新模型的参数。我们只是在遍历训练集中的每个数据点之后更新模型的参数。

（2）在小批量梯度下降算法中，我们不是迭代每个训练样本后更新参数，而是迭代若干批数据点后更新参数。假设批量大小是 50，这意味着我们在迭代 50 个数据点之后更新模型的参数，而不是在迭代每个数据点之后更新参数。

（3）用动量进行小批量梯度下降，有助于减少梯度步长的振荡，并加快收敛速度。

（4）Nesterov 动量背后的基本动机是：我们不是计算当前位置的梯度，而是计算动量带我们到达的位置的梯度，我们称这个位置为前瞻位置。

（5）在 Adagrad 中，当过去梯度值较高时，将学习速率设置为小值，在过去梯度值较小时设置为高值。因此，我们的学习速率值会根据参数的过去梯度更新而变化。

（6）Adadelta 的更新方程如下。

$$\theta_t^i = \theta_{t-1}^i - \frac{\mathrm{RMS}[\Delta\theta]_{t-1}}{\mathrm{RMS}[g_t]} \cdot g_t^i$$

$$\theta_t^i = \theta_{t-1}^i + \nabla\theta_t$$

（7）针对 Adagrad 学习速率衰减的问题，引入 RMSProp 算法。因此，在 RMSProp 中，我们计算梯度的指数衰减运行平均值，如下所示。

$$E[g^2]_t = \gamma E[g^2]_{t-1} + (1-\gamma) g_t^2$$

我们使用梯度的运行期间的平均值（移动平均值），而不是求所有过去梯度的平方和。因此，我们的更新方程如下。

$$\theta_t^i = \theta_{t-1}^i - \frac{\eta}{\sqrt{E[g^2]_t + \varepsilon}} \cdot g_t^i$$

（8）Adam 的更新方程如下。

$$\theta_t = \theta_{t-1} - \frac{\eta}{\sqrt{\hat{v}_t} + \varepsilon} \hat{m}_t$$

第 4 章 使用 RNN 生成歌词

（1）正常的前馈神经网络仅基于当前输入预测输出，而 RNN 则基于当前输入和先前的隐藏状态预测输出，该隐藏状态充当存储器并存储网络迄今为止所看到的上下文信息（输入）。

（2）在时间步 t 处的隐藏状态 h 可以按如下公式计算。

$$h_t = \tanh(Ux_t + Wh_{t-1})$$

换句话说，这是一个时间步的隐藏状态，t=tanh（[输入层到隐藏层的权重值 × 输入]+[隐藏层到隐藏层的权重值 × 之前隐藏层的状态]）。

（3）RNN 广泛应用于涉及序列数据的用例，如时间序列、文本、音频、语音、视频、天气等。它们被广泛应用于各种自然语言处理任务中，如语言翻译、情感分析、文本生成等。

（4）当反向传播 RNN 时，我们在每个时间步乘以 tanh 函数的权重和导数。当我们向后移动时，每步乘以较小的数字，我们的梯度就会变得无穷小，导致计算机无法处理的数字。这就是所谓的梯度消失问题。

（5）当我们将网络的权值初始化为一个非常大的数值时，每步的梯度都会变得非常大。当反向传播时，我们在每个时间步将乘以一个大的数，它导致无穷大。这就是所谓的梯度爆炸问题。

（6）我们使用梯度剪辑绕过梯度爆炸问题。在该方法中，我们根据向量范数（如 L2）对梯度进行规范化，并将梯度值裁剪到一定的范围。例如，如果我们将阈值设置为 0.7，那么我们将梯度保持在−0.7～+0.7 的范围内。如果梯度值小于−0.7，我们就把它改成−0.7；同样地，如果它超过 0.7，我们就把它改成+0.7。

（7）不同类型的 RNN 架构包括一对一、一对多、多对一和多对多，它们用于各种应用。

第 5 章 RNN 的改进

（1）LSTM 单元是 RNN 的一种变体，它通过使用一种称为门的特殊结构，来解决梯度消失问题。只要需要，门就把信息保存在内存中。它们从记忆中学习保留什么信息和丢弃什么信息。

（2）LSTM 由 3 种类型的门组成，即遗忘门、输入门和输出门。遗忘门负责决定应该从单元状态（内存）中删除哪些信息；输入门负责决定单元状态中应该存储哪些信息；输出门负责决定应该从单元状态获取哪些信息作为输出。

（3）单元状态也被称为内存，所有信息都将存储在内存中。

（4）当反向传播 LSTM 网络时，每次迭代都需要更新太多的参数，这增加了我们的训练时间。因此，我们引入了门控递归单元（GRU），它是 LSTM 单元的简化版本。与 LSTM 不同，GRU 只有两个门和一个隐藏状态。

（5）在双向 RNN 中，我们有两层不同的隐藏单元。这两个层都从输入层连接到输出层。在一层中，隐藏状态从左到右共享；在另一层中，隐藏状态从右到左共享。

（6）深度 RNN 通过将前一个隐藏状态和前一层的输出作为输入来计算隐藏状态。

（7）编码器学习给定输入语句的表示（嵌入），一旦编码器学习到嵌入，它就将嵌入发送到解码器。解码器将这种嵌入（思考向量）作为输入，并尝试构造一个目标句子。

（8）当输入的句子较长时，上下文向量并不能捕获句子的全部含义，因为它只是最后一个时间步的隐藏状态。因此，我们不是将最后一个隐藏状态作为上下文向量，并将其用于具有注意力机制的解码器，而是从编码器获取所有隐藏状态的总和，并将其用作上下文向量。

第 6 章　揭开卷积网络的神秘面纱

（1）CNN 的不同层包括卷积层、池化层和完全连接层。

（2）利用滤波器矩阵在输入矩阵上滑动一像素，然后执行卷积运算。但是不仅可以在输入矩阵上滑动一个像素，还可以在输入矩阵上滑动任意数量的像素。通过滤波器矩阵在输入矩阵上滑动的像素数称为步幅。

（3）在卷积运算中，我们用一个滤波器矩阵在输入矩阵上滑动。但在某些情况下，滤波器并不完全适合输入矩阵。也就是说，存在这样一种情况：当我们将滤波器矩阵移动两像素时，它到达边界并且滤波器与输入矩阵不匹配，即滤波器矩阵的一部分在输入矩阵之外。在这种情况下，我们执行填充。

（4）池化层通过只保留重要的特征来减少空间维度。不同类型的池化操作包括最大池化、平均池化和总和池化。

（5）VGGNet 是最常用的 CNN 架构之一。它是由牛津大学的视觉几何小组发明的。VGG 网络的架构由卷积层和池化层组成。它在整个网络中使用 3×3 卷积和 2×2 池化。

（6）利用分解卷积，我们将滤波器尺寸较大的卷积层分解为滤波器尺寸较小的卷积层堆栈。因此，在起始块中，具有 5×5 滤波器的卷积层可以被分解为具有 3×3 滤波器的两个卷积层。

（7）与 CNN 相同，胶囊网络检查某些特征的存在以对图像进行分类，但是除了检测特征之外，它还将检查它们之间的空间关系。也就是说，它学习特征的层次结构。

（8）在胶囊网络中，除了计算概率之外，我们还需要保持向量的方向，因此我们使用一个不同的激活函数，称为挤压函数，具体给出如下。

$$\vec{v}_j = \frac{\|\vec{s}_j\|^2}{1+\|\vec{s}_j\|^2}\frac{\vec{s}_j}{\|\vec{s}_j\|}$$

第 7 章　学习文本表示

（1）在 CBOW 模型中，我们尝试在给定上下文词的情况下预测目标单词；在 skip-gram 模型中，我们尝试在给定目标词的情况下预测上下文单词。

（2）CBOW 模型的损失函数如下。

$$L = -u_{j*} + \log\left(\sum_{j'=1}^{V} \exp u'_j\right)$$

（3）当词汇表中有数百万个单词时，我们需要执行大量的权重更新，直到我们预测出正确的目标单词。这既费时，又不是一种有效的方法。因此，我们没有这样做，而是将正确的目标词标记为一个肯定类，并从词汇表中抽取一些单词，并将其标记为一个否定类，这就是所谓的否定采样。

（4）PV-DM 类似于一个连续的词袋模型，在该模型中，我们尝试在给定上下文单词的情况下预测目标单词。在 PV-DM 中，除了单词向量外，还引入了一个向量，称为段落向量。顾名思义，段落向量学习整个段落的向量表示，并捕获段落的主题。

（5）编码器的作用是将句子映射到一个向量，而解码器的作用是生成周围的句子，即前面和后面的句子。

（6）在 QuickThoughts（快速思考）中，有一个有趣的算法用于学习句子嵌入。在 quick-thoughts 算法中，我们试图学习给定的句子是否与候选句子相关。因此，我们不使用解码器，而是使用分类器来学习给定的输入句子是否与候选句子相关。

第 8 章　使用 GAN 生成图像

（1）判别模型学习如何找到以最优方式划分类的决策边界，而生成模型学习每个类的特征。也就是说，判别模型预测以输入 $p(y|x)$ 为条件的标签，而生成模型学习连接概率分布 $p(x,y)$ 。

（2）生成器学习图像在数据集中的分布。它学习训练集中手写数字的分布。我们将随机噪声输入到生成器中，它将随机噪声转换成一个新的手写数字，类似于训练集中的数字。

（3）鉴别器的作用是执行分类任务。给定一幅图像，它将其分为真或假；也就是说，该图像是来自训练集还是由生成器生成的。

（4）鉴别器的损失函数如下所示。

$$L^D = -E_{x\sim p_r(x)}[\log D(x)] - E_{z\sim p_z(z)}[\log(1-D(G(x)))]$$

生成器的损失函数如下所示。

$$L^G = -E_{z\sim p_z(z)}[\log(D(G(x)))]$$

（5）DCGAN 用卷积网络扩展了 GAN 的设计。也就是说，我们用卷积神经网络代替了生成器和鉴别器中的前馈网络。

（6）Kullback-Leibler（KL）散度是确定一个概率分布如何偏离另一个概率分布的最流行的方法

之一。假设我们有两个离散的概率分布 P 和 Q，那么 KL 散度可以表示为

$$D_{\mathrm{KL}}(P\|Q)=\sum_{x}P(x)\log\left(\frac{P(x)}{Q(x)}\right)$$

（7）Wasserstein 距离，也被称为地球搬运工（Earth Movers，EM）距离，是最优运输问题中最流行的距离度量之一，其中我们需要将物体从一个配置移动到另一个配置。

（8）Lipschitz 连续函数是一个必须连续且几乎处处可微的函数。所以，对于任何 Lipschitz 连续的函数，该函数图像的斜率的绝对值不能超过常数 k，这个常数 k，叫作 **Lipschitz 常数**。

第 9 章　了解更多关于 GAN 的信息

（1）与普通 GAN 不同，CGAN 是生成器和鉴别器的一个条件。这个条件告诉 GAN 我们期望生成器生成什么图像。所以，两个组件鉴别器和生成器都是在这个条件下工作的。

（2）代码 c 是可解释的非纠缠的信息。假设我们有一些 MNIST 数据，那么，代码 c_1 表示数字标签、代码 c_2 表示宽度、代码 c_3 表示数字的笔画，以此类推。我们用 c 项来代表它们。

（3）两个随机变量之间的互信息告诉我们从一个随机变量到另一个随机变量所能获得的信息量。两个随机变量 x 和 y 之间的互信息可给出如下。

$$I(x,y)=H(y)-H(y\mid x)$$

它表示 y 的熵和给定 x 的 y 的条件熵之间的差。

（4）代码 c 给了我们关于图像的可解释的非纠缠信息。所以，我们试着找到给定图像的 c。然而，我们不容易做到这一点，因为我们不知道后验值 $p(c\mid G(z,c))$，所以，我们使用辅助分布 $Q(c\mid x)$ 来学习 c。

（5）仅仅是对方的损失并不能保证图像的正确映射。例如，生成器可以将源域中的图像映射到目标域中与目标分布匹配的图像的随机排列。因此，为了避免这种情况，我们引入了一个额外的损失，称为循环一致性损失（Cycle Consistent Loss）。它强制生成器 G 和 F 保持循环一致。

（6）我们有两个生成器：G 和 F。G 的角色是学习从 x 到 y 的映射，而生成器 F 的角色是学习从 y 到 x 的映射。

（7）StackGAN 分两个阶段将文本描述转换成图片。在第一阶段，绘制原始形状，并创建一个基本轮廓，以形成图像的初始版本。在下一阶段，将通过使图像更真实、更具吸引力来增强图像。

第 10 章　使用自动编码器重构输入

（1）自动编码器是无监督学习算法。与其他算法不同，自动编码器学习重构输入，也就是说，自动编码器接收输入，并学习将输入作为输出重现。

（2）我们可以将损失函数定义为实际输入和重构输入之间的差异，如下所示。

$$L(\theta,\phi)=\frac{1}{n}\sum_{i=1}^{n}(x^{(i)}-g_{\phi}(f_{\theta}(x^{(i)})))^2$$

这里，n 是训练样本数。

（3）卷积自动编码器（Convolutional Autoencoder，CAE）使用卷积网络而不是普通的神经网络。在普通自动编码器中，编码器和解码器基本上是一个前馈网络。但在卷积自动编码器中，它们基本上是卷积网络。这意味着编码器由卷积层组成，并且解码器由转置卷积层组成，而不是原始的前馈网络。

（4）去噪自动编码器（Denoising Autoencoders，DAE）是自动编码器的另一个小变种。它们主要用于去除图像、音频和其他输入中的噪声。因此，我们将损坏的输入馈送到自动编码器，它将学习重构原始的未损坏输入。

（5）在整个训练集中，在隐藏层 h 中第 j 个神经元的平均激活值可以计算如下。

$$\hat{\rho}_j = \frac{1}{n}\sum_{i=1}^{n}[a_j^{(h)}(x^{(i)})]$$

（6）压缩自动编码器的损失函数可以从数学上表示如下。

$$L = \| X - \hat{X} \|_2^2 + \lambda \| J_f(X) \|_F^2$$

第一项表示重构误差，第二项表示惩罚项或正则化项，它是 Jacobian 矩阵的 Frobenius 范数。

（7）一个矩阵的 Frobenius 范数，也称为 Hilbert-Schmidt 范数，定义为矩阵元素绝对平方和的平方根。包含向量值函数偏导数的矩阵称为 Jacobian 矩阵。

第 11 章　探索少量样本学习算法

（1）从少数几个数据点学习称为**少量样本学习（Few-Shot Learning）**或 ***k*-shot 学习**，其中 k 指定数据集中每个类中的数据点数量。

（2）我们需要模型从少数几个数据点学习。为了达到这个目的，我们用同样的方法训练它们；也就是说，我们在很少的数据点上训练模型。假设我们有一个数据集 D：从数据集中的每个类中抽取少许数据点，称之为支持集。类似地，从每个类中抽取一些不同的数据点，并将其称为查询集。

（3）暹罗网络由两个对称的神经网络组成，这两个神经网络共享相同的权值和架构，并且在最后使用一些能量函数 E 连接在一起。我们暹罗网络的目的，是学习这两种输入是相似的还是不相似的。

（4）能量函数 E，它将为我们提供两个输入之间的相似性。能量函数 E 可以表示为

$$E_W(X_1, X_2) = \| f_W(X_1) - f_W(X_2) \|$$

（5）因为暹罗网络的目标不是执行分类任务，而是理解两个输入值之间的相似性，所以我们使用对比损失函数。它可以表示为

$$\text{Contrastive Loss} = Y(E)^2 + (1-Y)\max(\text{margin} - E, 0)^2$$

（6）原型网络是另一种简单、有效、广泛使用的少量样本学习算法。原型网络的基本思想是创建每个类的一个原型表示，并基于类原型与查询点之间的距离对查询点（新点）进行分类。

（7）关系网络由两个重要函数组成：一个表示为 f_φ 的嵌入函数和表示为 g_ϕ 的关系函数。